고급기술자를 위한

하·폐수처리

최신 이론과 실무

이정수 지음

도서출판 동화기술

머리말

본 저서는 주로 활성슬러지법이라고 하는 생물학적 처리방법을 대상으로 기술하였는데, 여기서 활성슬러지법이란 하·폐수 중의 유·무기물질을 공기가 공급되는 상태에서 부유성 미생물을 이용하여 처리하는 방법을 총칭하는 것으로, 1914년 Ardern 등에 의해 개발되어 현재에 이르기까지 4가지의 주요 변법을 포함하여 각종 변법이 개발되었으며, 그 역사는 100년에 이르고 있다. 이 처리법은 처리효율과 경제성이 양호하여 현재 도시하수와 같은 대량의 하수를 처리하는 대형 처리장에서는 거의 다 이 방법을 채용하고 있으며, 세계적으로 발전한 나라의 도시에는 예외 없이 가동되고 있다. 이와 같이 이 처리법은 장구한 역사를 가진 대표적 생물처리법임에도 불구하고, 이 분야의 최고 권위를 가진 WEF(Water Environment Federation)나 ASCE(The American Society of Civil Engineers)마저 설계나 운전 및 처리결과는 물론 활성슬러지법을 운전하는 데 가장 문제가 되는 팽화현상의 주원인이 사상성 세균이라고 잘못 주장하는 등 본 법에 대해 전반적으로 명확한 공학적 이론을 제시하지 못하고 있어, 그간 관련된 제반문제의 해결은 주로 시행착오와 누적된 경험에 의존해 왔다. 이와 같이 본 처리법을 공학적으로 해석하지 못했던 결정적 이유는 생물학적 처리법에서 간과해서는 안 되는 몇몇 현상을 간과했기 때문이다.

본 저서는 생물처리에 대한 다년간의 실험과 이 분야에서 간과되어왔던 생물학적 기초지식을 적용하여 그간 100년 동안 왜곡되거나 밝혀지지 않았던 활성슬러지법의 대부분 현상과 처리결과, 즉 고액분리를 저해하는 슬러지의 팽화문제·공학적으로 입증된 설계법의 부재·처리수질 등 예측할 수 없는 처리결과·온도변화 시 조작방법·그 외의 각종 영향인자의 변화 시 운전방법이나 처리결과 및 질소나 인의 제거 시 효율적 운전법 등 제반의 문제를 일관된 공학적 이론으로 밝히고, 수치적 결과로 제시하였다. 그 외에도 운전에너지를 크게 절감할 수 있는 운전법이나 기존의 고율법의 적용부하를 크게 초과하는 새로운 처리법도 개발하여 제시하였으며, 근래의 관심 대상인 질소·인 처리법을 포함한 각종 변법의 처리 mechanism이나 특성도 일부 이론적으로 재규명하였다.

따라서 본 저서는 이전의 왜곡된 일반론에 묻혀 발전을 크게 저해 받던 이 분야의 기술발전과 학문발전에 새로운 전기를 제공할 것이며, 토목공학과 환경공학을 전공하는 학생이나 특히 수처리 관련 전문가가 생물학적 처리과정을 올바르게 이해하고 실무에 응용하는 데 매우 유용할 것으로 확신한다.

끝으로 이 책의 출판에 도움을 주신 도서출판 동화기술 정우용 회장님과 관계자 여러분께 깊이 감사드립니다.

著 者

차 례

Chapter 01

생태학과 폐수처리

폐수처리의 기본 개념은 분리이다. 즉, 물속의 각종 오염물질을 분리·제거하여 용도에 맞는 물을 얻기 위한 것으로, 이때 오염물질을 분리·제거하는 수단으로는 물리적·화학적·생물학적 방법을 단독 또는 조합하여 이용하게 되는데, 대규모 처리장에서는 주 처리 방법으로 생물학적 방법을 주로 채용한다.

생물학적 방법에 이용되는 생물은 미생물인데, 이들 미생물을 이용하여 폐수를 효과적으로 처리하기 위해서는 이들 미생물의 분해작용과 미생물 간의 상호작용 또는 운전조건의 변화에 따른 미생물 종구성비의 변화 등 생물반응조 내에서 일어나는 변화가 처리결과에 미치는 영향을 이해하고, 이러한 현상을 공학적으로 최대한 응용해야 하는데, 이때 생태학(ecology)의 일부 지식이 필히 요구된다. 따라서 본 장에서는 생태학의 자세한 기술은 피하고 다만 하·폐수처리 공정을 이해하는 데 필요한 관련 내용만을 요약 기술하고자 한다.

1.1 생태계(ecosystem)

생태계란 식물·동물 및 미생물 등 생명체가 그들 주변의 무기적 환경과 상호작용하여 그 자체와 주변 환경을 영속적으로 유지시키는 생물체와 무생물적 환경요인의 복합 체계를 말하며, 이들 간의 관계를 연구하는 학문을 **생태학**(ecology)이라고 한다.

이와 같이 생태계는 생물체의 활동을 전제로 한다. 따라서 생태계는 **동적 실체**(dynamic entities)이지만, 온전한 생태계에서 볼 수 있는 중요한 특성 중에 하나인 **항상성**(homeostasis)을 유지하기 위해서는 이 계를 구성하는 인자 간의 균형이 일정하게 유지되어야 한다. 이들 인자는 크게 무생물적 인자와 생물적 인자로 구분할 수 있는데, 이 중 무생물적 인자는 특정 생태계에 주어진 환경을 유지하는 화학적·물리적 요소로 온도·습도·빛·토양·공기 및 질소나 인과 같은 영양물질 등을 포함하는데, 이들 각 인자는 하·폐수 처리 시 운전조건에 해당한다고 할 수 있다.

한편 생물적 인자는 **생산자**·**소비자** 및 **분해자**로 구성되는데, 이 중 생산자(producers)는 주로 녹색식물과 조류(algae)로 이루어지며, 이들은 토양 내의 질소와 인 등의 영양물질과 태양의 에너지를 이용하여 유기물을 생산할 수 있는 생물체를 의미한다. 이와 같이 태양의 에너지·질소·인과 같은 무기물을 이용하여 유기물을 생산하는 생물체를 **독립영양생물** 혹은 **자영양성생물**(autotrophs)이라고 한다.

반면 식물 중 버섯·곰팡이 등 진균류(fungi)와 비치드롭(beech drops)·수정란풀(indian pipe) 등 몇몇 화본과 식물은 엽록소의 부족이나 빛에너지를 흡수할 수 있는

색소의 결핍으로 광합성작용을 수행할 수 없다. 따라서 이들 식물은 대부분의 미생물이나 동물과 마찬가지로 요구되는 에너지를 얻기 위해 유기물을 분해·이용하는데, 이러한 생물체를 **종속영양생물** 혹은 **타영양성생물**(heterotrophs)이라고 한다.

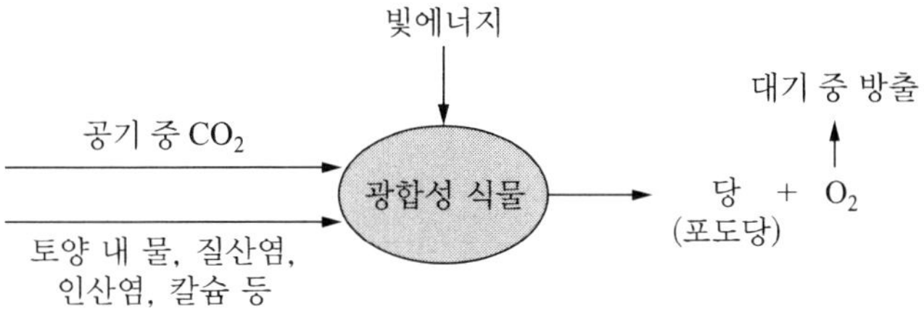

그림 1.1 생산자인 녹색식물의 광합성

소비자(consumer)는 생산자를 직접 소비하는 초식동물과 다른 동물을 먹이로 하는 육식동물로 구성된다. 예를 들어 그림(1.2)와 같이 메뚜기는 식물을 소비하고, 메뚜기는 쥐에게, 쥐는 뱀에게, 뱀은 독수리에게 잡아먹히는 관계를 가지며, 이러한 관계를 **먹이사슬**이라고 한다. 이때 생산자인 식물을 먹이로 하는 생물체, 즉 메뚜기를 1차 소비자라고 하며, 1차 소비자를 먹이로 하는 쥐는 2차 소비자이다. 따라서 소비단계에 따라 3차·4차 소비자 및 그 이상의 소비자가 존재한다. 한편 소비단계는 위와 같이 직선적 관계뿐 아니라 다양한 상호관계를 가지는 부분집단으로 구성되는데, 이러한 관계를 **먹이망**이라 하며 하·폐수처리장의 생물반응조 내에서도 상기의 관계가 존재한다. 즉, 박테리아를 포식하는 원생동물·윤충류 및 선충류 등은 1차 이상의 소비자이다.

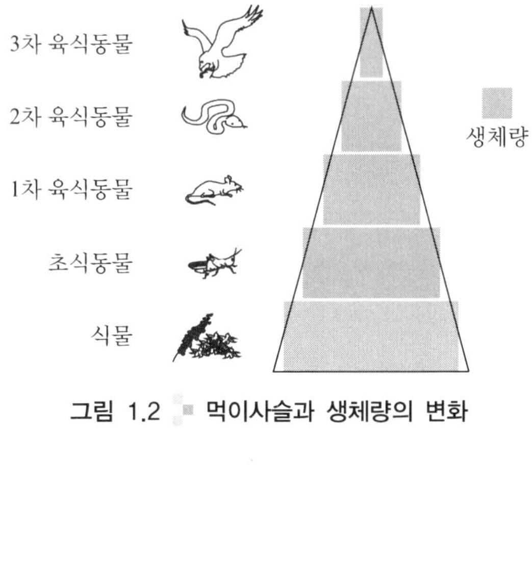

그림 1.2 먹이사슬과 생체량의 변화

상기에서 먹이사슬과 먹이망을 포함하여 생물체 간의 먹이관계를 파악하는 또 다른 개념으로 **먹이수준**(영양수준)이란 개념을 사용하는데, 여기서 생산자를 1차 영양수준, 1차 소비자를 2차 영양수준, 2차 소비자를 3차 영양수준 …이라 하며, 이러한 개념은 먹이사슬의 관계를 포함하면서 동시에 먹이망의 복잡한 관계를 단순화하여 영양수준에 따른 생체량의 변화 등을 설명하는 데 편리하다. 이때 각 소비단계별로 생체량의 증가는 10%의 법칙에 따르며, 그 외 90%는 에너지로 소비된다. 즉 소비단계별 부분 집단의 생체량은 상위의 소비자로 갈수록 적어지는 피라미드 형태(그림 1.2 참조)를 나타낸다. 하·폐수처리장에서도 먹이수준의 발달은 처리결과에 영향을 미치는데, 가장 중대한 변화는 잉여슬러지의 발생량을 변화시키는 것으로, 먹이수준이 발달하면 상기 10%의 법칙에 따라 슬러지의 발생량이 감소한다.

분해자(decomposers)는 생체의 유지나 증식에 요구되는 에너지를 얻기 위해 유기물, 즉 죽은 식물이나 동물사체 또는 배설물 등을 분해하여 CO_2·H_2O·CH_4과 같은 안정된 물질로 전환시키는 미생물을 말한다. 이들 분해자는 에너지와 영양물질을 얻기 위해 유기물을 직접 이용하므로 종속영양생물이며, 두 종류의 생물체, 즉 진균류(fungi)와 박테리아류로 구분된다. 따라서 녹색황세균·홍색황세균 및 홍색무황세균 등 일부 광합성세균(photosynthetic bacteria)을 제외하면 모든 세균과 진균류는 분해자에 해당한다.

이상과 같이 생태계는 생산자·소비자 및 분해자의 상호관계로 이루어지는데, 이들 상호 간의 양적 관계를 **생물량 피라미드**(organism pyramid)라 하며, 그림(1.3)과 같다. 따라서 항상성이 유지되는, 즉 안정된 생태계는 계 내의 총 생물량이 일정하고 상기 인자 간의 양적 균형 또한 일정하게 유지된다. 이와 같은 생태계의 원리는 폐수처리 시에도 그대로 적용되는데 운전조건이 일정하면 처리결과도 일정하게 유지되며 이러한 상태를 **정상상태**(steady state)라 한다.

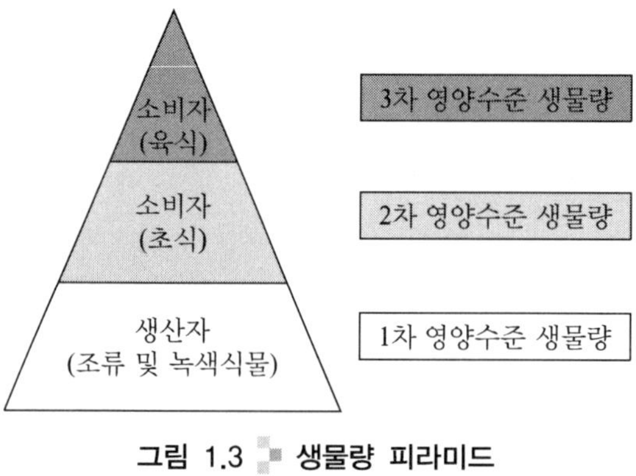

그림 1.3 생물량 피라미드

1.2 생태계의 균형과 불균형

이미 기술한 바와 같이 생태계는 생물적 인자인 생산자·소비자 및 분해자의 상호관계로 이루어지며, 상기 인자들 간에 양적인 균형이 유지되어야 한다. 생물적 인자가 양적인 균형을 이루기 위해서는 무생물적 조건이 일정하게 유지 또는 제공되어야 한다. 하지만 생물적 인자는 인간의 간섭 이전부터 지구의 무생물적 환경의 변화에 적응 또는 도태하는 과정을 통하여 지속적으로 변화해 왔으며, 인간의 간섭이 이루어진 이후에 이들 양 인자는 더욱더 빠른 속도로 변화해 왔다. 이와 같이 생태계는 꾸준히 변화하고 조정되어 왔다. 다시 말해 흔히 변화를 감지할 수 없을 정도로 안정된 생태계라 할지라도 그 변화는 꾸준히 이루어지는데, 생태계의 이러한 변화를 **천이**(遷移)라 하며, 천이는 1차천이와 2차천이로 구분한다.

1.2.1 천이와 극상

1차천이란 하나의 생태계가 앞서 어느 것에도 지배되지 않은 상태에서 다른 생태계로 대체되는 과정이다. 이러한 과정으로 가장 대표적인 예는 호수가 산림으로 변화하는 과정을 들 수 있다. 즉, 호수에 토립자가 유입하여 쌓이게 되면, 여기에 여러가지 수생식물이 번식과 사멸을 반복하고, 이러한 반복과정을 통하여 호수는 풀이나 관목이 자랄 수 있는 늪으로 변화해 간다. 이후 늪은 퇴적물로 더욱더 건조해져 결국 주위 생태계와 거의 구별되지 않는 상태로 완성되는데 이러한 과정을 1차천이라 한다.

한편 **2차천이**란 파괴된 생태계가 원래의 상태로 회복되어 가는 과정을 말하는데, 예를 들면 화전 등으로 파괴된 산림이 방치된 후 원래의 주변 생태계로 회복해가는 과정이 하나의 예이다. 이와 같이 생태계는 천이 과정을 통하여 모든 종들이 계속 서로의 비율에 따라 재생산되어 더 이상 양적인 변화를 일으키지 않는 상태, 즉 항상성을 나타내게 되는데, 이러한 양적 균형의 상태를 **극상**(極相)이라고 하며, 그 상태의 생태계를 극상생태계라 한다.

이와 같이 천이 과정은 주어진 환경과 종 간의 상호작용을 통하여 이루어지는데, 이러한 종 간의 상호작용은 하·폐수처리장의 생물반응조에서도 일어난다. 즉 생물처리법에 이용되는 미생물은 토양에서 유래한 혼합미생물로 이들 미생물은 하·폐수처리장의 생물반응조 내에서 하등한 세균류와 이를 포식하는 고등한 미생물 간에 복잡한 먹이사슬 관계를 형성한다. 따라서 생물반응조의 처리 결과를 이해하기 위해서는 이들 미생물 간의 상호작용을 고려해야 하며, 이런 관계를 고려치 않은 그간의 일반론적 논리로는 처리 결과를 해석하거나 설명할 수 없다. 그렇다고 이들 미생물 간의 소비단계별 관계를 지나치게 세부적으로 파악하는 것은 결과 해석에 그다지 도움이 되지 않는다. 따라서 이들 미생물 간의 피·포식 관계를 고려하여 간단하게 유입폐수 중의 유기물을 분해하여 성장하는 1차 소비자인 하등한 미생물, 즉 박테리아나 균류 등을 분해자로, 이들 분해자를 포식하는 한 단계 혹은 그 이상의 단계에 해당하는 윤충·선충 및 원생동물 등 고등한 미생물을 소비자로 구분하고, 유입폐수를 생산자로 고려하면, 처리장의 생물반응조는 생물적 인자인 생산자·소비자 및 분해자를 모두 갖춘 하나의 유사 생태계로 고려할 수 있으며, 운전조건의 변화에 따른 처리 결과를 정확하게 이해하고 예측하기 위해서는 이들 3인자 간의 양적 변화를 고려해야 한다.

예를 들면, 먹이양, 즉 유입 폐수량 또는 농도가 증가할 경우, 포기조 내의 미생물량은 증가한다. 이때 포기조 내의 미생물량을 일정하게 유지시키기 위해 증가한 미생물을 조 외로 인출하는데, 이 과정에서 증식속도에 따라 미생물 간의 구성비가 달라진다. 즉 하등한 세균류의 비율이 증가하고 그 결과 처리속도가 상승하여 먹이량의 증가에도 불구하고 일반론과 다르게 처리수질이 호전되기도 한다. 이와 같이 이들 미생물 간의 구성비, 즉 **종조성**(species composition)의 변화는 처리 결과에 영향을 미치는데, 운전조건의 변화에 따라 발생하는 미생물종 간의 변화를 세세하게 정량적으로 파악하기란 곤란하다. 따라서 운전조건의 변화, 즉 종 변화에 따른 하·폐수처리 결과를 파악하기 위해서는 이미 기술한 바와 같이 미생물을 크게 고등한 미생물과 하등한 세균류로 양분하고, 이들 양 미생물 간의 변화를 정성적으로 파악하고 처리 결과의 해석에 반영해야 한다.

자세한 관련 내용은 6.2.1항에서 설명하겠으나, 이들 양 미생물 간의 조성비는 무생물적 인자로 간주되는 산소공급방식이나 용존산소(DO)의 농도·온도·pH·F/M비 등에 따라 변화되는데, 일반적으로 외부 환경이 악화되거나 오염이 증가할수록 하등한 세균류의 비율이 증가하고, 하등한 세균류의 증가는 처리속도를 상승시킨다.

이상의 내용을 생태학과 관련지어 생각하면 종조성의 변화 과정은 천이 과정으로, 완성된 종조성, 즉 정상상태는 극상으로 설명할 수 있을 것이다. 하지만, 처리속도의 증감 외에 수처리의 다른 결과들을 보다 더 명확하게 이해하기 위해서는 미생물군 간의 상호관계를 보다 깊이 있게 파악해야 하는데, 이들 상호관계를 다룬 학문 분야를 군집 생태학이라고 한다.

1.3 군집 생태학

일반적으로 생물처리법에 이용되는 미생물은 부식토에서 채집한 혼합미생물로 토양에서 채취한 시료에는 200여 개 이상의 종들이 있고, 생화학적 변종(mutants)을 포함하면 훨씬 더 많은 미생물로 이루어져 있다(Mithchell, 1974).

이와 같이 활성슬러지법의 생물반응조는 수많은 생물과 그들의 군집(community)으로 구성되어 있으며, 처리결과 역시 이들 군집의 다양성과 상호작용으로 나타난다. 즉, 한 그룹의 미생물에 의해 생성되는 중간 또는 최종산물은 다른 그룹의 영양원이 되기도 하고, 때론 다른 미생물을 죽이거나 독성으로 작용하기도 하는데, 유입수의 농도·pH·온도 등 수시로 변하는 운전조건에서, 활성슬러지법이 대체적으로 빠르게 안정된 상태를 회복하는 것은 미생물 군집 간의 양적 변화와 상호작용에 의존한 일종의 천이 과정에 기인한다. 이러한 상호작용은 크게 **이로운(benevolent) 상호작용**과 **해로운(antagonistic) 상호작용**으로 나눌 수 있다.

1.3.1 이로운 상호작용(benevolent interaction)

미생물 집단 간의 이로운 상호작용은 생물처리법에서 흔히 볼 수 있다. 즉, 미생물의 반투과성(semi-permeable) 세포막은 불완전하여 생합성이나 생장에 필요한 세포외 고분자물질을 포함한 대사중간산물을 분비하거나 필요에 따라 흡수하기도 하고, 집단의 한 구성원에 의한 체외 분비물이 타 구성원의 기질로 이용되기도 한다(Atlas, 1997).

이와 같이 한 생물이 다른 생물에게 이익도 손해도 주지 않으면서 이익만을 제공받는 상태의 공생을 **편리공생**(commensalism)이라고 하며, 혐기성 처리과정은 이러한 예의 하나이다. 즉, 유기산균은 유기물을 분해하여 유기산을 생산하고, 생산된 유기산은 메탄생성균에 의해 메탄으로 분해되며, 이 과정에서 메탄균은 에너지를 얻는다.

한편 편리공생은 기질뿐 아니라 다른 차원에서도 나타나는데, 예를 들면 호기성 미생물과 혐기성 미생물이 공존할 경우, 호기성 미생물의 초기 활동으로 수중에 용존산소가 고갈되고 이러한 환경은 혐기성 미생물의 성장조건을 제공한다.

1.3.2 해로운 상호작용(antagonistic interaction)

미생물 간의 상호작용은 해로운 관계로도 나타나는데, 이러한 관계는 주로 기질에 대한 경쟁·독성물질의 생산 또는 고등한 미생물과 보다 하등한 미생물 간의 피·포식(被捕食) 등으로 나타난다. 하지만 해로운 상호작용은 이러한 작용을 통하여 특정의 미생물이 지배적으로 우점(優占)하는 현상을 막아 하나의 생태계가 다양한 종을 유지하는 데 중요한 역할을 하기도 한다.

1. 경쟁

먹이에 대한 경쟁은 특정 미생물의 우점으로 나타나는데, 예를 들어 당을 처리하는 폐수처리장에서 일반적인 당분해성 박테리아(saccharolytic bacteria)는 기질을 빠르게 분해하고 증식하여 타 미생물의 성장을 저해한다.

2. 독성물질의 생산

미생물은 기질을 분해하는 과정에서 중간생성물을 배출하는데, 이들 중간생성물 중 일부는 해당 미생물이나 타 미생물에게 유해한 환경을 제공하여 스스로나 타 미생물의 생장을 방해하거나 도태를 유발시키기도 한다. 예를 들면 유기물의 분해과정에서 생성되는 유기산은 자신과 타 미생물에게 독성물질로 작용하며, 특히 혐기성반응의 중간생성물인 유기산은 호기성 미생물에게 보다 치명적 독성으로 작용한다. 이때 기질에 따라서도 그 독성이 다른데 탄수화물이나 단백질에 비해 지방의 분해과정에서 생성되는 지방산의 영향은 보다 크게 나타난다. 따라서 폐수처리장의 설계 시에는 폐수의 유기물 함유량뿐 아니라 그중 지방성분의 함유량을 유의 깊게 고려해야 한다.

3. 미생물 간의 포식

이미 기술한 바와 같이 폐수처리장의 생물반응조 내 미생물은 크게 분해자(하등한 미생물)와 소비자(고등한 미생물)로 구분되며, 이들 미생물 간에는 포식과 피식의 관계가 존재한다. 그림(1.4)는 미생물 간의 피·포식작용이 미생물상의 변화에 미치는 영향을 도식적으로 나타내고 있다. 즉, 그림에서 영양원이 풍부한 초기에는 세균이 번성하며, 이것은 Rotifers와 같은 고등한 포식자의 먹이원이 되어 시간이 흐름에 따라 고등한 포식자는 증가하고, 하등한 세균류는 점차 감소하는 것을 알 수 있다. 이러한 변화는 폐수의 처리속도뿐 아니라 생물반응조 내 전체 미생물의 증식률을 변화시켜 잉여 슬러지의 발생량을 결정 짓는 중요 인자로 작용한다.

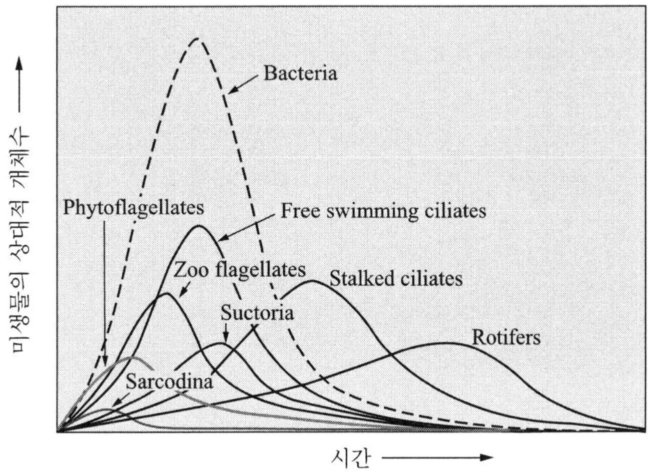

그림 1.4 시간 경과에 따른 미생물의 상대적 개체수 변화(McKinney, 1962)

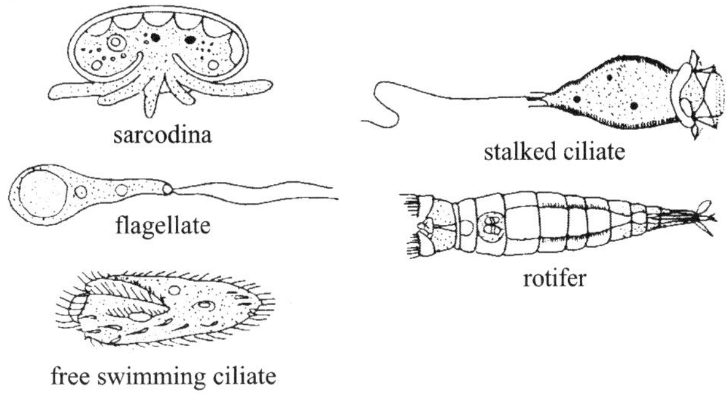

그림 1.5 포기조 내 주요 지표생물

이상의 내용을 정리하면 미생물 간의 상호작용은 해로운 경우 또는 이로운 경우로 구분하여 설명할 수 있으며, 폐수처리 과정에서 군집 간의 상호관계는 언제나 일정한 관계로 나타나지 않는다. 즉, 이로운 관계가 언제나 처리결과에 이로운 것만은 아니다. 예를 들어 혐기성 폐수처리 과정에서 유기산균에 의해 발생한 유기산은 메탄미생물의 기질로 이용되는 이로운 상호관계로 나타나지만, 지나친 유기산의 발생은 메탄균의 활성을 저해하는 해로운 상호관계가 되며, 고등한 미생물의 포식작용 또한 생태학적 측면에서 해로운 상호관계로 설명되지만, 폐수처리 과정에서는 잉여슬러지의 발생량을 감소시키는 긍정적 영향을 보이기도 한다. 자세한 내용은 6.2.2항에 기술하였다.

연습문제

1. 수처리 과정에서 미생물상의 변화에 영향을 미치는 인자를 나열하라.

2. 포기조 내에 하등한 세균류가 우점할 경우 처리결과는 어떻게 변화하는가?

3. 해로운 상호작용과 이로운 상호작용을 설명하라.

4. 다음 생태계 관련 용어를 수처리와 관련지어 설명하라.
   (1) 천이
   (2) 극상
   (3) 항상성

참고문헌

Atlas R. M. and Bartha R. *Microbial Ecology: Fundamental and application*. 7rd, Bejamin/Cummings Science Publishing, Menlo park, California, pp. 61-65, 1997.

McKinney, R. E., *Microbiology for Sanitary Engineers*, McGraw-Hill, Inc., New York, 1962.

Mithchell R. *Introduction to environmental microbiology*. Prentice-Hall, Englewood Cliffs, New Jersey, 1974.

Chapter 02

미생물학 개론

2.1 미생물의 특징

미생물(microorganism)이란 그 크기가 매우 작아 육안 관찰이 곤란한, 즉 연구나 관찰을 위해서는 현미경 등을 이용할 수밖에 없는 작은 생물체를 말하는데, 이들 미생물 중의 어떤 것은 식물의 특성을 갖기도 하나, 어떤 것은 어느 정도 동물의 특성을 나타내기도 한다. 따라서 미생물은 식물과 동물과는 별도로 미생물계(protista)로 분류하며, 원핵생물(procaryotes)에 속하는 세균과 진핵생물(eucaryotes)에 속하는 균류·조류(藻類)·원생동물 및 후생동물의 두 가지 군(group)으로 나누어진다. 참고로 바이러스(virus)는 이들 계의 어디에도 속하지 않는 절대적 세포내 기생성이다.

본 장에서는 각 미생물의 기능과 역할에 대해 수처리공학적 측면을 위주로 기술하고 그 이상의 자세한 이학적 접근은 피하고자 한다.

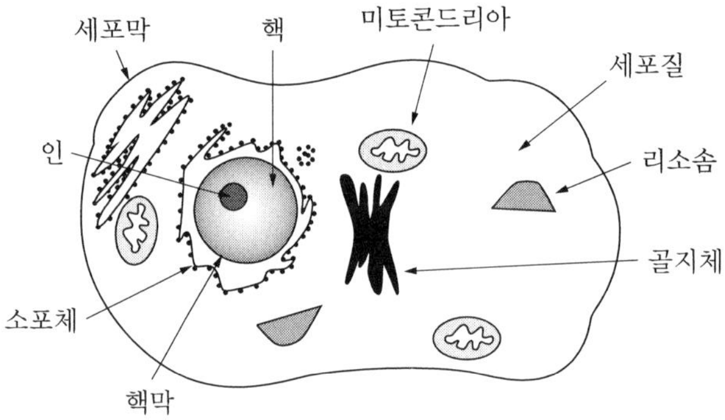

진핵세포(동물세포)

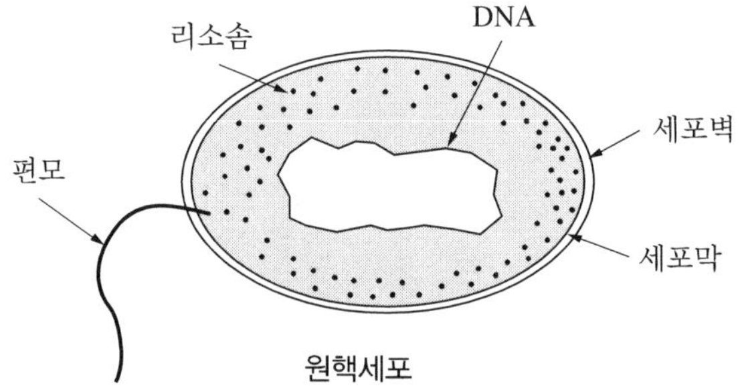

원핵세포

그림 2.1 진핵세포와 원핵세포의 구조

표 2.1 원핵생물과 진핵생물의 특징

특 징	원핵생물 (세균)	진핵생물 (진균·조류·원생동물·식물·동물)
세포벽	비교적 얇다.	두껍다(동물세포에는 없음)
리보솜	크기; 70s	80s
골지체	없음	존재
소포체	없음	존재
미토콘드리아	없음	존재
엽록체	없음	존재
내생포자	일부 종에서 존재	없음
운동	한 개의 섬유로 된 편모	현미경 크기의 편모나 섬모, 아메바 운동
핵막	없음	존재
DNA	단일 분자	여러 개의 분자
세포분열	이분법	유사분열

* 상기에서 "s"는 유체 내에서 물질의 침강속도를 나타내는 단위로, 10^{-13}초의 침강계수(sedimentation coefficient)를 1Svedberg단위라고하며 1s로 나타낸다.

2.2 원핵세포와 진핵세포의 구조

2.2.1 구조와 특성

1. 크기

원핵세포의 크기는 사상성(filamentous) 세균과 같이 1,000~2,000 μm에 이르는 것을 제외하면, 대부분 0.3~2 μm 정도이며, 진핵세포는 길이가 대략 20 μm 이상이다. 원핵세포는 진핵세포에 비해 높은 성장률과 활성도를 가지는데, 그것은 작은 세포가 큰 세포에 비해 비표면적이 보다 커서 확산(diffusion)에 의한 영양소의 흡수나 노폐물의 배출이 보다 용이해지기 때문이라고 추측한다.

2. 세포벽(Cell wall)

세포벽은 세포의 형태를 유지시키는 역할을 하며, 동시에 높은 삼투압(osmotic pressure)으로부터 세포를 보호한다. 한편 세균의 세포벽은 조성에 따라 그람염색(Gram stain) 시 특정의 색깔을 나타내는데, 이러한 현상은 세균을 분류하기 위한 수단으로 자주 이용된다.

3. 세포막(Cytoplasmic membrane)

세포막은 40～80Å(Å＝10^{-8}cm) 두께의 선택적 투과성을 지닌 반투막(半透膜)으로 영양분 외에 모든 물질로부터 세포 내의 물질을 보호함과 동시에 대사과정에서 생긴 불용물질을 세포 밖으로 배출시키는 역할을 한다. 특히 불용물질 외에도 세포막을 통해 배출시키는 물질 중에는 하수처리와 관련하여, 즉 미생물 floc 형성과 관련하여 매우 중요한 물질인 bio-polymer라고 하는 **세포외 고분자물질**(extracellular polymeric substance; EPS), 즉 다당류(polysaccharides)·핵산(nucleic acids) 및 polypeptide가 있다(Lim, 1998; Sawyer., *et al.*, 1978; Vallon *et al.*, 1984; Norberg *et al.*, 1982; Mithchell, 1974; Friedman *et al.*, 1969).

이들 물질은 세포벽의 표면을 둘러싸서 표면이 점성을 나타내는 점질층(slime layer)을 형성하기도 하고, 때론 구조가 보다 명확한 캡슐(capsule)을 형성하여 독성물질·건조 등 유해한 환경요인에 대한 방어기구로 작용한다(Lim, 1998; Atlas *et al.*, 1997; Bitton, 1994; Stewant *et al.*, 1992; Matin *et al.*, 1990). 이러한 세균의 유해환경에 대한 방어기구는 그간 수처리공학에서 그다지 중요한 현상으로 다루어지지 않았다. 하지만 이러한 현상은 방어기구뿐 아니라 활성슬러지법의 운전성패를 좌우하는 슬러지의 침전성, 즉 플록(floc) 형성을 지배하는 결정적 영향인자로 작용한다.(李, 2001a, 2001b) 보다 자세한 내용은 3.2.1 및 5.3.2 5.①㈀항에 기술하였다.

또한 세포막은 생물 슬러지의 탈수성과 관련이 있는데, 세포막이 온전히 존재할 경우 슬러지는 효과적으로 탈수되지 않는다. 따라서 생물 슬러지를 효과적으로 탈수하기 위해서는 슬러지를 소화시키는 등 여하의 방법을 통해 세포막을 손상시켜 탈수 시 세포의 내용물이 쉽게 배출되도록 해야 한다.

4. 세포질

세포질(세포벽·세포막 및 세포핵을 제외한 부분)은 RNA(Ribonucleic acid 단백질로 구성된 ribosome)·골지체 등, 그리고 세포의 신진대사에 필요한 효소(enzyme) 등을 함유한다. 세포는 세포질에 에너지원을 저장하는데, 탄소저장물로는 글리코겐(glycogen)·녹말(starch) 및 poly-β-hydroxybutric acid(PHB) 등이며, 세포는 기아상태에서 생존을 위하여 이 물질들을 이용한다. **특히 이 중 PHB는 생물학적 인 제거와 관련되며 원핵생물인 세균에서만 발견된다.**

그 외의 저장물로는 다중인산염(polyphosphate)을 포함한 볼루틴 입자(volutin granule), 자색광합성 세균(purple photosynthetic bacteria)과 황사상성 세균(예, Beggiatoa·Thiothrix)에서 발견되는 황입자(sulfur granule) 등이 있다.

5. 세포의 운동성

미생물은 편모(flagella)·섬모(cilia) 또는 위족(pseudopod)에 의해 움직일 수 있다. 원핵생물인 세균은 한 개 또는 그 이상의 편모를 이용하여 먹이·빛 또는 산소에 대해 선택적으로 움직일 수 있으며, 진핵세포는 편모·섬모 또는 위족에 의해 움직이는데, 섬모나 위족은 운동 외에 포식활동에도 이용된다.

6. 내생포자

진균류의 내생포자(endospore)는 세균이 유해한 환경조건에 노출될 경우 세포 내에서 형성되어 방출된다. 이 포자는 열·건조·방사선 및 화학물질에 대한 저항성이 매우 크며, 환경조건이 호전되면 발아하여 새로운 세포를 형성한다.

7. 진핵세포의 소기관

진핵세포의 세포질에는 원핵세포에는 존재하지 않는 몇 가지의 소기관(organelles)이 있다. 이들 소기관은 미토콘드리아(mitochondria)·엽록체(chloroplast)·골지체(golgi complex)·소포체(endoplasmic reticulum)·리소솜(lysosome) 등이며, 세포의 기능을 수행하는 데 중요한 역할을 한다. 하지만 수처리공학과 관련하여 보다 자세한 설명은 필요치 않은 것으로 판단되어 이들 소기관에 대한 설명은 생략한다.

2.2.2 미생물군의 개관

1. 세균(Bacteria)

원핵생물(procaryotes)에 해당하는 세균은 세포벽·세포막·리보솜·핵부위 등 비교적 간단한 구조로 진핵생물(eucaryotes)에 비해 보다 낮은 수준의 세포조직을 가지고 있다(그림 2.1 참고). 이들 생물은 핵부위(nuclear region)를 둘러싸는 핵막은 존재하지 않고, 세포질에 노출되어 있으며, 구분을 위해 형태에 따라 **구균**(coccus)·**간균**(bacillus)·**나선균**(spirillum)으로 분류한다(그림 2.2 참고).

구균은 구형으로 세균의 가장 흔한 형태이며, 간균은 막대기 또는 원주모양의 행태를 나타내나, 일부 특수한 경우에는 이 균들이 증식·결합되어 실과 같이 긴 형태를 나타내는데, 이러한 세균을 **사상성**(絲狀性) **세균**이라고 한다. 이들 사상성 세균 중 가장 잘 알려진 것은 *sphacrotilus natans*이며, 이들 미생물은 부유미생물을 이용하는 생물처리공법에서 슬러지 팽화(bulking)를 일으키는 주원인으로 지적되어 왔는데, 이러한 주장은 사실이 아니다. 자세한 내용은 6.3절에 기술하였다. 그 외에 나선균은 S자 모양 또는 나선모양과 같이 굴곡한 형태의 모든 균을 총칭한다.

한편 수처리와 관련하여 중요한 것은 이들 세균이 형태에 관계없이 하·폐수 중 용해성 유기물의 최초 분해자 역할을 수행하며, 보다 고등한 미생물의 먹이원이 된다는 것이다. 또한 이들은 유기물의 분해뿐 아니라 슬러지 팽화와 관련되는 점액물질(bio-polymer)을 배출하며, 일부는 수인성질환의 원인이 되기도 한다. 관련하여 이들 세균이 배출하는 점액물질은 막미생물을 이용할 경우 막 형성의 근간이 된다.

세균의 구성성분은 물·무기물·단백질·핵산·탄수화물·지질·색소 등으로 일반적인 생물세포의 구성성분과 대동소이하며, 이 중 호기성세균의 일반적 화학구조식은 $C_5H_7O_2N$을 채택하고 있다.

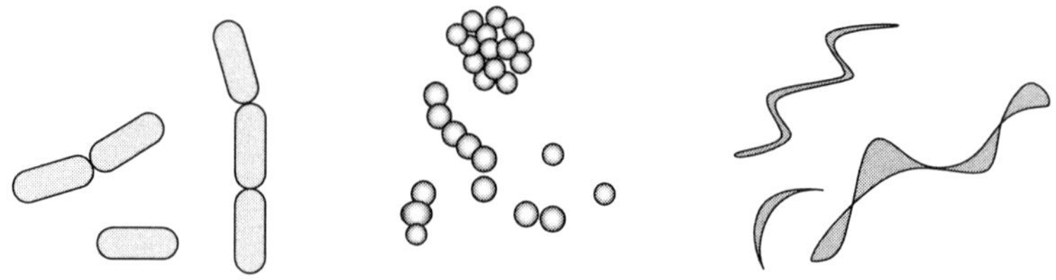

(a) 간균　　(b) 구균　　(c) 나선균

그림 2.2 세균의 형태학적 분류

2. 진균류(Fungi)

식용버섯을 포함하여 물곰팡이(water mold), 빵이나 맥주 등을 생산하는 데 이용되는 *saccharomyces*와 같은 효모, 페니실린을 생산하는 *penicillium* 또는 셀룰로오스나 리그닌을 분해하는 *agaricus* 등 진균류는 폐수처리보다는 산업적 목적으로 보다 크게 응용되는데, 이들은 대부분 **균사**(hyphea)라고 하는 긴 사상체를 생성하는 다핵의 진핵생물로, 폐수 처리 시 이것이 많이 발생하면 floc의 밀도가 감소하여 슬러지가 팽화(bulking)할 수 있으며, 이러한 상태의 팽화를 **진균성 팽화**라 한다.

이들 미생물은 토양미생물의 중요한 구성원으로 비광합성이며, 혐기적 조건에서도 자랄 수 있는 일부를 제외하면 대부분 호기성이며, 박테리아와 마찬가지로 용해상태의 먹이를 섭취하지만 일부는 원생동물과 선충류를 포획·섭취하기도 한다.

생식·분산·환경조건에 대한 저항을 위해 대부분은 유성(sexual) 또는 무성포자(asexual spore)를 형성한다. 따라서 환경에 대한 저항성이 커서, 낮은 온도와 pH 5 이하의 산성조건에서도 잘 자라며, 질소와 같은 영양물질의 부족에도 잘 번성한다. 진균류의 여러 형태를 그림(2.3)에 나타내었다.

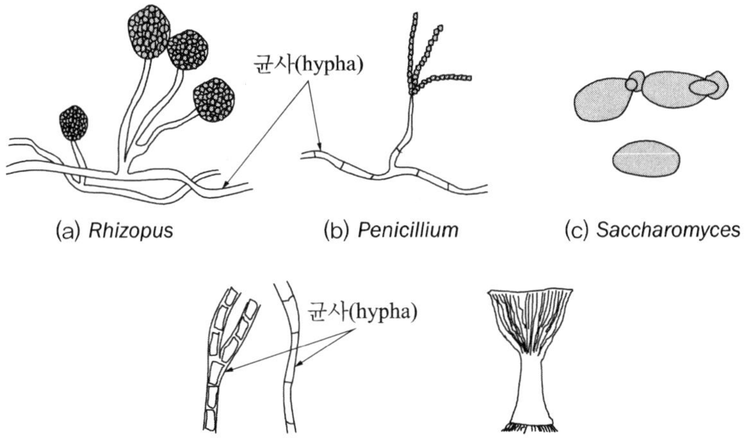

(d) *Geotrichum* (e) 버섯의 자실체

그림 2.3 여러 가지 형태의 진균류

3. 조류(Algae)

대부분의 조류는 식물성 플랑크톤(phytoplankton)이라고 부르는 단세포성의 미생물이며, CO_2를 탄소원으로 이용하여 유기물을 생산해내는 광합성 미생물로 수서환경에서 1차생산자 역할을 한다. 조류는 대단히 많은 종류가 있어, 연구를 위해 광합성 색소의 유형·세포의 배열·크기나 모양 등 주로 형태학적으로 분류하는데, 특히 이들은 광합성 색소의 상대적 농도에 따라 특정의 색깔을 나타내므로, 그 색깔에 따라 녹조류·갈조류·적조류 등으로 구분한다.

성장제한요소는 빛 외에 무기성 질소와 인이며, 적정한 온도조건에서 질소나 인산염이 하천과 호소 등에 유입하면 크게 번성한다. 이른바 담수역의 **녹조현상**이나 바다의 **적조현상**이 그것이다. 이와 같이 이들 미생물은 하·폐수 처리에 이용되기 보다는 주로 수질을 오염시키는 원인으로 작용한다.

한편 이들 미생물이 상수원에 다량 존재할 경우, 상수에 불쾌한 냄새와 맛을 내고, 정수장의 응집지에서 pH·알칼리도·경도 등을 변화시켜 floc의 형성을 저해하거나 floc의 강도를 약화시키며, 지나치면 상수도 여과지의 막힘(폐색)현상을 일으키는 등 상수도와의 관련성도 매우 크다.

조류에 의한 광합성작용은 다음과 같다.

$$CO_2 + H_2O + \text{빛에너지} \rightarrow CH_2O(\text{세포물질}) + O_2\uparrow$$

$$\text{or} \quad 6CO_2 + 12H_2O + \text{빛에너지} \rightarrow C_6H_{12}O_6 + 6H_2O + 6O_2\uparrow \qquad (2.1)$$

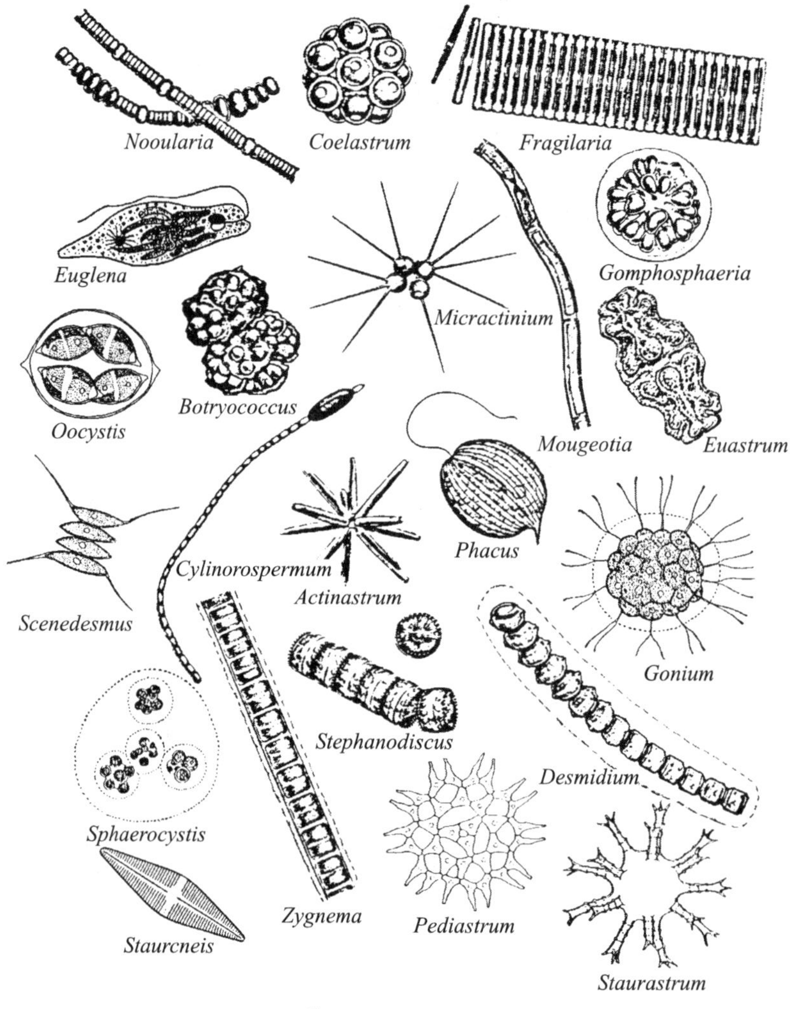

그림 2.4 여러 가지 형태의 조류

4. 원생동물(Protozoa)

원생동물은 단세포성(unicellular) · 운동성 · 비광합성의 진핵생물로 녹조류와 밀접한 관련이 있으며, 녹조류가 진화 과정에서 엽록소를 상실한 것으로 추측된다. 이들은 타영양성 생물로 세포막을 통해 용해성 먹이를 흡수하거나, 위족 또는 섬모 등을 이용하여 세균 · 효모 등 입상의 먹이를 포식한다. 따라서 이들은 미생물계 내의 먹이사슬에서 중요한 중간단계를 차지하며, 생물반응조에 이들 미생물이 우점할 경우 잉여 슬러지의 발생량이 크게 감소한다(자세한 내용은 1.1절 참고).

이들 미생물은 외피(pellicle)라고 하는 보호구조물로 피복된 세포막을 가지고 있으며, 열악한 환경에서는 소낭(cyst)을 형성하여 소독·건조·영양물질이나 산소의 부족·화학물질 등에 대응하며, 일부는 사람을 포함한 동물에 기생하여 질병의 원인이 된다. 따라서 상수에서도 중요하게 다루어지는 미생물로, 대개 호기성이며 *paramecium* 과 같이 유성생식을 하는 일부를 제외하면 분열에 의해 증식한다.

원생동물은 운동성이 없는 포자충류(sporozoa)를 제외하면 운동성이 크며, 운동의 형태에 따라 다음과 같이 분류한다.

① 위족류(Sarcodina; Amoeba)

세포벽이 없어 원형질이 일정한 형태를 유지하지 못하고, 위족(false feet)을 만들어 아메바(amoeba)성 운동을 한다. 아메바는 수용성 먹이를 흡수하거나, 피식자를 위족으로 포식한다. 그 외에 포낭(cyst)을 형성하거나, 껍질(shell)을 가진 것도 있다.

② 편모충류(Mastigophora; Flagellates)

한 개 이상의 편모를 가지며, 편모에 의해 움직인다. 편모충류는 유글레나(euglena)와 같이 광합성을 하는, 즉 자영양성인 식물성 편모충류와 색소체가 없는 타영양성인 동물성 편모충류로 구분된다.

③ 섬모충류(Ciliophora; Ciliate)

섬모충류는 운동이나 포식을 위해 섬모를 이용한다. 대표적인 것으로 자유 유영형의 집신벌레(*Paramecium*)와 부착형의 종벌레(*Vorticella*)류를 들 수 있다. 이들은 활성슬러지에서 흔히 볼 수 있는 미생물이며, 양질의 활성슬러지에서 출현 빈도가 보다 높아진다. 또한 종벌레류는 근족이라는 부착기관을 가지고 있어 생물막 처리법을 이용하는 경우, 많은 부유성 미생물의 활동 근거를 제공한다. 그 외에 태양충류·흡관충류 등이 활성슬러지에서 흔히 관찰되는 섬모충류이다.

④ 포자충류(Sporozoa)

원생동물 중 운동기관이 없는 유일한 미생물로 먹이는 흡수에 의하며, 감염성 포자를 생성하는 기생성 미생물이다.

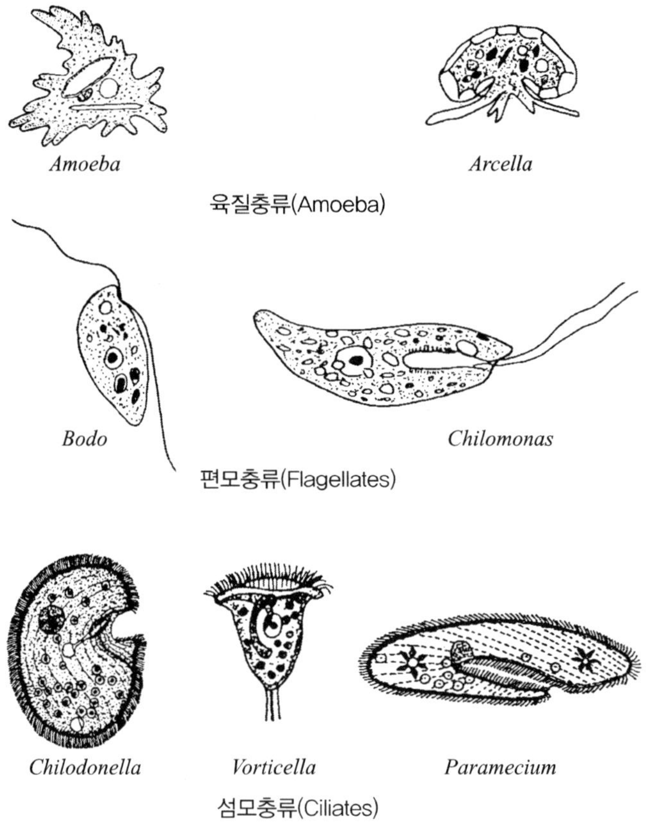

그림 2.5 여러 종류의 원생동물

5. 후생동물(Metazoa)

후생동물이란, 원생동물 외의 모든 다세포 동물을 일컫는데, 담수 중에서 볼 수 있는 주요한 것은 해면동물 · 윤형동물 · 선형동물 · 환형동물 · 연체동물 · 절지동물 등이다. 이 중 윤형동물(rotifera) · 선형동물(nematoda)은 활성슬러지에서 흔히 발견되며, 이들은 생물 반응조 내에서 세균류와 원생동물을 포식하는 최상위의 포식자이다(그림 2.7 참고).

이상과 같이 미생물군 간에는 그림(2.7)과 같은 피 · 포식관계의 생물피라미드를 형성한다. 이미 1장에서 기술한 바와 같이 폐수 처리 시 이들 미생물군 간의 상대적 생물량은 공급되는 먹이의 양, 즉 유입하수의 유기물 부하에 따라 달라지며, 생물량의 상대적 변화는 처리속도나 슬러지 발생량을 변화시킨다. 따라서 생물처리공정을 정확하게 관리하고 이해하기 위해서는 미생물종 간의 구성비 및 피 · 포식관계를 인지하는 것이 중요하며, 1장에서 생태학의 개략을 다룬 것도 이러한 이유이다.

Ploesoma *Rotifer* *Trichocerca* *Keratella*

윤형동물(Rotifera)

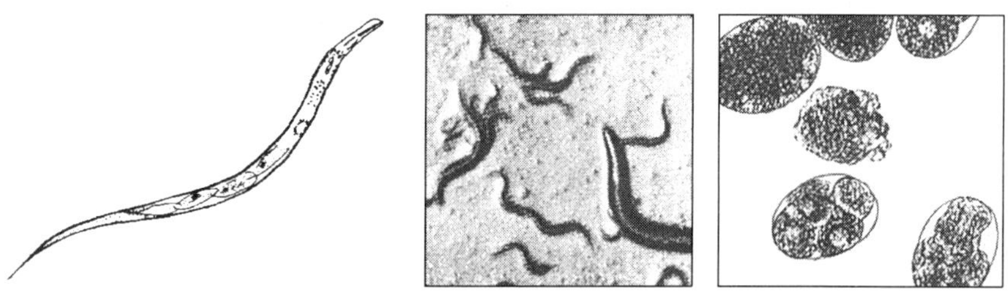

Rhabdolaimus 선충의 집단 선충의 알

그림 2.6 원형동물 및 선형동물

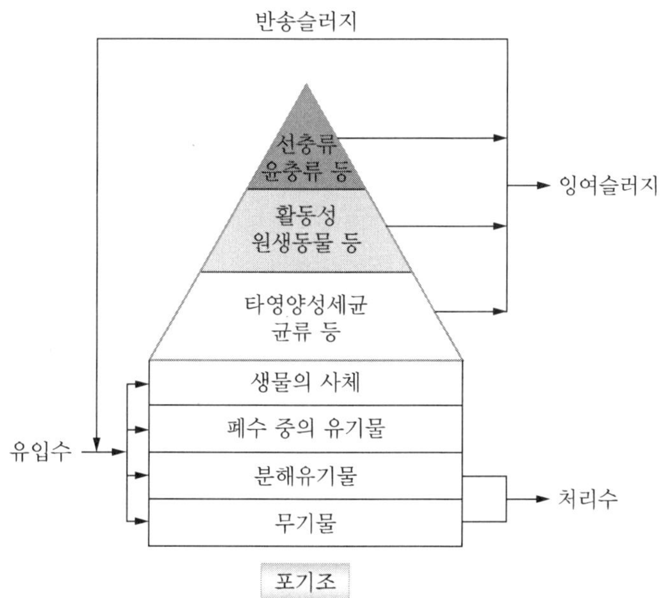

그림 2.7 미생물의 먹이사슬을 고려한 활성슬러지법의 모식도

2.2.3 미생물의 분류

미생물을 공학적으로 이용하기 위해 세포의 구조나 형태에 관계없이 성장온도범위·용존산소·영양섭취방법 등에 따라 분류하기도 하는데, 이러한 분류는 수처리공학에서 각종 생물학적 공법을 이해하고 효과적으로 관리하기 위해 필히 알아두어야 한다.

1. 온도(Temperature)

미생물은 성장온도범위에 따라 **중온성**(mesophilic)·**고온성**(thermophilic) 및 **냉온성**(psychrophilic)으로 구분하기도 하는데, 이 중 중온성 미생물은 상온, 즉 15~35℃의 온도범위에서 잘 성장하며, 인체 내에 기생하는 병원균이나 대장균(*E.coli*)은 대표적인 중온균이고, 활성슬러지법의 미생물 또한 대부분 중온성 미생물이다.

고온균은 35~70℃ 혹은 100℃ 이상에서도 생존할 수 있는데, 대부분 균류가 주종을 이루며, 저온균은 5~15℃ 부근에서 잘 자라고, 0℃ 이하에서도 성장한다.

이와 같이 미생물의 적정 성장온도범위가 다른 것은 각각의 세균이 지닌 효소가 각기 다른 온도범위에서 기능하기 때문이다.

2. 용존산소(Dissolved oxygen)

생물의 생존에는 호흡이 요구되는데, 호흡 시 유리산소의 필요 유무에 따라 **호기성**(aerobic)세균·**혐기성**(anaerobic)세균 및 **임의성**(facultative)세균으로 분류한다. 이 중 호기성세균은 호흡을 위해 공기 중이나 수중의 유리산소를 필요로 하는 미생물로, 이때 산소의 농도는 대략 2 mg/L 정도면 충분한 것으로 알려져 있다. 참고로 McKinney(1962)는 미생물이 활성을 유지하기 위해 필요한 최소 DO 농도는 0.5 mg/L 이상이라고 보고하였다. 반면 유리산소가 없는 환경에서 유기화합물을 분해하고 그 속에 결합되어 있던 산소를 이용하는 세균을 혐기성세균이라고 하는데, 이들 세균에게 유리산소는 독성으로 작용하며 때로는 생존을 정지시키는 요인이 된다.

한편 호기조건에서 잘 번식하지만 혐기조건에서도 상당기간 생존하는 또는 혐기조건에서 번식하지만 호기조건에서도 생존할 수 있는 미생물을 임의성세균이라고 한다.

이상과 같이 미생물을 용존산소의 유무에 따라 분류하는 것은 생물처리공정을 구분하고 설계·관리하는 데 있어 특히 중요하다.

3. 영양 섭취방법

미생물을 영양의 섭취방법에 따라 **자영양성생물**(autotrophs)과 **타영양성생물**(heterotrophs)로 구분하는데, 이 중 자영양성생물은 필요한 유기물을 무기물로부터 합성한다. 이때 빛을 필요로 하는 광합성인 것과 빛을 필요로 하지 않는 화학합성세균으로 구분하며, 녹색 황세균·홍색 황세균 및 홍색 무황세균 등은 광합성 기능을 가진 광합성세균이고, 질산화세균·철세균 및 수소세균 등은 화학합성세균에 해당한다. 한편 타영양성생물은 필요로 하는 유기물을 다른 생물이나 다른 생물이 만든 유기물질로부터 취하는데, 가장 대표적인 예는 균류이다(표 2.2 참고).

표 2.2 영양 섭취방법에 따른 분류

- **자영양성생물(autotrophs)**
  - 광합성(photosynthetic); 조류, bacteria의 일부
  - 화학합성(chemossynthetic); bacteria의 일부
- **타영양성생물(heterotrophs)**
  - 활물영양성(holozoic)
  - 사물영양성(saprobic)
    - 고형사물영양성(saprozoic)
    - 액상사물영양성(saprophytic)

4. 그람염색(Gram stain)

세균학에서 세균을 감별하기 위해 널리 쓰이는 방법으로 염색법이 있는데, 이 중 그람염색(gram stain)은 염색의 결과에 따라 그람양성(gram-positive) 또는 그람음성(gram-negative)으로 분류한다. 그람염색한 후 현미경으로 관찰하면, 양성균은 적자색을 음성균은 적색을 띠는데, *E.coli*를 포함한 자연계에서 발견되는 세균의 90%는 그람음성세균이며, *bacillus*·*lactobacillus*·*streptococcus*·*micrococcus* 및 방선균은 그람양성세균에 해당한다.

연습문제

1. 원핵세포와 진핵세포의 차이점을 설명하라.

2. 응집관련물질인 세포외 고분자물질의 역할과 이 물질이 슬러지의 침전성에 어떤 영향을 미치는지 설명하라.

3. 다음 기준에 따라 미생물을 분류하라.
   (1) 온도
   (2) 용존산소의 유무
   (3) 영양 섭취방법
   (4) 그람염색의 결과

참고문헌

이정수, "활성슬러지법의 이해와 modelling을 위한 정성적 접근." 대한환경공학회지, 23(9), 1469~1476, 2001a.

이정수, "팽화 발생 원인의 재고." 대한토목학회논문지, 제21권, 제6-B호, pp. 725-733. 2001b.

APHA, *Standard Methods for the Examination of Water and Wastewater*(17th ed), American Public Health Association, Washington, DC. 1989.

Atlas R. M.; R. Bartha., *Microbial Ecology: Fundamental and application.* Bejamin/Cummings Science Publishing. Menlo park, California, USA. 61-65, 1997.

Bitton G., *Wastewater Microbiology.* John Wiley & Sons, New York, pp. 6, 156, 167-179, 1994.

Friedman B. A., Dugan P. R., Pfister R. A. and Remson C. C., Structure of exocellular polymers and their relationship to bacterial flocculation. *J. Bacteriol.* 98, 1328-1334, 1969.

Lim Daniel, *Microbiology.* WCB/McGraw-Hill. New York, NY. pp. 61-62, 141-171, 433, 1998.

Matin A. and Haraken S., *Effect of starvation on bacterial resistance to disinfectants*, pp.88-103, in; Drinking Water Microbiology, G. A. McFeters, Ed. Springer-Verlag, New York, 1990.

McKinney R. E. *Microbiology for sanitary engineers*, McGrow-Hill, New York, pp. 221, 1962.

Mithchell R., *Introduction to environmental microbiology.* Prentice-Hall, Englewood Cliffs, New Jersey. 267-269, 1974.

Norberg A. B., and Enfors S. O., Production of extracellular polysaccharide by Zooglea ramigera. Appl. *Envir. Microbial.* 44, 1231-1237, 1982.

Sawyer C. N. and McCarty P. L., *Chemistry for Environmental Engineering.* 3rd, McGraw-Hill, pp. 230-239, 1978.

Sobsey, M. D., and B. Olson, Microbial agents of waterborne disease. in: *Assessment of Microbiology and Turbidity Standards For Drinking Water*, P. S. Berger and Y. Argaman, Eds. EPA.-570-9-83-001, Office of Drinking Water, Washington, D. C. 1983.

Stewant M. H. and Olson B. H., Physiological studies of chloramine resistance developed by *Klebsiella pneumonae* under low-nutrient growth conditions. Appl. *Environ. Microbiol.* 58, 2918-2927, 1992.

Vallon J. K. and McLoughlin A. J., Lysis as a factor in sludge flocculation. *Water Res.* 18, 1523-1528, 1984.

CHAPTER 02 ■ ■ ■ CHAPTER 03

Chapter 03

미생물의 물질대사와 성장

생물은 활동에 필요한 에너지를 얻거나, 증식을 위해 여러 가지 영양물질을 분해하거나 합성한다. 이와 같은 미생물의 활동을 **대사**(metabolism)라 하며, 에너지를 공급하는, 즉 유기물을 분해하는 과정에서 필요한 에너지를 획득하는 **이화작용**과 에너지를 소비하여 생체에 요구되는 물질을 합성하는 **동화작용**이 있다. 이러한 미생물 세포 내의 생화학적 반응은 효소라고 하는 단백질 분자의 촉매(catalyst)작용에 의한다. 따라서 미생물의 성장과 활동은 영양물질의 유무와 효소반응에 의존한다.

효소반응의 속도는 기질의 종류나 농도·pH·온도·이온화 강도 및 저해물질의 존재에 따라 결정되는데, 일반적으로 기질의 농도·온도·이온화 강도에는 비례하고, pH의 높고 낮음·저해물질 등에는 반비례한다. 하지만 이러한 효소의 반응은 단순한 것이 아니다. 즉, 기질분해에 관여하는 효소는 기질의 종류에 따라 다르고, 개개의 미생물이 지닌 효소의 기능은 제한적이며, 각 효소의 활성 또한 기질의 분해과정에서 생산되는 중간생성물질의 농도나 종류에 따라 영향을 받는다(Sawyer, 1978). 따라서 활성슬러지가 어떤 종류의 유기물을 최종적으로 안정된 상태까지 분해하기 위해서는 미생물 상호 간의 공생적 협조가 조화롭게 유지되어야 한다. 수처리 시 이러한 조화로운 협조관계가 일정하게 유지될 때 이러한 상태를 **정상상태**(steady state)라 하며, 정상상태의 도달여부는 생물반응조 내의 pH나 슬러지의 침전성 및 유출수 수질의 안정 등으로 파악할 수 있다.

이 장에서는 효소의 반응속도론 및 동화작용과 이화작용 등 자세한 이화학적 기술은 피하고, 수처리공학에서 응용하는 부분만을 요약·기술하고자 한다.

3.1 영양(nutrition)

생태계는 무생물적 인자와 생물적 인자의 조화로 이루어진다. 따라서 미생물의 성장은 흔히 영양물질이라고 하는 질소와 인을 포함한 미량의 무기원소에 의존하는데, 이들 물질은 자연계에서 지속적으로 순환된다.

미생물 세포는 거의 일정 비율의 요소를 포함하는데, 대략적으로 50%의 C, 5～15%의 N, 0.5～1.5%의 P 및 0.5～1.5%의 S을 함유한다. 따라서 세포의 C : N : P의 비율은 대략 50 : 10 : 1이다. 하지만 하·폐수 처리장의 유입수의 경우, C : N : P의 비율을 대략 100 : 5 : 1의 비율로 조절하는데, 이것은 탄소의 일부가 에너지원으로 활용되기 때문이다. 그 외에 미생물의 세포는 생장을 위해 K·Ca·Mg·Na·Fe·Ni 등 미량의 원소를 필요로 하는데, 이들 미량 물질은 자연수 중에 충분히 존재한다. 따라서 미생물의 성장이 최고에 도달하기 위해서는 상기한 영양물질이 충분히 공급되어야 하며, 이 중 가장 부족한 인자는 미생물의 생장을 좌우하는데, 이러한 부족인자를 제한인자(limiting factor)라 한다.

3.2 미생물의 유기물 제거과정

세균은 호흡을 위해 산소가 요구되는데, 호기성세균의 경우, 자유산소가 요구되며, 반대로 혐기성세균의 경우, 자유산소가 아닌 결합산소가 요구된다. 이와 같이 미생물에 의한 유기물의 제거과정은 자유산소의 유무에 따라 호기성과정과 혐기성과정으로 구분할 수 있으며, 이 장에서는 호기성과정에 대해서만 기술하고 혐기성과정은 관련장에 기술하였다.

3.2.1 호기성 분해과정

호기성세균의 유기물 분해과정은 *hydrolases* 및 *desmolases*와 같은 세포외 효소 및 세포내 효소의 촉매작용으로 이루어진다(Sawyer, 1978). 분해단계의 초기에 탄수화물·단백질·지질과 같은 기질은 세포외 효소에 의해 glucose·polypeptides·amino acids·NH_3·organic acids·fatty acids 등과 같은 중간생성물로 분해되는데(Sawyer, 1978), 이 과정은 비교적 쉽게 일어난다. 이후 이들 중간생성물은 호기성 호흡과정인 TCA cycle(tricarboxylic acid cycle)과 전자전달계(Electron transport system; 전자의 이동에 의해 일어나는 생체의 산화환원반응)라고 하는 일련의 분해과정을 통해 CO_2나 H_2O로 산화되는데, 이때 산화제로 분자상태의 산소가 요구되며(Lim, 1998), 이 과정은 전체 반응속도를 결정하는 율속단계(律速段階)이다.

전체 유기물 분해과정을 간단히 도식하면 그림(3.1)과 같고, 참고로 TCA cycle과 전자전달과정은 그림(3.2)·(3.3)에 나타내었다.

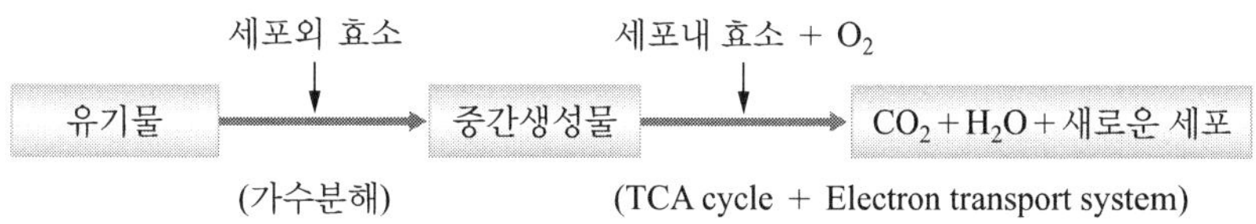

그림 3.1 미생물의 유기물 분해과정

상기 과정에서 중간생성물로 각종의 유기산이 생산되는데, 분해과정에 기여하는 각각의 미생물이 가진 효소는 그 기능이 제한적이므로, 한 종의 미생물이 상기 전체 분해과정을 모두 수행할 수는 없다. 따라서 이들 유기산의 대부분은 미생물 간의 이로운 상호작용에 의해 분해되지만, 이러한 상호작용에도 불구하고 분해되지 않고 남는 유기산은 반응기 내에 축적되어 생물반응조의 pH를 변화시키고, 동시에 미생물에게 독성으로 작용하는데, 이 중 지방산의 영향이 특히 큰 것으로 알려져 있다. 또한 이 물질의 양은 활성슬러지의 응집, 즉 연속운전의 성패를 좌우하는 침전성을 결정짓는다(李, 2000, 2001). 보다 자세한 내용은 5.3.2 5.항에 기술하였다.

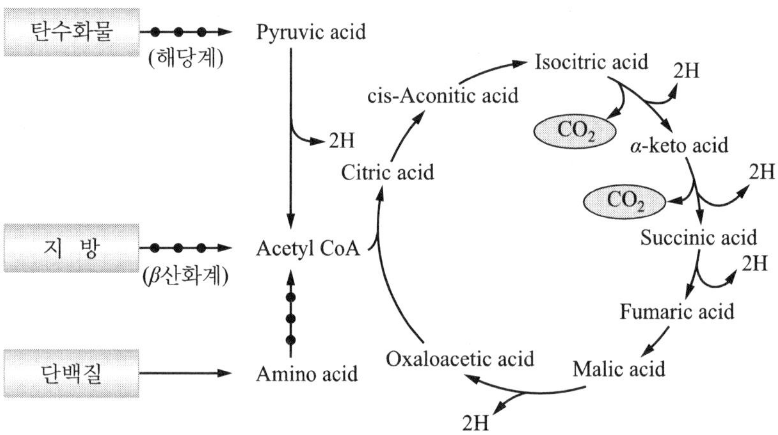

그림 3.2 3영양소와 TCA회로

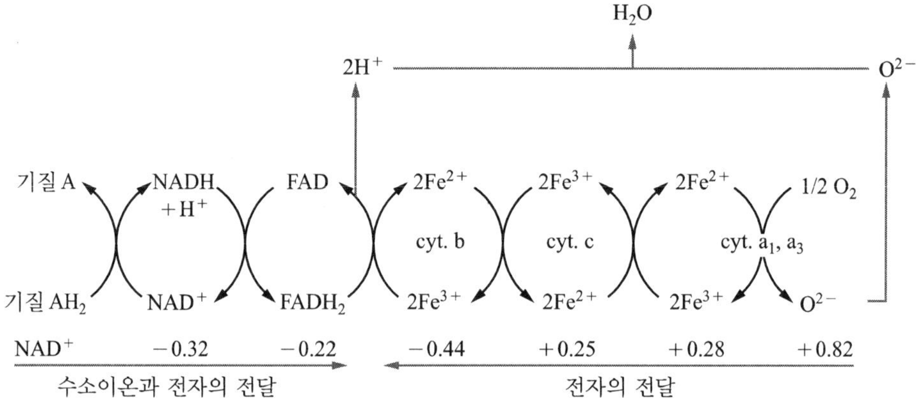

기질 AH_2에서 수소이온과 전자가 탈수소효소(Dehydrogenase), FAD(Flavin-adenine dinucleotide), cytochrome b, c, a_1, a_3와의 사이에서 산화·환원을 반복하면서 전달되고 최후에는 산소에 도달하여 물이 되는 순서와 중간과정에서 산화·환원전위를 표시한다.

그림 3.3 산화·환원전위에 기인한 호흡계의 전자전달 경로

3.3 미생물의 생장

박테리아와 같은 원핵생물체는 주로 이분법(binary fission)으로 증식하며, 증식속도는 세균의 종류에 따라 다르다. 한편 미생물 집단의 성장은 수적 증가나 생체량의 증가로 정의되는데, 단위 시간당 미생물 세포 수나 생체량의 증가를 생장률(growth rate)이라고 하며, 미생물 집단이 수적으로 2배 증가하기 위해서 필요한 시간을 세대기간(generation time) 또는 배가시간(doubling time)이라고 한다.

이 시간은 미생물 종에 따라 다양하다. 따라서 혼합배양 시 배양조건에 따라 미생물군 간의 조성이 달라지는데, 일반적으로 고부하 조건·열악한 환경조건(낮은 DO·독성물질 등)에서 세균과 같은 하등한 세균류의 종 구성비가 증가하며, 이러한 변화는 처리속도·슬러지 발생량 및 침전성 등 수처리 결과에 영향을 미친다. 따라서 각종 생물처리법을 정확하게 설계하고 관리하기 위해서는 종조성의 변화를 반드시 염두에 두어야 한다.

3.3.1 성장곡선(Growth curve)

미생물의 배양방법은 영양물질의 공급방법에 따라, 즉 영양물질을 일시에 투입하여 배양하는 **회분배양**(batch culture)과 연속적으로 공급하면서 배양하는 **연속배양**(continuous culture)으로 구분할 수 있으며, 또한 단일 미생물만을 배양하는 **순수배양**(pure culture)과 활성슬러지와 같이 다종의 미생물이 혼합된 상태에서 배양하는 **혼합배양**(mixed culture)으로 구분할 수 있다.

1. 회분배양

다음 그림(3.4)는 순수·회분배양 시의 전형적인 성장곡선을 나타낸 것으로, 이 그림에서 특징적인 성장단계를 4가지로 구분하면, 다음과 같이 지체기·대수생장기·정지기·사멸기 등으로 대별할 수 있다.

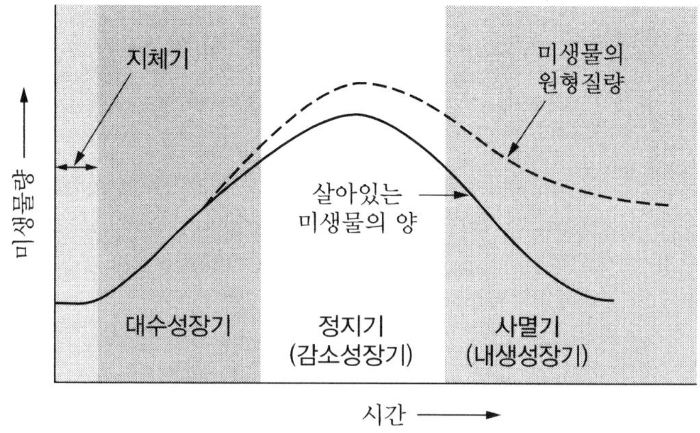

그림 3.4 미생물의 성장곡선

① 지체기(Lag phase)

지체기는 미생물이 새로운 환경에 적응하는 기간이다. 예를 들어 세균은 이전 배지와 다른 새로운 유기물이 공급될 경우, 새로운 유기물을 분해하기 위해 효소적으로 적응하는 데 시간이 요구된다. 따라서 대수적으로 잘 성장하고 있는 미생물을 동일 배지에 접종할 경우, 지체기는 발생하지 않는다.

참고로 다음 그림(3.5)는 글루코오스와 갈락토오스를 혼합한 혼합기질 내에서 박테리아의 증식상태를 나타낸 것으로, 이때 박테리아는 글루코오스를 다 분해한 후, 갈락토오스를 분해하는 효소인 갈락토시다아제를 생산하기 시작하며, 이 효소를 생산하기 전에 지체기를 가진다. 이와 같이 글루코오스와 갈락토오스를 순차적으로 분해하는 현상은 미생물의 **기질선택** 현상을 보여주는 것으로, 즉 박테리아는 증식과 생존을 위해 필요한 에너지를 얻기 위해 보다 쉽게 분해되는 글루코오스를 먼저 분해하고 그 물질이 충분히 고갈된 후 갈락토오스를 분해하기 시작한다. 따라서 실제 하·폐수처리장에서 유기물과 더불어 질소 등 타 물질을 제거하고자 할 경우, 관리자는 상기 현상을 미리 인지해야 한다. 즉, 탄소성 유기물이 일정 정도까지 제거되지 않을 경우, 질소는 생체구성비 이상으로 제거되지 않는다.

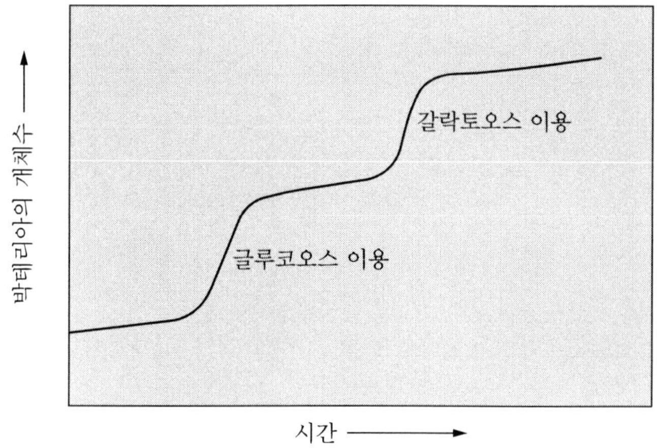

그림 3.5 혼합기질 내에서 미생물의 성장(Mithchell, 1974)

② 대수생장기(Log phase)

세포가 충분히 성숙하면 분열을 시작하는데, 영양분이 부족해지기 이전까지 미생물은 대수적으로 증가한다. 이때 증가속도, 즉 생장률은 미생물의 종류와 영양원의 종류 및 온도와 같은 외부조건에 의해 결정되는데, 이 시기는 가장 좋은 성장조건이 제공되므로 세대기간이 가장 짧다. 또한 배양조에서 배양할 경우, 이 시기의 미생물은 분산된 상태로 성장하며, floc을 잘 형성하지 않는다. 따라서 침전실험을 실시할 경우 미생물은 잘 침전하지 않으며, 상징수(上澄水)의 탁도가 높은 **분산성장**(dispersed growth) 상태를 보인다. 이러한 현상은 이 시기가 배양 초기에 해당하여 배양조 내에 독성으로 작용하는 중간생성물의 누적 양이 많지 않고, 그에 따라 세포는 방어기구이자 응집관련물질인 bio-polymer를 충분히 생산하지 않기 때문이다. 자세한 내용은 3.2.1항 및 5.3.2 5.① ㈀항에 기술하였다.

대수생장기에 있어서 세대기간을 G라고 하면, 접종 시 B_o개의 세포 수는 n 세대 후 다음과 같다.

$$B = B_o \times 2^n \quad (3.1)$$

n 세대까지 소요된 시간 t는 다음과 같다.

$$t = n \times G \quad (3.2)$$

따라서 식(3.1)과 (3.2)로부터

$$B = B_o \times 2^{t/G} \tag{3.3}$$

위 식에 대수를 취하면

$$\log B = \log B_o + t/G \cdot \log 2 \tag{3.4}$$

$$\therefore\ G = t \cdot \log 2/(\log B - \log B_o) \tag{3.5}$$

따라서 대수생장기의 평균 세대기간 G는 임의의 시간 동안 증식한 미생물의 수로부터 구할 수 있다.

한편 $\log 2/G = k$라 놓으면, 식(3.5)는

$$\log B = \log B_o + kt, \quad 즉\ \log(B/B_o) = kt \tag{3.6}$$

위 식을 t에 관해 미분하면 미생물의 수 B와 k 간에는 다음 관계가 성립한다.

$$\frac{1}{B}dB = k\,dt, \quad 즉\ \frac{dB}{dt} = kB \tag{3.7}$$

여기서 k를 **증식속도상수**라 하며, 관계식 $k = \log 2/G = 0.693/G$로부터 구할 수 있다. 대수성장단계에서 몇몇 미생물의 G와 k 값은 표(3.1)과 같고, 이들 상수의 크기는 관련 미생물의 성장단계를 나타내며, 각 반응조의 운전 상태를 파악하거나 비교하는 데도 유용하게 활용된다.

표 3.1 미생물의 세대기간

구 분	세대기간(hr), G	증식속도상수(1/hr), k
E. Coli	0.26~0.28	2.42~2.69
Aerobacter aerogenes	0.29	2.37
Pseudomonas f.	0.77~0.87	0.8~0.9
Nitrosomonas	31	0.022
Activatied sludge	2.31~8.69	0.08~0.3

③ 정지기(Stationary phase)

정지기(감소성장기)는 영양소의 부족과 독성대사산물의 축적으로 미생물의 증식률과 사멸률이 균형을 이루어, 즉 겉보기 성장률 "0"에 가까운 기간으로, 이 시기에 세포는 2차대사물질을 생성한다. 침전실험을 실시하면, 이 시기의 미생물은 대수생장기에 비해 floc을 잘 형성하며, 상징수(上澄水)도 맑아진다.

④ 사멸기(Death phase)

이 시기에 미생물 개체군의 사멸률은 증식률을 초과하여 살아있는 개체수가 감소한다. 고농도의 기질에서 배양을 시작하여 각 성장단계를 거친 후 이 시기가 지속되면 미생물의 침전성이 악화되는데, 이러한 현상은 조 내에 독성물질의 농도가 높고 그에 따라 미생물은 과량의 점액물질을 분비하며, 그 결과 미생물은 floc을 형성하지만 형성된 floc의 밀도가 낮아 침전성이 불량해진다. 보다 자세한 내용은 5.3.2 5.①㈀항에 기술하였다.

2. 연속배양

자연 서식지나 하수처리장과 같은 폐수처리시설은 혼합미생물에 의한 연속배양이며, 이 경우 성장동력학의 연구는 그림(3.6)과 같은 완전혼합 생물반응조(complete mixed bioreactor)를 이용하여 수행할 수 있다. 이 장치에서 일정 성장단계를 유지하기 위해서는 제한인자(일반적으로 유기물)의 유입량 외에 DO · pH · 온도와 같은 환경인자와 슬러지 반송량을 일정하게 유지해야 한다. 이 때 처리수와 잉여슬러지량 및 조 내 pH와 슬러지의 침전성 등이 일정해지는데, 이러한 상태를 **정상상태**라 한다.

그림에서 생물반응조의 용적이 V이고, 반응조의 유입유량이 Q일 때, 잉여슬러지 반송량을 무시하면 유입수의 반응조 체류시간, 즉 **수리학적 체류시간**(hydraulic retention time; HRT) θ_h는 다음 식(3.8)과 같다. 이 값은 활성슬러지 설계 시 가장 중요한 설계인자이다.

$$\mathrm{HRT}(\theta_h) = \frac{V}{Q} \times 24 \qquad (3.8)$$

여기서, V : 생물반응조 용적(m^3),
Q : 유입폐수량(m^3/day),
θ_h : 수리학적 체류시간(hr)이다.

위 식의 역수는 다음 식(3.9)와 같고, 이를 **희석률**(dilution rate; D)이라고 한다. 따라서 희석률과 수리학적 체류시간은 조 내 독성물질의 양과 관련되며 슬러지의 침전성을 좌우하는 중요 인자이다.

$$D = \frac{1}{\theta_h} = \frac{Q}{24\,V} \quad [\mathrm{hr}^{-1}] \qquad (3.9)$$

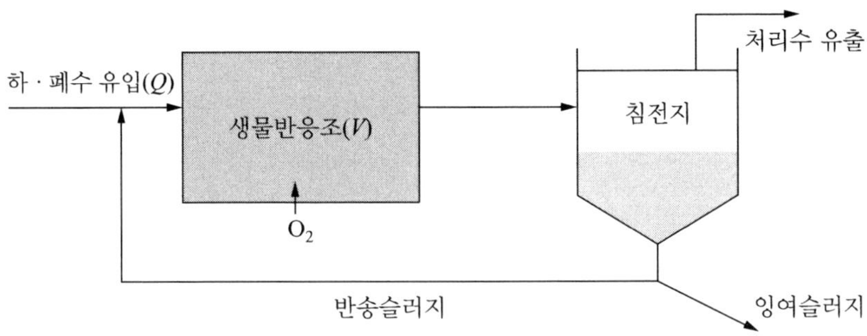

그림 3.6 미생물 연속배양을 생물반응조

3.3.2 일반적 속도론 변수

1. 증식계수(Cell yield coefficient)

생물처리공정에서, 기질은 미생물의 증식과 활동을 위한 에너지와 같이 증식 외에 소비된 에너지, 즉 자산화에 활용된다는 가정 하에 미생물의 증식과 기질과의 상관관계는 다음 식으로 표현된다.

$$\frac{dX}{dt} = Y\frac{dS_r}{dt} - k_d X \tag{3.10}$$

여기서, X : 미생물 농도(mg/L),
Y : 증식계수(g/g),
k_d : 자산화계수(day^{-1}),
S_r : 제거된 기질 농도(mg/L)이다.

위 식은 미생물 간의 피·포식관계를 고려한, 즉 관측된 **겉보기 세포증식계수**(Y_{obs})를 이용하여 다음과 같이 나타낼 수 있다(Sherrard, 1973).

$$\frac{dX}{dt} = Y_{obs}\frac{dS_r}{dt} \quad \text{or} \quad \frac{dS_r}{dt} = \frac{1}{Y_{obs}}\frac{dX}{dt} \tag{3.11}$$

여기서, Y_{obs} : 겉보기 세포증식계수(g/g)이다.

2. 미생물 체류시간(Sludge cell residence time; SRT)

미생물의 반응조 내 평균체류시간[SRT; θ_c(day)]은 정상상태에서 반응조 내 미생물 농도(X)를 단위시간 동안 증식한 미생물량(dX/dt)으로 나누어 구할 수 있다.

$$\mathrm{SRT}(\theta_c) = \frac{X}{dX/dt} \tag{3.12}$$

식(3.10)과 (3.12)로부터 다음 식이 유도된다.

$$\frac{dX/dt}{X} = \frac{1}{\theta_c} = Y\frac{(S_i - S_e)\times 24}{X \cdot \theta_h} - k_d = Y\frac{(S_i - S_e)Q}{X \cdot V} - k_d \tag{3.13}$$

여기서, θ_c : 미생물 체류시간(day),

S_i : 유입기질 농도(mg/L),

S_e : 유출수 농도(mg/L)이다.

이 식에서 일당 제거된 BOD는 $(S_i - S_e)Q$이고, 이것을 생물 반응조 내 미생물의 총량($V \cdot X$)으로 나누면, 즉 $\frac{(S_i - S_e)Q}{V \cdot X}$은 제거된 일당 BOD/미생물량, 즉 $\left(\frac{F}{M}\right)_r$과 같다. 따라서 식(3.13)은 다음 식(3.14)와 같이 나타낼 수 있으며, 활성슬러지법을 이용한 생활하수 처리 시 반응속도상수는 표(3.2)와 같다.

$$\frac{1}{\theta_c} = Y\left(\frac{F}{M}\right)_r - k_d \tag{3.14}$$

여기서, $\left(\frac{F}{M}\right)_r$: 일당 제거된 BOD부하/미생물량이다.

겉보기 증식계수를 이용하여 위 식을 보다 간단히 정리하면, 다음과 같이 표현할 수 있는데, 이 식에서 고 F/M비에서 미생물체류시간이 단축됨을 알 수 있다. 이러한 현상은 미생물 개개의 증식률과 관계가 있지만 미생물 종조성 변화에 따른 미생물 간의 피·포식에 따른 영향도 반영된 것이다.

$$\frac{1}{\theta_c} = Y_{obs}\left(\frac{F}{M}\right)_r \tag{3.15}$$

표 3.2 활성슬러지법을 이용한 생활하수 처리 시 반응속도상수(20℃)

반응속도상수	단 위	범 위
K_s	mg-BOD$_5$/L mg-COD/L	25～100 15～70
Y	g-VSS/g-BOD$_5$ g-VSS/g-COD	0.4～0.8 0.25～0.4
k_d	g-VSS/g-VSS · day	0.04～0.075

Metcalf & Eddy(1979)

3.3.3 미생물의 성장에 영향을 미치는 요소들

미생물의 성장에 영향을 미치는 물리적·화학적 요소로는 유기기질의 종류·질소 인 등의 영양물질·기질의 농도·반응온도·pH·산소 농도·독성물질의 유무·염도 등을 들 수 있다.

1. 기질(Substrate)

탄수화물·단백질 및 지방 등 유기기질이 생분해되는 과정에서 중간대사산물인 유기산·아미노산 및 지방산 등이 생산되는데, 이들 물질은 미생물에게 독성으로 작용하며, 이 중 지방산의 독성이 가장 큰 것으로 알려져 있다.

2. 기질의 농도(Substrate concentration)

기질의 농도 변화에 따른 미생물의 생장률은 식(3.16) 및 그림(3.7)과 같다(Monod, 1949).

$$\mu = \mu_{\max}\frac{S}{K_s + S} \tag{3.16}$$

여기서, μ : 비성장률(day^{-1}),
$\mu_{\max}$: 최대 비성장률(day^{-1}),
S : 생물반응조 내 기질 농도(mg/L),
K_s : 제한기질 반포화 농도(mg/L)이다.

위 식에서 반포화 농도(K_s)는 μ가 $\frac{1}{2}\mu_{\max}$일 때 기질의 농도이다.

따라서 기질 농도 $S \gg K_s$이면, $K_s + S \fallingdotseq S$이므로, $\mu \fallingdotseq \mu_{max}$이다. 즉, 이 상태에서 미생물의 비성장률은 기질의 농도에 관계없이 일정한 0차 반응이 되고, $S \ll K_s$이면, $K_s + S \fallingdotseq K_s$이므로, $\mu = \frac{K_s}{\mu_{max}} S$이다. 즉, 이 상태에서 미생물의 비성장률은 기질 농도에 비례하는 1차 반응을 나타낸다.

이와 같이 미생물의 증식속도는 기질의 농도에 비례하는데, μ_{max}와 K_s는 기질의 농도 외에 기질의 종류, 분해중간산물의 독성에 따라서도 다르게 나타난다. 재래식 활성슬러지법의 K_s 값은 25~100 mg/L이다(Eckenfelder, 1981).

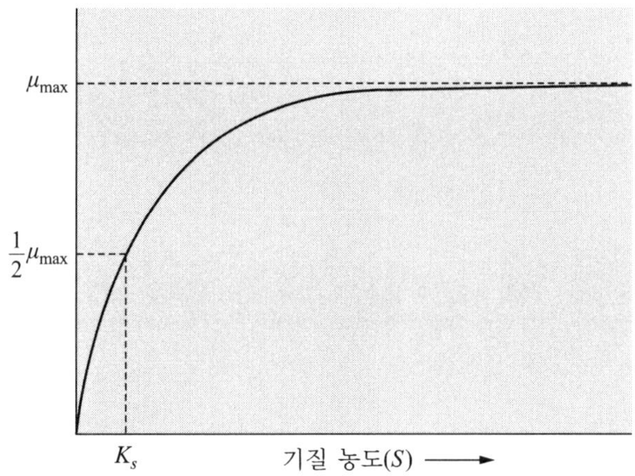

그림 3.7 비성장률 μ와 기질 농도 S와의 관계

3. 온도(Temperature)

어떤 미생물은 0℃ 이하에서도 잘 자라며, 어떤 것은 100℃ 이상의 온도에서도 자랄 수 있다. 이와 같이 미생물은 각기 생장을 위한 한계온도가 다르고, 각 한계온도 내에서도 최고의 생장률을 보이는 온도의 범위가 다르다. 따라서 이 범위에 따라 5~15℃ 범위의 냉온성(psychrophilic) · 15~35℃ 범위의 중온성(mesophilic) · 35~70℃ 범위의 고온성(thermophilic)으로 분류하는데, 미생물의 대부분은 중온성이며 활성슬러지법에서는 이들 미생물을 이용한다. 혐기성 세균은 중온성과 고온성이다.

참고로 고온성 미생물이 고온에 적응할 수 있는 것은 고온에서 변성하지 않는 효소를 생성할 뿐만 아니라, 세포막에 고농도의 포화지방산을 함유하여 세포의 기능을 유지하기 때문이다. 반면 저온성 미생물은 세포막에 고농도의 불포화지방산을 함유하여 저온에서도 막 유동성을 유지하기 때문이다.

4. pH

pH는 미생물의 활성에 영향을 주는데, pH 2 이하에서도 성장하는 *thiobacillus*나 *sulfolobus* 등 일부 절대 호산성 미생물, pH 5 이하의 산성 환경이서도 잘 자라는 진균 및 pH 7 이상에서도 잘 자라는 시안세균 등을 제외하면, 대부분의 미생물은 중성에서 잘 성장한다. 이것은 pH가 화학물질의 이온화에 영향을 주어 세포 내로 영양소와 독성물질을 전달하는 역할을 하기 때문이다. 각종 세균의 최적 pH와 pH에 대한 내성범위는 표(3.3)과 같다.

한편 미생물이 유기물을 분해하는 과정에서 배출하는 유기산과 같은 중간대사산물 역시 지나치게 누적되면 미생물의 활성을 저해한다. 축산폐수나 육가공 폐수와 같은 고농도의 폐수를 활성슬러지법으로 처리할 경우 중간대사산물에 의해 반응조 내 pH가 5 이하로 떨어지는 경우도 흔히 발생하는데, 이런 경우 미생물의 지나친 점액물질 생산으로 슬러지의 밀도가 하락하고 슬러지는 팽화한다. 보다 자세한 내용은 6.3.2 1.항에 기술하였다.

표 3.3 각종 세균의 증식에 있어 최소·최적·최대 pH

구 분	pH		
	최 소	최 적	최 대
E. Coli	4.4	6.0～7.0	9.0
Proteus unlgaris	4.4	6.0～7.0	8.4
Enterobacter aerogenes	4.4	6.0～7.0	9.0
Pseudomonas aeruginosa	5.6	6.6～7.0	8.0
Erwinia carotovora	5.6	7.1	9.3
Clostridium sporogenes	5.0～5.8	6.0～7.6	8.5～9.0
Nitrosomonas spp.	7.0～7.6	8.0～8.8	9.4
Nitrobacter spp.	6.6	7.6～8.6	10.0
Thiobacillus thiooxidans	1.0	2.0～2.8	4.0～6.0
Lactobacillus acidophilus	4.0～4.6	5.8～6.6	6.8

Doetch and Cook(1973)

5. 산소

산소는 화합물의 형태로 존재하는 결합산소와 O·O_2·O_3와 같이 유리산소로 존재하는데, 각각 그 독성의 정도가 다르다. 이 중 원자산소(O)는 생화학적 과정에서도 생성되는데, 강한 산화반응성을 가지고 있어 미생물에게 매우 유독하다. 원자산소는 산소(O_2)와 결합하여 오존(O_3)을 생성하는데, 오존 역시 강력한 산화제로 상수 처리 시

산화제로 이용된다. 그 외에 미생물의 성장에 영향을 미치는 요소로 염도·산화환원전위(Rodox potential)·각종의 유기 및 무기화합물 등을 들 수 있지만 여기서 자세한 기술은 피하였다.

이상과 같은 성장영향인자의 변화는 미생물의 종조성을 변화시키는데, 종조성의 변화는 슬러지 발생량과 처리수질을 변화시키는 등 처리결과에 영향을 미친다. 따라서 혼합미생물을 이용하는 생물처리법에서 처리 결과를 이해하고 예측하기 위해서는 종조성의 변화를 감안해야 한다.

한 예로 실험실 규모의 반응기를 이용하여 중성의 pH보다 높은 pH 8～11의 조건에서 활성슬러지를 장기간 운전할 경우, 미약하나마 처리수는 개선되고 슬러지 발생량은 증가한다(李, 1998). 이러한 현상은 종조성 변화에 따른 것이다. 즉, pH의 상승으로 조성된 열악한 환경은 개개 미생물의 생장속도를 감소시킬 수 있지만, 조 내 미생물의 종조성을 보다 하등한 세균류로 변화시키고 그에 따라 고등한 미생물의 포식작용은 감소한다. 따라서 세대기간이 짧은 하등한 세균류가 우점하게 되어 반응조 내 전체 미생물의 평균 증식률은 상승하고 그에 따라 유기물의 제거속도도 다소나마 상승한다.

연습문제

1. 수처리 시 정상상태란 어떠한 상태를 의미하는지 설명하라.

2. 유기물의 호기성 분해과정을 설명하라.

3. 회분배양에서 미생물의 생장곡선에 대해 설명하라.

4. 미생물 생장곡선에서 지체기가 나타나는 원인에 대해 설명하라.

5. 슬러지일령·부하·증식계수 및 자산화계수와의 관계를 설명하라.

6. 미생물의 생장에 영향을 미치는 영향인자에는 어떤 것들이 있는가. 그리고 각각의 영향인자는 수처리 결과에 어떤 영향을 미치는지 설명하라.

7. 회분배양 시 초기 세균의 수가 10^2 cells/mL이었다. 6시간 배양 후 세균의 수가 10^9 cells/mL이었다면 이 세균의 세대기간(G)과 증식속도상수(k)는 얼마인가?

   [해답] 세대기간(G) 0.26 hr, 증식속도상수(k) 2.67 hr^{-1}

참고문헌

이정수, "부유성미생물을 이용한 생물처리법의 최적 설계," 대한환경공학회지, 22(6), 1011~1019, 2000.

이정수, "팽화 발생 원인의 재고," 대한토목학회지, 21(6-B), 725~733, 2001.

이정수, pH 및 BOD 부하율 변화에 따른 재래식 활성슬러지법의 처리특성에 관한 연구. 대한환경공학회지, 제20권, 제11호, pp. 1639-1650, 1998.

Droste R. L. "*Theory and Practice of water and wastewater treatment.*" John Wiley & Sons, New York, pp. 145, 561-565, 1997.

Eckenfelder Jr, W. W. "Development of design and operational criteria for wastewater treatment." CBI publishing Co. Inc., 1981.

Hammer M. J., and Hammer M. J., Jr., *Water and Wastewater Technology*, 3rd, Prentice-Hall, New Jersey, pp. 396-397, 1996.

Lim Daniel, *Microbiology*, WCB/McGraw-Hill. New York, NY. pp. 45, 61-62, 51-64, 145-171, 433, 1998.

Metcalf and Eddy, Inc. *Wastewater Engineering-Treatment, Disposal, Reuse.* 2nd Ed., McGraw-Hill, Inc., New York, N.Y. 1979

Mithchell R. *Introduction to environmental microbiology*. Prentice-Hall, Englewood Cliffs, New Jersey, 1974.

Monod J. The growth of bacterial cultures. *Annual Reviews of Microbiology* 3, 371-394, 1949.

Sawyer C. N. and McCarty P. L., "*Chemistry for Environmental Engineering*," 3rd, McGraw-Hill, 3, pp. 230-233, 1978.

Sherrard, J. H. and Schroeder, E. D. "Cell yield and growth rate in activated sludge." *J. W.P.C.F.*, 45, (1973).

CHAPTER 03 ■ ■ ■ CHAPTER 04

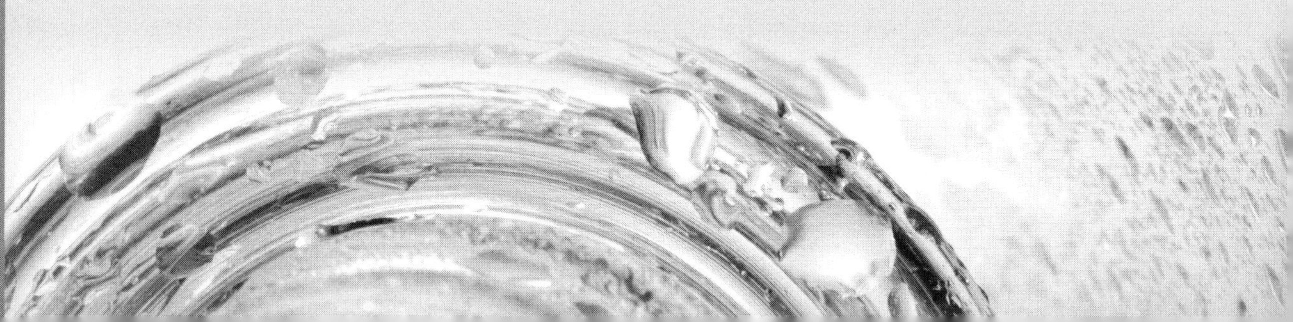

Chapter 04

폐수처리 개요

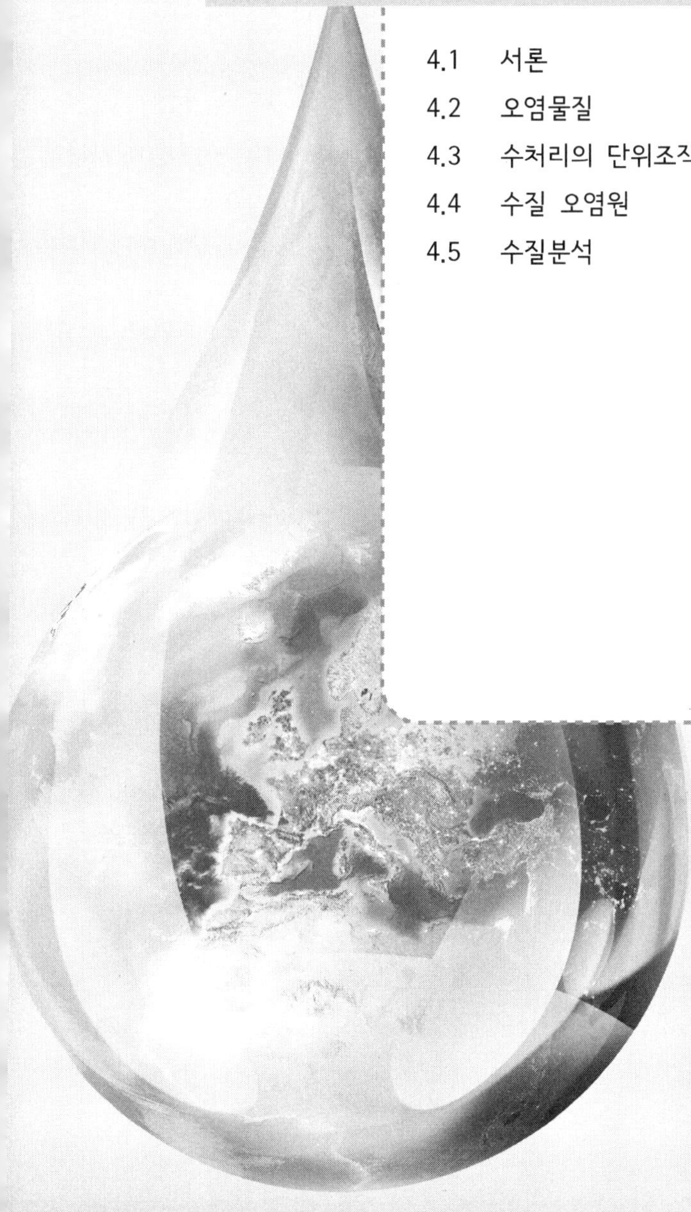

4.1 서론

인간을 포함한 모든 생명체의 삶이 유지되기 위해서는 물이 필요하며, 집단화된 인간의 거주지에서 이러한 필요는 더욱더 가중된다. 따라서 고대에서 현대에 이르기까지 대부분의 도시는 하천을 중심으로 발달하였고, 사람은 다량의 물을 보다 편리하게 사용하기 위해 상수도를 건설하게 되었으며, 이와 함께 강수의 배재와 용수의 사용 후 발생하는 비위생적인 오수를 처분하기 위한 하수도의 건설이 필연적으로 요구되었을 것이다.

관련하여 유적을 통해 우리가 파악할 수 있는 하수도에 관한 최고의 기록은 기원전 2500년경 인더스 문명의 도시유적 모헨조다로를 비롯하여 기원전 700년경 바빌론·아시리아·예루살렘·로마 등에서 발견되며, 이 중 로마의 하수도는 변소에 수세장치를 완비한 것으로도 유명하다.

한편 근대식 하수도는 영국에서 시작되었다. 영국의 런던은 16세기경까지 국부적으로 하수도가 보급되어 있었는데, 이때까지 분뇨의 하수도 방류는 금지되고 있었다. 그러나 19세기 초에 근대식 수세변소가 발명되고, 수세변소와 하수도의 접속이 허가되면서 분뇨가 하수와 함께 템스 강에 방류되었는데, 19세기 중엽 콜레라와 같은 수인성 전염병이 만연할 때, 이러한 하수도 시설이 보급된 지역은 하수도가 보급되지 않았던 타 지역에 비해 상대적으로 환자의 발생이 적었다. 이러한 사실의 인지를 통해 공중위생 차원에서 하수도의 보급이 촉진되었는데, 그 결과 처리되지 않은 하수의 유입량이 증가한 템스 강은 크게 오염되었고, 그로 인하여 하수의 처리·처분에 대한 관심이 크게 부각되었다. 이에 따라 19세기 말엽에 템스 강 오염방지위원회가 설립되고 생하수의 방류가 규제되었다. 이러한 규제에 따라 하수처리를 위해 그 당시에는 여상과 같은 기존의 초보적 처리시설이 개선·응용되었으며, 활성슬러지법과 같이 효율적이고 실질적인 하수처리는 20세기 초나 되어 시작되었다.

한편 우리나라의 경우 동양권에서 일반적으로 행해오던 것과 마찬가지로 분뇨를 비료로 사용했기 때문에 70년대 이전에는 하수처리의 필요성은 절실하지 않았다. 하지만 이후 산업화와 아파트와 같은 집단주거시설이 보급되면서 수세식변소가 일반화되고 그로 인해 도시 주변 하천의 오염은 급격히 심화되었다. 따라서 70년대에 들어서서 비로소 수질오염방지를 위한 법규가 제정되었으며, 방지시설의 확충이 시작되었다. 그러나 이때에는 주로 분뇨처리장의 설치나 폐수배출업소에 대한 수질규제 차원의 폐수처리시설에 그쳤으며, 본격적인 도시하수의 처리는 서울시의 청계천하수처리장을 시작으로 80년대에 들어서야 본격화되었다. 하지만 그 당시에 이들 시설은 주로 탄소성 유기물질을 제거하기 위한 시설이었으며, 질소와 인과 같은 부영양화 물질을 제거할 수 있는 고도처리시설은 90년대 이후에 건설되었고, 2012년 말 기준 이러한 처리 기능을 가진 처리장이 전국에 500개소(처리량 500t/일 기준) 이상 가동되고 있다.

4.2 오염물질

오수를 처리하기 위해서는 오염물질의 물리적·화학적·생물학적 제 특성을 파악하는 것이 무엇보다 중요한데, 관련하여 이들 물질은 생분해의 유무·화학반응의 유무·부유성 또는 침전성·크기 등 각 물질의 특성에 따라 크게 유기물과 무기물 또는 부유물질과 용해물질 등으로 구분할 수 있으며, 제거방법에 따라 이들 물질을 세분하면 다음과 같다.

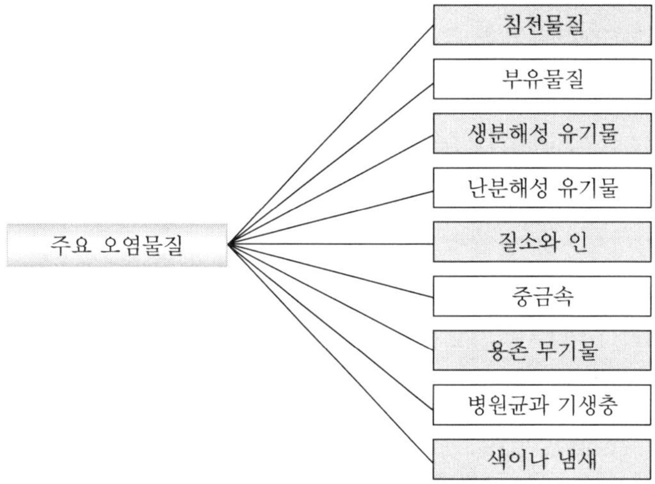

그림 4.1 오염물질의 종류

4.3 수처리의 단위조작과 단위공정

처리의 기본 개념은 **분리**이다. 즉, 처리란 여하의 수단을 이용하여 오염물질을 오염된 물로부터 분리해내는 과정이라고 말할 수 있는데, 도시하수의 경우 처리를 위한 일반적 과정은 그림(4.1)과 같이 크게 4단계, 즉 예비처리(preliminary treatment) · 1차처리(primary treatment) · 2차처리(secondary treatment) · 고차 또는 고도처리(tertiary or advanced treatment)로 구분할 수 있으며, 그 외에 처리과정에서 발생하는 슬러지의 처리 · 처분과정으로 이루어진다.

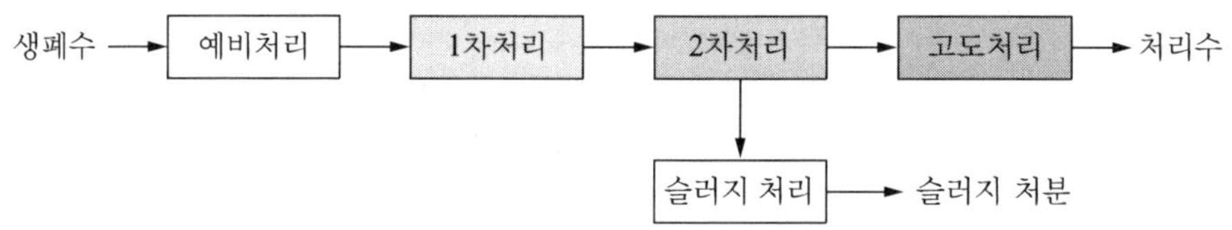

그림 4.2 ▪ 생활폐수의 처리공정도

먼저 **예비처리**란 후속 공정에 지장을 초래하는 조대(粗大)물질 · 모래 · 유지류(油脂類) 등을 제거하거나, 생물공정을 고려하여 폐수의 pH를 사전에 조정하는 과정 등을 말한다. **1차처리**는 침전 · 부상 등의 물리적인 단위조작을 통하여 현탁고형물을 제거하는 과정이며, **2차처리**는 부유성 유기물이나 용해성 유기물을 미생물을 이용하여 제거하는 과정이다. **고차처리**는 수자원으로 재이용하기 위한 목적 등으로 2차 처리수를 한층 더 처리하기 위한 3차 이상의 처리과정을 말하며, 이때 부영양화의 원인물질인 질소나 인을 제거하는 과정은 3차 이전에 행할 수도 있으므로 고차처리와 구분하여 **고도처리**라 말한다. 한편 슬러지의 처리와 처분과정은 생물처리 과정에서 생산되는 슬러지를 농축 → 소화 → 탈수 또는 탈수 후 소각하여 최종적으로 매립 등의 방법을 통해 처분하는 과정이다.

이와 같이 처리의 전 과정은 일반적으로 물리적 · 화학적 · 생물학적 방법의 조합으로 이루어지는데, 이 과정 중 물리적 방법을 **단위조작**(unit operation)이라고 하고, 화학적 또는 생물학적 방법을 **단위공정**(unit process)이라 한다. 하지만 약품침전과 같이 1개 조 내에서 화학반응과 물리현상이 동시에 이루어지는 경우와 같이 어떤 단위 과정이 조작과 공정 중 어느 것에 해당한다고 규정하기 어려운 경우가 흔히 발생하므로 보통 공정이란 용어로 혼용한다.

표(4.1)은 각각의 처리방법을 세분한 것이며, 이하에서는 이 표의 각 공정 중 활성슬러지법과 관련성이 큰 공정만을 기술하였다. 참고로 이 표에서 슬러지 처리과정은 제외되어 있다.

표 4.1 수처리의 단위조작과 단위공정

구분	세부	단위조작·단위공정
물리적 처리	고액분리	침전, 원심분리
		부상분리(가압부상, 진공부상 등)
		여과, screening, microstraining, 막분리
	액액분리	이온교환, 역삼투, 흡착, 전기투석, 유분리(油分離)
	기액분리	탈리(脫離), 탈취(脫臭), 폭기(曝氣) 등
화학적 처리		pH 조절, 산화, 환원, 중화 등
		응결, 응집 등
		오존 산화, 염소처리, 살조(殺藻) 등
		습식산화, 소각 등
생물학적 처리	호기성처리	활성슬러지법, 살수여상법, 산화지법 등
	혐기성처리	소화(消化), 부패(腐敗) 등

4.4 수질 오염원

수질 오염원은 크게 **점오염원**과 **비점오염원**으로 구분하는데, 점오염원은 주로 일반 가정이나 영업지역에서 발생하는 생활하수, 공장에서 배출되는 산업폐수, 대단위 축산시설에서 발생하는 축산폐수 등과 같이 발생지역과 발생량의 추적이 비교적 용이한 것들을 의미하며 처리의 주요 대상이 된다. 반면 비점오염원은 농업배수·광산폐수·산재한 소규모 축산시설의 축산폐수·하수도가 보급되지 않은 농촌지역의 생활하수나 임야 등에서 발생하는 배수를 말하며, 이들 오염원은 추적이 곤란하고 비교적 오염 기여도가 적어 자연처리에 의존하고 있다. 따라서 주요 처리대상은 점오염원이며, 이 중 도시하수의 비중이 가장 높다. 이들 폐수는 처리 시 각각 다음과 같은 특성을 보인다.

생활하수의 대부분은 도시하수이며, 하수의 성상은 생물학적 처리에 별다른 문제가 없으나, 부영양화의 원인 물질인 질소와 인의 농도는 지나치게 높고, 하수도가 합류식인 경우 강우 시 우수의 유입으로 하수의 농도가 부유 미생물을 이용하는 생물처리 시 적정농도를 하회하는 경우가 자주 발생한다. 따라서 하수처리장에 공장폐수나 분뇨처리장의 유출수 등을 유입시키는 경우도 있는데, 근본적 대책으로는 우·오수의 분리를 위한 하수도의 개량이 요구되며, 질소와 인을 제거하기 위한 고도처리시설의 설치가 필히 요구된다.

공장폐수는 식품공장이나 모피공장 등을 제외하면 유기물이나 질소·인의 농도가 지나치게 낮고, 산업체마다 폐수의 성상이 매우 다르며, 경우에 따라 생물처리에 유독한 독성물질을 배출시킴으로써 대단위 통합처리에 어려움이 있다. 예를 들어 제지공정의 경우, 생물학적으로 난분해성인 리그닌 등의 물질을 배출하며, 석탄공정의 경우, 페놀류·암모니아·시안화물 등, 석유화학의 경우, 기름·석유화학물질·계면활성제 등, 살충제·제약·전기도금업 등은 카드뮴·구리·니켈·아연 등의 유독물질을 배출한다. 이와 같은 각종의 공장폐수를 통합처리하거나 도시하수와 병합처리하기 위해서는 각 공장의 폐수가 통합처리장에 유입하기 전에 각 공장별로 통합처리에 문제가 되는 특정의 오염물을 사전에 처리하는 것이 요구되는데, 이를 관리·감독하는 데에는 많은 어려움이 따른다.

한편 축산폐수의 경우, 활성슬러지법으로 처리하기에는 폐수의 농도가 지나치게 높다. 이런 경우 슬러지는 팽화하여 처리장의 지속적인 운전이 불가능하다. 따라서 축산분뇨의 경우 퇴비화를 통한 처리와 자원의 회수가 바람직하겠으나, 그렇지 못할 경우 1차처리수, 즉 1차침전지 유출수를 도시하수와 병합하여 처리하는 것이 가능할 것으로 판단된다.

이상은 각 점오염원의 대략적 특성을 기술한 것이며, 이하에서는 그 중요성을 고려하여 주오염원인 생활하수에 대해 보다 자세히 기술하고자 한다.

4.4.1 생활하수의 조성

도시하수의 대부분을 차지하는 생활하수(domestic sewage)는 주로 인간의 배설물과 세탁·목욕·조리 등 인간의 생활과정에서 발생한다. 이 중 오염의 대부분은 인간의 배설물에 의한 것으로 사람은 평균적으로 매일 100～400 g의 분과 1～1.3 L의 요를 배출하여, 1인당 25～30 g-BOD_5/day의 유기 오염물을 발생시키며, 그 구성성분은 표(4.2)와 같다.

한편 표(4.3)은 생활하수의 조성을 나타낸 것으로 생활하수는 주로 단백질(40~60%)·탄수화물(25~50%)·지방(10%)·오줌에 포함된 요소[$CO(NH_2)_2$]로 구성되며, 기타 소량의 살충제·계면활성제·페놀류를 포함한다. 생활하수에 포함된 유기탄소의 약 40%는 용존상태로, 약 60%는 입자상태로 배출되는데, 용존상태의 유기물은 대부분 생물학적으로 쉽게 분해되는 이분해성(易分解性)이고, 입자상 물질 역시 침전에 의해 쉽게 제거될 수 있는 크기이다.

표 4.2 인간 분뇨의 구성

성 분	분	요
1인 1일당 배출량(수분 포함)	100~400 g	1.0~1.31 kg
1인 1일당 배출량(건량 기준)	30~60 g	50~70 g
수분	70~85%	93~96%
유기물 조성률(건량 기준)	88~97%	65~85%
질소(N)	5.0~7.0	15~19
인(P_2O_5)	3.0~5.4	2.5~5.0
칼륨(K_2O)	1.0~2.5	3.0~4.5
탄소(C)	44~55	11~17
칼슘(CaO)	4.5	4.5~6.0
탄소/질소 비	6~10	1
1인 1일당 BOD_5	15~20 g	10 g

Polprasert(1989)

표 4.3 생활하수의 특성

구 분	농 도(mg/L)		
	상	중	하
BOD_5	400	220	110
COD	1,000	500	250
유기질소	35	15	8
암모니아성 질소	50	25	12
총질소	85	40	20
총인	15	8	4
총고형물질	1,200	720	350
부유고형물질	350	220	100

Metcalf and Eddy, Inc(1991)

4.5 수질분석

생하수, 즉 처리되지 않은 하수나 처리수의 오염 정도를 파악하기 위해서는 흔히 BOD·COD·TOC·SS·N·P 등을 측정하는데, 이것을 측정하기 위한 분석장비는 계속 개량되고 그 분석방법 역시 매우 간단하고 편리해지고 있다. 따라서 자세한 분석방법에 관해서는 그 분야의 최근 관련문헌이나 관련 장비의 안내책자를 참고하기 바라며, 여기서는 수질공학적 의미만을 기술하고자 한다.

4.5.1 용존산소(Dissolved oxygen; DO)

산소는 대기나 수중에 존재하는 화학적으로 극히 활발한 물질로 산소의 다소는 자연환경 속에서 일어나는 화학적·생물학적 변화를 크게 좌우한다. 따라서 수중에 존재하는 산소, 즉 용존산소(DO)는 수중의 화학적·생물학적 반응을 추정하는 데 필요한 중요한 수질평가 항목이다.

수중의 DO는 대기 중 산소의 자연적 용해와 조류나 수생식물의 탄소동화작용에 의해서 증가하고, 수중 불순물의 산화·동식물의 호흡작용·미생물에 의한 유기물의 분해 시 소비된다. 예를 들어, 다음 식과 같이 수중에 DO가 충분히 있을 때, 물질은 모두 산화상태가 높은 쪽으로 진행된다.

$$Fe^{2+} + \frac{1}{2}O_2 + \frac{1}{2}H_2O \rightarrow Fe^{3+} + OH^- \tag{4.1}$$

$$Fe^{3+} + OH + 2H_2O \rightarrow Fe(OH)_3 + 2H^+ \tag{4.2}$$

즉, 2가의 철 이온은 산소에 의해 산화되어 3가의 철 이온이 되고 수산화물로 침전한다. 또한 황화물은 산화되어 황산이 되고, 암모니아성 질소는 산화되어 질산성 질소가 된다. 그 외에 산소는 철·동 등으로 이루어진 배수관이나 boiler의 열교환시설을 부식시키는 중요한 요인이 된다. 반면 수중에 DO가 결여될 경우에는 환원작용(還元作用)이 일어나며, 이때 불용성이었던 철이온 등은 용출(溶出)한다.

생물학적 반응에 있어서도 DO의 유무나 농도는 매우 중요하다. 유기물은 세균에 의해 분해되고 세포의 세포질을 구성하거나 에너지원이 되는데, 이 단계에서 주위에 용존산소가 있으면 유기물은 호기성 세균에 의하여 분해되어 CO_2와 H_2O로 안정되지만, 용존산소가 없으면 유기물은 혐기성 세균에 의해 CO_2와 CH_4로 분해된다. 이때 혐기성 세균은 유기물 내에 화학적으로 결합된 산소를 이용한다.

이미 3.2.1항에서 기술하였듯이 DO의 농도는 유기물의 가수분해로 생성된 각종 유기산의 분해속도를 좌우하며, 그 결과 유기산의 농도 변화는 활성슬러지의 침전성을 변화시키는 요인이 된다. 이와 같이 화학적·생물학적 반응에 따른 DO 농도의 변화는 수계의 생태계에도 영향을 미치는데, 많은 유기물이 하천에 유입되면 하천의 DO가 감소하고, 마침내 무기적(無気的) 환경이 조성되며, 이 과정에서 물고기는 그 장소를 회피하거나 사멸한다. 그러므로 하천의 수질이나 생태계를 보전하기 위해서는 DO를 어느 수준 이상으로 유지해야 하는데, 하천의 DO를 유지하기 위해서는 폐수를 하천에 방류하기 전에 처리하는 것과 인공적으로 폭기를 실시하는 방법이 있다.

산소는 공기 중에 체적으로 약 20.8%를 차지하는 기체로, 물과 반응하지 않지만 공기를 구성하는 질소에 비해 상대적으로 물에 잘 용해되며, 그 용해도는 대기 중의 분압에 비례한다. 참고로 DO의 포화치는 근사적으로 다음 식(4.3)과 같고, 1기압 (760 mmHg) 하에서 포화용존산소 농도는 표(4.4)와 같다.

$$C_s \fallingdotseq 0.678(P-p_w)(1-n\times10^{-5})/(T+3.5) \tag{4.3}$$

여기서, C_s : 포화용존산소 농도(mg/L),

T : 온도(℃),

n : NaCl의 농도(mg/L),

P : 기압(mmHg),

p_w : 해당 온도에서 포화증기압(mmHg)이다.

표 4.4 증류수 중의 포화용존산소 농도(760 mmHg)

온도	0	1	2	3	4	5	6	7	8	9	10
C_s	14.65	14.25	13.86	13.49	13.13	12.79	12.46	12.14	11.84	11.55	11.27
온도	10	11	12	13	14	15	16	17	18	19	20
C_s	11.27	11.0	10.75	10.50	10.26	10.03	9.82	9.61	9.40	9.21	9.02
온도	20	21	22	23	24	25	26	27	28	29	30
C_s	9.02	8.84	8.67	8.50	8.33	8.16	8.02	7.87	7.72	7.58	7.44

한편 수온이 일정할 경우, 기압 변화에 따른[기압이 760 mmHg에서 P(mmHg) 기압으로 변화할 때], 포화용존산소 농도(C_s')는 다음 식과 같다.

$$C_s' = C_s \frac{P-P_w}{760-P_w} \tag{4.4}$$

4.5.2 생화학적 산소요구량(Biochemical oxygen demand; BOD)

하수 중에는 많은 종류의 유기성 오염물질이 존재한다. 하지만 하수의 오염 정도를 파악하기 위해서 각각의 오염물질을 일일이 측정하는 것은 불편할 뿐 아니라, 측정한다 하여도 그 오염의 정도나 상대적 오염도를 한눈에 파악하기란 곤란하다. 따라서 오염 정도를 파악하기 위해 유기물의 종류에 관계없이 오수 중의 유기물이 화학적 또는 생화학적으로 산화되는 데 소요되는 산소의 양을 측정하면 편리한데, BOD란 유기물이 미생물에 의해 생화학적으로 산화될 때 소요되는 용존산소(dissolved oxygen; DO)의 양을 의미한다.

그림(4.3)은 기질과 미생물의 성장 및 산소 소비량과의 상관관계를 나타낸 것이다(Gaudy, 1972). 그림에서 미생물은 대략 5일 정도의 배양기간 동안 대부분의 기질을 분해하며, 이후 기질의 부족으로 산소의 소비량은 정점에 이르는데, 이것을 최종 BOD(ultimate BOD)라 하고, BOD_u로 표시한다. 즉, BOD는 측정기간에 따라 대개 5일·7일·18일·최종 BOD를 채택하는데, 5일이 가장 일반적이며, BOD_5로 나타낸다.

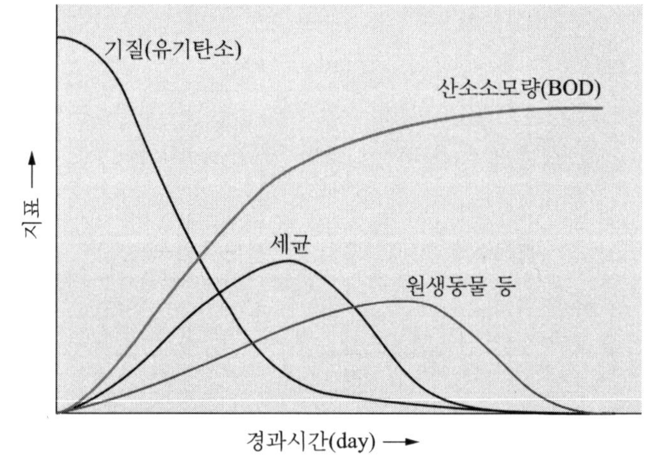

그림 4.3 미생물 성장·종조성·산소소모량·기질의 상관관계

한편 탄소성 유기물과 동시에 질소 성분이 존재할 경우 BOD곡선은 그림(4.4)와 같은 형태를 보인다. 이와 같은 현상은 질소 제거를 위한 고도처리 시 처리장의 관리와 관련하여 매우 중요한 단서를 제공한다. 즉, 이 그림은 하수 중에 탄소성 유기물과 질소가 동시에 존재할 경우, 질소를 제거하기 위해서는 탄소성 유기물의 산화가 선행되어야 함을 보여준다. 자세한 내용은 8.3.2항에 기술하였다.

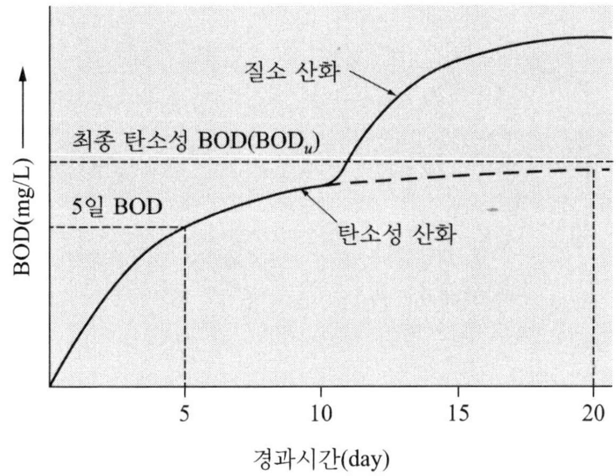

그림 4.4 BOD 반응곡선

상기의 각 반응은 1차 반응식으로 표시되며, 1단계 탄소성 유기물의 산화(C-BOD)는 다음과 같이 나타낼 수 있다. 즉, 임의의 시간 t에서 BOD제거속도는 그때의 BOD값에 비례한다.

$$\frac{dL}{dt} \propto -L_t \tag{4.5}$$

위 식에 반응상수 $K_1(\text{day}^{-1})$을 적용하면,

$$\frac{dL}{dt} = -K_1 L_t \tag{4.6}$$

여기서, L_t : 임의의 시간 t에 있어서 수중의 BOD(mg/L),

K_1 : 반응상수로서 **탈산소계수(脫酸素係數)** 혹은 **BOD제거속도상수**라 하며, 단위는 day^{-1}이다.

위 식을 적분하면 다음과 같다.

$$\int_{L_o}^{L_t} \frac{dL}{L_t} = -K_1 \int_o^t dt, \qquad \ln\frac{L_t}{L_o} = -K_1 t, \qquad \frac{L_t}{L_o} = e^{-K_1 t}$$

$$\therefore\ L_t = L_o e^{-K_1 t} \quad \text{또는} \quad L_t = L_o 10^{-k_1 t} \tag{4.7}$$

여기서, L_o : 최초의 BOD(mg/L),

K_1 : 자연대수일 때의 탈산소계수이고,

k_1 : 상용대수 때의 계수이다.

$$K_1 \fallingdotseq 2.3\,k_1$$

따라서 임의의 시간 동안 측정된 BOD_t와 $BOD_u(=L_o)$의 관계는 다음 식(4.8)과 같다(Hammer, 1986).

$$BOD_t = L_o(1 - 10^{-k_1 t}) \tag{4.8}$$

생활하수의 경우 k_1은 대략 0.1/day 정도이다. 따라서 BOD_{18}과 BOD_u는 거의 같은 값을 나타낸다.

BOD 측정은 표준온도인 20℃에서 행하며, 다른 온도에서 K_1은 다음 식을 이용하여 구할 수 있다.

$$K_{1(T)} = K_{1(20)} \cdot \theta^{(T-20)} \tag{4.9}$$

여기서, T : 온도(℃),

$K_{1(T)}$: 주어진 온도에서 BOD제거속도상수(day^{-1}),

$K_{1(20)}$: 20℃에서 BOD제거속도상수이고,

θ : 온도상수이다(표 4.5 참고).

표 4.5 온도상수 θ에 미치는 온도의 영향

온도 (℃)	온도상수 θ
10～20	1.110
15～25	1.083
20～30	1.067

Sawyer *et al.*, 1978

한편 BOD는 용해성인 것(soluble BOD; S-BOD), 즉 여과지를 통과한 여액 중의 유기물과 비용해성인 것(insoluble BOD; I-BOD), 즉 여과지에 걸린 유기물로 나눌 수 있는데, 일반적으로 처리장 방류수의 수질기준 중 하나인 BOD는 이들 모두를 합한 것이다. 즉,

$$BOD = BOD_{sol} + BOD_{ins} \tag{4.10}$$

BOD 측정 시 특히 유의해야 할 사항은 미생물의 효소적 적응기간, 즉 지체기(3.3.1항 참고)가 발생하지 않도록 반드시 대상 폐수에 순화된 미생물을 이용해야 하

며, BOD가 8 mg/L 이상인 경우에는 측정 오차를 최소화하기 위해 반드시 희석하고, BOD 측정을 방해하는 독성물질이 함유되지 않아야 한다. 또한 생물학적으로 난분해성(難分解性)인 물질은 잘 측정되지 않는다.

예제 4.1

20℃에서 탈산소계수 k_1이 0.3/day라면, 15℃에서 탈산소계수는 얼마인가? (단, 온도상수 $\theta = 1.047$이다.)

풀이 식(4.9)에 의하여 $k_{1(15)} = 0.3 \times 1.047^{(15-20)} = 0.238/\text{day}$이다.

4.5.3 질소성 산소요구량(Nitrogenous oxygen demand; NOD)

질산화세균은 암모늄이온이나 유기질소를 질산염으로 산화시키기 위해 산소를 필요로 한다. 이와 같이 질산화세균에 의한 산소소비량을 **질소성 산소요구량**이라고 하며, N-BOD(nitrification BOD) 혹은 NOD로 표현한다.

질소의 산화는 그림(4.4)와 같이 탄소성 유기물의 산화 이후에 일어난다. 따라서 NOD의 발생 시기는 탄소성 유기물의 부하에 따라 결정되는데, 일반적으로 BOD실험을 실시한 후 7~10일 이후에 나타나며, 질산화 반응을 억제하지 않을 경우 폐수의 BOD값을 높이는 요인이 된다.

따라서 질소물질을 다량 함유하는 폐수에서는 질산화반응에 의한 NOD가 BOD의 24~86%까지 측정되기도 하는데(Hall *et al.*, 1983; Washington *et al.*, 1983), C-BOD 측정 시 NOD에 의한 방해를 억제하기 위해서는 2-chloro-6(trichloromethyl)-pyridine(TCMP)을 최종 농도가 10 mg/L 정도가 되도록 첨가해야 한다. 참고로 이 물질은 유기물의 산화를 억제하지 않는 것으로 알려져 있다(Young, 1983).

질산화 반응은 다음과 같이 나타낸다.

$$\frac{dL_N}{dt} \propto -L_{Nt}, \qquad \frac{dL_N}{dt} = -k_N L_{Nt} \tag{4.11}$$

여기서, L_{Nt} : 임의의 시간 t에 있어서 수중의 NOD(mg/L),

k_N : 질산화 반응계수(day^{-1})이다.

임의의 시간 t 동안 질산화에 소비된 산소량을 NOD$_t$, 최종 NOD를 L_{No}라고 하면, 위 식은 다음과 같이 나타낼 수 있다.

$$\mathrm{NOD}_t = L_{No}(1-10^{-k_N t}) \tag{4.12}$$

따라서 전체 T-BOD$_t$ (total BOD; CBOD + NOD)는 다음과 같이 나타낼 수 있다.

$$\text{T-BOD}_t = L_o(1-10^{-k_1 t}) + L_{No}\left[1-10^{-k_N(t-t_N)}\right] \tag{4.13}$$

여기서, t_N : 질산화 반응이 일어날 때까지 지연된 시간(day)이다.

한편 NOD값은 이론적으로도 파악할 수 있는데, 이론적으로 1 g의 암모늄을 질산화시키는 데는 4.57 g의 산소가 소비되는 것으로 알려져 있다. 하지만 질소 중 일부는 생체를 구성하는 데 소비되므로 실제는 다소 낮게 나타나며 일반적으로 다음 식과 같이 표현된다(Verstraete *et al.*, 1986).

$$\mathrm{NOD(mg/L)} = (\text{사용가능 N} - \text{생체구성을 위한 N}) \times 4.33 \tag{4.14}$$

4.5.4 화학적 산소요구량(Chemical oxygen demand; COD)

COD란 유기물을 과망간산칼륨($KMnO_4$)이나 중크롬산칼륨($K_2Cr_2O_7$)과 같은 산화제를 이용하여 이산화탄소와 물 그리고 암모니아와 같은 안정된 물질로 산화시키는 데 소비되는 산소량을 말한다. 따라서 미생물에 의해 분해가 불가능하거나 분해가 늦은 물질이 존재할 경우, 혹은 COD값을 변화시키는 화학물질이 존재할 경우(흔히 COD 방해물질이라고 함) COD와 BOD의 측정 결과는 다르며, 일반적으로 오염물질의 종류나 조성에 따라서도 다르게 나타난다. 하지만 표(4.6)과 같이 각각의 폐수에 대해서는 이들 값 간에 일정한 상관관계를 가지므로 이러한 관계를 구하면 COD 자료를 BOD로 환산·이용하는 것이 가능하다. 따라서 측정기간이 긴 BOD를 대신하여 1시간 정도면 측정이 가능한 COD를 측정하면 매우 편리한데, 일반적으로 생활하수의 처리 전 BOD$_5$/COD의 비율은 0.6 정도이고, 처리 후 비율은 0.2 정도이다.

또한 COD는 BOD와 달리 시료를 채수한 후 바로 측정하지 않아도 되는데, 이때 시료는 채수 후 바로 황산을 주입하여 시료 내 미생물의 활동을 억제해야 한다. 이러한 조작을 COD 고정이라고 하며, 이때 황산의 주입량은 시료 1 L당 2 mL 정도이다.

표 4.6 폐수의 COD · BOD_5 · BOD_5/COD 비율 (단위; mg/L)

구 분	COD	BOD_5	BOD_5/COD
생활하수			
처리 전	500	300	0.60
생물학적 처리수	50	10	0.20
도살장 폐수	3,500	2,000	0.57
포도주 양조장 폐수	60,000	30,000	0.50
낙농 폐수	1,800	900	0.50
고무공장 폐수	5,000	3,300	0.66
피혁공장 폐수	13,000	1,270	0.10
염색 폐수			
처리 전	1,360	660	0.48
생물학적 처리수	116	5	0.04
제분공장 폐수			
처리 전	620	226	0.36
생물학적 처리수	250	30	0.12

Verstraete and Vaerenbergh, 1986.

한편 과망간산칼륨($KMnO_4$)은 과거 오랫동안 산화제로 사용되어 왔으며, 측정 방법도 매우 간편하다. 하지만 이것은 유기물을 완전 산화하지 못하기 때문에 산소 소비량이 BOD보다 적은 값을 나타낼 수도 있고, 화합물의 종류에 따라서도 크게 다름을 유의해야 한다.

그 밖에 COD 측정 시 주의해야 할 사항으로는 시료에 휘발성 유기물질이 있는 경우 환류냉각기를 부착해야 하며, 저 분자량의 지방산은 촉매 없이 산화되지 않는데, 이 경우 Ag이온을 촉매재로 사용한다. 그 외에 방향족 탄화수소와 pyridine은 어떤 조건에서도 산화되지 않음을 유의해야 한다.

한편 COD는 용해성인 것(soluble COD; S-COD)과 비용해성인 것(insoluble COD; I-COD)으로 나눌 수 있는데, 유출수의 수질기준이 되는 COD는 이들 모두를 합한 것이다. 즉,

$$\mathrm{COD} = \mathrm{COD}_{sol} + \mathrm{COD}_{ins} \tag{4.15}$$

또한 COD는 생물학적으로 분해 가능한 것과 불가능한 것으로 구분할 수도 있으며, BOD와의 관계는 다음과 같다.

$$\mathrm{COD} = \mathrm{COD}_{bio} + \mathrm{COD}_{nb} \tag{4.16}$$

$$\mathrm{COD}_{bio} = \mathrm{BOD}_{u} = \alpha \times \mathrm{BOD}_{5} \tag{4.17}$$

$$COD_{nb} = COD - BOD_u \tag{4.18}$$

여기서, 첨자 bio는 생물학적으로 분해 가능한 것, nb는 분해 불가능한 것을 의미하며, α는 BOD_u / BOD_5이다. α값은 실험에 의해 정하며 가정하수의 경우 1.5 정도이다.

식(4.10)~(4.18)을 종합하면 다음과 같다.

$$COD_{ins} = COD_{bio \cdot ins} + COD_{nb \cdot ins} \tag{4.19}$$

$$COD_{bio \cdot ins} = BOD_{u \cdot ins} = \alpha \times BOD_{5 \cdot ins} \tag{4.20}$$

$$COD_{nb \cdot ins} = COD_{ins} - BOD_{u \cdot ins} \tag{4.21}$$

4.5.5 총유기탄소(Total organic carbon; TOC)

TOC는 유기물의 산화 상태와 관계없이 시료에 포함된 전체 유기탄소량을 나타내며, 대상 시료를 산소 또는 산화제와 함께 가열하여 산화시킨 후 발생한 CO_2를 적외선 분석기를 이용하여 측정함으로써 구할 수 있다. 이때 측정에 방해물질인 무기질 탄소나 휘발성 물질이 존재한다면 실험오차를 최소화하기 위해 미리 산처리를 한 후 폭기하여 제거한다.

일반적으로 공장폐수는 제1철이온·질소물질·황화물 등 화학적으로 산화 가능한 무기물질이 함유되기 쉽다. 이런 경우 COD > TOC이다. 한편 TOC는 BOD로 측정되지 않는 난분해성 유기물질이나 중크롬산칼륨으로 산화되지 않는 유기물을 포함한다. 참고로 각 폐수의 COD/TOC 비율은 표(4.7)과 같다.

표 4.7 폐수의 COD/TOC 및 BOD_5/TCO 비율

구 분	COD/TOC		BOD_5/COD	
	생하수	처리수	생하수	처리수
가정하수	4.15	2.20	1.62	0.47
화학공장폐수	3.54	2.29	-	-
석유공장폐수	5.40	2.15	2.75	0.43
석유화학공장폐수	2.70	1.85	-	-

EPA, 1973.

4.5.6 고형물(Solids)

생하수나 처리수에 포함된 고형물을 분류하면 다음과 같다.

1. TS(총고형물; total solids) : 증발잔여물이라고 하며, TSS+TDS.
2. TSS(총현탁고형물; total suspended solids) : 여과 후 105℃에서 1시간 건조 후 단위 무게.
3. TDS(총용존고형물; total dissolved solids) : 여과액을 증발접시에 담아 105℃에서 1시간 건조 후 단위 무게.
4. TVS(총휘발성고형물; total volatile solids) : 휘발성 물질의 총량, 즉 VSS+VDS로 유기물의 총량을 의미함.
5. VSS(휘발성고형물; volatile suspended solids) : 총현탁고형물을 550℃에서 15분 동안 태웠을 때 휘발한 물질의 양.
6. VDS(휘발성용존고형물; volatile dissolved solids) : 총용존고형물을 증발접시에 담아 550℃에서 15분 동안 태웠을 때 휘발한 물질의 양.
7. TFS(총열작잔류고형물; total fixed solids) : 총고형물을 증발접시에 담아 550℃에서 15분 동안 태웠을 때 잔류하는 물질의 양.
8. FSS(열작잔류고형물; fixed suspended solids) : 총현탁고형물을 증발접시에 담아 550℃에서 15분 동안 태웠을 때 잔류하는 물질의 양.
9. FDS(열작잔류용존고형물; fixed dissolved solids) : 총용존고형물을 증발접시에 담아 550℃에서 15분 동안 태웠을 때 잔류하는 물질의 양.

흔히 유출수의 수질기준이 되는 SS란 TSS를 의미하며, 이들 간의 관계는 다음과 같다.

$$\begin{array}{ccccc} \mathrm{TS} & = & \mathrm{TVS} & + & \mathrm{TFS} \\ \| & & \| & & \| \\ \mathrm{TSS} & = & \mathrm{VSS} & + & \mathrm{FSS} \\ + & & + & & + \\ \mathrm{TDS} & = & \mathrm{VDS} & + & \mathrm{FDS} \end{array} \tag{4.22}$$

한편 TSS는 미생물을 이용하여 분해 가능한 것과 불가능한 것으로 구분할 수 있으며, COD와의 관계는 다음과 같다.

$$\mathrm{TSS} = \mathrm{TSS}_{bio} + \mathrm{TSS}_{nb} \tag{4.23}$$

$$\mathrm{TSS}_{nb} = \mathrm{FSS} + \mathrm{VSS}_{nb} \tag{4.24}$$

$$VSS_{nb} = \frac{VSS \times COD_{nb \cdot ins}}{COD_{ins}} \tag{4.25}$$

생물학적 처리와 관련지어 설명하면 일반적으로 COD≫BOD_u인 경우나 VSS_{nb}의 농도가 높은 경우 생물학적 처리법은 적합하지 않으며, TDS≫TSS인 경우 최초침전지는 소거해도 좋다.

한편 수중 고형물 입자의 크기는 그것을 제거하는 방법을 결정할 때 매우 중요한 자료로 이용되는데, 관련하여 수중 입자를 크기별로 분류하면 다음 그림(4.5)와 같다. 그림에서 입자는 여과성과 침전성 등에 따라 여과성 고형물·현탁성 고형물 및 침전성 고형물로 분류할 수 있다. 현탁성 고형물은 보통의 침전법으로 제거되지 않는 물질로 약품침전이나 여과로 제거할 수 있으며, 여과성 고형물은 보통의 여과법으로는 제거되지 않는 물질로 생물학적 또는 화학적 처리법으로 제거할 수 있다. 침전성 고형물은 폐수를 1 L의 Imhoff cone에서 60분 이상 침강시켰을 때 침전한 것으로 이것은 보통의 침전법으로 제거할 수 있다.

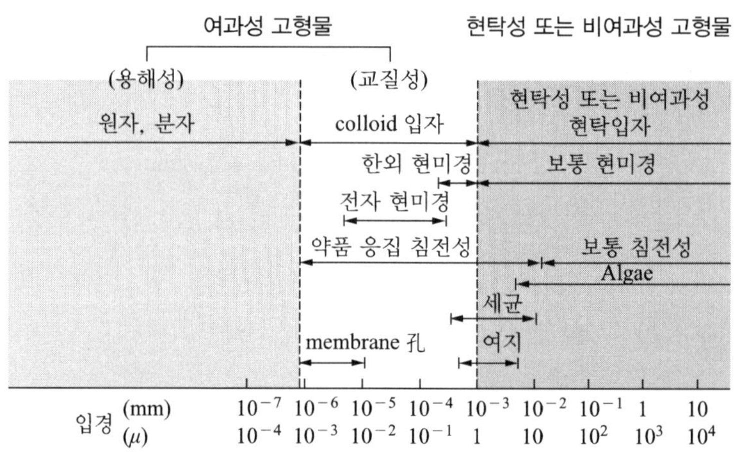

그림 4.5 수중 물질의 입자 크기

4.5.7 총질소(Total nitrogen; T-N)

질소는 대기 중에 용적으로 약 73.03%, 중량으로 약 75.51%를 차지하는 물질로 지구 표면에는 0.03% 밖에 존재하지 않는다. 이 물질은 주로 생물체 내의 단백질·아미노산·핵산 등의 유기물질과 이온상태인 NH_4^+·NO_2^-·NO_3^- 및 분자상태인 NH_3

로 존재하는데, 질소의 40%는 NH_4^+의 형태로 발견되며, 나머지 60%는 유기물의 형태이다(Jonse, 1974). 유기 형태의 질소는 생물체의 사체나 배설물로 토양에 배출된 후 다음과 같이 관련 미생물에 의해 분해되어 무기화되어 대기 중으로 확산된다.

$$\begin{matrix}\text{유기질소} \\ \text{암모니아성 질소}\end{matrix} \xrightarrow{\textit{Nitrosomonas}\ \text{sp.}} NO_2 \xrightarrow{\textit{Nitrobactor}\ \text{sp.}} NO_3$$

$$NO_3 \xrightarrow{\text{탈질균}} N_2\uparrow$$

한편 수중의 질소는 미생물의 성장에 필수적으로 요구되는 영양물질이다. 하지만 필요 이상의 질소가 수중에 존재할 경우, 자영양성 미생물인 조류의 번식을 촉진시켜 **부영양화**를 초래하는데, 질소에 의한 부영양화의 한계치는 0.1～0.2 mg/L 정도로 알려져 있다.

부영양화 현상이 발생할 경우, 해당 수원은 냉각수로써 가치가 크게 하락하고, 관광이나 위락의 가치 역시 크게 떨어진다. 또한 상수처리에 있어서도 조류의 과다 번식은 정수과정에서 여과지를 폐색시키거나 정수의 비린 맛과 냄새의 원인이 된다. 따라서 방류수역의 질소 농도가 상기 한계치를 초과하지 않도록 하수처리 시 과다한 질소를 제거해야 한다.

수중에 존재하는 질소는 유기질소·암모니아성 질소·아질산성 질소·질산성 질소로 구분되는데, 이 모두를 합하여 총질소라 한다. 총질소 중 대부분은 유기질소와 암모니아성 질소로 이들 두 종의 질소량을 합하여 **킬달(Kjeldahl)질소**라 하며, 이 값은 측정의 번거로움을 피하기 위해 총질소를 대신하여 사용하기도 한다. 총질소를 측정하기 위해서는 고농도의 황산(과황산칼륨; $K_2S_2O_3$)으로 모든 질소를 질산화하여 측정하는데, 이때 순수한 NO_3-N만을 측정하기 위해서는 산화가 완료된 시료를 여과한 후 흡광도를 측정하여 구한다.

4.5.8 총인(Total phosphorus; T-P)

인(燐, Phosphorus)은 질소와 마찬가지로 생물의 성장에 필수적으로 요구되는 영양물질이며 또한 **부영양화**의 원인이 되는데, 일반적으로 인에 의한 부영양화의 한계치는 0.02～0.03 mg/L 정도로 알려져 있다. 하지만 하수의 대부분을 차지하는 생활하수의 인 농도는 상기 농도의 약 500배 정도가 되며, 고도처리를 행하지 않는 일반적 활성 슬러지법에서 인의 제거율은 20～30%에 불과하다. 따라서 방류수로 인하여 해당 수역의 인 농도가 상기 값을 초과할 경우에는 고도처리 등 별도의 대책이 요구된다.

하수 내의 인은 표(4.8)에서 볼 수 있듯이 orthophosphates(정인) · polyphosphates(축합인) · metaphosphates 등의 무기 형태와 유기성 인산염의 형태로 존재하는데, 유기 형태의 것이 전체의 약 70%를 차지한다. 한편 유기인의 일부는 축합인으로 분해되며, 축합인은 $H_3PO_4 \cdot H_2PO_4^{-} \cdot HPO_4^{2-} \cdot PO_4^{3-}$ 등의 정인으로 가수분해 되는데, 정인은 생물의 신진대사에 직접 이용된다(Henze, 1995).

측정방법은 산화제를 이용하여 모든 형태의 인산염을 정인의 형태로 전환시켜 흡광도를 측정한다.

표 4.8 수중에 존재하는 주요 인 화합물[a]

구 분	전형적 구조도	주요 종류
orthophosphate	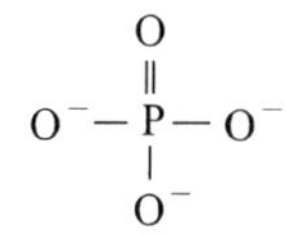	H_3PO_4, $H_2PO_4^{-}$, HPO_4^{2-}, PO_4^{3-}, HPO_4^{2-} complexes
polyphosphates	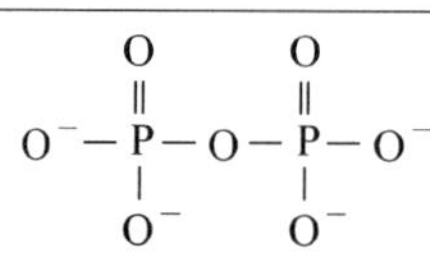 pyrophosphate	$H_4P_2O_7$, $H_3P_2O_7^{-}$, $H_2P_2O_7^{2-}$, $HP_2O_7^{3-}$, $P_2O_7^{4-}$, $HP_2O_7^{3-}$ complexes
	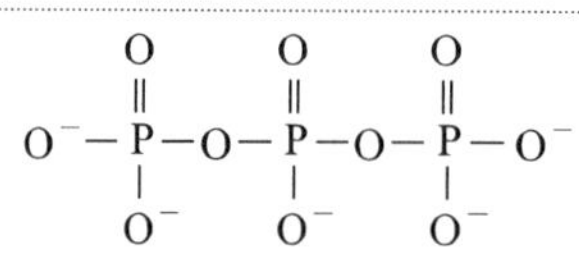 tripolyphosphate	$H_3P_3O_{10}^{2-}$, $H_2P_3O_{10}^{3-}$, $HP_3O_{10}^{4-}$, $P_3O_{10}^{5-}$, $HP_3O_{10}^{4-}$ complexes
metaphosphates	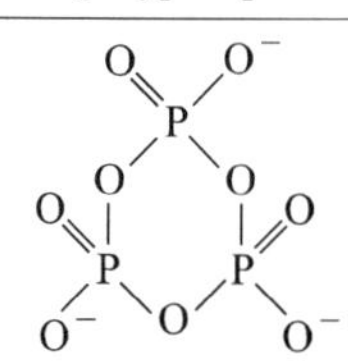 trimetaphosphate	$HP_3O_9^{2-}$, $P_3O_9^{3-}$
organic phosphates	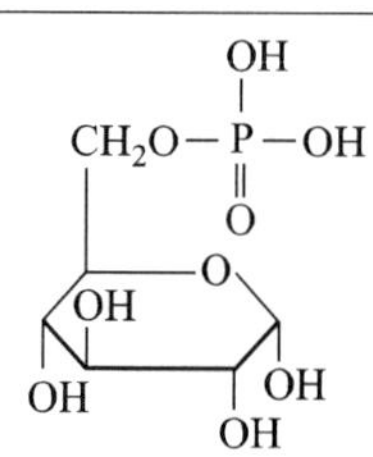 glucose 6-phosphate	Very many types, including phospholipids, sugar phosphates, nucleotides, phosphoamides etc.

[a] Water Chemistry, Snoeyink & Jenkins, 1980.

4.5.9 기타 중요한 수질항목

1. pH

pH는 용액의 수소이온 농도, 즉 산 또는 알칼리 상태의 세기를 나타내는 용어이다.
예를 들어 물은 H^+와 OH^-로 전리(電離)되며, 다음 식들이 성립한다.

$$H_2O \rightleftarrows H^+ + OH^- \tag{4.26}$$

위 식에서 $H^+ \cdot OH^- \cdot H_2O$의 몰농도(mole/L)를 각각 $[H^+] \cdot [OH^-] \cdot [H_2O]$이라고 하면 전리의 정도는 다음과 같다.

$$\frac{[H^+][OH^-]}{[H_2O]} = K \text{ (평형상수)} \tag{4.27}$$

이 값은 일정 조건에서 일정한 값을 나타내는데, 25℃ 순수일 때 각 이온의 積은 다음과 같고,

$$\frac{[H^+][OH^-]}{[H_2O]} = 10^{-7} \times 10^{-7} = 10^{-14} = K_w \tag{4.28}$$

pH와 pOH는 다음 식(4.29)과 같이 정의한다.

$$pH = -\log[H^+] \tag{4.29}$$

$$pOH = -\log[OH^-] \tag{4.30}$$

따라서 pH + pOH = 14 또는 pOH = 14 − pH이다.

pH를 측정하는 방법은 지시약의 변색을 이용하는 비색법과 일반적으로 사용되는 유리전극(glass electrode)과 비교전극으로 된 pH meter를 이용하는 방법이 있다.

예제 4.2

H^+농도가 5.4×10^{-9} mole/L인 용액의 pH와 pOH를 구하라.

풀이 $pH = -\log[5.4 \times 10^{-9}] = -\log 5.4 - \log 10^{-9} = -0.73 + 9.0 = 8.27$
$pOH = 14 - 8.27 = 5.73$

예제 4.3

pH가 5, 6, 7인 용액을 동량 혼합하였다. 이 용액의 pH는 얼마인가?

풀이 $pH = -\log\left[\frac{1}{3}(10^{-5}+10^{-6}+10^{-7})\right] = 5.43$

예제 4.4

완전히 전리한다고 가정하고 다음 용액의 pH를 구하라.
(1) 4.9×10^{-4} mole/L의 산 (2) 0.0016 mole/L의 염기

풀이 (1) 4.9×10^{-4} mole/L의 산

$pH = -\log[4.9\times10^{-4}] = 3.31$

(2) 0.0016 mole/L의 염기

$pOH = -\log[0.0016] \fallingdotseq 2.8$

$\therefore\ pH = 14 - 2.8 = 11.2$

예제 4.5

식초산(CH_3COOH) 4,000 mg/L의 pH가 4이다. 이 용액의 해리상수(K_a)는 얼마인가?
(단, 식초산의 분자량은 60이다.)

풀이 식초산의 농도는 4,000 mg/L = 4 g/L = 4/60 mole = 0.67 mole이고,
pH는 4이므로 $[H^+] = 10^{-4}$ mole, $[CH_3COO^-] = 10^{-4}$ mole이다.

따라서 $CH_3COOH \rightleftarrows CH_3COO^- + H^+$

$(0.67-10^{-4})$ (10^{-4}) (10^{-4})

해리상수 $K_a = \frac{[CH_3COO^-][H^+]}{[CH_3COOH]} = \frac{10^{-4}\times10^{-4}}{0.67-10^{-4}} = 1.5\times10^{-6}$이다.

2. 알칼리도(Alkalinity)

알칼리도란 물이 산을 중화시킬 수 있는 능력의 척도로 자연수의 알칼리도는 주로 약산의 염에 기인하지만, 강염기나 약염기 또한 기여한다. 자연수의 알칼리도에 기여하는 물질을 pH가 높은 것부터 순서대로 열거하면 수산화물(hydroxide) · 탄산염(carbonate) · 중탄산염(bicarbonate)의 순서인데, 자연수에서 이들 물질의 공급원은 주로 지질(석회암 등의 광물)에 의한 것이며, 공장폐수 등의 오염에 기인하는 경우도 있다.

참고로 자연수 중의 알칼리도는 중탄산염의 형태가 대부분이며 탄산염이나 수산화물에 의한 것은 적은데, 그것은 다음 식과 같이 수중의 CO_2가 탄산염과 수산화물을

중탄산염으로 변화시키기 때문이다.

$$CO_2 + CaCO_3 + H_2O \rightarrow Ca(HCO_3)_2$$

$$2CO_2 + Ca(OH)_2 \rightarrow Ca(HCO_3)_2 \quad (4.31)$$

한편 수산화물과 탄산염은 수중에 OH^-를 내므로 알칼리성을 나타내지만, 중탄산염은 냉수 중에서 OH^-를 거의 내지 않음으로 중탄산염의 양이 많아도 pH는 높아지지 않는다. 특히 용존하는 CO_2가 많을수록 OH^-로 분해되기 어려우므로 pH는 높아지지 않는다. 그러나 이와 같은 중탄산염을 많이 포함한 물을 가열하면 화합하고 있는 중탄산염 중의 CO_2가 분리되어 대기 중으로 날아감으로 중탄산염은 탄산염으로 되어 OH^-를 내므로 알칼리성을 나타내게 된다.

만일 알칼리도를 광산(鑛酸)이나 유기산으로 중화하면 OH^-가 물로 되거나 알칼리성을 띠지 않음으로 일단 중화된 알칼리는 재차 알칼리로 되지 않는다. 그러므로 광산이나 유기산에 의한 산도가 있는 물의 알칼리도는 0이다.

한편 수중에서 CO_2와 알칼리도 및 pH는 일정한 관계를 가지고 변화하는데, 그 관계는 그림(4.6)과 같다.

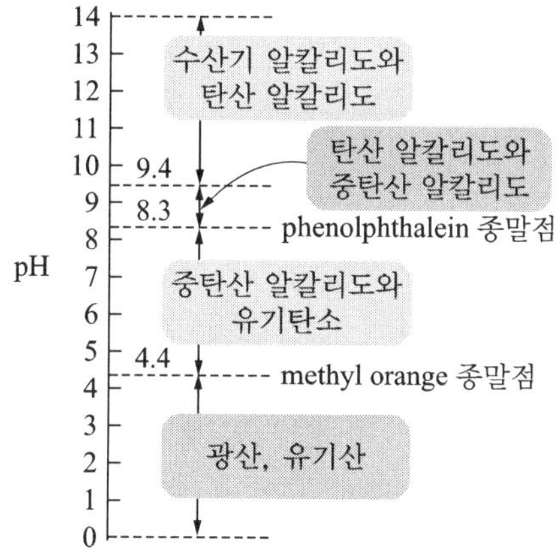

그림 4.6 pH, 알칼리도 및 CO_2의 관계

알칼리도는 시료를 산(0.02 N H_2SO_4)으로 적정하고, 이때 소비된 산의 양을 식(4.32)와 같이 $CaCO_3$로 환산하여 구한다. 사용 지시약은 phenolphthalein과 methyl orange이며 각 적정 point는 그림(4.6)과 같다.

$$\text{알칼리도} = \text{산}(0.02N\ H_2SO_4)\text{의 소비량(mL)} \times \frac{1{,}000}{\text{시료량(mL)}} \quad (4.32)$$

알칼리도는 보건위생상 영향을 미치는 것은 아니나 불쾌한 맛을 내는 등 음용수의 질을 저하시킨다. 또한 수처리와 관련하여 알칼리도는 질산화 반응 시 완충작용을 하며, 인의 화학적 처리 시 석회주입량에 영향을 미치기도 한다.

이와 같이 알칼리도는 수질공학적 문제에 있어서 여러 면에 관련·이용되는데, 몇 가지 관련 내용을 열거하면 다음과 같다.

① 약품응집

물·하수·폐수 중의 불순입자 등을 응집시키기 위해 사용되는 화학약품은 물과 반응하여 불용성 수산화물을 만들어 침전한다. 이때 방출된 H이온은 물속의 알칼리도와 반응한다. 그러므로 알칼리도는 응집제가 효력을 발할 수 있는 pH 범위로 물을 완충하는 작용을 하는데, 효과적이고 완전한 응집이 일어나기 위해서는 응집제로 인해 방출된 산에 의해 소비되는 알칼리도보다 더 많은 알칼리도가 존재해야 한다. 그러나 알칼리도가 너무 높으면 pH가 높아지고 많은 응집제가 소비되어 비경제적이다.

② 연수화

알칼리도는 침전법에 의한 연수화에 있어서, 소석회[$Ca(OH)_2$]와 soda-회(Na_2CO_3)의 소비량을 계산할 때 고려해야 할 중요한 항목이다. 연수화 된 물은 탄산염과 과량의 수산화물을 함유하므로 알칼리도가 허용범위 내에 있는지 검토해야 한다.

③ 침식억제

알칼리도가 낮은 물은 철 등에 대한 부식성이 강하여 철관은 녹슬기 쉽다.

④ 폐수처리

pH와 마찬가지로 알칼리도는 폐수를 생물학적으로 처리할 수 있는지를 정하는 중요한 인자이다. 하지만 폐수의 유기물 농도가 높을 경우 처리과정에서 발생하는 유기산을 중화시켜 처리에 유리한 결과를 줄 수도 있다.

예제 4.6

어떤 시료 100 mL를 0.02 N H_2SO_4 적정액으로 적정하였다. phenolphthalein end point(홍색 → 무색)까지 13.8 mL의 적정액이 소비된다면, 이 시료의 알칼리도는 얼마인가?

풀이 식(4.32)를 이용하면 알칼리도는 $13.8 \times \frac{1{,}000}{100} = 138\ \mathrm{mg/L}$이다.

별해 H_2SO_4; 1 N은 49 g, $CaCO_3$; 1 N은 50 g

1 L의 0.02 N H_2SO_4은 0.98 g의 H_2SO_4 함유한다. 즉, 1 mL는 0.98 mg의 H_2SO_4을

함유하므로, 13.8 mL 적정액 중 산의 양을 $CaCO_3$로 환산하면,

$$13.8 \times 0.98 \times \frac{50}{49} = 13.8\ \mathrm{mg},$$

따라서 알칼리도는 $13.8 \times \dfrac{1{,}000}{100} = 138\ \mathrm{mg/L}$이다.

예제 4.7

응집제로 황산알미늄, 알칼리제로 소석회를 사용할 때, 원수 중의 알칼리도를 무시하면 황산알미늄 1 mg/L에 대해서 소석회를 얼마만큼 주입해야 하는가? (단, 각 원소의 원자량은 Al: 27 g, S: 32 g, Ca: 40 g이다.)

풀이 황산알미늄과 소석회의 반응은 다음과 같다.

$$Al_2(SO_4)_3 \cdot 18H_2O \; + \; 3Ca(OH)_2 \; \rightarrow \; 2Al(OH)_2 \; + \; 3CaSO_4 \; + \; 18H_2O$$

$$\therefore \text{ 소석회 소비량 } = \frac{3 \times 77}{666} = 0.333\ \mathrm{mg/L}$$

3. 산도(Acidity)

산도란 알칼리를 중화할 수 있는 능력을 말하며 pH 8.5 이하에서 존재한다. 산도의 근원은 생물학적 반응의 최종산물인 CO_2와 대기 중의 CO_2 및 폐광이나 공장폐수에서 유래한 광산(鑛酸)이다. 일반적으로 CO_2를 용해한 물의 pH는 8.3 이하이고, 황산 기타 광산을 함유한 물의 pH는 4.4 이하이다. 산도와 pH의 관계는 그림(4.7)과 같다.

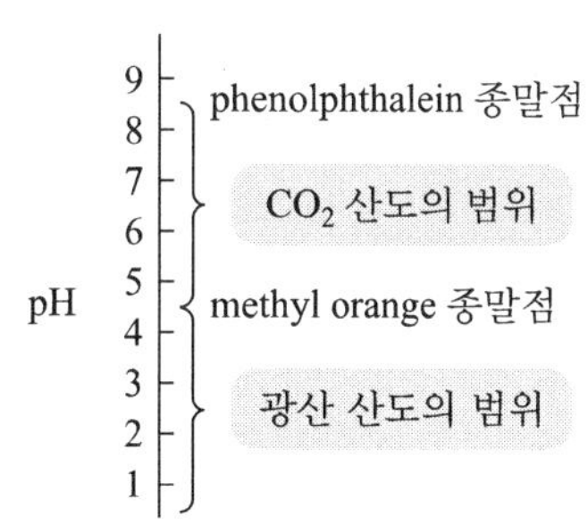

그림 4.7 산도와 pH의 관계

자연수의 산도는 수중의 CO_2에 의한 것으로 CO_2의 일부가 탄산으로 되기 때문이다. 따라서 산도는 수중의 탄산을 중화시키는 데 필요한 탄산칼슘의 양으로 환산하여 나타낸다.

$$산도 = 알칼리(0.02N\ NaOH)의\ 소비량(mL) \times \frac{1,000}{시료량(mL)} \tag{4.33}$$

pH가 8.3 이하인 물에는 반드시 유리탄소가 존재하며, 그 양이 많을수록 pH는 낮아진다. 유리탄소는 수중 알칼리를 중탄산알칼리로 변화시키고, 여분의 유리탄소는 탄산이 되어 pH를 저하시킨다.

$$CO_2 + H_2O \rightleftarrows H_2CO_3 \rightleftarrows HCO_3^- + H^+ \tag{4.34}$$

$$\frac{[H^+][HCO_3^-]}{[H_2CO_3]} = K_1\ (=4.45\times10^{-7},\ 25℃) \tag{4.35}$$

위의 평형식에서 $[H_2CO_3]$은 실제적으로 탄산과 유리탄산을 합한 총 몰농도로 나타내는데, 이것은 두 형태를 구분하기 어렵고 유리탄산의 양이 대략 99%를 차지하기 때문이다.

수중의 일부 혹은 전부의 CO_2가 알칼리 화합물을 가용성으로 만들 때의 CO_2를 **종속성 유리탄산**(subjective free carbon dioxide)이라 하고, 알칼리도에 따라 양이 결정된다. 종속성 유리탄산보다 많은 CO_2는 철재를 부식시키므로 **침식성 유리탄산**(aggressive free carbon dioxide)이라고 한다. 침식성 탄산은 폭기를 하거나 알칼리재를 주입하여 제거할 수 있다.

한편 광산은 대개 유황이나 유화철광 광산(鑛山)의 배수나 화산에서 분출한 유황성분이 유입한 물에서 유황산화세균의 작용에 따라 나타난다.

$$2S + 3O_2 + 2H_2O \xrightarrow[황세균]{} 2H_2SO_4 \tag{4.36}$$

$$FeS_2 + 3O_2 + 2H_2O \xrightarrow[황세균]{} FeSO_4 + H_2SO_4 \tag{4.37}$$

중금속의 염, 특히 $Fe^{3+} \cdot Al^{3+}$과 같은 3가의 금속이온을 갖는 염은 수중에서 가수분해하여 광산을 방출한다.

$$FeCl_3 + 3H_2O \rightarrow Fe(OH)_3 + 3H^+ + 3Cl^- \tag{4.38}$$

한편 산도는 알칼리도와 마찬가지로 위생상 영향을 미치는 것은 아니다. 그러나 광산도를 포함한 물은 불쾌한 맛을 내는 등 음용수의 질을 저하시킨다. 이와 같이 산도는 수질공학적 문제에 있어서 여러 면에 관련·이용되는데, 몇 가지 관련 내용을 열거하면 다음과 같다.

① 연수화

CO_2는 소석회[$Ca(OH)_2$]와 소다회(Na_2CO_3)에 의한 연화법에 있어 약품의 소비량을 산정할 때 유의해야 되는 중요 사항이다.

② 침식작용

물의 침식성은 대개 CO_2이지만 공장폐수의 경우는 광산도이다. 특히 상수도 분야에 있어 CO_2에 의한 침식성은 정수법과 그 시설의 결정에 중요한 인자이다. 즉, 물에 존재하는 CO_2의 제거방법으로 폭기를 택할 것인지, 아니면 단순한 중화법을 택할 것인지, 기타 약품의 소요량과 저장조의 크기·처리비용 등은 모두 CO_2의 존재량에 따라 결정된다.

③ 폐수처리

생물처리를 위해서는 pH가 보통 6～8.5 정도로 유지되는 것이 좋다. 따라서 가끔 폐수의 pH를 조정할 필요가 있는데, 이때 필요한 화학약품의 양은 대개 산도에 기초를 두고 계산한다.

예제 4.8

어떤 시료 100 mL를 0.02 N NaOH 적정액으로 적정하였다. phenolphthalein end point(홍색으로 발색)까지 10 mL의 적정액이 소비된다면, 이 시료의 산도는 얼마인가?

풀이 식(4.33)을 이용하면 산도는 $10\times\frac{1,000}{100}=100\ \mathrm{mg/L}$이다.

별해 NaOH; 1 N은 40 g, $CaCO_3$; 1 N은 50 g

1 L의 0.02 N NaOH는 0.8 g의 NaOH를 함유한다. 즉, 1 mL는 0.8 mg의 NaOH을 함유한다. 10 mL의 적정액 중 NaOH 양을 $CaCO_3$로 환산하면,

$10\times 0.8\times\frac{50}{40}=10\ \mathrm{mg}$이다.

따라서 산도는 $10\times\frac{1,000}{100}=100\ \mathrm{mg/L}$이다.

4. 경도(Hardness)

경도(硬度), 즉 물의 세기는 물속에 함유되어 있는 경도 유발물질, 즉 $Ca^{2+}\cdot Mg^{2+}$ 등 2가 양이온의 함유량을 $CaCO_3$의 양으로 환산하여 구하는데, 이들 유발물질의 양에 따라 비누의 소비량이 증가하므로 원래 경도란 비누의 소비량을 의미한다. 따라서 지하수와 같이 비누의 소비량이 많은 물, 즉 유발물질의 양이 많은 물을 **경수** 또

는 **센물**이라고 하며, 반대로 그 양이 적은 물은 **연수** 또는 **단물**이라 한다. 경도가 높은 물은 각종 열교환장치의 표면에 scale을 형성하여 효율을 감소시킬 뿐만 아니라 급수배관의 부식을 초래하여 Cu · Zn · Pb · Cd 등의 금속이 용출될 수도 있다. 따라서 경도는 공업용수의 수질을 판단할 때 중요한 항목이 된다. 또한 음용수로 사용될 경우 경도가 높은 물은 설사를 유발시키거나 신선하지 않은 느낌을 주며, 지나치게 낮을 경우에는 비누로 세척 시 미끈거리며 음용 시에는 밍밍한 느낌을 준다.

물의 경도는 물이 지각(地殼)을 유하하는 동안 접촉해온 지질학적 구성물을 반영한다. 따라서 물의 경도는 지역에 따라 다른데, 지역에 관계없이 보통 표면수는 지하수보다 연하다. 자연수에서 경도의 대부분은 Ca^{2+}와 Mg^{2+} 등 2가의 양이온에 의한 것으로, 이들 물질은 빗방울에 용해된 CO_2나 토양 내의 미생물 활동에 따른 CO_2가 지하수에 용해되어 형성된 탄산수가 지층 내의 Ca이나 Mg 등의 광물을 녹이기 때문에 발생한다. 이와 같이 Ca과 Mg은 경도의 대부분을 차지하므로 이들 양 이온만으로 경도를 측정하는 경우도 있다. 그 외에 경도를 유발하는 양이온은 Sr^{2+} · Fe^{2+} · Mn^{2+} 등이 있으며, 탄산칼슘의 양으로 환산한 유발물질의 양에 따라 경도는 다음과 같이 구분한다.

0～75 mg/L	: 약하다.	75～150 mg/L	: 약간 강하다.
150～300 mg/L	: 강하다.	300 mg/L 이상	: 아주 강하다.

한편 상기 5가지 양이온과 결합하는 중요한 음이온을 자연계에 존재하는 양에 따라 순서대로 나열하면 표(4.9)와 같은데, 이 중 양이온이 OH^- · CO_3^{2-} · HCO_3^- 등과 결합할 경우, 이것을 **탄산경도**라고 하며 이것은 오래 가열하면 다음 식(4.39)와 같이 $CaCO_3$으로 침전하여 경도를 상실한다. 따라서 탄산경도를 **일시경도**라고 말하기도 한다.

표 4.9 경도원이 되는 양이온과 중요 음이온

양이온	Ca^{2+}, Mg^{2+}, Sr^{2+}, Fe^{2+}, Mn^{2+}
음이온	HCO_3^-, SO_4^{2-}, Cl^-, NO_3^-, SiO_3^{2-}

$$Ca^{2+} + 2HCO_3^- \rightarrow CaCO_3\downarrow + CO_2 + H_2O \qquad (4.39)$$

탄산경도는 알칼리도와 마찬가지로 $CaCO_3$로 환산하여 구하므로 탄산경도는 다음과 같이 구할 수 있다.

알칼리도 < 총경도일 때, 탄산경도 = 알칼리도

알칼리도 ≥ 총경도일 때, 탄산경도 = 총경도

총경도에서 탄산경도를 제외한 경도를 **비탄산경도**라 하는데, 이것은 끓여도 제거되지 않는다. 따라서 비탄산경도를 **영구경도**라고 말하기도 한다.

예제 4.9

수질분석결과 다음과 같은 결과를 얻었다. 이 물의 총경도·탄산경도 및 비탄산경도를 구하라. (단, 각 원소의 원자량은 Ca: 40 g, Mg: 24.3 g, Na: 23 g, S: 32 g, Cl: 35.5 g, C: 12 g, O: 16 g이다.)

표 4.10 경도 계산을 위한 수질 분석 결과

구 분	mg/L	구 분	mg/L
Ca^{2+}	60	HCO_3^-	30.5
Mg^{2+}	24.5	SO_4^{2-}	120
Na^{2+}	12	Cl^-	2.5
		CO_3^{2-}	30

풀이 총경도는 Ca^{2+}: 60 mg/L $\rightarrow$ $60 \times \dfrac{50}{20} = 150\ \text{mg/L}$

Mg^{2+}: 24.5 mg/L $\rightarrow$ $24.5 \times \dfrac{50}{12.15} = 100.8\ \text{mg/L}$

∴ 총경도 = 150 + 100.8 = 250.8 mg/L

탄산경도는 CO_3^{2-}: 30 mg/L $\rightarrow$ $30 \times \dfrac{50}{30} = 50\ \text{mg/L}$

HCO_3^-: 30.5 mg/L $\rightarrow$ $30.5 \times \dfrac{50}{61} = 25\ \text{mg/L}$

∴ 탄산경도 = 50 + 25 = 75 mg/L

한편 총경도 = 탄산경도 + 비탄산경도이므로,

비탄산경도 = 250.8 − 75 = 175.8 mg/L이다.

연습문제

1. 폐수처리란 분리의 개념에서 시작된다. 그렇다면 그림(4.1)의 각 오염물질들은 어떤 단위조작이나 단위공정 또는 어떤 공정의 조합을 통하여 제거할 수 있는가 생각해보라.

2. 폐수처리 과정 중 예비처리(preliminary treatment), 1차처리(primary treatment), 2차처리(secondary treatment), 3차 또는 고도처리(tertiary or advanced treatment)를 구분하여 설명하라.

3. 다음 용어를 설명하라.
   (1) 용존산소
   (2) 생화학적 산소요구량
   (3) 질소성 산소요구량
   (4) 화학적 산소요구량
   (5) 총유기탄소
   (6) 고형물(Solids)
   (7) 총질소(Total nitrogen; T-N)

4. COD 고정 시 황산을 주입하는 이유는 무엇이고, 그때 폐수 1 L당 황산의 주입량은 얼마인가?

5. 유기물에 의한 오염도를 측정함에 있어 COD와 BOD를 측정하는 것은 어떤 이유인가 설명하라.

6. 그림(4.4) BOD 반응곡선에서 탄소성 유기물과 질소물질이 동시에 산화되지 않고 질소물질의 산화가 탄소성 유기물의 산화 후에 일어나는 이유는 무엇인가?

7. 폐수처리 시 포기조의 pH를 변화시키는 주원인은 무엇인가?

참고문헌

Environmental Protection Agency, *Handbook for monitoring industrial wastewater*. 1973.

Gaudy, A. F., Jr. Biochemical oxygen demand, p. 305-332, in; *Water Pollution Microbiology*, R. Mitchell, Ed. Wiley, New York, 1972.

Hall, J. C., and Foxen, R. J., Nitrification in BOD5 test increases POTW noncompliance. *J. Water Pollut. control Fed.* 55, 1461-1469, 1983.

Hammer M. J. *Water and Wastewater Technology*. Wiley, New York. 1986.

Henze, M., Harremoes, P., Cour Jansen, J. and Arvin, E., Wastewater Treatment. Biological and Chemical Process. Springer-Verlag, Germany, 1995.

Jones, H. R., *Pollution control in the Dairy Industry*. Noyes Data Corperation, Park Ridge, New Jersey, 1974.

Metcalf and Eddy, Inc. *Wastewater Engineering; Treatment, Disposal and Reuse*(3rd ed) McGraw-Hill, New York, 1991.

Polprasert, C. *Organic Wastes Recycling*. Wiley, Chichester, U.K., 1989.

Sawyer C. N. and McCarty P. L. *Chemistry for Environmental Engineering*. 3rd, McGraw-Hill, 3, pp. 230-241, 1978.

Snoeyink, V. L. and Jenkins, D., Water Chemistry, John Wiley & Sons, Inc., 1980.

Verstraete, W., and E. van Vaerenbergh, Aerobic activated sludge, pp. 43-112, in; *Biotechnology*, H. J. Rehm and G. Reed, Eds.; Vol. 8. *Aerobic Degradations*, W. Schonborn, Vol. Ed. VCH, Germany, 1986.

Washington, B. Leu-Hing, C., Zenz, D. R., Rao, K. C. and Kobayashi, A. W., Exertion of 5-day nitrogenous oxygen demend in nitrifying wastewater. *J. Water Pollut. control Fed.* 55, 1196-1200, 1983.

Young, J. C., Comparison of three forms of 2-chloro-6(trichloromethyl) pyridine as a nitrification inhibitor in BOD test. *J. Water Pollut. control Fed.* 55, 415-416, 1983.

CHAPTER 04 ■ ■ ■ CHAPTER 05

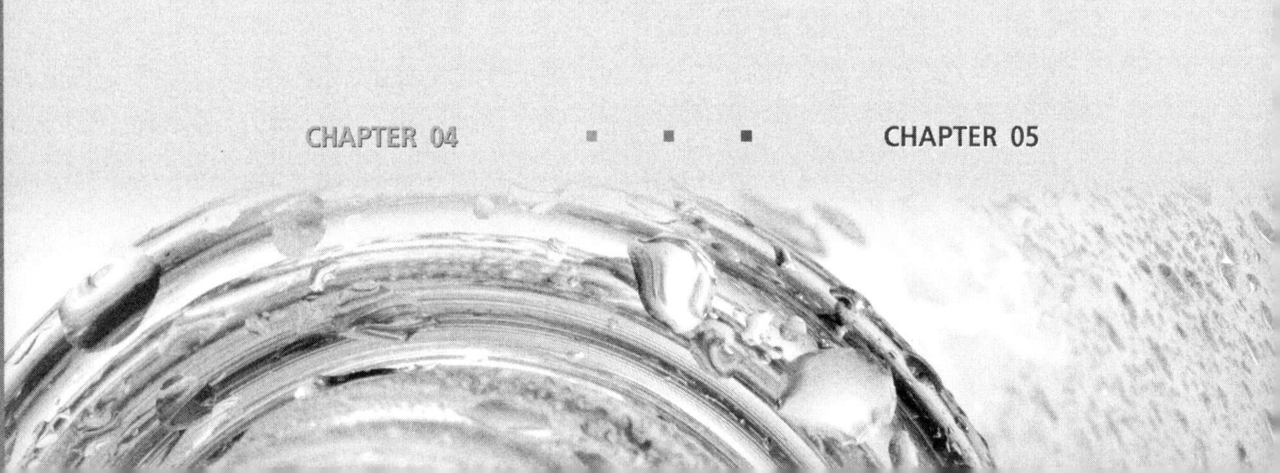

Chapter 05

활성슬러지 공정

5.1 서론

폐수의 생물학적 처리는 적용 미생물에 따라 크게 **혐기성 처리과정**과 **호기성 처리과정**으로 구분할 수 있으며, 적용 상태에 따라 **부유미생물**을 이용하는 방법, **부착미생물**을 이용하는 방법 또는 **고정화미생물**을 이용하는 방법으로 구분할 수 있다. 이 중 하·폐수 중의 유기물질을 공기가 공급되는 상태에서 부유성 미생물을 이용하여 처리하는 방법을 총칭하여 **활성슬러지법**이라고 하는데, 이 방법은 처리효율과 경제성이 양호하여 도시하수처리장과 같이 대량의 하수를 처리하는 처리장에서는 거의 다 이 방법을 채용하고 있다.

참고로 하수처리의 역사를 뒤돌아보면 하수에 공기를 주입하여 처리하고자 하는 실험은 이미 1882년부터 시작되었는데, 그 당시에는 주로 살수여상이나 접촉여상과 같이 부착미생물을 이용하는 처리시설에 인공포기를 실시하는 방법으로 응용되고 있었다. 그러던 중 1912년 미국 Lawrence 하수 실험실은 하수를 담은 병 속에 슬러지를 주입하고 공기를 송기하여 하수의 처리시간을 크게 단축시킬 수 있음을 알게 되었고, 이어 Ardern과 Lockett(1914a, 1914b, 1915, 1917) 등은 Manchester에 처리장을 만들어 이를 **활성슬러지법**(Activated sludge process)이라 칭함으로써 비로소 현대적 처리법이 등장하였다. 이 처리법은 처음 회분식으로 개발되었으나 이후 연속식으로 발전하였으며 관리자의 경험과 재간에 따라 많은 변법이 개발되었다(McKinney, 1962). 하지만 각 변법에 관계없이 이 처리법이 연속적으로 운전되기 위해서는 무엇보다 증식한 슬러지를 고액분리하는 것이 핵심이며, 고액분리를 위해서는 증식한 미생물이 집괴(集塊), 즉 floc을 형성해야 하고, 이렇게 형성된 floc이 적절한 침전성을 가져야 한다. 또한 생물반응조 내 혼합액을 활성슬러지라고 하며 그림(5.1)은 그 한 예이다.

Floc 형성의 원인은 최근까지 잘 파악되지 않았는데, 그것에 관한 초창기 학설로는, 하수 중의 점액상 물질에 세균이나 Protozoa 등이 포함되어 floc을 형성한다는 생물설과 하수 중에 존재하는 금속수산화물 등의 무기물이 응집침전을 도모한다는 무기설 및 부유물질 중에 존재하는 수산화물 등을 핵으로 floc이 형성되고 이들 floc이 다시 세균이나 수산화물을 흡착한다는 절충설(折衷說) 등이 있었으며, 역설적으로 팽화를 유발한다는 사상성 세균이 floc 형성의 가교 역할을 한다는 주장도 있었다. 하지만 최근에 밝혀진 바에 따르면 floc 형성의 원인은 미생물이 분비하는 점액물질이며 처리결과 또한 이 물질의 영향을 받는 것으로 나타났다(李, 2001a).

따라서 본 장에서는 이러한 새로운 사실과 발전된 이론을 근거로 그간 활성슬러지법에 대해 잘못 알려진 주장을 바로잡고 그 밖에 원인이 밝혀지지 않았던 현상도 일관성 있는 공학적 현상으로 해석하였으며, 이 중 특히 bulking현상, 설계방법 및 관리요령 등은 그 중요도를 고려하여 보다 자세히 기술하였다.

표 5.1 생물학적 폐수처리 공정의 분류

분류	구분	해당 공정
적용 미생물에 따라	호기성 처리	활성슬러지법, 살수여상, 호기성 산화지 등
	혐기성 처리	소화(消化), UASB, 혐기성 산화지 등
적용 상태에 따라	부유 상태	활성슬러지법, 소화조, 산화지 등
	막 상태	살수여상, 침지여상, 유동상, 회전원판법 등
	고정화 상태	포괄고정화, UASB 등

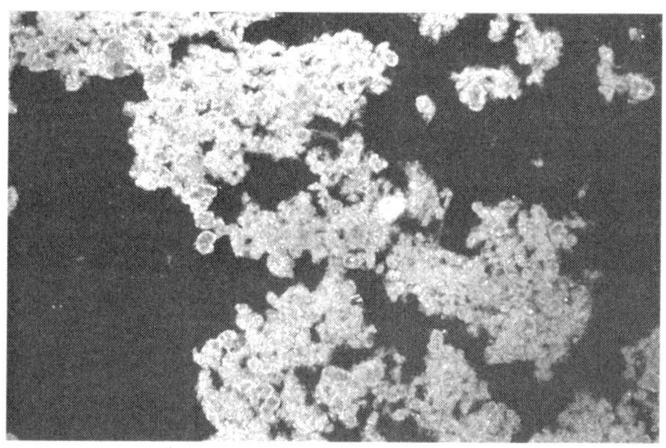

그림 5.1 정상적으로 운전되는 포기조의 활성슬러지

5.2 활성슬러지 공정의 개요

활성슬러지법의 주요 변법은 표(5.2)와 같이 크게 4가지로 구분되며, 일반적 공정은 그림(5.2)와 같다. 기타의 변법으로는 접촉안정법(contact Stabilization)·순산소포기법(pure oxygen aeration)·산화구법(oxidation ditch) 등 다수가 있다.

참고로 표에 주어진 각 변법의 운전조건은 처리수질의 호불호와는 무관하며, 다만 오랜 운전 경험을 통해 밝혀진 슬러지의 침전성이 확보되는 제 조건 간의 상관관계를 나타낸 것으로, 최근까지 밝혀지지 않았던 이들 간의 상관관계는 5.3.2 5.항 이후에 자세히 기술하였다.

표 5.2 활성슬러지법의 주요 변법

구 분	F/M (kg-BOD/ kg-MLVSS·d)	HRT (hr)	MLSS (mg/L)	SRT (day)	송기량 (倍하수량)
장기포기법	0.05～0.15	18～36	1500～5000	20～30	15 이상
재래법 (단계식부하법, 점감식포기법)	0.2～0.4	4～8	1500～3000	5～15	3～7
고율법	0.4～1.5	2～4	3000～6000	5～10	
수정포기법	1.5～5.0	1.5～3	200～500	0.2～0.5	2～4

Metcalf and Eddy, 1991.

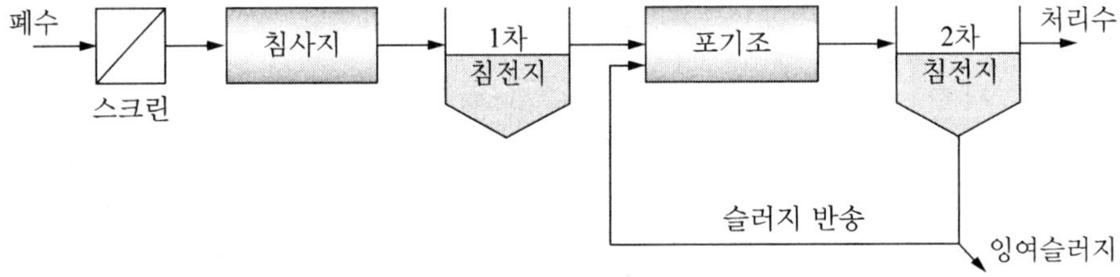

그림 5.2 활성슬러지법의 일반 공정도

폐수 내 오염물질은 크게 스크린에 걸릴 정도의 조대물질에서 용해성인 것까지 다양하다. 또한 크기에 관계없이 유기물인 것과 무기물인 것으로 구분된다. 이미 기술하였듯이 폐수처리란 분리의 개념에서 시작된다. 따라서 상기의 공정도는 이들 다양한 물질을 순차적으로 고액(固液)분리해가는 합리적 과정을 나타낸 것으로, 유입폐수의 성상에 따라 상기 공정의 일부를 삭제하거나 필요시 별도의 공정을 추가할 수 있다.

공정을 수순대로 살펴보면 다음과 같다. 먼저 조대한 물질을 U자형 트랩이나 **스크린**에 의해서 분리한다. 다음은 처리장의 각종 펌프와 관 계통에 지장을 초래하는 모래를 **침사지**에서 침강·분리하고, 쉽게 침전이 가능한 입자성 유기물이나 부상 가능한 유지류 등은 **1차침전지**에서 분리·제거한다. 이러한 과정을 거친 후 폐수 내에 잔존하는 오염물질은 용해성 물질과 쉽게 침전하지 않는 입자성 부유물로, 이들 물질은 **포기조**에서 미생물의 먹이가 되어 새로운 세포로 생성되거나 미생물의 표면에 부착되어 **2차침전지**에 유입된다. 2차침전지에서는 미생물들이 floc을 형성하여 부착된 물질과 함께 침전하는데, 이때 이토와 같은 무기성 부유물도 상당량 floc에 부착되어 침전한다. 이와 같이 활성슬러지법에 의한 폐수처리 과정은 오염물이 그림(5.2)의 각 공정을 순차적으로 거치면서 분리·제거되는 과정으로 설명할 수 있다.

한편 상기 과정이 연속적으로 유지되기 위해서는 포기조 내에 일정량의 미생물이 유지되어야 하는데, 이러한 목적으로 2차침전지에 침전한 슬러지 중 일부를 포기조에 반송하며, 이것을 **반송슬러지**라고 한다. 그리고 그 나머지는 인출하여 적당한 처리를 거친 후 폐기하는데, 이때 인출된 슬러지를 **잉여슬러지**라고 한다.

5.2.1 운전변수

활성슬러지법의 설계와 운전에 관련되는 변수는 슬러지의 침전성이나 처리결과에 영향을 미치는 인자들로 F/M비·유입수 농도·미생물 농도·슬러지일령·슬러지 반송률 등이 있다. 이들 인자는 상호 영향을 미치며, 활성슬러지법의 효율을 좌우하는 가장 기본적인 인자인 미생물의 종조성과도 관련되는데, 이 중에는 F/M비와 같이 종조성에 영향을 주는 인자도 있고, 슬러지 일령이나 슬러지 전환율과 같이 종조성의 영향을 받는 인자도 있다.

1. 혼합액 내 부유고형물(Mixed-liquor suspended solids; MLSS)

포기조 내의 혼합액(mixed liquor)은 미생물·미생물의 사체·기타 유기성 및 무기성 부유물로 이루어지는데, 이를 총칭하여 MLSS라 하며, 이것의 농도 변화는 결정적으로 슬러지의 침전성을 좌우한다.

MLSS는 혼합액을 여과지에 통과시켜 걸러진 부유물의 건조중량이며 mg/L로 나타낸다. 도시하수를 처리하는 재래식 활성슬러지법의 경우 MLSS 농도는 1,500~3,000 mg/L 정도를 유지한다.

2. 혼합액 내 휘발성 부유고형물 (Mixed-liquor volatile suspended solids; MLVSS)

MLSS에 포함된 유기물은 미생물·미생물의 사체 및 비생물적 유기물질 등이며, 이들 물질을 총칭하여 MLVSS라 한다. 따라서 MLVSS가 활성을 보이는 미생물의 총량을 나타내는 것은 아니다. 하지만 활성을 나타내는 미생물과 기타 유기물을 분리·정량하기 곤란하므로 일반적으로 MLVSS를 활성을 가진 미생물의 총량으로 간주한다.

MLVSS는 여재에 걸러진 부유물을 550~650℃의 회화로에서 작열(灼熱)한 후 휘발한 양으로 정하며, 합류식 하수도의 하수를 처리하는 도시하수처리장의 경우 대략 MLSS의 65~75% 정도이다. 단위는 mg/L로 나타낸다.

3. 유입수 농도(Influent substrate concentration; S_i)

포기조 유입수, 즉 1차침전지 유출수의 BOD 또는 COD 농도를 말하며, 단위는 mg/L이다. 특히 유입수 농도는 슬러지의 침전성을 좌우하는 중요인자 중의 하나이다(李, 2001a, 2001a; Chudoba, 1973, 1985). 자세한 내용은 이후 활성슬러지법의 설계부분(5.3.2 5.①(ㄱ)항)을 참고하기 바란다.

4. 수리학적 체류시간(Hydraulic retention time; HRT)

유입수가 포기조 내에서 체류하는 평균시간을 나타내며, 그 역수는 희석률(dilution rate)과 같고, 단위는 hr이다. HRT 역시 슬러지의 침전성을 좌우하는 중요인자이며(李, 2000a), 보다 자세한 내용은 활성슬러지법의 설계부분(5.3.2 5.①(ㄱ)항)을 참고하기 바란다.

$$\mathrm{HRT}(\theta_h) = \frac{V}{Q} \times 24 = \frac{1}{D} \tag{5.1}$$

여기서, V : 포기조 용량(m^3),
Q : 유입 폐수량(m^3/day),
D : 희석률(hr^{-1})이다.

5. F/M비(Food/Microorganism ratio)와 BOD 용적부하

포기조에 유입되는 일당 유기물 부하를 나타내는데, 단위는 kg-BOD/kg-MLSS · day, 혹은 kg-BOD/kg-MLVSS · day를 사용하며, 전자의 사용이 일반적이다.

$$즉,\ F/M = (Q \times S_i) / (X \times V) \tag{5.2}$$

여기서, Q : 유입 폐수량(m^3/day),
S_i : 유입 BOD 농도(mg/L),
X : 포기조 MLSS 농도(mg/L),
V : 포기조 용량(m^3)이다.

F/M비는 슬러지의 반송률이나 HRT에 의해 쉽게 조정이 가능하다. 재래식 활성슬러지법의 경우 F/M비는 경험적으로 0.2 ~ 0.4 kg-BOD/kg-MLSS · day을 적용하며, 수정포기법의 경우 5.0 kg-BOD/kg-MLSS · day까지 적용 가능한 것으로 보고되고 있다(표 5.2 참고).

한편 표(5.2)와 같이 F/M비는 이제까지 활성슬러지법의 가장 중요한 설계인자로 취급되어 왔다. 하지만 F/M비는 설계인자가 될 수 없는데, 자세한 내용은 활성슬러지법의 설계부분(5.3.2 5.②항)에 기술하였다.

BOD 용적부하는 미생물 농도에 관계없이 포기조 단위 용적당 BOD 부하를 의미하며, 조 내 미생물 농도를 정확하게 측정하기 곤란한 부착미생물 공정이나 혐기성 공정에서 주로 사용되며 계산식은 다음과 같다.

$$\text{BOD 용적부하} = \frac{Q \times S_i}{V} \times 10^{-3} \ (\text{kg-BOD/m}^3 \cdot \text{day}) \tag{5.3}$$

6. 슬러지일령(Sludge retention time; SRT)

슬러지일령은 미생물이 활성슬러지 공정 내에서 평균적으로 체류하는 기간을 나타내는 것으로, 단위는 day이다. 재래식 활성슬러지법에서 적정 SRT는 5~15일 정도이며, 이제까지 SRT는 F/M비와 함께 활성슬러지법의 중요한 기초 설계인자로 고려되어 왔다. 하지만 F/M비와 역비례 관계를 보이는 SRT는 F/M비와 마찬가지로 설계인자가 될 수 없다(식 3.15 참고).

한편 SRT는 온도와도 관련성을 가지는데, 온도가 낮을 경우 증가하고, 온도가 상승하면 감소한다(EPA, 1987). 이것은 온도가 감소할 경우, 미생물의 생장속도가 감소하여 잉여슬러지의 발생량이 감소하기 때문이다. 즉, 이 변수는 미생물의 비성장률(μ)의 역수에 비례하며, 미생물의 총량과 일당 슬러지 발생량으로부터 구할 수 있다. 그림(5.3)에서 공정 내 총 미생물량 및 일당 슬러지 발생량은 다음과 같다.

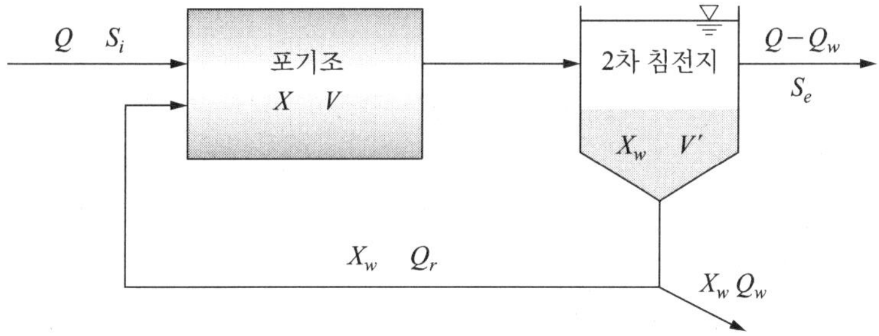

그림 5.3 활성슬러지 공정의 물질수지

$$\text{공정 내 총 미생물량} = X \cdot V + X_w \cdot V' \tag{5.4}$$

한편 일당 생산되는 슬러지의 양은 잉여슬러지($X_w \cdot Q_w$)와 유출수와 함께 배출되는 현탁성 부유물질[$X_e \cdot (Q - Q_w)$]이다.

$$\text{일당 슬러지 발생량} = X_w \cdot Q_w + X_e \cdot (Q - Q_w) \tag{5.5}$$

따라서 슬러지일령은 다음과 같다.

$$\text{SRT} = \frac{X \cdot V + X_w \cdot V'}{X_w \cdot Q_w + X_e \cdot (Q - Q_w)} \text{ (day)} \tag{5.6}$$

하지만 위 식에서 $X_w \cdot V'$는 매번 정확한 양을 측정하기 불편하고, 또한 $X_e \cdot (Q - Q_w)$는 그 양이 적으므로, SRT의 계산은 다음과 같이 단순화된 식을 사용한다.

$$\text{SRT}(\theta_c) = \frac{X \cdot V}{X_w \cdot Q_w} \text{ (day)} \tag{5.7}$$

여기서, X : 포기조의 MLSS 농도(mg/L),
X_w : 잉여슬러지 농도(mg/L),
X_e : 유출수의 SS 농도(mg/L),
V : 포기조 용량(m^3)
V' : 2차침전지 내 슬러지 층의 부피(m^3),
Q_w : 잉여슬러지 발생량(m^3/day)이다.

7. 슬러지 전환율(Sludge conversion rate)

슬러지 전환율은 제거된 유기물 중 슬러지로 전환되는 비율을 말한다. 이것은 3.3.2항에서 설명한 겉보기 세포증식계수(Y_{obs})와 같고, 다음 식과 같이 일당 슬러지 발생량[$X_w \cdot Q_w + X_e \cdot (Q - Q_w)$]을 일당 BOD 제거량[$(S_i - S_e) \times Q$]으로 나누어 구할 수 있다. 슬러지 전환율은 F/M비에 따라, 즉 미생물의 종조성에 따라 달라지는데 하등한 세균류가 우점(優占)할 경우 커지고, 고등한 미생물이 우점할 경우 이들 미생물의 포식작용으로 슬러지 전환율은 감소한다. 이상과 같이 종조성이나 유입수의 특성에 따라 슬러지 전환율은 크게 변화하므로 슬러지 처리장치를 설계함에 있어 상기 인자의 영향을 충분히 고려해야 한다.

참고로 그림(5.4)는 가정하수를 대상으로 F/M비와 겉보기 증식계수(Y_{obs})와의 관계를 나타낸 것이다(Hammer M. J., and Hammer M. J., Jr., 1996). 이 그림(5.4)에 제시된 Y_{obs}값은 다소 높은 값을 나타내는데, 그것은 유입수 중 무기 고형물질의 양은 F/M비로 계산하지 않으면서 잉여슬러지에는 포함시켜 계산했기 때문이다.

$$슬러지\ 전환율 = \frac{X_w \cdot Q_w + X_e \cdot (Q - Q_w)}{(S_i - S_e) \times Q} \tag{5.8}$$

여기서, S_e : 유출수 BOD 농도(mg/L)이다.

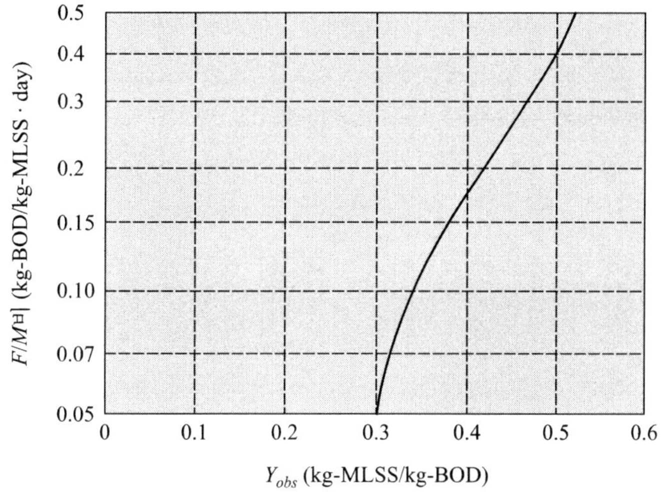

(참고) 그림은 가정하수를 대상으로 한 것이며, 유출수의 SS는 대략 30 mg/L를 기준으로 하였다.

그림 5.4 F/M비와 Y_{obs}의 관계

8. 슬러지 용적지수(Sludge volume index; SVI)

활성슬러지법 설계의 핵심은 슬러지의 침전성이다. 즉, 포기조에서 유출된 혼합액이 상징수와 농축된 슬러지로 분리되지 않는다면, 처리의 목적을 달성할 수 없다. 따라서 표(5.2)에 제시된 설계조건 역시 도시하수 처리 시 슬러지의 침전성이 확보되는 경험적 조건을 제시한 것이다.

슬러지의 침전성을 나타내는 가장 대표적인 것은 SVI이다. SVI는 슬러지를 1 L의 메스실린더(혹은 Imhoff cone)에서 30분 침전시킨 후 슬러지 부피(sludge volume; SV)를 대상 혼합액의 농도로 나누어 지수화한 것이다. 즉, 슬러지 1 g이 차지하는 부피를 mL로 나타낸 것인데, 일반적으로 적정 SVI는 80 < SVI < 120 정도이며, SVI > 200인 경우를 **슬러지 팽화**(sludge bulking)라 하고, 이때에는 농후한 농도의 슬러지를 반송할 수 없으므로 처리장의 연속운전이 곤란해진다.

반면 SVI값이 지나치게 낮을 경우에도 문제가 되는데, 이때에는 유출수의 현탁성 고형물, 즉 SS의 농도가 증가하여 처리수가 악화된다. 따라서 SVI값이 지나치게 낮은 것도 바람직하지 않다. 이와 같이 슬러지의 침전성과 유출수의 SS는 서로 무관하지 않은데, 그것은 미생물이 배출하는 점액물질의 농도와 관련되며, 자세한 내용은 6.3.2 1.항에 기술하였다.

$$\text{SVI} = \frac{\text{30분 침전 후 슬러지의 부피(mL/L)} \times 1{,}000}{\text{MLSS 농도(mg/L)}} \quad (5.9)$$

한편 미생물이 배출하는 점액물질의 양은 floc의 강도나 밀도에도 영향을 미치는데, floc의 밀도 역시 SVI와 마찬가지로 반송률의 결정과 침강성 판단에 사용되는 또 하나의 지표로 사용될 수 있으며, 이것을 **슬러지 밀도지수**(sludge density index; SDI)라 한다.

$$\text{SDI} = \frac{\text{MLSS 농도(\%)}}{\text{30분 침전 후 슬러지의 부피(\%)}} \quad (5.10)$$

SDI는 Donaldson 지수라고도 하며, SDI = 100/SVI이고, 침강성이 좋은 슬러지는 SDI≧0.7이다.

참고로 유입수 농도가 지나치게 높거나 HRT가 지나치게 길어질 경우, 미생물은 점액물질을 과다 분비하고 이때 형성되는 floc은 스펀지처럼 밀도가 작아진다. 그 결과 슬러지는 잘 침전하지 않는다. 하지만 슬러지의 점성이 커져 2차침전지 유출수의 현탁물질 농도는 크게 감소한다.

9. 반송비

활성슬러지법에서 연속운전을 위해서는 포기조의 미생물 농도를 일정 정도로 유지시켜야 하는데, 이를 위해서는 2차침전지의 침전슬러지를 포기조로 반송해야 하고, 이때 반송슬러지에 대한 유입수량의 비를 반송비라 한다.

참고로 반송비는 단순히 포기조 내 미생물 농도를 유지하는 것뿐만 아니라 처리수질과 슬러지의 침전성과 관련되는데, 양호한 결과를 얻기 위해서는 운전조건의 변화에 따라 조 내 미생물 농도, 즉 F/M비를 조절해야 하며, 현장에서 F/M비를 조절하기 위한 유일한 수단은 반송비를 조절하는 것이다.

그림(5.3)에서 1차침전지 유출수의 슬러지 농도가 "0"이라고 가정하고, 포기조와 2차침전지 간 슬러지의 물질수지를 생각하면 다음 식과 같다.

$$Q_r \times X_w = (Q_r + Q)X \quad (5.11)$$

여기서, X : 포기조의 미생물 농도(mg/L),

X_w : 반송슬러지 농도(mg/L),

Q : 1차침전지 유출수량(m^3/day),

Q_r : 반송유량(m^3/day)이다.

한편 반송비 $R = Q_r / Q$이므로, 위 식으로부터 반송비는 다음과 같이 나타낼 수 있다.

$$R = \frac{Q_r}{Q} = \frac{X}{X_w - X} \tag{5.12}$$

또한 침전 실험 시 30분 침전 후 슬러지의 부피를 SV(mL), 그때 슬러지의 농도를 반송슬러지의 농도(X_w)와 같다고 하면 다음 식이 성립한다.

$$X_w \times \mathrm{SV} = X \times 1,000 \tag{5.13}$$

상기 식을 식(5.9)에 대입하면 X_w는 다음과 같다.

$$X_w = \frac{10^6}{\mathrm{SVI}} \tag{5.14}$$

따라서 식(5.12)와 (5.14)로부터 반송비(R)는 다음과 같이 슬러지 용적지수(SVI)와 슬러지 농도(X)로 나타낼 수 있다.

$$R = \frac{X}{X_w - X} = \frac{X}{(10^6/\mathrm{SVI}) - X} \tag{5.15}$$

5.3 활성슬러지법의 설계

활성슬러지법은 주로 물리적 방법과 생물학적 방법에 의존한다. 물리적 방법은 하·폐수 처리 시 가장 기본적인 처리수단으로 스크린과 침전 또는 부상법이 있으며, 스크린·침사지·1차침전지 및 2차침전지·농축조 등은 가장 일반적으로 채용되는 물리적 조작이다. 포기조는 미생물의 활동으로 용해성이나 부유성 유기물을 고액분리가 용이한 미생물 floc으로 만들기 위한 생물공정이며, floc 형성 시 무기성 고형물도 상당 부분 floc화되어 제거된다. 이와 같이 활성슬러지법의 기본 원리는 고액분리이며, 이미 기술한 바와 같이 고액분리의 가장 일반적 수단은 침전과 부상(浮上)이다.

5.3.1 침전과 부상

1. 침전

침전은 대상물질의 농도나 응집성에 따라 다른데, 침전의 형식에 따라 단독침전(discrete settling)·응집침전(flocculent settling)·지역침전(zone settling) 및 압축침전(compression)으로 구분한다.

먼저 **단독침전**(單獨沈澱)이란 독립침전(獨立沈澱)이라고도 하며, 입자가 침강하는 동안 입자의 크기나 형태에 변화가 없이, 즉 단독으로 침전하는 것을 말하며, **응집침전**(凝集沈澱)이란 입자가 침강하는 동안 타 입자와 응집하여 그 형태·크기·침강속도 등이 변화하는 경우이다. **지역침전**(地域沈澱)이란 층침전(層沈澱)이라고도 하며, 응집침전 직후에 나타나는 현상으로 이때 상징액과 고형물은 분명한 경계를 이루고 침강하며, 상부의 슬러지 층은 필터 역할을 하여 싱징액의 탁도가 크게 감소한다. **압축침전**(壓縮沈澱)은 압밀침전(壓密沈澱)이라고도 하며 침전한 고형물들이 상부 침전물의 하중에 의해 물리적으로 다시 압축되어 고형물 간의 간극수가 서서히 빠져나가면서 농도가 증가하는 현상을 일컫는다. 보다 자세한 내용은 관련 항에 기술하였다.

표 5.3 침전의 형식과 그 특징 및 적용

구 분	특 성	적 용
단독침전	단독입자로 침전하며, 입자 간의 간섭이 없다.	극히 저농도의 현탁입자 침전, 침사지에서 모래의 침전 및 상수도의 보통침전지.
응집침전	침전하면서 응집하여 입자의 형태나 크기 및 침강속도가 변화한다.	상수도의 약품침전지, 하수도의 최초침전지 및 최종침전지의 상층부.
지역침전	뚜렷한 경계층을 이루며 침전한다.	하수도의 최종침전지 및 농축조의 상부.
압축침전	슬러지가 어느 정도 침강한 상태에서 상층부 슬러지의 압축으로 슬러지 내 간극수가 빠져나가면서 더욱 침전한다.	하수도의 최종침전지 하부 및 농축조.

2. 부상

일반적으로 부상법(浮上法)이란, 미소 기포의 부착성을 이용하여 현탁고형물을 부상·분리하는 방법으로 용·폐수 처리에 자주 이용되는데, 기포를 발생시키는 방법에 따라 **분산공기부상법**(dispersed air flotation)과 **용해공기부상법**(dissolved air flotation)으로 구분한다.

분산공기부상법은 산기판이나 기타의 포기장치를 이용하여 기포를 현탁액 내에 도입하고 동시에 심한 기계적 교반을 실시하여 기포를 보다 작은 크기로 분산시켜, 그 기포의 표면에 부착한 현탁물질을 기포와 함께 부상시키는 방법이다. 이 방법은 발생 기포의 크기에 제한이 있어 scum을 형성하는 폐수에는 유효하나, 그 외에는 별로 효과적이지 못하다.

한편 용해공기부상법은 압력의 차이로 석출(析出)되는 기포를 이용하는 방법으로 기포를 발생시키는 방법에 따라 **감압**(또는 **진공**)**부상법**(減壓浮上法)과 **가압부상법**(加壓浮上法)으로 구분한다.

① **진공부상법**(vacuum flotation)

공기는 온도와 압력에 따라 수중 포화도가 달라진다. 한 예로 뜨거운 물에 차가운 물을 갑자기 섞을 경우, 물은 순식간에 우유처럼 하얗게 변하는데, 이것은 차가운 물속에 용해되어 있던 공기가 온도의 상승에 따라 과포화 상태에 이르고 결국 매우 미세한 기포로 석출되기 때문이다.

이러한 석출현상은 압력을 변화시킬 경우에도 발생하는데, 폐수를 감압조에 도입한 후 진공에 가깝게 감압시킬 경우, 미소 기포가 석출된다. 이러한 미소 기포는 비표면적(표면적/체적)이 매우 크기 때문에 부착력을 가지며, 이 부착력을 이용하여 현탁물질을 부착·부상시킨다. 하지만 이 방법은 대기압 하에서 용해된 공기만을 이용하므로 이용할 수 있는 공기량에 한계가 있고, 대형의 감압분리조를 만들기 어렵다는 단점과 부상한 고형물을 조 외로 반출하기가 어려워 실용가치가 적다. 그러나 고형물이 폐쇄된 조 내에서 분리되므로 악취가 심한 폐수의 처리에는 유리하다.

② **가압부상법**(pressure flotation)

이 방법은 폐수의 일부 혹은 전부를 가압조에 도입하여 2~5기압 정도의 압력으로 공기를 폐수 중에 용입시킨 다음, 그것을 대기압 하의 분리조로 유출시킨다. 이때 미세한 기포가 발생하는데, 가압부상법은 이 미세 기포의 부착력을 이용하여 현탁고형물을 부착·부상시키는 방법으로 **부분가압식**과 **전량가압식** 및 **순환수가압식**이 있다.

이 방법은 진공부상법에 비해 다량의 공기를 용해시킬 수 있고, 고가의 감압조를 필요로 하지 않으며, 부상한 scum을 제거하는 것도 비교적 쉽기 때문에 실제의 하·폐수처리장에서 주로 채택되고 있다. 가압부상장치를 구성하는 주요 장치는 가압 pump · 공기주입장치 · 저류조 · 배압조절장치 및 부상조로 그림 (5.5) 및 (5.6)과 같다.

한편 가압부상장치의 설계에 있어 여러 가지 변수를 평가하기 위해서는 공기/고형물비(A/S)로 표현된 무차원량을 사용함이 편리한데, A/S비는 현탁물질의 형태에 따라 다르므로, 이것을 결정하기 위해서는 설계에 앞서 예비실험이 필요하다. 일반적으로 A/S비는 다음과 같이 표현된다.

$$A/S = \frac{1.3\, S_a(f \cdot P - 1)R}{S_c \cdot Q} \tag{5.16}$$

여기서, 1.3 : 공기의 밀도(mg/cm^3),

A/S비 : 공기/고형물 비(mg공기/mg고형물),

S_a : 공기 포화용해도(mL/L),

S_c : 고형물 농도(mg/L),

f : 압력이 P일 때 공기 용해율로 보통 0.8,

R : 가압순환 유량(m^3/day),

Q : 폐수 유량(m^3/day)이다.

한편 S_a는 표(5.4)와 같고, P는 실제로 전달되는 압력, 즉 절대압력으로 다음 식과 같다.

$$P\,(\text{atm}) = \frac{p + 101.35}{101.35} \tag{5.17}$$

여기서, p는 가압수의 계기압력(kPa = 1,000 N/m^2)이다.

표 5.4 공기의 포화용해도

온도(℃)	0	10	20	30
S_a(mL/L)	29.2	22.8	18.7	15.7

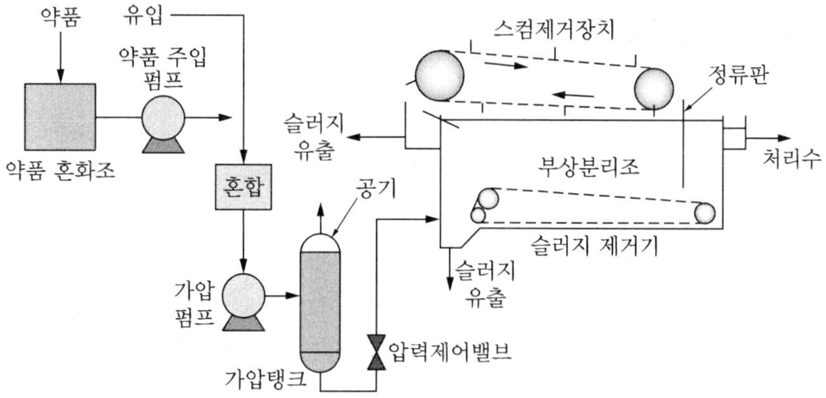

그림 5.5 전 원수 가압 부상시설

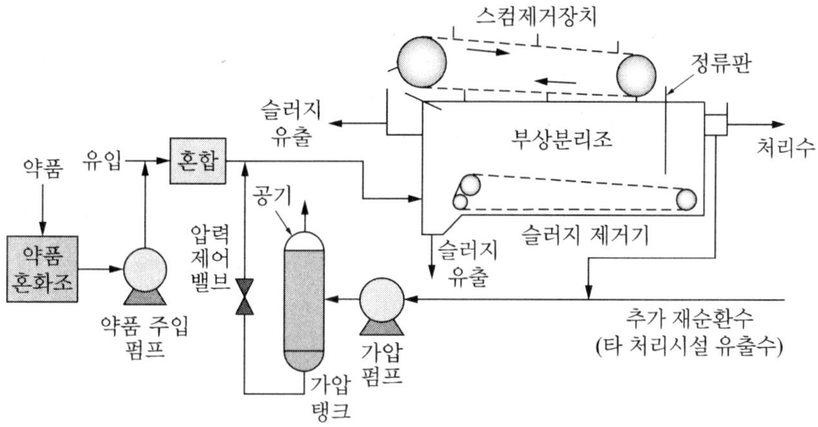

그림 5.6 순환수 가압 부상시설

예제 5.1

Pilot plant 운전결과, 부상장치의 적정 A/S비는 0.04였다. 대상 폐수의 부유물 농도가 250 mg/L이고, 20℃의 조건에서 414 kPa의 압력을 가할 때 요구되는 적정 반송률(%)을 구하라.

풀이 $f=0.8,\ P=\dfrac{414+101.35}{101.35}=5.1\ \text{atm},\ S_a=18.7\ \text{mL/L},\ A/S=0.04$이므로,

$$\frac{R}{Q}=\frac{A/S\cdot S_c}{1.3S_a(f\cdot P-1)}=\frac{0.04\times250}{1.3\times18.7(0.8\times5.1-1)}=13.4\%$$

[참고] 부상법은 부유물이나 유지의 농도가 높은 폐수, 즉 원피세정폐수의 유지 회수, 채유·석유정제·석유화학폐액의 유성물 제거, 석탄건류공장폐액의 tar 제거, 압연폐수 중의 유분 제거, 기계공장폐수 중의 grease 제거, 세탁폐수 중의 유성물 제거 등에 효과적이다.

5.3.2 단위공정의 설계

1. 스크린

하·폐수 중 비교적 큰 고형물은 주로 나무·플라스틱 등이 있다. 이들 물질은 처리장 내 펌프와 각종 기계장치를 보호하기 위해 폐수처리의 첫 단계로 스크린을 이용하여 제거하는데, 도시하수처리장의 경우 침사지의 전후에 간격이 다른 스크린을 설치하는 것이 일반적이다. 스크린은 형태에 따라 **봉상**(rack bar screen)·**격자상**(grating screen)·**망상**(fine screen)으로 구분하며, 유효간격에 따라 다음 표(5.5)와 같이 **조스크린**(coarse screen)·**중스크린**(medium screen) 및 **세스크린**(fine screen)으로 분류한다.

표 5.5 유효간격에 따른 스크린의 분류

구 분	조스크린	중스크린	세스크린
유효간격(mm)	50 이상	25～50	25 이하

스크린 협잡물은 인력 혹은 기계적으로 제거한다. 인력으로 제거할 경우, 스크린에 걸린 고형물을 손갈퀴 등을 이용하여 제거하는데, 이때 봉의 간격은 2～5 cm, 봉의 수평각은 30～75° 정도로 하며, 봉의 수평각은 작업의 편이를 위하여 되도록 작게 하는데 통상 30～45°로 한다(그림 5.7 참고).

기계식인 경우, 걸러진 고형물은 기계식 갈퀴를 이용하여 제거하며, 이때 봉의 간격은 1～4 cm, 봉의 수평각은 45～90° 정도로 하는데, 통상 60° 정도로 한다(그림 5.7 참고). 기계식 갈퀴의 작동은 일반적으로 부구(浮球; floats)를 이용하여 손실수두가 5 cm 이상일 때 자동으로 작동되도록 하며, 이때 손실수두는 다음 식으로 구한다.

$$h_L = \frac{(V_b{}^2 - V_a{}^2)}{2g} \times \frac{1}{0.7} \tag{5.18}$$

여기서, h_L : 손실수두(cm),

V_a : 접근유속(cm/sec),

V_b : 봉을 통과하는 유속(cm/sec),

g : 중력가속도(980 cm/sec^2)이다.

한편 접근유속은 고형물의 침전을 억제하기 위해 최소 0.45 m/sec 이상이여야 하며, 봉을 통과하는 유속은 최소 0.6 m/sec, 최대 1.0 m/sec를 초과해서는 안 된다.

스크린 설치 시에는 일반적으로 유효간격이 다른 2개의 스크린을, 즉 유효간격이 큰 것을 앞에 작은 것을 뒤에 설치하는데, 소규모 처리장에서는 기계식과 수동식을 하나씩 설치하여 정전 등의 사고에 대비하는 것이 좋다. 또한 스크린 대신 분쇄기를 설치하는 경우도 있는데, 이 경우 분쇄된 고형물은 침전 또는 부상시켜 제거한다.

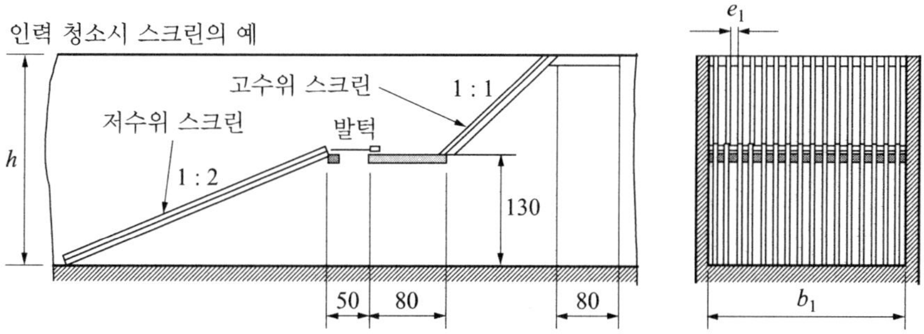

스크린 폭 b_1 = 40, 50, 60, 70, 80, 100, 125, 160, 180, 200, 225, 250
스크린 간격 e_1 = 4, 6, 8, 10 (단위 : cm)

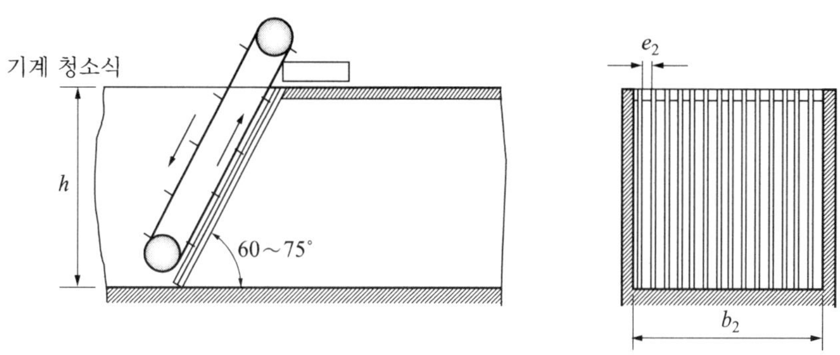

스크린 폭 b_2 = 60, 80, 100, 125, 160, 180, 200, 225, 250
스크린 간격 e_2 = 1.6, 2.5, 4, 6, 8 (단위 : cm)

그림 5.7 스크린 시설

2. 침사지

침사지는 이후 공정에 모래의 퇴적과 펌프·배관 및 각종 기기의 마모를 방지하기 위해 유입수 중의 모래를 제거하기 위한 시설로 1차침전지 앞에 설치한다. 이것은 스크린과 함께 중요한 예비처리시설이며, 종류는 **수평류식**(장방형)·**수직류식** 및 **포기식 침사지**로 구분되며, 대규모 시설에서는 수평류식이 주로 사용된다. 침사지는 청소나 수리 시를 대비하여 최소 2조 이상 설치하며, 제거 대상이 되는 모래입자의 크기는 일반적으로 0.2 mm 이상으로 한다.

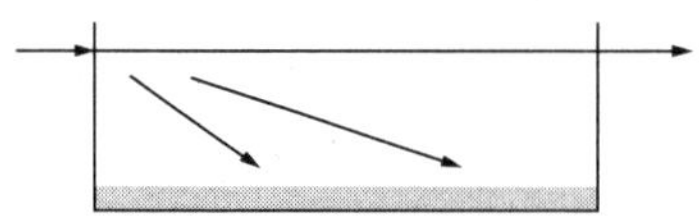

그림 5.8 수평 평형류식

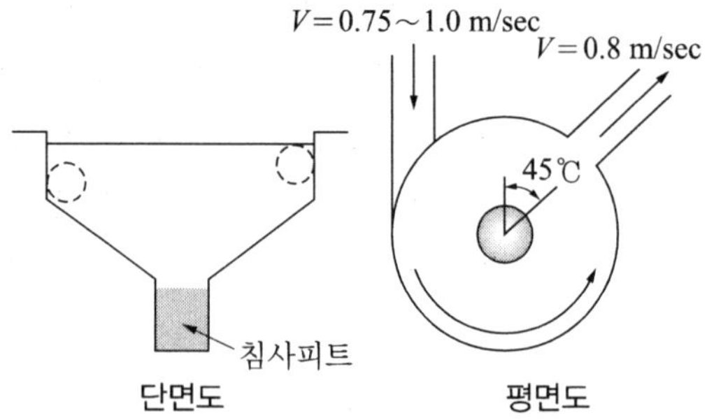

그림 5.9 수평 원형류식

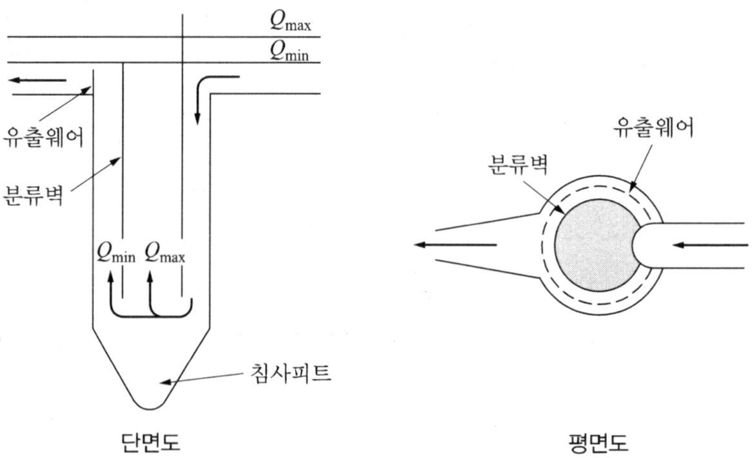

그림 5.10 수직류식 침사지

① 장방형 침사지

장방형 침사지는 그림(5.11)과 같이 긴 네모꼴 형태의 수로이다. 수로의 평균유속은 소류속도, 즉 0.3 m/sec 이하로 하고, 체류시간은 30~60초 정도로 한다. 침사지의 깊이는 유효깊이에 모래 퇴적부의 깊이(30 cm 이상)와 상부의 여유고를 더하여 2.5~3.5 m 정도로 한다. 침전된 모래는 인력 또는 기계로 제거하며, 모래를 제거하거나 청소 및 수리 시 배수를 고려하여 바닥은 배수구 쪽으로 1/200~2/100 정도의 경사를 둔다. 또한 유입수량의 대폭적 변동을 고려하여 우회수로나 월류웨어 또는 횡월류웨어를 설치하며, 흐름을 층류로 유도하기 위해 유입부 또는 유입부와 유출부에 정류벽을 설치한다.

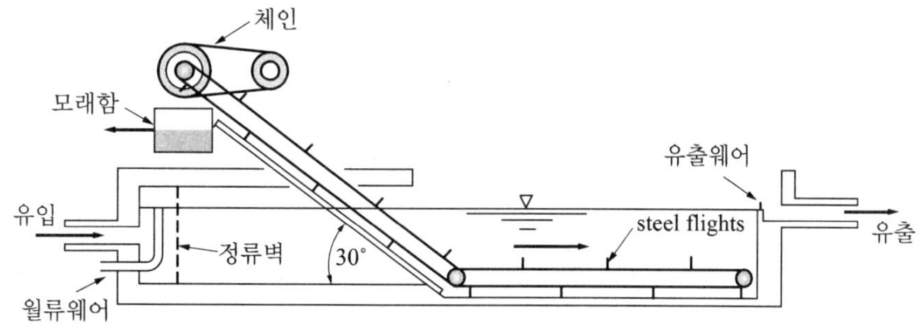

그림 5.11 장방형 침사지

한편 침사지 설계에 필요한 모래입자의 침강속도는 Newton의 이론과 Stokes가 제안한 침강이론으로 구할 수 있다.

Newton의 법칙에 따르면, 중력에 의한 힘과 침강에 따른 마찰 저항력은 같다. 따라서 모래입자의 최종침강속도는 다음과 같이 구할 수 있다.

중력에 의한 힘(F)은 질량×중력가속도($F = mg$)이고, 질량(m)은 밀도×부피($m = \rho V$)이므로, 수중에서 입자가 받는 힘은 다음과 같다.

$$\text{중력에 의한 힘 } F_{(g)} = (\rho_s - \rho_w) g V \tag{5.19}$$

여기서, ρ_s : 입자의 밀도($g_{(질량)}/cm^3$),
ρ_w : 물의 밀도($g_{(질량)}/cm^3$),
g : 중력가속도(980 cm/sec^2),
V : 입자의 부피(cm^3)이다.

한편 입자의 침강에 따라 발생하는 마찰력은 입자의 속도·유체의 밀도 및 입자의 단면적에 비례한다. 즉, 흐름의 동력 $\rho v^2/2$과 투영면적 A에 비례하며, 여기에 계수를 적용하면 다음 식과 같다.

$$\text{마찰저항력 } F_{(f)} \propto A\frac{\rho v^2}{2} = C_D \cdot A\frac{\rho v^2}{2} \tag{5.20}$$

여기서, C_D : 항력계수,
v : 입자의 속도(cm/sec),
A : 흐름방향에 직각인 입자의 투영면적(cm^2)이다.

입자의 형태가 구형이라고 가정하면, 입자의 부피 $V = \pi d^3/6$이므로, 입자의 **최종침강속도(v_s)**는 다음과 같다.

$$v_s = \left[\frac{4}{3} \frac{g(\rho_s - \rho_w)d)}{C_D \, \rho} \right]^{1/2} \tag{5.21}$$

여기서, v_s : 입자의 최종침강속도(cm/sec),

d : 입자의 직경(cm)이다.

한편 상기 식(5.21)에서 항력계수 C_D는 흐름의 형태나 입자의 형태에 따라 다른데, Reynolds 수(R_e)가 10^4보다 작고 입자가 구형일 경우, 실험적 결과는 다음과 같다.

$$C_D = \frac{24}{R_e} + \frac{3}{\sqrt{R_e}} + 0.34 \tag{5.22}$$

상기 식에서 레이놀즈수가 0.3 이하일 때 식의 2항 이하를 무시하고, 식(5.21)에 대입하면 입자의 최종침강속도(v_s)는 다음 식(5.23)과 같고, 이 식을 Stockes의 **법칙**이라고 한다. 이 식은 침사지의 수심이나 체류시간을 결정할 때 유용하며, 일반적으로 레이놀즈수가 0.5 이하일 때 적용할 수 있다.

$$v_s = \frac{g(\rho_s - \rho_w)d^2}{18\mu} \tag{5.23}$$

여기서, μ : 물의 점성계수(g(질량)/cm · sec)이다.

한편 레이놀즈수는 다음과 같이 표현된다.

$$R_e = \frac{DV}{\nu} = \frac{4RV}{\nu} \tag{5.24}$$

여기서, R_e : 레이놀즈수,

V : 유속(cm/sec),

D : 직사각형 수로의 환산직경(cm),

ν : 동점성계수(cm^2/sec),

R : 경심($R = A/S$이고, S는 윤변)이다.

자세한 내용은 다음 예제(5.2) 참고.

예제 5.2

수로의 폭과 수심이 각각 3 m와 1.7 m인 개수로의 R_e수를 구하라. (단, 평균유속은 0.01 m/sec이고, $\nu = 1.12 \times 10^{-2}$ cm^2/sec이다.)

풀이 수로의 경심 $R = \frac{A}{S}$이고, $A = 1.7 \times 3 = 5.1$ m

윤변(물과 접하는 면의 길이) $S = 3 + 2 \times 1.7 = 6.4$ m이다. $\therefore\ R = \frac{5.1}{6.4} = 0.8$ m

식 $R_e = \frac{DV}{\nu}$에서 D는 원형관의 직경을 나타내므로, D 대신 환산직경을 이용하면 $D' = 4R$이고, 상기 수로의 $R_e = \frac{4RV}{\nu} = \frac{4 \times 80\ \text{cm} \times 1\ \text{cm/sec}}{1.12 \times 10^{-2}\ \text{cm}^2/\text{sec}} = 28{,}571$

※ **환산직경**

원형관에서 경심 $R = \frac{A}{S} = \frac{\pi D^2/4}{\pi D} = \frac{D}{4}$이다. 따라서 $D = 4R$이고, 상기 직사각형 수로의 경심 $R = 0.8$ m이므로 환산직경 $D' = 4R = 3.2$ m이다.

한편 그림(5.12)은 유입수가 층흐름을 하는 경우 침강속도가 v_o인 입자를 이론적으로 100% 제거하기 위한 장방형 침사지의 이상적 관계를 나타낸 것으로, 이때 유입수의 조 내 체류시간과 입자가 바닥까지 침강하는 시간이 같아야 한다. 즉,

$$t = \frac{V}{Q} = \frac{H}{v_o} \tag{5.25}$$

여기서, t : 침사지 체류시간(sec),
V : 침사지 용적(m^3),
Q : 유입유량(m^3/sec),
H : 유효 깊이(m),
v_o : 입자의 침강속도(m/sec)이다.

식(5.25)에서, $\frac{V}{Q} = \frac{B \times H \times L}{B \times H \times v_h}$이므로, 다음 관계가 성립한다.

$$\frac{L}{v_h} = \frac{H}{v_o}, \qquad 즉\ L : H = v_h : v_o \tag{5.26}$$

여기서, B : 침사지의 폭(m),
H : 유효 깊이(m),
L : 침사지의 길이(m),

v_h : 수류의 수평유속(m/sec)이다.

또한 식(5.25)에서, 다음 관계식이 성립한다.

$$v_o = \frac{Q \times H}{V} = \frac{Q}{B \times L} = \frac{Q}{A} \tag{5.27}$$

여기서, A는 침사지의 표면적(m^2)이다.

위 식에서 Q/A는 **표면적부하**로 수면적에 대한 유입부하로 단위는 m^3/m^2·day이며, 침사지 및 침전지의 중요 설계인자이다. 일반적으로 오수침사지의 경우 1,800 m^3/m^2·day, 우수침사지의 경우 3,600 m^3/m^2·day 이하의 값을 적용하고 있다. 또한 장방형 침사지를 설계할 때 수평유속(v_h) 역시 중요한 설계인자인데, 수평유속은 일정 침강속도 이하의 가벼운 입자를 월류시킬 수 있도록 소류(掃流)속도 이상으로 설계되어야 한다.

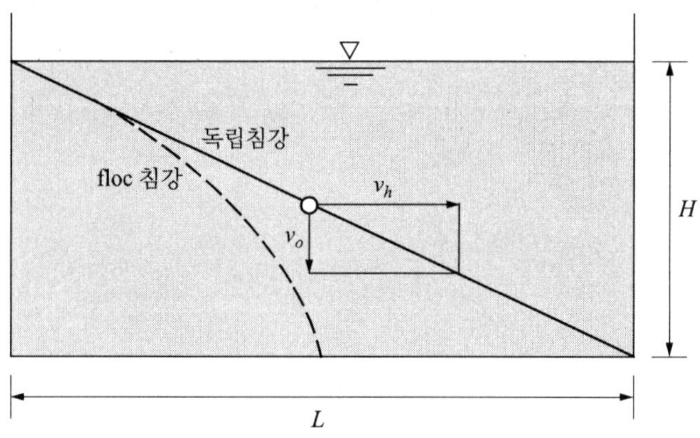

그림 5.12 입자의 침강경로

한편 입자는 유입 위치에 따라 설계치보다 작은 크기의 것도 제거될 수 있는데, 침강속도가 $v_s(< v_o)$인 입자의 제거율은 다음 식과 같다.

$$R_s = \frac{v_s}{v_o} = \frac{v_s}{Q/A} \tag{5.28}$$

여기서, R_s : 침강속도 $v_s(< v_o)$인 입자의 제거율이다.

따라서 침강속도가 v_o보다 작은 입자의 함유율이 x_o라고 하면, 침강속도가 v_o보다 큰 입자의 제거율은 $1 - x_o$이고, v_o보다 작은 입자의 제거율은

$\int_0^{x_o} R_s\, dx$이며, 전체 제거율 R은 다음 식과 같다.

$$R = (1 - x_o) + \frac{1}{v_o}\int_0^{x_o} v_s dx \tag{5.29}$$

위 식의 2항은 현탁입자의 **침강속도 분석곡선**(그림 5.13)의 사선부분에 해당한다. 침강속도 분석곡선은 그림(5.14)와 같은 침강관을 이용하여 실험을 통해 구하는데, 이때 일반적으로 침강관은 내경 80~100 mm, 높이 1.5~2.0 m 정도이고, 5개 정도의 시료 채취구를 장착한 것을 사용한다. 실험은 먼저 침강관에 시료를 채우고 충분히 교반한 후 각 시료 채취구를 열어 시료를 취하여 현탁입자의 농도를 측정한다. 이후 적당한 시간 간격으로 각 채취구의 수심별 경과시간과 현탁액의 농도를 측정하면, 채취구별로 침강속도가 v_o보다 작은 입자의 함유율을 구할 수 있고, 각 침강속도와 그에 해당하는 함유율(x)를 나타내는 점들을 연결하면 침강속도 분석곡선을 얻을 수 있다.

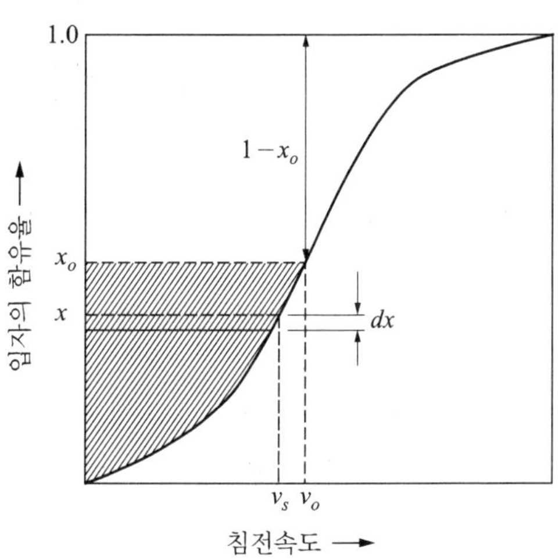

그림 5.13 침전속도 분석곡선

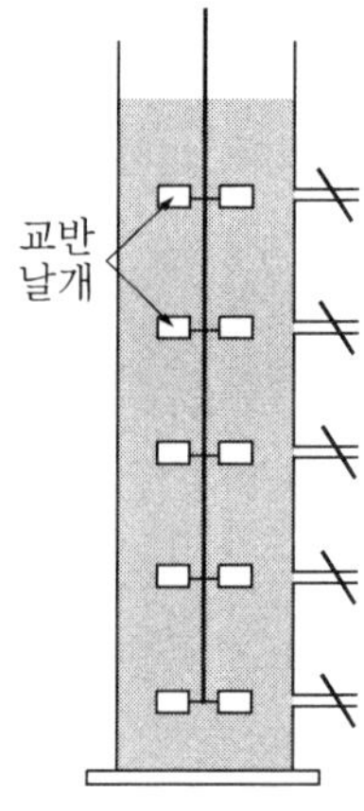

그림 5.14 침강관

② 폭기식 침사지

폭기식 침사지는 입자성 유기물의 침전을 막기 위해 지의 바닥 한쪽에 설치된 산기관을 통해 공기를 공급하여 선회류를 유발시킨다. 따라서 제거되는 모래입자의 크기 또한 선회류의 유속에 의해 결정되는데, 이때 선회류의 유속은 침사지 내의 수평유속과 선회류에 의한 수직유속의 합벡터이다.

수평유속은 유입유량과 지 단면적에 의해 결정되며, 선회류의 수직유속은 산기량에 의해 좌우된다. 이때 수평유속은 최대유량에 대해 0.2 m/sec 이하가 되도록 하며, 선회류의 수직유속은 합벡터의 값이 0.3 m/sec 이하가 되도록 한다. 따라서 산기량은 유입유량에 따라 변화시킨다. 이러한 폭기식 침사지는 유량의 변동에 관계없이 일정 크기 이상의 모래를 제거할 수 있고, 폐수를 예비처리 할 수 있는 장점이 있다. 또한 그림(5.15)와 같이 부상용(浮上用) 칸막이를 설치할 경우, 유지 등의 부상물질을 제거할 수 있으며, 폐수를 예비 폭기함으로써 냄새와 휘발성 물질을 제거하여 지를 청결하게 유지할 수 있고, 고부하 시에는 다소나마 생물반응조의 부하를 낮출 수 있는 장점이 있다.

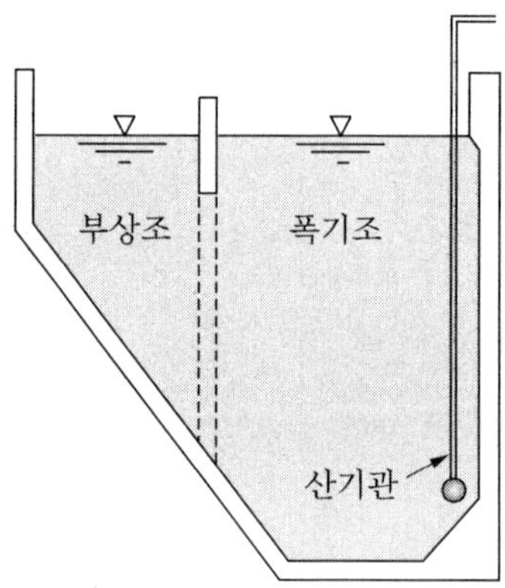

그림 5.15 부상용 칸막이가 있는 폭기식 침사지의 단면도

기타 일반적 설계요령으로 지의 단면은 원활한 선회류가 유발되도록 정방형으로 하고, dead space를 최대한 억제하며, 30～60 cm 깊이의 모래 저장용 hopper를 설치한다. 일반적으로 단면적은 4～12 m^2이다. 체류시간은 잉여슬러지를 유입시켜 예비 폭기 할 경우 최소 유량에 대해 10～15분이고, 그렇지 않을 경우 최대 유량(우천 시)에 대해 3～4분이다. 산기관은 직경 2～3 mm 구멍이 있는 다공관을 hopper 위 약 50 cm에 설치하며, 송기량은 단위 길이당 3～8 $m^3/m \cdot hr$로 한다. 지의 길이는 20～40 m로 하고, 이때 표면적부하는 20～25 $m^3/m^2 \cdot day$를 표준으로 하며, 침전된 모래는 기계적 방법으로 제거한다.

3. 예비 에어레이션 탱크

예비 에어레이션 탱크는 필요시 1차침전지 앞에 설치한다. 이것은 유입하수에 함유된 유지 등으로 scum의 발생 소지가 많을 경우에 설치하는데, 이때 포기조에서 scum 발생을 감소시키는 효과 외에 침사지 유출수의 혐기화를 방지하고 동시에 냄새 발생을 저감시킬 수 있다. 또한 여기에 슬러지를 반송할 수도 있는데, 이 경우 반송된 슬러지로 인하여 1차침전지에서 입자성 유기물의 침전효율이 향상될 수 있다. 하지만 유입수의 농도가 낮을 경우 이 시설은 시설의 용량만큼 포기조의 HRT를 증가시키는 결과를 나타내, 즉 포기조의 빈부하를 초래하고 그로 인하여 2차침전지에서 슬러지의 침전성을 악화시킬 수도 있다. 따라서 유입수의 농도가 낮을 경우 scum을 제거하기 위해서는 포기조에 살수장치를 갖추는 것이 보다 유리하다.

탱크의 형상은 장방형 또는 정방형으로 하고, 체류시간은 10～20분 정도로 하며, 잉여슬러지를 반송할 경우 20～30분 정도로 한다. 포기는 가능한 한 선회류식으로 하고, 충분히 송기하여 유입 부유물이 침전하지 않도록 해야 한다. 일반적으로 설계 시 송기량은 계획 1일최대오수량과 같은 정도를 취한다. 그리고 슬러지를 반송하는 경우 반송량은 계획 1일최대오수량의 1～2% 정도로 한다.

4. 1차침전지

1차침전지는 생하수 중의 비교적 쉽게 침전하는 입자성 유기물 및 부유성 입자와 유지류를 제거하여 2차 생물학적 처리에 부담을 줄이기 위한 시설이다. 이때 침전지의 수면에 떠오르는 거뭇하고 걸쭉한 부유물과 유지류에 기인한 거품의 혼합물을 scum이라고 하며, 침전한 슬러지는 **생슬러지**(raw sludge) 혹은 **생오니**(生汚泥)라 한다.

1차침전지의 형상은 장방형·정방형 및 원형이 이용되는데, 하수처리 시는 주로 원형이 이용된다. 침전한 생슬러지는 매우 부패하기 쉬우므로 빠르게 수집하여 인발(引拔)할 필요가 있다. 따라서 슬러지 수집기(sludge scraper)를 설치하며, 슬러지를 용이하게 수집하기 위해 지저구배를 두는데, 지저구배는 원형이나 정방형의 경우 1 : 10～20, 장방형의 경우 1 : 50～100 정도로 한다.

슬러지 수집기는 장방형의 경우 chain-and-flight식·traveling식, 원형이나 정방형의 경우 **회전식**이 이용되는데, 어느 경우든 침전물이 교란되지 않도록 서서히 긁어야 하며, 수집된 슬러지는 지의 한쪽 끝 혹은 중앙부에 설치된 hopper와 슬러지 배출관에 의해 배출된다. 또한 scum을 제거하기 위해서는 수면에 슬러지 수집기와 일체로 된 scum 제거기를 설치한다[그림(5.16), (5.17), (5.18) 참고].

1차침전지에서 현탁입자의 제거율은 침전지의 체류시간 및 표면적부하의 함수이다. 하지만 현탁입자는 형태나 종류 및 응집성이 다르기 때문에, 입자의 제거율을 이들 함수로 수식화할 만한 충분한 이론이 없다. 따라서 1차침전지의 설계에 필요한 자료는 대개 침전통 실험의 결과나 기존 자료를 이용하는데, 일반적으로 적용되는 설계 체류시간은 하수도가 분류식인 경우 계획 1일최대오수량의 1.5～3시간을 표준으로 하고, 처리방법별로는 1차처리만을 실시할 경우 3시간, 2차처리로 활성슬러지를 채용할 경우 1.5시간, 살수여상을 채용할 경우 2시간이며, 합류식의 경우에는 모두 3시간을 표준으로 한다.

침전지의 유효수심은 2∼4 m 정도로 하고, 표면적부하는 25∼50 $m^3/m^2 \cdot day$ 정도로 하며, 장방형 침전지에서 평균유속은 30 cm/min 이하로 한다. 표(5.6)은 도시하수를 처리하는 1차침전지의 설계기준을 나타낸 것이다.

한편 지 내로 유입하는 유수는 난류나 와류가 발생하지 않도록 유입부에 정류벽을 설치하며 유출부에는 다수의 오리피스(orifice)형 유출구나 V자형 notch를 설치한다. 이때 오리피스나 notch의 폭(B')당 유출부하(Q), 즉 Q/B'를 **월류언(越流堰)부하**라고 하며 250 $m^3/m \cdot day$ 이하로 설계한다.

참고로 유입수의 농도가 낮아 포기조 운전에 지장을 초래할 경우 1차침전지는 **파쇄기(破碎機)**로 대신하는 것이 유리하다. 유입수 농도는 floc 형성과 관련되며 자세한 내용은 다음 5. ①㉡항에 기술하였다.

표 5.6 1차침전지의 표면적부하 및 유효깊이

처리방법	표면적부하($m^3/m^2 \cdot day$)		깊이(m)
	평균	최대	
폐수의 1차침전	30∼50	80∼120	3.0∼3.5
잉여슬러지를 혼입할 경우	25∼30	50∼ 60	3.5∼4.5

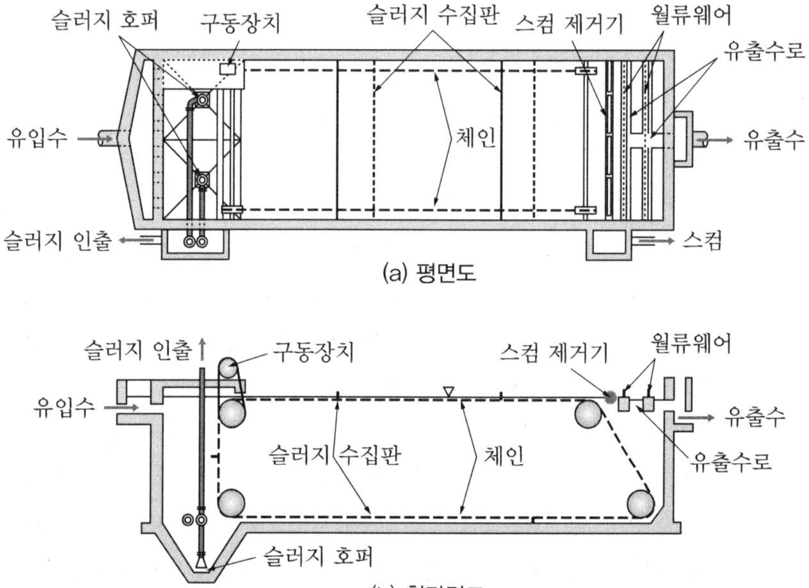

(a) 평면도

(b) 횡단면도

그림 5.16 직사각형 침전지

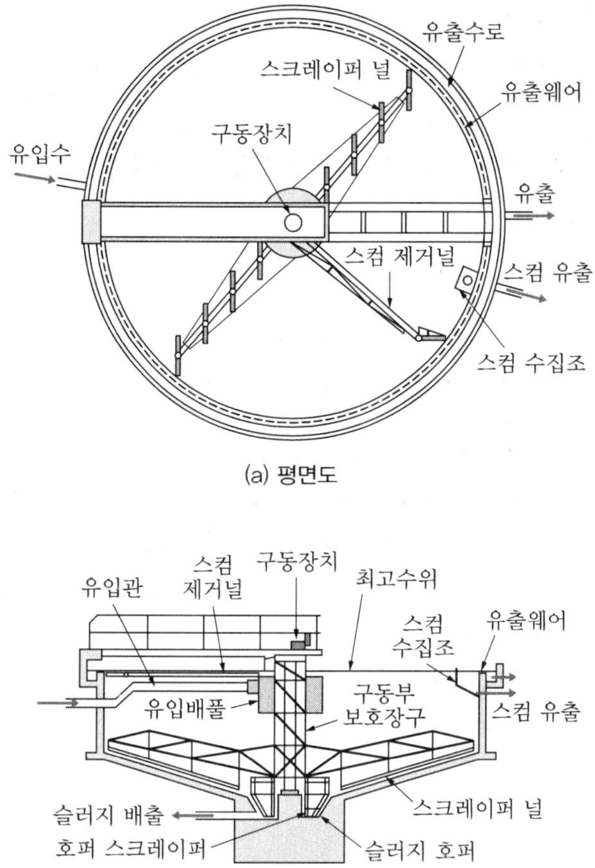

(a) 평면도

(b) 단면도

그림 5.17 원형 침전지

그림 5.18 원형 1차침전지

예제 5.3

평균 유량이 1,000 m^3/day인 도시하수처리장의 원형 1차침전지를 설계하고자 한다. 시간최대유량/시간평균유량의 비는 2.8이다. 설계기준은 평균 표면적부하 50 $m^3/m^2 \cdot day$ 이하, 설계 최대 표면적부하 100 $m^3/m^2 \cdot day$ 이하, 평균 체류시간은 1.5시간 이상, 최대 유효수심은 4 m로 한다. 이때 침전지의 표면적과 월류언부하를 구하라.

풀이 평균 유량을 기초로 할 경우 표면적은

$Q/A = 50\ \mathrm{m^3/m^2 \cdot day} = 1{,}000/A$

$\therefore\ A = 20\ \mathrm{m^2}$

최대 유량을 기초로 할 경우 표면적은

$Q/A = 100\ \mathrm{m^3/m^2 \cdot day} = 1{,}000 \times 2.8/A$

$\therefore\ A = 28\ \mathrm{m^2}$

따라서 표면적은 28 m^2로 가정한다.

또한 평균 체류시간이 1.5시간이므로 침전지의 용량 V는

$t = \dfrac{V}{Q}$이므로, $V = \dfrac{Q}{24} \times t = \dfrac{1{,}000}{24} \times 1.5 = 62.5\ \mathrm{m^3}$이다.

한편 최대 유효수심을 4 m로 할 경우 요구되는 표면적은

$V/A = 4\ \mathrm{m}$

$\therefore\ A = 62.5/4 = 15.6 < 28\ \mathrm{m^2}$이므로, 표면적은 28 m^2로 결정한다.

표면적이 28 m^2이므로 침전지의 직경은 $\dfrac{\pi d^2}{4} = 28\ \mathrm{m^2}$, $d = 5.97 \fallingdotseq 6\ \mathrm{m}$이고,

월류언의 길이 $l = \pi d = 18.85\ \mathrm{m}$이다.

따라서 최대 월류언부하는 $\dfrac{2.8Q}{l} = \dfrac{2{,}800}{18.85} = 148.5\ \mathrm{m^3/m \cdot day}$이다.

5. 포기조

포기(飽氣) 또는 폭기(曝氣)란 광의적(廣義的)으로 물을 공기와 접촉시켜 공기 중의 산소를 물속에 용입(溶入)시켜 산소의 함량을 증가시키거나, 물속에 있는 휘발성 물질, 즉 $CO_2 \cdot H_2S \cdot CH_4$ 및 취기의 원인이 되는 물질 등을 제거하는 물리적 조작을 의미한다.

따라서 포기는 정수 처리 시 물의 침식성 제거를 위한 CO_2의 제거·이취미 제거를 위한 휘발성 유기물의 제거·용해성 철과 망간의 산화 등에 사용되고, 하·폐수의 처리에 있어서는 생물학적으로 유기물을 산화시키는 데 필요한 산소의 공급과 휘발성 유기물의 제거 또는 하천이나 호소의 수중 용존산소량을 증가시켜 자정작용을 촉진하기 위해 실시한다.

이미 4.5.1항에서 기술하였듯이 산소의 수중 용해도는 대기 중의 분압·온도·수중 용해염의 농도 등에 따라 달라지지만, 특별한 조작을 실시하지 않더라도 산소는 일

정 정도 서서히 물에 용해되는 기체이다. 하지만 생물반응조와 같이 단시간에 다량의 산소가 요구될 경우, 자연적 용해로는 충분한 산소를 공급할 수 없다. 따라서 짧은 시간에 다량의 산소를 용입시키고 동시에 포기조 내 혼합액의 원활한 교반을 위해서는 별도의 포기장치가 필요하다.

포기조는 산소 주입방법에 따라 **기계식 폭기법**과 **산기식 포기법**, 폐수 주입방법에 따라 **연속식**과 **회분식**, 반응의 형태에 따라 **완전혼합반응조**(Completely mixed aerated system)와 **플러그흐름반응조**(plug flow reactor; PFR), 산소원에 따라 **공기식** 및 **순산소식**으로 구분할 수 있다. 하지만 이러한 구분에 관계없이 **포기조의 중요한 역할은 유기물의 제거와 침전성이 양호한 슬러지를 생산하는 것**이다. 이 중 설계·관리의 핵심은 후자인데, 그것은 활성슬러지 공정이 연속적으로 운전되기 위해서는 슬러지의 반송이 필수적으로 요구되기 때문이다.

관련하여 Lesperance(1965)는 도시하수를 이용한 실험으로, F/M비에 따라 슬러지의 침전성이 변화하는 양상을 그림(5.19)와 같이 제시하였다.

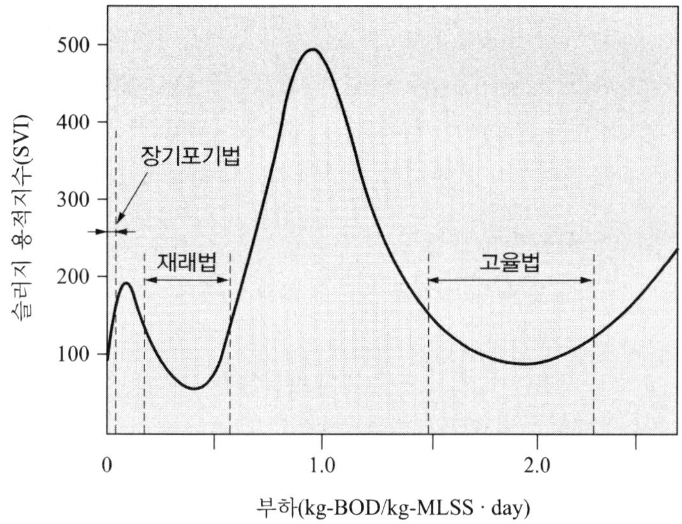

그림 5.19 부하와 SVI와의 관계

이 그림에서 슬러지의 침전성은 부하의 증가에 따라 연속적으로 파형을 나타내는데, 활성슬러지의 운전은 침전성이 양호한 곡선의 각 저부에서 가능하며, 각 저부가 나타내는 부하는 표(5.2)의 설계조건과 일치한다. 따라서 이 그림은 현재 사용되고 있는 활성슬러지 각 변법의 존재 이유를 설명하는 유일한 실험 결과이다.

하지만 이 그림은 공학적으로 매우 의심스러운 점이 있다. **첫째, 슬러지의 침전성**

이 부하의 증가에 따라 공학적으로 이해하기 어려운 불특정의 파형을 그린다는 점, 둘째 일반론적으로 팽화의 주원인은 사상성 세균이고(WEF. and ASCE. 1998), 그 종류는 20~30종에 이르는 것으로 알려져 있는데, 이런 주장이 사실이라면 그림처럼 부하의 증가에 따라 다종의 사상성 세균이 증식과 사멸을 동시에 반복할 것인가 하는 점이다.

이와 같이 활성슬러지법은 아직까지 공학적으로 충분히 이해되지 않는다. 따라서 본 장에서는 활성슬러지법의 각 설계인자가 슬러지의 침전성에 미치는 영향을 공학적으로 증명하여 상기 실험의 오류를 밝히고, 아울러 상기 그림이나 표(5.2)의 설계조건이 도출된 원인과 또한 기존의 설계조건과 무관하게 슬러지의 침전성을 확보할 수 있는 새로운 설계법 및 새로운 변법을 제시하고 동시에 운전·관리요령도 새롭게 소개하고자 한다. 참고로 이하의 내용은 순산소 및 회분식 처리를 제외한 통상의 도시하수를 처리하는 모든 활성슬러지법에 적용 가능함을 미리 밝힌다.

① 설계 영향인자

활성슬러지법의 설계에 있어 가장 중요한 핵심은 슬러지의 침전성을 확보하는 것이다. 따라서 설계 시 슬러지의 침전성에 영향을 주는 인자는 모두 설계인자로 고려해야 하는데, 이들 인자로는 F/M비·SRT·온도·pH·독성물질 등 많은 인자가 있지만 본 항에서는 이 중 보다 중요한 인자로 판단되는 F/M비와 온도에 대해서만 기술하고 나머지 인자들은 이후 관련 항(6.3.2항)에 기술하였다.

㈀ F/M비

활성슬러지법의 개발 초기에 사용된 설계인자에는 HRT와 F/M비가 있다. 이 중 HRT는 F/M비에 앞서 설계인자로 취급되었는데, 이때 유출수의 수질(S_e)을 고려하여 저농도의 폐수에는 짧은 HRT를, 고농도의 폐수에는 긴 HRT를 적용하였다(WEF., 1998). 하지만 이러한 생각은 HRT가 슬러지의 침전성에 영향을 미친다는 사실을 인지하지 못한 상태에서 유출수의 수질만을 고려한 것으로 슬러지의 침전성이 고려되지 않은 초기의 HRT 설계법은 계속 사용될 수 없었다.

이후 기초 설계인자로 F/M비를 사용하였는데, 관련하여 WEF 등은 부착성장 미생물과 부유성장 미생물 간에는 전체 미생물 중 활성을 가진 미생물의 분율이 다르기 때문에, 부착성장 system에 F/M비의 개념을 그대로 적용할 수 없어, 현재에는 활성 미생물의 분율과 관계없이 양 system의 설계에 적용할 수 있는 SRT를 가장 중요한 기초 설계인자로 사용하고 있다고 주장한다(WEF., 1998; Arceivala, 1981).

하지만 아직까지 F/M비나 SRT가 슬러지의 침전성에 어떤 영향을 주는지 논리적으로 설명된 바 없다. 그림(5.20)과 표(5.7)은 그 영향을 밝히기 위한 실험으로 실험 시 반응온도는 28℃, MLSS 농도는 2,500 mg/L이었다. 이 실험은 실제의 도시하수를 이용하지 않고 표(5.8)과 같은 합성하수를 이용하였는데, 그것은 미생물의 처리특성이나 경향을 파악하기 위해서는 균질의 하수가 필수적으로 요구되기 때문이다. 참고로 이 합성하수는 도시하수와 유사한 특성을 나타내는 것으로 알려져 있다.

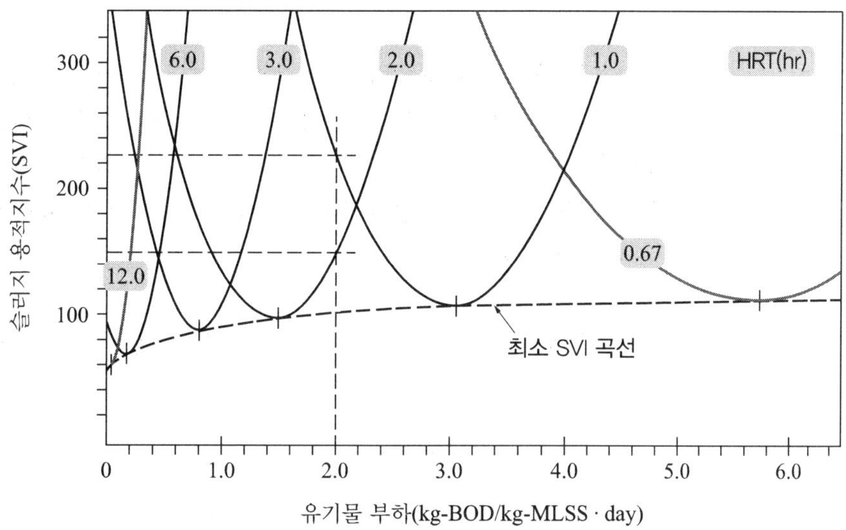

그림 5.20 HRT · SVI 및 부하와의 관계(李, 2000a)

표 5.7 HRT · SVI 및 부하와의 관계(李, 2000a)

유입수 농도 (mg/L)	수리학적 체류시간(HRT)											
	12 hr		6 hr		3 hr		2 hr		1 hr		0.67 hr	
	F/M	SVI	F/M	SVI	F/M	SVI	F/M	SVI	F/M	SVI	F/M	SVI
50	-	-	0.08	76	-	-	-	-	-	-	-	-
100	0.08	62	0.16	65	0.32	162	-	-	-	-	-	-
150	-	-	0.24	72	0.48	124	0.72	194	-	-	-	-
200	0.16	142	0.32	104	0.64	98	0.96	137	1.92	195	-	-
250	0.20	201	0.40	136	-	-	1.20	107	2.40	130	3.60	297
300	-	-	0.48	179	0.96	109	1.44	102	2.88	111	4.32	147
350	-	-	-	-	-	-	-	-	3.36	126	5.04	122
400	-	-	0.64	242	1.28	171	1.92	134	3.84	195	5.76	118
450	-	-	-	-	1.44	230	2.16	168	-	-	6.48	135

이정수, 2000a.

표 5.8 합성하수 조성

Composition	Concentration(g/L)
Skim milk	100.0
Urea, $(NH_2)_2CO$	10.0
Sodium Chloride, NaCl	3.0
Sodium Phosphate, $Na_2HPO_4 \cdot 12H_2O$	10.0
Potassium Chloride, KCl	1.4
Calcium Chloride, $CaCl_2 \cdot 2H_2O$	1.4
Magnesium sulfate, $MgSO_4 \cdot 7H_2O$	1.0

이정수, 2000a.

실험결과는 Lesperance의 실험결과(그림 5.19)와 매우 다른데, 이러한 차이는 실험변수에서 찾을 수 있다. 이미 잘 알고 있듯이 F/M비는 미생물에 대한 유기물 부하를 의미하며 식(5.2)와 같이 나타낼 수 있다. 즉, F/M비는 유입수의 농도(S_i)·유입수량[Q(m^3/day)]·수리학적 체류시간[HRT(hr)] 및 미생물 농도(X)의 함수이다.

$$F/M = (Q \times S_i)/(X \times V), \qquad \mathrm{HRT}(\theta_h) = \frac{V}{Q} \times 24,$$

$$\therefore\ F/M = \frac{S_i \times 24}{X \times \theta_h} \tag{5.30}$$

따라서 실험과 같이 미생물 농도를 일정하게 유지할 경우 F/M비는 HRT와 S_i의 함수이므로 슬러지의 침전성에 미치는 F/M비의 영향을 정확히 구명(究明)하기 위해서는 HRT 뿐 아니라 S_i 역시 실험변수로 취급해야 한다. 하지만 Lesperance(그림 5.19)는 농도를 임으로 조절할 수 없는 도시하수를 대상으로 실험을 실시함으로써 S_i가 침전성에 미치는 영향을 파악할 수 없었다.

한편 위의 양 인자를 변수로 한 실험결과인 그림(5.20)을 살펴보면 각각의 HRT에서 최소의 SVI값을 보이는 F/M비가 존재하는데, 이 F/M값들을 이하 기술에서는 최적 F/M비($Opt.F/M$ ratio)라 칭하며, 이 값과 HRT 간의 상관관계는 그림(5.21)과 같고, 수식으로 나타내면 식(5.31)과 같다(李, 2000a).

$$Opt.F/M_{(28℃)} = 3.3255 \times \theta_h^{-1.516} \tag{5.31}$$

여기서, θ_h : HRT, 수리학적 체류시간(hr),

$Opt.F/M_{(28℃)}$: 반응온도 28℃에서 각각의 HRT에 해당하는 최적 F/M비

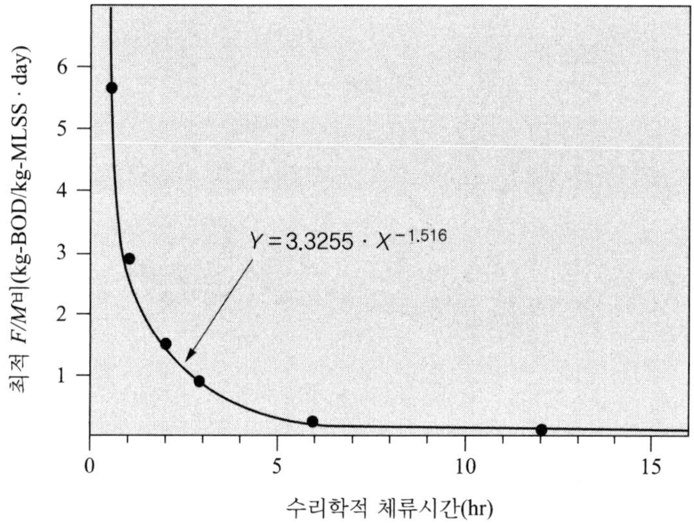

그림 5.21 HRT와 최적 F/M비의 관계

그림(5.22)는 보다 자세한 경향을 살펴보기 위해 그림(5.23) 또는 식(5.31)을 이용하여 임의의 HRT에 대해 각각의 최적 F/M비를 구한 후 그림(5.20)에 가상의 몇몇 SVI 곡선을 삽입하여, 유입수 농도별로 슬러지의 침전곡선을 도식한 것이다. 그 결과 유입수의 농도에 따라 침전곡선의 형태는 각기 다르게 나타났는데, 이 중 도시하수와 비슷한 농도 200 mg/L에 해당하는 침전곡선을 살펴보면 실험범위 내에서 Lesperance의 실험결과(그림 5.19 참고)와 거의 동일하다. 이러한 결과는 Lesperance의 실험결과가 특정 농도를 나타내는 도시하수에 대해서는 적용될 수 있지만 농도가 다른 폐수에는 적용될 수 없음을 보여주는 것이다. 따라서 Lesperance의 실험결과와 동일한 표(5.2)의 설계조건 역시 도시하수에 대한 것일 뿐 농도가 다른 폐수에는 적용할 수 없다.

한편 그림(5.20)에서 F/M비가 2.0 kg-BOD_5/kg-MLSS · day로 동일하다 하여도 HRT가 2 hr과 1 hr으로 각각 다를 때, 슬러지의 SVI는 각각 150과 225 정도로 크게 다르다. 이와 같이 동일 F/M비라 할지라도 HRT가 다를 경우, 슬러지의 침강성은 다르게 나타난다. 따라서 F/M비는 설계인자가 될 수 없으며, F/M비의 함수인 HRT와 S_i가 설계의 기초인자로 사용되어야 함을 알 수 있다. 자세한 수식적 증명은 ② ㈁항에 기술하였다.

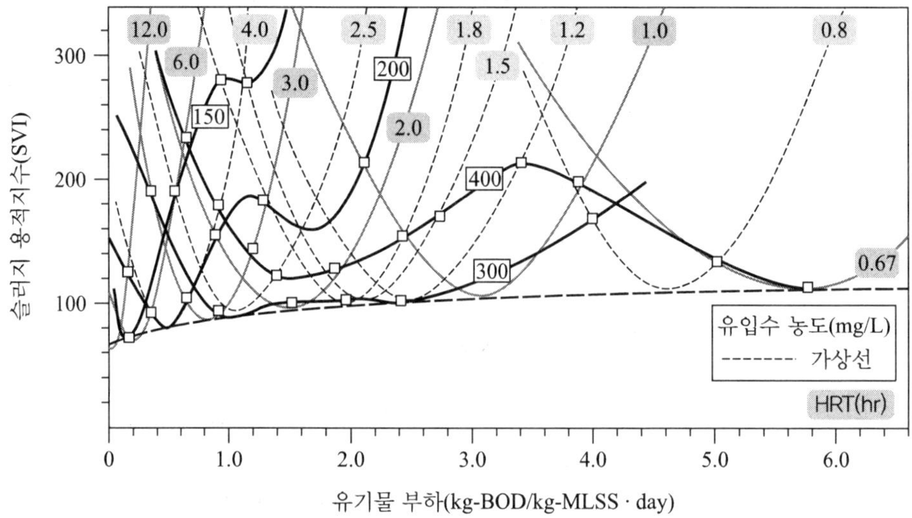

그림 5.22 유입수 농도에 따른 SVI 곡선(李, 2000a)

㈁ HRT와 S_i

미생물은 유기물을 분해하는 과정에서 유기산과 같은 중간생성물을 생산한다(Lim, 1998; Sawyer., *et al.*, 1978, Vallon *et al.*, 1984; Norberg *et al.*, 1982; Mithchell, 1974; Friedman *et al.*, 1969). 이들 물질은 미생물에게 독성으로 작용하며(Monsen *et al.*, 1984), 반응조 내에 지나치게 누적될 경우 미생물을 사멸시키기도 한다. 자세한 내용은 1.3.2 2.항을 참고하기 바란다.

따라서 반응조 내 독성물질의 농도가 높아지면, 사람이 날씨의 변화에 따라 수시로 옷을 벗고 입듯이 미생물 또한 생존을 위해 빠른 시간 내에 여하의 방법으로 독성물질에 대해 스스로를 방어해야 할 것이다. 즉 환경 변화에 대해 장기적으로는 종변화가 진행되겠지만 단기적으로는 bio-polymers를 생산하여 표면을 피복하는데, 이러한 미생물의 독성물질에 대한 방어기능은 이학적으로나 공학적(상수도의 염소소독과 관련하여)으로 잘 알려진 사실이다. 반면 독성환경이 개선될 경우 이들 세균은 생산된 polymers를 재흡수하여 대사에 이용한다(Lim, 1998; Atlas *et al.*, 1997; Bitton, 1994; Stewant *et al.*, 1992; Matin *et al.*, 1990).

이상과 같이 bio-polymers의 생산을 자극하는 독성물질인 중간생성물의 농도는 HRT와 S_i의 영향을 받는다. 간단한 예를 들면, 우리는 한 컵 당 한 수저의 설탕을 탄 물을 열 컵 마실 수도 있고, 아니면 한 컵에 열 수저의 설탕을 타서 마실 수도 있다. 이 경우 동일 양의 설탕을 섭취하지만, 우리가 배설하는 요의 농도는 큰 차이를 보일 것이다. 상기에서 설탕의 양을 미생물에게 공급하는 먹이의 양으로, 설탕의 농도는 유입수의 농도(S_i)로, 컵 수는 희석률(D), 즉 HRT의 역수로 생각하면, 독성물질의 농도는 F/M비와는 무관하지만 그것의 함수인 HRT나 S_i에 영향을 받고, 이때 bio-polymers의 생산량은 독성물질의 농도에 비례한다.

$$\text{독성물질의 농도} \propto \frac{1}{D} \times S_i = \text{HRT} \times S_i$$
$$\propto \text{bio-polymers의 생산량} \tag{5.32}$$

이때 생산되는 bio-polymers는 점액물질로 그림(5.23)과 같이 슬러지의 응집과 양론적으로 관련된다(Granville, 1974; Forster *et al.*, 1987; Bitton, 1994). 즉, 지나치게 많거나 적을 경우 floc은 잘 형성되지 않는데, 지나치게 적을 경우 floc 자체가 형성되지 않으며, 지나치게 많을 경우 밀도가 낮은 floc이 형성되어 슬러지의 침전성이 악화된다(李, 2001a). 따라서 양호한 floc이 형성되기 위해서는 각각의 HRT에 상응하는 S_i가 요구되며, 최적 F/M비란 이러한 조건의 F/M비를 의미한다.

한편 점액물질은 침전성 외에 포식자의 **식균작용**으로부터 스스로를 보호하며, 폐수 내 이토와 같은 현탁성 무기물질을 floc과 함께 응집시키거나 금속물질을 **착화**(complexation)하는 기능도 가진다.

참고로 덧붙이면, 유기산의 생산량은 S_i와 HRT의 함수이므로 일견 생각하면 S_i가 일정할 경우, HRT의 변화에 대해서 (ㄱ)항의 SVI 곡선은 1차식을 나타내야 하지만 이 곡선이 파형으로 나타내는 것은 HRT의 변화, 즉 F/M비의 변화에 따라 미생물의 종변화가 발생하여 처리속도를 변화시키기 때문이다.

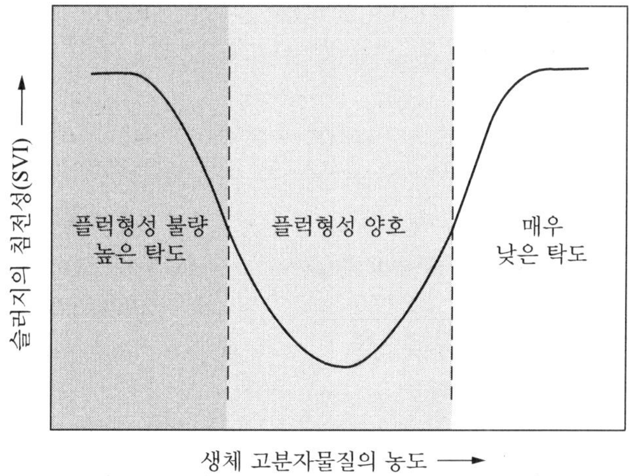

그림 5.23 Floc 형성과 처리수 탁도에 미치는 bio-polymer의 농도

㈂ MLSS

㈀항에서 기술하였듯이 슬러지가 적정의 침전성을 유지하기 위해서는 각 HRT에 대해 적정의 F/M비가 유지되어야 한다. 식(5.30)에서 F/M비는 HRT나 S_i 뿐 아니라 MLSS의 함수이다. 따라서 MLSS 역시 슬러지의 침전성을 변화시키는 중요 영향인자이다. 따라서 슬러지의 침전성은 HRT나 S_i 또는 MLSS를 조절하면 적절히 유지할 수 있다. 하지만 운전 시 HRT나 S_i는 임으로 조절하기 곤란하므로, 슬러지 침전성을 확보하기 위해서 설계 시에는 HRT를 주요 설계인자로 활용해야 하며, 운전 시에는 MLSS만이 관리인자가 된다.

예제 5.4

농도가 BOD_5로 100 mg/L인 어떤 폐수를 8시간의 체류시간으로 처리하고자 한다. 반응온도가 28℃라면 유지해야 할 최적의 MLSS 농도는 얼마인가?

풀이 먼저 HRT가 8 hr인 경우 $Opt.F/M$비를 그림(5.21) 또는 식(5.31)으로부터 구한다.

$$Opt.F/M_{(28℃)} = 3.3255 \times 8^{-1.516}$$
$$= 0.142 \text{ kg-BOD/kg-MLSS} \cdot \text{day}$$

다음 식(5.30); $F/M = \dfrac{S_i \times 24}{X \times \theta_h}$에 대입하면

$$X = (100 \times 24)/(0.142 \times 8) = 2{,}113 \text{ mg/L}$$

따라서 유지해야 할 미생물 농도는 2,000 mg/L 정도이다.

예제 5.5

재래식 활성슬러지법을 이용하여 도시하수를 처리하고자 한다. 1차침전지 유출수의 평균 농도는 BOD_5로 140 mg/L 정도이고, 설계 체류시간은 표(5.2)와 같이 4~8 hr이다. $Opt.F/M$비는 얼마이고, 유지해야 할 미생물 농도는 얼마인가? 또한 그 결과를 표(5.2)와 비교하라. (단, 반응온도는 28℃라고 하자.)

[참고] 문제에서 1차침전지의 평균 유출 농도를 140 mg-BOD_5/L 정도로 제시한 것은 도시하수 유입수의 농도가 약 200 mg-BOD_5/L(Droste, 1997)이고, 1차침전지의 BOD 제거율이 약 30%(Hammer *et al.*, 1996)로 판단되기 때문이다.

풀이 먼저 체류시간이 4 hr 및 8 hr인 경우 $Opt.F/M$비를 식(5.31)로부터 구한다.

HRT가 8 hr인 경우, $Opt.F/M_{(28℃)} = 3.3255 \times 8^{-1.516}$
$$= 0.142 \text{ kg-BOD/kg-MLSS} \cdot \text{day}$$

HRT가 4 hr인 경우, $Opt.F/M_{(28℃)} = 3.3255 \times 4^{-1.516}$
$$= 0.41 \text{ kg-BOD/kg-MLSS} \cdot \text{day}$$

따라서 $Opt.F/M$비는 0.14 ~ 0.41 kg-BOD/kg-MLSS · day이다.

다음 식(5.30); $F/M = \dfrac{S_i \times 24}{X \times \theta_h}$에 대입하면, 미생물 농도는

HRT가 8 hr인 경우, $X=(140\times24)/(0.14\times8)=3{,}000$ mg/L
HRT가 4 hr인 경우, $X=(140\times24)/(0.41\times4)=2{,}048 \fallingdotseq 2{,}000$ mg/L
따라서 유지해야 할 미생물 농도는 약 2,000～3,000 mg/L이다.

표 5.9 기존 설계조건과 계산결과의 비교

구 분	F/M (kg-BOD/kg-MLVSS·d)	HRT (hr)	MLSS (mg/L)
재래법 (기존 설계조건)	0.2～0.4	4～8	1500～3000
계산치	0.14～0.41	4～8	2000～3000

[참고] 상기 표와 같이 재래식 활성슬러지법의 알려진 설계범위와 계산결과는 거의 차이를 보이지 않는다. 이와 같이 표(5.2)의 각 변법의 설계조건은 계산 가능한 것이며, 주어진 조건은 슬러지의 침전성을 확보하기 위한 각 조건 간의 상호관계를 나타낸 것이다.
이상의 문제나 예제에서 보인 바와 같이 미생물 농도(MLSS)는 설계시 뿐 아니라 운전 시에도 상시 유의해야 하고 단기간 또는 소폭의 변화가 아니라면 운전조건(S_i나 HRT 등)의 변화에 따라 적절히 조정해야 한다.

문제 5.1

농도가 BOD_5로 100 mg/L인 어떤 폐수를 수정포기법으로 처리하고자 한다. 평균 체류시간을 2시간, 적용부하를 3 kg-BOD/kg-MLSS·day으로 할 경우 유지해야 할 MLSS 농도는 얼마인가? (단, 반응온도가 28℃이다.)

풀이 400 mg/L

[참고] 문제의 조건과 같이 수정포기법은 저농도의 폐수를 짧은 체류시간으로 처리하기 위해 개발되었으며(McKinney, 1962; Metcalf, 1979), 이런 경우 슬러지의 침전성을 양호하게 유지하기 위해서는 표(5.2)나 해답과 같이 미생물 농도를 극히 낮게 유지해야 한다.

㈃ 온도

온도의 변화는 생화학반응의 속도를 변화시킬 뿐 아니라 슬러지의 침전성을 변화시킨다. 본 항에서는 온도가 반응속도나 슬러지 침전성에 미치는 영향을 수식으로 파악하고자 한다.

㉮ 반응속도에 미치는 영향

온도는 미생물의 활성과 생장에 영향을 주어 생화학반응의 속도를 변화시킨다. 따라서 온도가 상승하면 일정량의 미생물이 동일 시간에 보다 많은 유기물을 처리하게 된다. 이와 같이 생화학반응은 화학반응과 마찬가지로 온도에 따라 변화하지만 온도의 변화에 따라 동반되는 산소 용해도의 변화 또는 HRT나 MLSS와 같이 운전 시 동반되는 변화로 인하여 그 영향을 수식으로 정확하게 표현하기는 곤란하다(Sawyer, 1978). 따라서 다음 식(4.9)와 같이 BOD 제거속도상수(K_1)을 이용한 단순화된 식이 제시되었다(Eckenfelder, 1956).

$$K_{1(T)} = K_{1(20)} \cdot \theta^{(T-20)} \tag{4.9}$$

여기서, T : 온도(℃),
$K_{1(T)}$: 주어진 온도에서 BOD 제거속도상수(day^{-1}),
$K_{1(20)}$: 20℃에서 BOD 제거속도상수(day^{-1}),
θ : 온도상수이다(표 4.5 참고).

한편 온도가 10℃ 상승할 경우 BOD 제거속도상수의 비를 **반응속도율**($Q_{(10)}$)이라고 하고(Sawyer, 1978), 식(5.33)과 같다. 또한 이 식에 식(4.9)를 대입하면 반응속도율은 식(5.34)와 같이 나타낼 수 있는데, 이 식에 따르면 $Q_{(10)}$은 반응온도 20℃ 이상($\theta = 1.067$)에서 약 2배 이상 증가한다. 참고로 표(5.8)의 합성하수의 $Q_{(10)}$은 반응온도 20~30℃에서 1.76이다(李, 2000b).

$$Q_{(10)} = K_{1(T)} / K_{1(T-10)} \tag{5.33}$$

$$Q_{(10)} = \theta^{10} \tag{5.34}$$

여기서, $Q_{(10)}$: 반응온도가 10℃ 변할 경우 반응속도율의 비이다.

표 5.10 온도상수 θ 및 반응속도율 Q에 미치는 온도의 영향

온도(℃)	$Q_{(10)}$	θ*
10~20	2.85	1.110
15~25	2.22	1.083
20~30	1.89	1.067

* Sawyer et al., 1978.

한편 식(4.9)에 근거하여, **반응속도만을 고려할 경우 온도 T(℃)에서 가할 수 있는 부하**는 식(5.35)와 같이 나타낼 수 있다. 이 식에서 반응온도가 20℃ 이상인 경우 θ는 1.067이므로 **온도가 10℃ 상승할 경우 가할 수 있는 부하는 1.91배로 약 2배 정도이다.** 참고로 표(5.10)에서 온도범위의 상승에 따라 $Q_{(10)}$값이 감소하는데, 이러한 역현상은 효소의 변성이나 효소를 생산하는 미생물의 능력 감소로 설명되고 있다(Sawyer, 1978). 참고로 표(5.8)의 합성하수의 θ값은 반응온도 20～30℃에서 1.058이다(李, 2000b).

$$L_{s(T)} = L_{s(20)} \cdot \theta^{(T-20)} \tag{5.35}$$

여기서, $L_{s(T)}$: T℃에서 적용부하(kg-BOD/kg-MLSS · day),

$L_{s(20)}$: 20℃에서 적용부하(kg-BOD/kg-MLSS · day)이다.

㉯ 슬러지 침전성에 미치는 영향

이상의 기술은 일반론적 반응속도론에 근거한 것이다. 따라서 유출수의 수질만을 고려할 경우나 슬러지의 침전성이 문제되지 않는 막미생물을 이용할 경우 상기 일반론과 같이 반응온도가 10℃ 증가할 경우 2배의 부하를 가할 수 있을 것이다. 하지만 이미 기술하였듯이 활성슬러지 포기조의 설계 핵심은 슬러지의 침전성을 확보하는 것이다. 즉, 활성슬러지법 포기조의 설계나 운전 시에는 유기물의 제거속도보다 슬러지의 침전성에 미치는 온도의 영향을 파악해야 한다.

3장의 호기성 분해과정에서 설명하였듯이 미생물은 유기물을 최종적으로 안정된 화합물인 CO_2와 H_2O로 분해시키는 과정에서 유기산을 포함한 중간대사산물을 배출한다. 미생물의 분해작용은 효소반응에 의하며 기질에 따라 관련 효소도 다르다. 따라서 전체 효소반응속도와 중간대사산물을 분해하는 효소의 반응속도가 다른데, 온도 변화에 따른 슬러지의 침전성을 파악하기 위해서는 bio-polymers의 생산을 유도하는 중간대사물질의 분해속도를 결정해야 한다. 하지만 이들 물질만의 반응속도를 파악하는 것이 쉽지 않을 뿐 아니라 이들 물질은 종류에 따라 미생물에 미치는 독성 또한 다르므로, 반응속도만으로 슬러지의 침전성과의 관계를 수식화하기란 쉽지 않다. 따라서 이러한 문제를 해결하기 위해서는 온도 변화에 따른 $Opt.F/M$비의 변화를 파악하면 되는데, 이들 간의 관계는 다음 그림(5.24)와 같다(李, 2001b).

그림에서 반응온도를 28℃에서 14℃로 내릴 경우, 슬러지의 침전곡선은 형태 변화 없이 좌측으로 이동한다. 이때 $Opt.F/M$비의 이동 폭은 HRT가 2 hr인 경우 0.64(＝1.5－0.86)이고, HRT가 1 hr인 경우 1.15(＝2.9－1.75)이다. 이러한 현상은 반응온도가 변할 경우, 미생물에 의한 유기산의 생산과 분해속도가 달라지고 그에 따라 점액물질의 생산량 또한

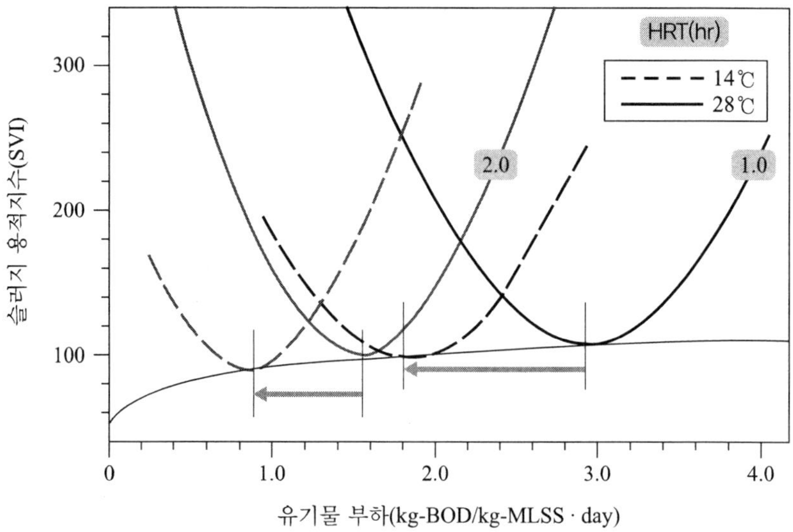

그림 5.24 온도 변화에 따른 SVI 곡선의 이동

달라지기 때문이며, 이때 온도 변화에 따른 점액물질의 점성 변화도 미미하나마 영향을 미칠 것으로 판단된다. 일반적으로 온도가 상승할 경우 점성물질의 점성은 감소한다. 참고로 유기산의 분해과정은 유기물 전체 분해과정에서 **율속단계**(律速段階)이다.

한편 식(5.36)을 이용하여 온도 변화에 따른 $Opt.F/M$비의 이동 폭은 계수를 이용하여 정확하게 구할 수 있는데, 이 계수를 이후 **이동계수**라 칭하며 산출된 평균 이동계수(K_m)는 1.039이다.

$$Opt.F/M_{(T)} = Opt.F/M_{(T_o)} \cdot K_m^{(T-T_o)} \tag{5.36}$$

여기서, $Opt.F/M_{(T_o)}$: T_o℃에서 $Opt.F/M$비,

$Opt.F/M_{(T)}$: T℃에서 $Opt.F/M$비,

K_m : 이동계수이다.

따라서 **슬러지의 침전성을 고려할 경우** 온도 변화 시 가할 수 있는 부하는 상기 식(5.36)을 이용해야 한다. 이 식을 이용하면 **온도가 10℃ 증가할 경우 가할 수 있는 부하는 1.47배** 정도로, 반응속도론에 근거한 값에 비해 약 0.84(＝1.47/1.76)배이다.

한편 다음 그림(5.25)는 도시하수 처리 시 온도조건이 각각 38℃, 21℃일 때 부하를 상승시키기 위해 HRT를 감소시키면서 실시한 온도와 슬러

지 침전성과의 관계를 보여주는 Lesperance(1965)의 실험결과로 이하「 」 내용을 참고하기 바란다.「이 그림에서 온도를 상승시킬 경우 슬러지 침전곡선의 주기가 늘어나는데, 이때 침전성의 최고 또는 최저를 보이는 F/M비는 21℃에서 a; 0.4, b; 0.9, c; 1.8이고, 38℃에서는 a'; 0.9, b'; 2.0, c'; 3.8로 나타났다. 이 결과를 식(5.36)에 대입하여 산출한 평균 K_m 값은 1.047이었으며, 이 결과에 근거하여 온도가 10℃ 상승할 경우, 적용 가능 부하는 $K_m^{(T-T_o)}=1.047^{10}=1.58$배로 반응속도론에 근거한 값에 비해 약 0.83(=1.58/1.91)배로 합성하수의 0.84와 거의 같다.」

이상과 같이 온도 변화 시 부하 조정은 처리속도보다는 침전성이 우선되어야 하며, 실제 처리장에서 부하 조정, 즉 F/M비를 조정하기 위한 유일한 수단은 MLSS의 농도를 조절하는 것인데, 경험적 관리요령은 온도가 상승할 경우 MLSS 농도를 감소시키고, 온도가 하강하면 MLSS 농도를 증가시키는 것이었다. 하지만 다음 식(5.37)을 이용하면 조정해야 할 정확한 MLSS 농도를 구할 수 있다.

$$Opt.F/M_{(T)} = Opt.F/M_{(T_o)} \cdot 1.047^{(T-T_o)} \tag{5.37}$$

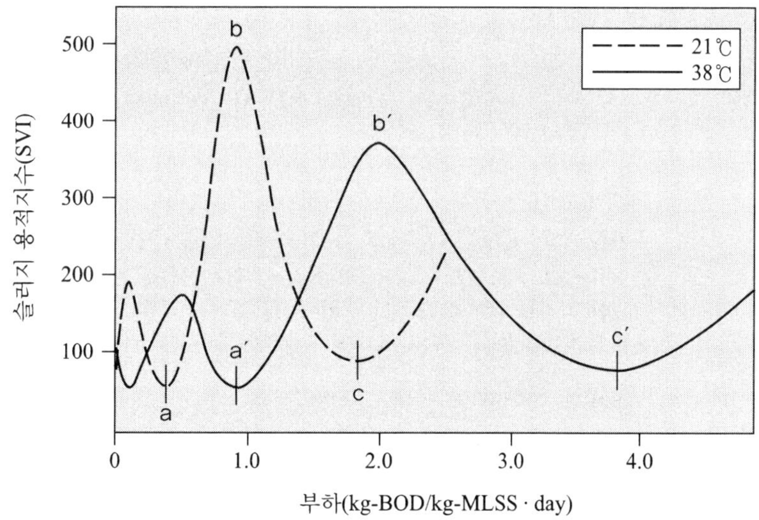

그림 5.25 온도 변화 시 SVI 곡선의 변화

하기의「 」 내용 또한 참고만 하기 바란다.「그림(5.25)와 같이 온도 상승 시 침전곡선이 늘어지는 현상은 그림(5.24)와 같이 각 HRT에 해당하는 침전곡선이 우측으로 이동하기 때문에 나타나는 현상으로 식(5.36)

을 이용하여 반응온도가 28℃에서 38℃로 상승할 경우 유입수 농도 200 mg/L에서 예상되는 침전곡선을 구하면 그림(5.26)과 같고, 그 변화 양상은 그림(5.25)와 동일한 결과를 보인다. 이러한 결과는 단지 Lesperance의 실험이 슬러지 침전성에 대한 유입수 농도의 영향을 파악하지 못했다는 결론 외에도 온도 변화 시 발생하는 팽화의 원인이 사상성 세균이라는 기존의 주장(WEF. and ASCE. 1998)이 오류라는 것을 입증한다.」

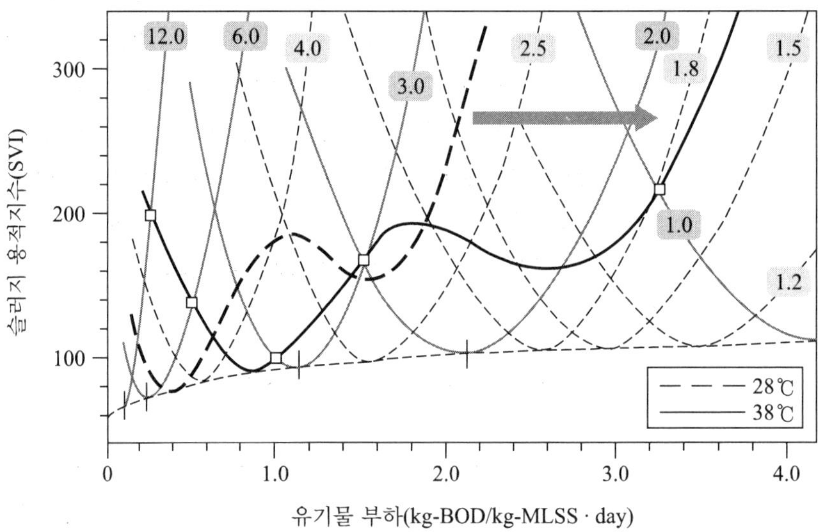

그림 5.26 온도 변화 시 SVI 곡선의 변화(S_i; 200 mg/L)

예제 5.6

체류시간이 6 hr, 반응온도가 10℃, MLSS 농도 2,000 mg/L인 조건에서 농도가 BOD_5로 150 mg/L인 하수를 정상적으로 운전하였다. 반응온도가 20℃로 상승한다면, 유기물의 제거만을 고려할 경우와 슬러지의 침전성을 고려할 경우 가할 수 있는 부하는 각각 얼마인가? 또한 MLSS 농도는 각각 얼마로 조절해야 하는가?

풀이 1. 유기물 제거만을 고려할 경우;

온도 10℃인 조건에서 F/M비는 식(5.30)으로부터

$F/M = \dfrac{150 \times 24}{2{,}000 \times 6} = 0.3$ kg-BOD/kg-MLSS · day이다.

온도상수 $\theta = 1.11$이라고 하면(표 5.10 참고), 반응온도 20℃에서 가할 수 있는 부하는 식(5.35)에 의거

$L_{s(20℃)} = 0.3 \times 1.11^{(20-10)} = 0.67$ kg-BOD/kg-MLSS · day이다.

[참고] 유기물 제거만을 고려하므로 MLSS 농도는 조절하지 않아도 된다.

2. 슬러지의 침전성을 고려할 경우;
이동계수 $K_m = 1.039$라고 하면, 반응온도 20℃에서 가할 수 있는 부하는 식(5.36)으로부터,
$F/M_{(20℃)} = 0.3 \times 1.039^{(20-10)} = 0.44$ kg-BOD/kg-MLSS · day이다.
따라서 유기물 제거만을 고려할 경우에 비해 0.66배의 부하를 가할 수 있다.

한편 유지해야 할 MLSS 농도는 식(5.30)을 이용하여 구할 수 있다.

$$X = \frac{S_i \times 24}{F/M \times \theta_h} = \frac{150 \times 24}{0.44 \times 6} = 1{,}364 \text{ mg/L}$$

문제 5.2
유입수 농도가 BOD_5로 100 mg/L, 반응온도가 15℃, HRT가 4 hr인 조건에서 슬러지의 침전성을 최적으로 유지하기 위해서 요구되는 미생물 농도를 구하라. (단, 이동계수 K_m는 1.039이다.)

풀이 2,400 mg/L

[참고] 문제를 해결하기 위해서는 먼저 알고 있는 온도에서 주어진 HRT의 최적 F/M비를 구한다. 다음 이동계수 K_m과 식(5.37)을 이용하여 반응온도 15℃에서 최적 F/M비를 구한 후 MLSS 농도를 구한다.

㈀ DO 및 폐수 중 지방의 함유율

이미 기술하였듯이 설계의 핵심은 슬러지의 침전성이고, 슬러지의 침전성을 적절히 유지시키기 위해서는 계획 HRT에 상응하는 F/M비를 유지해야 한다. 하지만 운전 시 DO나 하수 중 지방 함유율이 통상의 도시하수와 달라질 경우 식(5.31)은 그대로 적용할 수 없다. 왜냐하면 DO의 경우 DO의 상승 또는 하강에 따라 유기산의 분해속도가 달라져 슬러지의 침전성을 변화시키며, 또한 동일 F/M비라 하더라도 유기물 중 지방 함유율이 달라질 경우 독성이 큰 지방산의 농도 변화는 슬러지의 침전성에 매우 큰 영향을 미치기 때문이다.

참고로 필자의 실험결과에 따르면 수 %의 지방 함량 변화에도 슬러지의 침전성은 대폭 변화하며, 그 영향은 반응기의 운전성패를 좌우할 정도로 매우 큰 것이었다. 따라서 지방의 함유율이 통상의 도시하수와 다를 경우 또는 도시하수가 아닌 경우에는 처리장 설계 시 계획 HRT에 상응하는 $Opt.F/M$비를 실험 등을 통해 반드시 확인해야 한다. 보다 자세한 내용은 이후 ③과 ④항을 참고하기 바란다.

② 포기조 설계절차

본 항에서는 기존 SRT기준 설계법의 문제점을 지적하고 새로운 HRT기준 설

계법의 타당성을 보이기 위해 기존 설계법 및 새로운 설계법의 설계절차를 모두 소개하고 또한 양 설계법을 비교하였다.

㈀ SRT기준 설계법의 설계수순

이하 SRT기준 설계법은 Lawrence의 이론을 근거로 미국의 WEF(Water Environment Federation; formerly the Water Pollution Control Federation)와 ASCE(The American Society of Civil Engineers)에서 제시한 설계절차로, 이들이 주장하는 다음의 설계수순과 관련공식들은 애매하고 잘못된 부분이 많아 실제 설계에 도움이 되지 않는다. 하지만 굳이 그 내용을 가감 없이 기술한 것은 그들 주장의 오류를 밝히고 더불어 이후 제시되는 새로운 설계법이 보다 타당하다는 것을 강조하기 위한 것으로 이 항에 대해 참고할 뿐 보다 깊은 탐구는 필요치 않을 것으로 생각한다.

SRT기준 설계법의 설계수순과 관련공식은 다음과 같다(WEF, 1998; Droste 1997; Lawrence, 1970).

㉮ 설계 시 가장 먼저 고려할 사항은 용해성 BOD의 제거를 위해 충분한 체류시간을 제공하는 것과, 자산화계수(k_d) 및 증식계수(Y) 등 동역학적 계수를 구하는 것이다. 이때 도시하수의 경우, 유출수의 수질(S_e)은 많은 경험으로 수질을 예측할 수 있고, 일정치 이하의 유출 수질을 얻기 위한 기질제거시간과 관련된 SRT(θ_c)는 식(5.40)을 이용하여 구할 수 있다. 또한 식(5.40)에서 Y나 k_d는 문헌연구와 pilot-plant 연구에 의해 이미 밝혀진 수치를 이용하며(표 5.11 참고), 여기에 안전율을 곱하여 SRT를 구한다.

한편 과거의 경우, 식(5.40)에서 S_e와 SRT(θ_c)의 관계는 Monod식을 이용하였다(Monod, 1949). 하지만 이 식은 실제 운전결과와 잘 일치하지 않아 실질적으로 BOD 제거를 위한 SRT 및 동역학적 계수들의 선정은 경험·문헌 또는 pilot-plant를 이용한 사전실험결과를 이용한다(표 5.11 참고).

㉯ 한편 적정 SRT는 온도에 따라 다른데, 이때 설계는 슬러지의 침전성을 양호하게 유지하기 위해서 충분히 긴 SRT로 하며, 유기물 제거만을 목적으로 할 경우, SRT의 결정은 Bisogni와 Lawrence(1971)가 제시한 그림(5.27)을 이용할 수 있다. 일반적으로 따뜻한 날씨에서는 3~5일, 추운 날씨에서는 15일 이상으로 한다.

㉰ 상기와 같이 SRT가 결정되면, 포기조의 용량 V는 식(5.42)에 의해 결정

할 수 있다. 여기서 V의 계산을 위해서는 MLSS(or MLVSS)의 결정이 요구된다. 하지만 MLSS의 결정은 사소한 문제가 아니다. 그것은 산소전달·혼합성·2차침전지의 효율 등과 관련되기 때문이다. 재래법의 경우 1,500～3,000 mg/L이지만 2,000～2,500 mg/L가 가장 일반적이다.

활성슬러지 시스템은 미생물 농도를 보다 높게 운전할 수도 있는데, 순산소법의 경우 10,000 mg/L 이상에서도 운전이 가능하다. 때로 슬러지의 침전성과 농축성은 최종적으로 적용 MLSS 농도의 결정을 좌우하며, 활성슬러지법에서 5,000 mg/L 이상의 MLSS는 거의 경제성이 없다. 따라서 미국의 경우 순산소법 역시 5,000 mg/L을 초과하지 않는다.

㉣ 미생물 농도가 결정되면, 슬러지 생산량은 식(5.44)에 의해 계산할 수 있다.

㉤ 한편 반응온도에 따라 적정 MLSS 농도가 다른데, 이때 적정 MLSS 농도는 Bisogni(1971) 등이 제시한 그림(5.27)을 이용할 수 있다.

이상은 미국의 WEF와 ASCE가 제안한 SRT기준의 설계수순이다. 이후에 양 설계법을 비교하겠으나, 본 설계방법은 슬러지의 침강성에 영향을 미치는 중요인자, 즉 SRT·MLSS 등의 결정방법이 지나치게 경험에만 의존하고 있으며, 공학적 이론이나 서술을 찾아 볼 수 없고, 제시한 그림(5.27) 역시 잘못된 것으로 판단된다.

이후 제시한 설계공식은 상기의 잘못된 이론에 따른 것이므로 그 전개 과정이나 자세한 설명이 필요치 않은 것으로 판단된다. 하지만 그들이 제시한 자료이므로 제시한 내용을 그대로 수록하였다. 그들의 주장대로라면 먼저 미생물의 증식은 다음과 같이 나타낼 수 있다.

표 5.11 활성슬러지의 자산화계수 및 증식계수

Coefficient	Basis	Range[b]	Typical[b]
Y^a	g VSS/g BOD_5	0.4～0.8 (0.6～0.84)	0.6 (0.71)
Y^a	g VSS/g COD	0.25～0.4	0.4
k_d	day^{-1}	0.004～0.075 (0.02～0.10)	0.06 (0.064)

참고)
a는 1차침전지 유출수 중 생분해 가능한 기질이 세포로 전환되는 비율이며, 전체 슬러지 생산량을 계산할 경우에는 유출수 중 무기 고형물질과 비생분해성 물질을 포함해야 한다.
b의 괄호 안 수치는 1989년 미국의 주요 15개 컨설팅사가 제시한 수치로 도시하수를 대상으로 한 값.

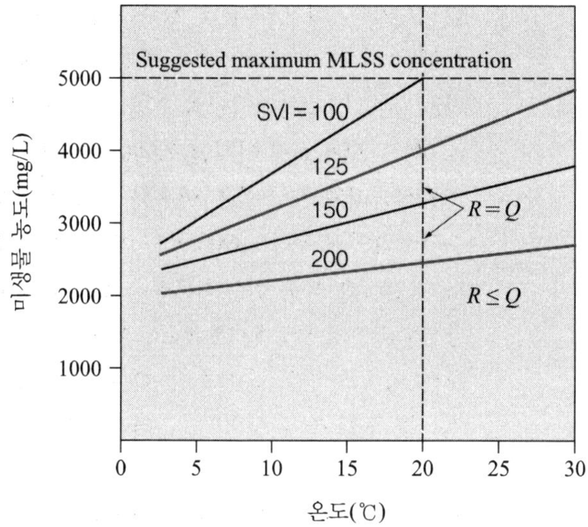

그림 5.27 온도와 SVI를 고려한 설계 MLSS 농도

$$\frac{dX}{dt} = Y\frac{dS_r}{dt} - k_d X \tag{5.38}$$

위 식에서 $\frac{dS_r}{dt} = \left(\frac{S_i - S_e}{\theta}\right) = \frac{(S_i - S_e)\times Q}{V}$ 이므로, 식(5.38)은 다음과 같이 표현할 수 있다.

$$\frac{dX}{dt} = Y\left(\frac{S_i - S_e}{\theta}\right) - k_d X \tag{5.39}$$

$$\frac{dX/dt}{X} = \frac{1}{\theta_c} = Y\frac{S_i - S_e}{X\cdot\theta} - k_d \tag{5.40}$$

$$\frac{1 + k_d\cdot\theta_c}{\theta_c} = YQ\frac{S_i - S_e}{X\cdot V} \tag{5.41}$$

$$X\cdot V = \theta_c\cdot Y\cdot Q(S_i - S_e)/(1 + k_d\cdot\theta_c) \tag{5.42}$$

$$M = \theta_c/\theta\{[Y(S_o - S_e)/(1 - k_d\cdot\theta_c)] + Z_{io} + Z_{no}\} \tag{5.43}$$

$$P_x = Q\times\{[Y(S_o - S_e)/(1 - k_d\cdot\theta_c)] + Z_{io} + Z_{no}\} \tag{5.44}$$

여기서, V : 폭기조의 용적(m^3), Q : 유입유량(m^3/t),
X : 미생물 농도(mg/L), S_i : 포기조 유입수 농도(mg/L),
S_e : 유출수 농도(mg/L), S_o : 처리장 유입수 농도(mg/L),
S_r : 제거된 기질의 양(mg), θ : 수리학적 체류시간(hr),

k_d : 자산화계수(1/t), θ_c : SRT

M : 총 혼합액 농도(mg/L), Y : 증식계수(g/g),

Z_{io} : 유입 비휘발성 고형물 농도(mg/L),

Z_{no} : 유입 휘발성 비생분해성 고형물 농도(mg/L),

P_x : 잉여슬러지 생산량(mg/t)이다.

㈁ HRT기준의 새로운 설계법

이미 기술하였듯이 현재 활성슬러지법은 SRT를 가장 중요한 기초설계인자로 사용하고 있다(WEF., 1998; Arceivala, 1981). 그러나 SRT가 기초설계인자로 활용되기 위해서는 SRT가 SVI의 지표가 될 수 있어야 한다. 하지만 SRT는 SVI와 상관관계를 가지지 않는다.

한 예로 MLSS 농도가 일정한 조건에서, S_i/HRT가 일정하다면, 즉 S_i/HRT가 200/6, 600/18, 1000/30, … 등으로 일정할 경우, F/M비 역시 일정하다. 그리고 식(3.15)와 같이 SRT는 F/M비의 함수이므로, F/M비가 일정하다면 SRT 역시 일정할 것이다. 하지만 SRT나 F/M비가 일정하다 하여도 F/M비의 함수인 HRT나 S_i가 상기와 같이 변화할 경우 SVI는 달라진다. 이와 같이 SRT는 F/M비와 마찬가지로 SVI의 지표가 될 수 없으므로 부유 system의 기초설계인자가 될 수 없다.

한편 슬러지가 최적의 침전성을 나타내기 위해서는 계획 HRT에 해당하는 최적의 F/M가 요구됨을 이미 5.3.2항의 식(5.31)에서 밝힌 바와 같이 HRT는 설계의 가장 기초가 되는 인자이다.

HRT기준의 설계수순은 다음과 같다.

㉮ 처리 대상 폐수의 평균 수질(S_i)과 유량(Q)를 측정한다.

㉯ 처리수질이나 경제성 등을 고려하여 적당한 HRT를 정하고 식(5.31)으로부터 그 HRT에 해당하는 $Opt.F/M$비를 구한다. 이때 HRT의 결정은 실험에 의하지만 기지의 경우 ㈀항의 ㉮와 마찬가지로 문헌연구나 경험에 의할 수 있다.

㉰ 식(5.1)로부터 포기조의 용량 V를 결정한다.

㉱ 상기에서 결정한 S_i · HRT 및 $Opt.F/M$비를 식(5.30)에 대입하여 포기조의 미생물 농도 X를 구한다.

㉲ 온도 변화에 따른 최적 적용부하는 식(5.36) 또는 (5.37)을 이용하여 구할 수 있으며, 이 식에서 이동계수 K_m값은 도시하수의 경우 1.047이고, (李, 2001b). 일반적 운전 온도범위에서 보정계수 $\theta' = 1.067$이다.

㉶ 슬러지 발생량은 식(5.44)를 이용하여 구한다. 온도변화에 따라 미생물의 증식속도가 달라지므로 이 식에서 Y값은 반응온도를 고려해야 한다.

$$\mathrm{HRT}(\theta_h) = \frac{V}{Q} \times 24 \tag{5.1}$$

$$F/M = \frac{S_i \times 24}{X \times \theta_h} \tag{5.30}$$

$$Opt.F/M_{(28℃)} = 3.3255 \times \theta_h^{-1.516} \tag{5.31}$$

$$Opt.F/M_{(T)} = Opt.F/M_{(T_o)} \cdot K_m^{(T-T_o)} \tag{5.36}$$

한편 그림(5.28)은 반응 온도 28℃의 조건에서 각 설계조건 간의 최적관계를 나타낸 것으로 이 그림을 이용해서 설계할 수도 있다. 또한 이 그림을 이용하면 표(5.2)의 설계조건 중 HRT와 미생물 농도 범위에 따른 적용 가능한 폐수의 농도를 파악할 수 있다.

이상과 같이 HRT기준 설계법은 처리수질과 슬러지의 침전성을 동시에 고려함으로써 표(5.2)에 제시되어 있지 않은 조건에 대해서도 설계가 가능하다(예제 5.8, 5.10 및 문제 5.3 참고). 또한 질소나 인을 동시제거하고자 할 경우에도 슬러지는 BOD 제거를 위한 연속포기 시와 비슷한 침전성을 보인다(李, 1998). 따라서 부유미생물을 이용한 질소와 인 제거법의 설계 시에도 본 설계법의 이용이 가할 것으로 판단된다.

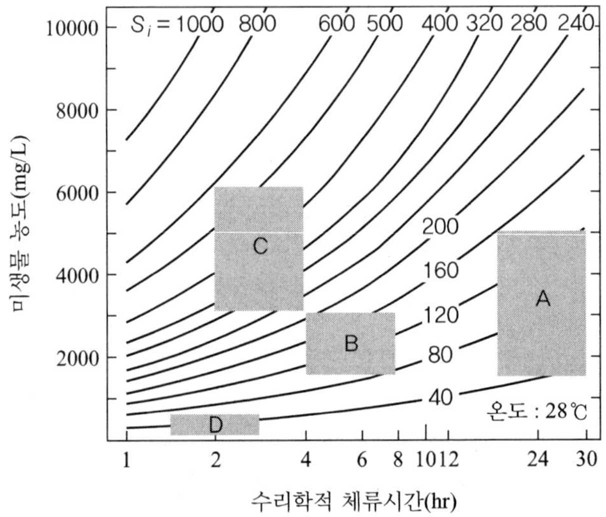

A; 장기포기법, B; 재래식 활성슬러지법, C; 고율법, D; 수정포기법

그림 5.28 최적 *F/M*비 유지를 위한 HRT, S_i 및 MLSS 관계

다음 예제는 이제까지 설명한 HRT기준 설계법을 독자가 보다 쉽게 이해할 수 있도록 설계의 예를 보인 것이며, 그 결과를 기존 설계기준과 비교하였다.

예제 5.7

1차침전지 유출수의 수질이 BOD_5로 140 mg/L 정도이고, HRT는 유출수의 수질이나 경제성을 고려하여 기존 재래식 활성슬러지법과 같이 4~8 hr로 결정했다. 이 조건에서 HRT기준 설계법에 의한 설계수순을 보여라. 그리고 그 결과를 기존 설계조건과 비교하라. (단, 반응온도가 28℃이다.)

[참고] 문제에서 1차침전지의 평균 유출 농도를 140 mg-BOD_5/L 정도로 제시한 것은 도시하수 유입수의 농도가 약 200 mg-BOD_5/L(Droste, 1997)이고 1차침전지의 BOD 제거율이 약 30%(Hammer *et al.*, 1996)로 판단되기 때문이다.

풀이 1. 먼저 HRT 4~8 hr에 해당하는 최적 $opt.F/M$비를 식(5.31)을 이용하여 구한다.

HRT가 8 hr인 경우, $Opt.F/M_{(28℃)} = 3.3255 \times 8^{-1.516}$
$= 0.14$ kg-BOD/kg-MLSS · day이고

HRT가 4 hr인 경우, $Opt.F/M_{(28℃)} = 3.3255 \times 4^{-1.516}$
$= 0.41$ kg-BOD/kg-MLSS · day이다.

따라서 $Opt.F/M$비는 0.14~0.41 kg-BOD/kg-MLSS · day이다.

2. 이때 적정 미생물 농도는 식(5.30); $F/M = \dfrac{S_i \times 24}{X \times \theta_h}$에 의해 구한다.

HRT가 8 hr인 경우, $X = (140 \times 24)/(0.14 \times 8) = 3{,}000$ mg/L
HRT가 4 hr인 경우, $X = (140 \times 24)/(0.41 \times 4) = 2{,}048 ≒ 2{,}000$ mg/L
따라서 유지해야 할 미생물 농도는 약 2,000~3,000 mg/L이다.

3. 한편 SRT는 식(3.15)에 의해 구한다. 이때 Y_{obs}는 0.4이다(그림 5.4 참고).

HRT가 8 hr인 경우, 즉 F/M비가 0.14 kg-BOD/kg-MLSS · day인 경우, Y_{obs}는 0.4 정도이므로,

$$\frac{1}{\theta_c} = Y_{obs}\left(\frac{F}{M}\right)_r = 0.4 \times 0.14 \qquad \therefore\ \theta_c ≒ 18 \text{ day}$$

HRT가 4 hr인 경우, 즉 F/M비가 0.41 kg-BOD/kg-MLSS · day인 경우, Y_{obs}는 0.5 정도이므로,

$$\frac{1}{\theta_c} = 0.5 \times 0.41 \qquad \therefore\ \theta_c ≒ 5 \text{ day}$$이다.

계산결과를 기존 설계조건과 비교하면 다음 표(5.12)와 같고, 그 결과는 기존 설계범위와 거의 차이를 보이지 않는다. 이와 같이 HRT기준 설계법은 기존의 경험적 설계조건을 공학적 설계수순에 의해 계산할 수 있으며, 다음 예제와 같이 기존에 제시되지 않은 설계조건에서도 얼마든지 설계가 가능하다.

표 5.12 기존 설계조건과의 비교

구 분	F/M (kg-BOD/kg-MLVSS · d)	HRT (hr)	MLSS (mg/L)	SRT (day)
재래법(기존 설계조건)	0.2~0.4	4~8	1500~3000	5~15
계산치	0.14~0.41	4~8	2000~3000	5~18

예제 5.8

설계 HRT가 8~12 hr인 조건에서 처리장의 최적 부하범위, 미생물 농도 및 SRT 범위를 구하라. (단, 1차침전지 유출수의 수질은 BOD_5로 100 mg/L 정도이고, 최소~최대 반응온도는 20~28℃라고 하자.)

풀이 ⓐ 반응온도 28℃ 조건

1. 먼저 HRT 8~12 hr에 해당하는 $Opt.F/M$비는 식(5.31)을 이용하여 구한다.
   HRT가 12 hr인 경우, 0.077 kg-BOD/kg-MLSS · day이고,
   HRT가 8 hr인 경우, 0.142 kg-BOD/kg-MLSS · day이다.
   따라서 $Opt.F/M$비는 0.077~0.142 kg-BOD/kg-MLSS · day이다.
2. 유입수 농도가 100 mg/L이므로, 식 $F/M = \dfrac{S_i \times 24}{X \times \theta_h}$에 대입하면, 미생물 농도는
   HRT가 12 hr인 경우, $X = (100 \times 24)/(0.077 \times 12) = 2{,}600$ mg/L
   HRT가 8 hr인 경우, $X = (100 \times 24)/(0.142 \times 8) = 2{,}100$ mg/L
   따라서 유지해야 할 미생물 농도는 2,100~2,600 mg/L이다.
3. SRT를 계산하기 위해 그림(5.4)를 이용하여 각 부하에 해당하는 Y_{obs}값를 취하면,
   SRT는 식 $\dfrac{1}{\theta_c} = Y_{obs}\left(\dfrac{F}{M}\right)_r$에 의거,
   HRT가 12 hr인 경우, $\dfrac{1}{\theta_c} = 0.3 \times 0.077 \quad \therefore\ \theta_c \fallingdotseq 43$ day
   HRT가 8 hr인 경우, $\dfrac{1}{\theta_c} = 0.4 \times 0.142 \quad \therefore\ \theta_c \fallingdotseq 18$ day
   따라서 유지해야 할 SRT는 18~43일이다.

ⓑ 반응온도 20℃ 조건

1. 먼저 20℃ 조건에서 HRT 8~12 hr에 해당하는 $Opt.F/M$비는 28℃에서 구한 $Opt.F/M$비를 식(5.31); $Opt.F/M_{(T)} = Opt.F/M_{(T_o)} \cdot K^{(T-T_o)}$에 대입하여 구한다.
   HRT가 12 hr인 경우, $Opt.F/M_{(20)} = 0.077 \times 1.047^{(20-28)}$
   따라서, $Opt.F/M_{(20)} \fallingdotseq 0.053$ kg-BOD/kg-MLSS · day이고,
   HRT가 8 hr인 경우, 0.098 kg-BOD/kg-MLSS · day이다.
   따라서, $Opt.F/M$비는 0.053~0.098 kg-BOD/kg-MLSS · day이다.
2. 유입수 농도가 100 mg/L이므로, 식 $F/M = \dfrac{S_i \times 24}{X \times \theta_h}$에 대입하면, 미생물 농도는
   HRT가 12 hr인 경우, $X = (100 \times 24)/(0.053 \times 12) \fallingdotseq 3{,}800$ mg/L
   HRT가 8 hr인 경우, $X = (100 \times 24)/(0.098 \times 8) \fallingdotseq 3{,}060$ mg/L
   따라서 유지해야 할 미생물 농도는 3,060~3,800 mg/L이다.
3. SRT는 식(3.15); $\dfrac{1}{\theta_c} = Y_{obs}\left(\dfrac{F}{M}\right)_r$에 의거

HRT가 12 hr인 경우, $\frac{1}{\theta_c} = 0.3 \times 0.053$ $\therefore\ \theta_c \fallingdotseq 63\ \text{day}$

HRT가 8 hr인 경우, $\frac{1}{\theta_c} = 0.35 \times 0.098$ $\therefore\ \theta_c \fallingdotseq 29\ \text{day}$

따라서 유지해야 할 SRT는 29~63일이다.

표 5.13

HRT (hr)	반응온도 (℃)	F/M (kg-BOD/kg-MLVSS·d)	MLSS (mg/L)	SRT (day)
8~12	28	0.077~0.142	2,100~2,600	18~43
8~12	20	0.053~0.098	3,060~3,800	29~63

[참고] 상기의 결과처럼 온도가 하강할 경우 SRT가 증가하는데, 이것은 SRT기준 설계법의 (ㄴ)항에서 제시한 내용과 같은 결과이다. 또한 실제 운전에서 SRT의 조절방법은 MLSS 농도를 조절하는 것인데, 본 예제의 결과처럼 온도가 상승할 경우 MLSS 농도는 낮게, 온도가 하강할 경우는 높게 유지해야 한다. 이와 같이 HRT 기준의 설계법은 HRT나 S_i 외에 온도와 같은 중요 Bulking 인자의 변화에도 쉽게 수치적으로 설계가 가능하다.
참고로 온도 변화 시 SRT를 구하기 위해 겉보기 증식계수(Y_{obs})는 가정하수를 대상으로 한 그림(5.4)를 이용하였는데, 합류식 도시하수의 경우 이토 등 무기물의 유입으로 보다 높은 값을 나타낸다. 따라서 합류식 도시하수일 경우 상기 표(5.13)의 SRT 값은 보다 작아질 것이다. 또한 Y_{obs}값은 유입수 중 무기질(이토 등)의 유입량에 따라 크게 변화하므로 각종 처리장의 슬러지 처리장치를 설계할 경우 그림(5.4)의 결과를 그대로 이용할 수 없으며, 유입수의 특성을 고려하여야 한다.

문제 5.3

유입수 농도가 각각 50 및 100 mg/L인 폐수를 HRT가 8~12 hr인 조건에서 활성슬러지법으로 처리하고자 한다. 설계 MLSS 농도를 구하라. (단, 반응온도는 20℃이다.)

풀이 표(5.14)

표 5.14

HRT (hr)	반응온도 (℃)	유입수 농도 (mg/L)	MLSS (mg/L)
8~12	20	100 50	3,000~3,300 1,500~1,670

[참고] 위 문제의 조건에서 슬러지 침전성을 최적으로 유지하기 위해서는 문제의 결과와 같이 유입수 농도에 따라 MLSS 농도를 조절해야 한다. 즉, 유입수 농도가 낮을 경우 MLSS 농도를 낮추어야 하며, 유입수 농도가 증가하면 미생물 농도는 증가시켜야 한다.

예제 5.9

반응온도 20℃, 유입수 농도 1,000 mg/L 및 HRT가 6 hr인 조건에서 활성슬러지법의 이론적 설계 MLSS 농도를 구하라.

풀이 1. 20℃ 조건에서 HRT 6 hr에 해당하는 $Opt.F/M$비는 먼저 28℃에서 최적 $Opt.F/M$비를 구한 후 식(5.31); $Opt.F/M_{(T)} = Opt.F/M_{(T_o)} \cdot K_m^{(T-T_o)}$으로부터 구한다.

HRT가 6 hr, 28℃에서 $Opt.F/M$비는 0.22 kg-BOD/kg-MLSS · day,

$Opt.F/M_{(20)} = Opt.F/M_{(28)} \cdot 1.047^{(20-28)}$

따라서, $Opt.F/M_{(20)} \fallingdotseq 0.15$ kg-BOD/kg-MLSS · day이다.

2. 유입수 농도가 1,000 mg/L이므로, 식 $F/M = \dfrac{S_i \times 24}{X \times \theta_h}$에 대입하면, 미생물 농도는 $X = (1{,}000 \times 24)/(0.15 \times 6) \fallingdotseq 27{,}000$ mg/L

[참고] 계산 결과와 같이 이론적으로 최적의 미생물 농도는 27,000 mg/L이다. 하지만 실제로 미생물 농도가 5,000 mg/L 이상일 경우 2차침전지의 효율 저하로 연속운전이 곤란해지므로, 5,000 mg/L 이상으로 미생물 농도를 유지할 수 없다. 그렇다고 주어진 조건에서 5,000 mg/L 정도의 미생물 농도로 활성슬러지를 운전할 경우 슬러지는 팽화한다. 따라서 주어진 조건에서는 활성슬러지를 운전할 수 없으며, **축산폐수와 같이 고농도의 폐수를 활성슬러지법으로 처리할 수 없는 것도 이러한 이치**에 따른 것이다.

예제 5.10

예제 5.8과 같이 HRT 8~12 hr, 1차침전지 유출수의 수질이 BOD_5로 100 mg/L 정도, 최소~최대 반응온도는 20~28℃인 경우, 그림(5.28)을 이용하여 미생물 농도를 구하고 예제 5.8의 결과와 비교하라.

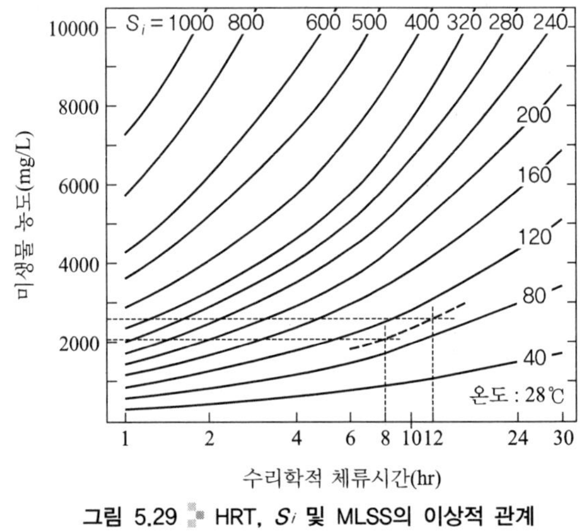

그림 5.29 HRT, S_i 및 MLSS의 이상적 관계

풀이 먼저 28℃의 조건에서 HRT 8 hr과 12 hr, 유입수 수질 100 mg/L에 해당하는 미생물 농도를 구하면,
미생물 농도는 HRT 12 hr일 때 2,600 mg/L 정도이고, HRT 8 hr일 때 2,100 mg/L 정도이다. 따라서 F/M비는
HRT 12 hr인 경우,

$$F/M = \frac{S_i \times 24}{X \times \theta_h} = \frac{100 \times 24}{2600 \times 12} = 0.077 \text{ kg-BOD/kg-MLSS} \cdot \text{day}$$이고,

HRT 8 hr인 경우,

$$F/M = \frac{100 \times 24}{2100 \times 8} = 0.143 \text{ kg-BOD/kg-MLSS} \cdot \text{day}$$이다.

상기에서 구한 28℃의 F/M비를 식(5.36)에 대입하면 20℃의 F/M비를 구할 수 있다. 즉,
HRT가 12 hr인 경우,

$$F/M_{(20)} = F/M_{(28)} \cdot 1.047^{(20-28)}$$
$$= 0.077 \times 1.047^{(-8)} = 0.053 \text{ kg-BOD/kg-MLSS} \cdot \text{day}$$이고,

HRT가 8 hr인 경우,

$$F/M_{(20)} = 0.143 \times 1.047^{(-8)} = 0.099 \text{ kg-BOD/kg-MLSS} \cdot \text{day}$$이다.

따라서 미생물 농도는 유입수 농도가 100 mg/L이므로,

식 $F/M = \dfrac{S_i \times 24}{X \times \theta_h}$에 대입하면,

HRT가 12 hr인 경우, $X = (100 \times 24)/(0.053 \times 12) \fallingdotseq 3{,}770 \text{ mg/L}$이고,
HRT가 8 hr인 경우, $X = (100 \times 24)/(0.099 \times 8) \fallingdotseq 3{,}030 \text{ mg/L}$이다.
그림(5.28)을 이용하여 미생물 농도를 구한 결과는 다음 표와 같고 예제(5.8)과 비교하면, 그 결과는 거의 동일함을 알 수 있다.

표 5.15

HRT (hr)	반응온도 (℃)	F/M (kg-BOD/kg-MLVSS · d)	MLSS (mg/L)
8～12	28	0.077～0.142 (0.077～0.143)	2,100～2,600 (2,100～2,600)
	20	0.053～0.098 (0.053～0.099)	3,060～3,800 (3,030～3,770)

( )는 그림 5.28을 이용한 결과이다.

㈐ 양 설계법의 비교

이미 기술하였듯이 설계 시 중요한 2가지 사항은 첫째, BOD를 제거하기에 충분한 체류시간을 유지하는 것이고, 둘째는 슬러지의 침전성을 양호하게 유지하는 것이다. 처리수 수질을 확보하기 위한 체류시간의 결정은 양 설계법 모두 문헌 연구와 경험 또는 pilot-plant 연구결과에 의존한다.

둘째로 슬러지 침전성의 경우, 슬러지가 최적의 침전성을 유지하기 위해서는 각 HRT에 상응하는 $Opt.F/M$비가 유지되어야 한다. HRT기준 설계법은 이

러한 최적 개념에 근거하므로 어떠한 조건에서도 슬러지의 침전성을 양호하게 유지할 수 있다. 그러나 SRT기준 설계법의 경우, 그 내용이나 식의 전개 과정을 살펴보면, 슬러지의 침전성을 유지하기 위한 방법으로 충분히 긴 SRT를 취하는 것이 좋다는 기술 외에 어떠한 이론적 근거나 기술이 부재하고, MLSS의 결정방법 역시 경험적 수치를 제시하는 것에 그치고 있다.

구체적으로 SRT기준 설계법의 문제점을 지적하면 다음과 같다.

첫째, SRT기준 설계법에서는 긴 SRT가 침전성을 확보하는 데 유리하다고 설명하고 있다. 그러나 이러한 주장은 타당성이 없다. 식(3.15)에서 알 수 있듯이 SRT는 F/M비와 함수관계를 가진다. 그리고 슬러지의 침전성을 최적으로 유지하기 위해서는 각 HRT에 상응하는 $Opt.F/M$비가 유지되어야 한다. 따라서 SRT 역시 적정 범위 내로 유지되어야 한다. 즉, 적정 범위를 벗어난 긴 SRT는 빈부하를 의미하며, 이때 슬러지의 침전성은 악화된다.

둘째, SRT기준 설계법에서는 온도 변화 시 MLSS 농도를 결정하는 방법으로 그림(5.27; Bisogni, 1971)를 제시하였다. 그림에 따르면 슬러지의 침전성을 일정하게 유지하기 위해서는 반응온도가 상승할 경우 MLSS 농도를 높여야 한다. 하지만 이미 기술한 바와 같이 반응온도가 상승할 경우 MLSS 농도는 낮추어야 한다.

셋째, SRT기준 설계법에서는 유입수 농도를 중요 설계인자로 취급하지 않고 있다. 하지만 유입수 농도는 슬러지의 침전성에 영향을 주는 중요 인자로, 일반적으로 high rate aeration의 경우 고농도 폐수에 적합하고, modified aeration의 경우 저농도의 폐수에 적합하며, 기타 extended aeration이나 conventional aeration의 경우 중농도의 폐수처리에 적합한 것으로 알려져 있다(McKinney, 1962; Metcalf, 1979). 자세한 것은 그림(5.28) 참고.

이상과 같이 SRT기준 설계법이 경험적 설계범위를 제시하는 데 그치고, 보다 공학적으로 접근하지 못한 것은 슬러지의 침전성에 미치는 HRT나 S_i의 영향을 정확하게 인지하지 못했기 때문이다. 반면 HRT기준 설계법은 HRT나 S_i를 가장 기초적 영향인자로 고려하였으며, 기타 설계인자의 결정방법도 공학적 계산에 따른다.

참고로 슬러지 발생량은 침전성과 관련이 없으므로 슬러지 발생량이 설계의 핵심인 소화조나 탈수기 등의 설계는 기존 SRT기준 설계법을 이용하는 것이 가하다.

③ 설계식의 일반화

이상의 설명은 도시하수를 처리하는 경우로 한정된다. 하지만 논리를 확대하여 식(5.31)을 변형하면 도시하수 외에 타 폐수를 처리하는 처리장의 설계에도 응용할 수 있다. 즉, 그림(5.19)는 도시하수를 처리할 경우 각각의 HRT와 그에 상응하는 $opt.F/M$비의 관계를 나타낸 것으로 다른 종류의 폐수를 처리할 경우 각 폐수의 성분이나 유입하는 독성물질에 따라 미생물에게 미치는 독성의 정도가 달라지므로 그림(5.19)의 각 HRT에 해당하는 $opt.F/M$비 역시 변한다. 다시 말하면 식(5.32)에서 유입폐수의 농도(S_i)가 같다고 하더라도 폐수의 종류에 따라 발생하는 유기산이 다르고 그에 따라 미생물에게 미치는 상대적 독성 또한 다를 것이다. 이때 일정 HRT에 대한 $opt.F/M$비는 상대적 독성에 따라 독성이 강한 폐수는 낮은 부하에서 $opt.F/M$비가 나타나고, 독성이 약한 폐수는 높은 부하에서 $opt.F/M$비가 나타나는 역비례 관계를 보일 것이다. 따라서 도시하수와 관련한 식(5.31)을 각종 폐수처리를 위한 설계식으로 일반화시키기 위해서는 각 폐수의 상대적 독성을 파악해야 하는데, 식(5.32)에 계수를 적용하면 각 폐수의 상대적 독성은 다음 식(5.45)와 같고, 미생물의 bio-polymers의 생산량은 상대적 독성에 비례할 것이다.

$$\text{상대적 독성} = k_t \times \text{독성물질의 농도} \tag{5.45}$$

여기서, k_t : 독성계수(t; toxic)이다.

이상과 같이 일정 HRT에 대한 $opt.F/M$비는 상대적 독성에 따라 다르게 나타나는데, 이때 그림(5.21)의 곡선은 폐수의 독성에 따라 좌우로 이동할 것이다. 따라서 독성계수를 적용하여 식(5.31)을 일반화시키면 폐수의 독성에 따른 HRT와 $opt.F/M$비의 관계는 다음 식(5.46)과 같다.

$$Opt.F/M_{(28℃)} = \frac{1}{k_t}\theta_h^{-1.516} \tag{5.46}$$

여기서, θ_h : 수리학적 체류시간(hr),

$Opt.F/M_{(28℃)}$: 반응온도 28℃에서 각 HRT에 해당하는 $opt.F/M$비,

k_t : 독성계수(도시하수의 경우, $k_t = 1/3.3255 = 0.3$)

따라서 추후 각종 폐수에 대한 k_t 값을 구한다면 도시하수뿐만 아니라 각종 폐수처리장의 설계를 위한 보다 편리한 설계식을 구할 수 있을 것이다.

참고로 k_t 값은 원만하게 운전되는 처리장의 경우 운전조건(F/M비와 HRT)만으로 구할 수 있으며(예제 5.12 참고), 새롭게 구해야 할 경우에는 일정 HRT에서 해당 폐수의 농도를 다르게 하거나 또는 반응조 내의 미생물 농도를 순차적으로 변화시켜 $opt.F/M$비를 구한 후 이 값을 식(5.46)에 대입하면 된다.

예제 5.11

A 처리장의 방류수 수질기준을 만족시키기 위해 반응기 실험을 실시한 결과 필요 HRT는 5시간이었다. 이 처리장에 유입하는 폐수의 유량은 100 m^3/day이고, 1차침전지 유출수의 평균 농도는 150 BOD_5-mg/L 정도로 예상되며, 이 폐수의 독성계수는 0.4이다. 활성슬러지법으로 처리장의 포기조를 설계하라. (단, 반응온도는 28℃라고 하자.)

풀이 먼저 체류시간이 5 hr인 경우 $opt.F/M$비를 식(5.46)로부터 구한다.

$$Opt.F/M_{(28℃)} = \frac{1}{k_t} \times 5^{-1.516} = \frac{1}{0.4} \times 5^{-1.516} \fallingdotseq 0.22 \text{ kg-BOD/kg-MLSS} \cdot \text{day}$$

상기 값을 식(5.30)에 대입하면 적정 미생물 농도를 구할 수 있다.

$$F/M = \frac{S_i \times 24}{X \times \theta_h} = \frac{150 \times 24}{X \times 5} = 0.22, \qquad \therefore\ X = 3{,}272 \text{ mg/L}\text{이다.}$$

한편 포기조의 용적 $V = \text{HRT} \times Q/24 = 8 \times 100/24 = 33.3 \fallingdotseq 34\ m^3$이고, 포기조의 유효수심을 3 m로 하면 포기조의 수면적은 $11.3 \fallingdotseq 12\ m^2$이다. 이때 포기조의 폭과 길이는 포기장치나 시설부지의 형태 등을 고려하여 정한다.

예제 5.12

B 처리장은 HRT가 6 hr이고 F/M비가 0.2 kg-BOD/kg-MLSS · day인 조건에서 원만히 운전되고 있다. 이 폐수의 k_t값을 구하라. 또한 주문량의 증가로 폐수 발생량이 약 1.5배 증가할 것으로 예상된다면, 이때 슬러지 침전성을 확보하기 위한 적정 F/M비는 얼마이고, 평상시 미생물 농도는 몇 %로 조절해야 하는가? (단, 처리수질이나 온도변화 등 기타 조건은 무시한다.)

풀이 먼저 식(5.46)을 이용하여 k_t값을 구하면,

$$k_t = \frac{1}{F/M} \times \theta_h^{-1.516} = \frac{1}{0.2} \times 6^{-1.516} \fallingdotseq 0.33\text{이다.}$$

한편 폐수 발생량이 1.5배 증가한다면 HRT는 4 hr이 되므로, 적정 F/M비를 구하기 위해 식(5.46)에 대입하면,

$$F/M = \frac{1}{k_t} \times \theta_h^{-1.516} = \frac{1}{0.33} \times 4^{-1.516} \fallingdotseq 0.37 \text{ kg-BOD/kg-MLSS} \cdot \text{day}\text{이다.}$$

또한 $F/M = 0.2 \rightarrow M = 5F$이고, $\dfrac{1.5F}{(5F)x} = 0.37$이므로 $x = 0.81$이다. 따라서 미생물 농도를 평상시의 80% 정도로 조절하면 된다.

④ k_t 값의 응용

상기에서는 k_t 값을 이용하여 처리장을 설계하는 방법을 설명하였는데, 이러한 설계이론을 보다 확장하면 폐수처리장의 설계 시 폐수의 독성이나 농도에 따라 기존 활성슬러지 공정으로 처리가 가능한지 또는 기존 공정 외에 별도의 공정이 요구되는지를 미리 파악할 수 있으며, 그 외에도 폐수의 유입 농도가 매우 낮은 경우, 1차침전지의 소거 여부나 고농도의 폐수와 병합처리하는 방법, 또는 축산폐수와 같이 고농도의 폐수를 도시하수와 같은 중·저농도의 하·폐수와 병합처리하고자 할 경우 병합처리를 행할 수 있는 최대 유량 등도 결정할 수 있을 것이다.

예제 5.13

A 처리장의 방류수 수질기준을 만족시키기 위해 반응기 실험을 실시한 결과 필요 HRT는 8시간이었다. 1차침전지 유출수의 평균 농도는 200 BOD_5-mg/L이고, 이 폐수의 독성계수는 0.5이다. 기존 활성슬러지법으로 처리장을 설계하는 것이 가능한지 판단하라. (단, 반응온도는 28℃라고 하자.)

풀이 먼저 체류시간이 8 hr인 경우 $opt.F/M$비를 식(5.46)로부터 구한다.

$$Opt.F/M_{(28℃)} = \frac{1}{k_t}\times 5^{-1.516} = \frac{1}{0.5}\times 8^{-1.516} \fallingdotseq 0.085 \text{ kg-BOD/kg-MLSS}\cdot\text{day}$$

이 값을 다음 식(5.30)에 대입하면 $F/M = \frac{S_i \times 24}{X\times \theta_h} = \frac{200\times 24}{X\times 8} = 0.085$이다.

즉, 슬러지의 침전성을 적절하게 유지하기 위해 필요한 적정 미생물 농도 X= 7,058≒7,000 mg/L인데, 일반적으로 포기조의 미생물 농도가 5,000 mg/L 이상일 경우 2차침전지의 효율저하로 운전이 곤란하므로 기존 공정으로는 처리장을 설계할 수 없다. 따라서 유입수의 수질을 저하시키기 위해 저농도 폐수와의 병합처리하거나, NaOH를 투입하는 공정 또는 포기조에서 여과막을 이용하여 처리수를 직접 인출하는 방법 등 별도의 공정을 구상해야 한다.

예제 5.14

A 도시하수처리장은 1차침전지 유출수의 평균 농도가 150 BOD_5-mg/L인 하수를 HRT 6시간을 기준으로 일 50,000 t 처리하고 있다. 이 처리장에 농도가 5,000 BOD_5-mg/L이고 독성계수가 0.35인 폐수를 병합처리하고자 한다. 유입 가능한 폐수의 최대량을 구하라. (단, 처리수질은 고려치 않으며, 반응온도는 28℃라고 하자. 또한 운전 중 DO 농도의 변화 등 운전인자의 변화 및 처리수질의 조절 등을 고려하여 포기조 내 미생물 농도는 3,000 mg/L로 계획한다.)

풀이 먼저 도시하수의 유입량을 Q_1, 폐수의 유입량을 Q_2라 하고, 도시하수의 유입 농도를 S_1, 폐수의 유입 농도를 S_2라 하면 평균 독성계수 k_t는

$$k_t = \frac{0.3 \times Q_1 + 0.35 \times Q_2}{Q_1 + Q_2} = \frac{0.3 \times 50{,}000 + 0.35 \times Q_2}{50{,}000 + Q_2} \text{ 이고,}$$

유입수 농도 $S_i = \dfrac{S_1 \times Q_1 + S_2 \times Q_2}{Q_1 + Q_2} = \dfrac{150 \times 50{,}000 + 5{,}000 \times Q_2}{50{,}000 + Q_2}$ 이다.

따라서 HRT가 6시간인 경우 식(5.30)과 식(5.46)을 연립하면 병합처리가 가능한 최대 유량을 구할 수 있다.

$$\frac{50{,}000 + Q_2}{0.3 \times 50{,}000 + 0.35 \times Q_2} \times 6^{-1.516}$$

$$= \left(\frac{150 \times 50{,}000 + 5{,}000 \times Q_2}{50{,}000 + Q_2} \times 24 \right) \Big/ (3{,}000 \times 6)$$

$\therefore\ Q_2 = 157 \fallingdotseq 160\ \mathrm{m^3/day}$

⑤ 기타 포기조의 설계 요령

그 외에 포기조의 일반적 설계 요령은 다음과 같다.

대형의 구조물로 지하에 설치하며 유효수심은 4～6 m를 표준으로 한다. 참고로 포기조의 수심이 심층포기법과 같이 지나치게 깊어질 경우 혼합액과 함께 하강한 작은 기포가 용해되고 이후 혼합액이 상승하는 과정에서 미세 기포가 석출되어 스컴층을 형성할 수 있다. 이러한 현상은 공기의 용해도가 증가하는 동절기에 더욱 심해지는데, 부득이하게 포기조의 수심을 증가시킬 경우에는 스컴 제거시설을 설치하는 등 미리 대책을 강구해야 한다. 또한 거품이 발생하는 폐수의 경우 거품 제거를 위하여 처리수를 이용한 소포용 살수시설이나 소포제 투입시설을 갖춘다.

포기조의 산소공급방법에는 산기식 및 기계식이 있다(그림 5.30, 5.31 참고). 산기식의 경우 크게 고압형과 저압형이 있으며, 기계식에는 표면폭기형과 수중폭기형이 있는데, 어느 경우이든 포기조의 DO는 2 mg/L 정도 유지가 가능해야 한다. 지나치게 DO가 높거나 낮을 경우 포기조의 관리에 어려움을 준다. 자세한 내용은 6.3.2 3.항을 참고하기 바란다. 일반적으로 대형의 처리장에서는 산기식을 주로 채용하고, 소형의 경우 기계식을 주로 채용하는데, 어느 경우든 교반의 능력과 **산소전달능력**(oxygenation capacity)을 동시에 고려해서 결정해야 한다.

기타 부대시설에는 blower · aerator · 산기관 및 산기판(그림 5.33 참고), spray pump · nozzle · 무기영양물질 공급장치 및 자동 DO측정기 등이 있다.
참고로 산소전달능력이란 다음과 같이 정의된다.

지금 용존산소 농도가 C인 물을 dt시간 포기했을 때 용존산소 농도의 변화

dC는 다음과 같다.

$$\frac{dC}{dt} = K_{La}(C_s - C) \tag{5.47}$$

여기서, K_{La} : 총괄산소 이동계수(t^{-1})로 공기와 물의 접촉면적 ·물의 체적 및 온도 등의 함수,

C_s : 포화 용존산소 농도(mg/L),

C : 임의 시각에서 용존산소 농도(mg/L),

$K_{La} \cdot C_s$: 산소공급능력이라고 한다.

위 식에서 $C_s - C = D$로 표시하면 다음과 같이 표시된다.

$$\frac{dD}{dt} = -K_{La} \cdot D \tag{5.48}$$

위 식을 적분하면 다음과 같고 이 식으로부터 K_{La}를 구할 수 있다.

$$\ln\frac{D_t}{D_o} = \ln\frac{C_s - C}{C_s - C_o} = -K_{La} \cdot t \tag{5.49}$$

여기서, C_o : 초기 산소 농도이다.

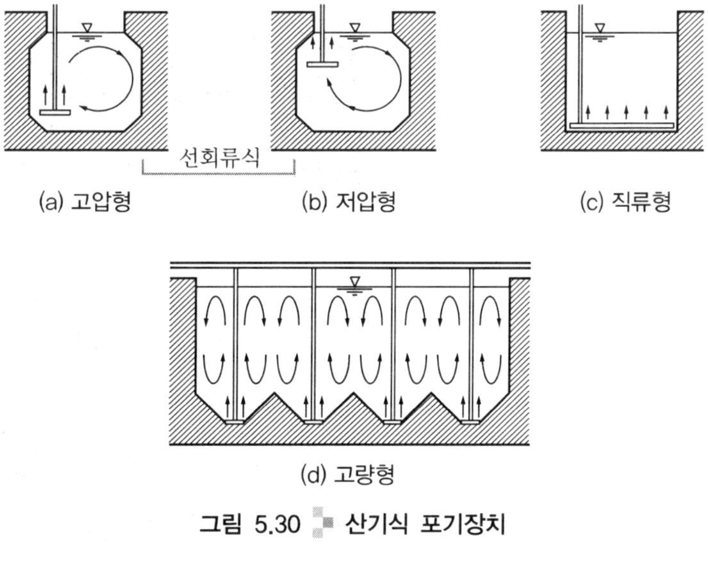

그림 5.30 산기식 포기장치

한편 포기 시 공급되는 산소량은 수온·산소의 농도·산기위치·송기량·포기 시간·유기물 농도·기계식 폭기기의 형상·회전수 등 다양한 인자의 영향을 받는데, 관련하여 활성슬러지법의 각 변법에 적용되는 송기량은 표(5.2)에 나타내었으며, 포기의 이론 등 기타 자세한 내용은 관련 문헌을 참고하기 바란다.

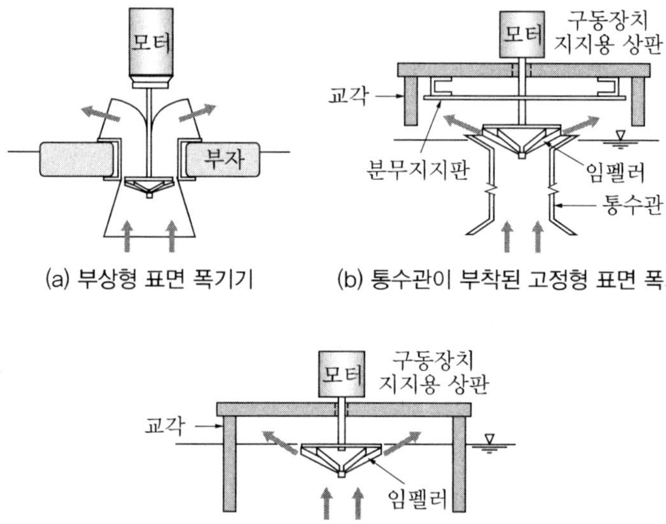

(a) 부상형 표면 폭기기

(b) 통수관이 부착된 고정형 표면 폭기기

(c) 통수관이 없는 고정형 표면 폭기기

그림 5.31 기계식 폭기장치

그림 5.32 활성슬러지법에서 표면폭기

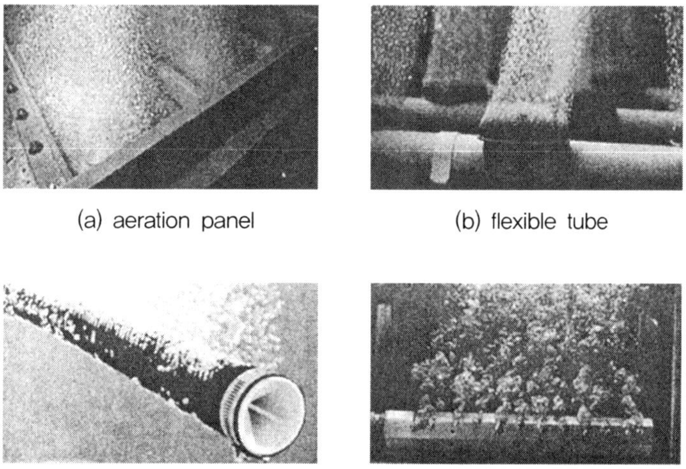

(a) aeration panel (b) flexible tube (c) fine bubble (d) coarse bubble

그림 5.33 각종 기포발생장치(diffusers)

예제 5.15

염화 Cobalt($CoCl_2$) 촉매와 Sodium Sulfide(Na_2SO_3)를 주입하여 탈산소된(DO = 0) 포기조에 포기를 실시하여 다음 표(5.16)과 같은 결과를 얻었다. 이 포기장치의 K_{La}와 최대 산소공급 속도를 구하라. (단, 온도는 16℃이다.)

표 5.16

경과시간 t(sec)	0	250	500	750	1.000	1,250	1,500
포기조 DO (mg/L)	0	4.4	6.8	8.2	9.0	9.4	9.7

풀이 16℃ 때 산소 포화 농도는 표(4.4)에서 $C_s = 9.82$ mg/L이고, 시간 $t = 500$ sec일 때, DO = 6.8 mg/L이다.

$$\therefore \ln\frac{C_s - C}{C_s - C_o} = \ln\frac{9.82 - 6.8}{9.82 - 0} = -1.18$$

같은 방법으로 각 시간에 대한 $\ln[(C_s - C)/C_s]$의 값을 구하고, 도시하면 다음 그림(5.34)가 얻어진다. 그림에서 그 구배가 K_{La}이며, $K_{La} = 2.3 \times 10^{-3}/\mathrm{sec}$이다.

한편 최대의 산소 공급 능력은 $C = 0$일 때이며 다음과 같다.

$$\frac{dC}{dt} = K_{La}C_s = 2.3 \times 10^{-3} \times 9.82 = 2.26 \times 10^{-2} \text{ mg-}O_2/\mathrm{L \cdot sec}$$

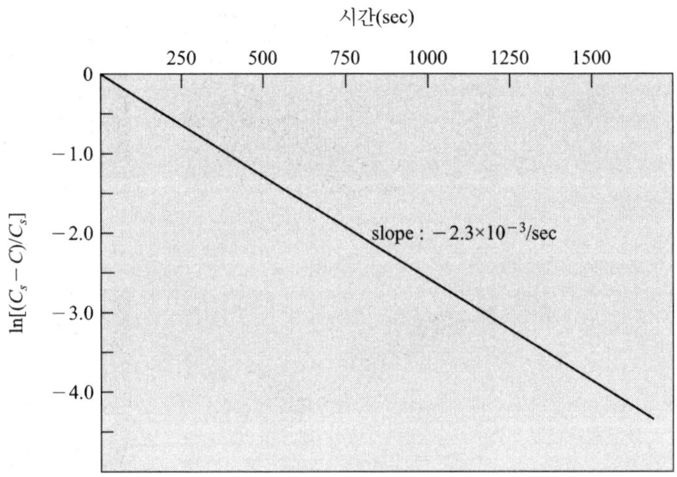

그림 5.34 K_La의 결정

6. 2차침전지

2차침전지는 최종침전지 또는 종침이라고도 한다. 포기조 뒤에 설치하며, 포기조에서 유출한 혼합액 중 슬러지를 응집·침전시키기 위한 시설이다. 이때 고액분리된 상징수는 월류시켜 방류하며, 침전된 슬러지의 일부는 포기조에 반송하고, 나머지는 잉여슬러지로 인출하여 처리 및 처분한다. 다시 말하면 2차침전지의 기능은 첫째, 반송을 위한 농후한 농도의 슬러지를 얻는 것이고, 둘째, 현탁물질을 제거하여 방류수의 수질을 개선시키는 것이다. 하지만 슬러지의 floc 형성이나 침전성은 포기조의 운전조건에 따라 결정되므로, 2차침전지의 효율은 그 자체보다는 오히려 포기조의 운전조건에 보다 영향을 받는다. 즉, bulking 시 슬러지의 침전성은 매우 나쁘지만 방류수 중 현탁물질의 농도는 매우 낮고, pin floc 시 슬러지는 쉽게 침전하지만 방류수 중 현탁물질의 농도는 현저히 증가하는데, 이와 같은 현상은 모두 생물학적 현상, 즉 포기조의 운전조건에 따른 것이다.

따라서 2차침전지를 설계하기 위해서는 체류시간·표면적부하 및 고형물부하와 같은 물리적 인자 외에 생물학적 영향인자를 동시에 고려해야 한다. 하지만 생물학적 영향은 포기조의 관리와 관련되는 사항으로, 자세한 기술은 이후 관련 장에 미루기로 하고, 본 항에서는 물리적 영향만을 기술하고자 한다.

일반적으로 침전지의 체류시간은 1일최대오수량의 2.5시간 정도로 하며 기타 설계기준은 표(5.17)과 같다. 이 표에서 고형물부하란 표면적당 가해지는 슬러지의 양으로 다음 식(5.50)과 같다.

$$SL_s = \frac{Q_s \cdot X \cdot \mathrm{SVI}}{A_{st}} \tag{5.50}$$

여기서, SL_s : 고형물부하율(kg/m^2 · day),

Q_s : 혼합액 유출량(m^3/day),

SVI : 슬러지 용적지수(m^3/kg),

X : 포기조의 MLSS 농도(kg/m^3),

A_{st} : 침전지의 수표면적(m^2)이다.

표 5.17 2차침전지의 일반적 설계기준

처리방법	표면적부하(m^3/m^2 · day)		고형물부하(kg/m^2 · day)		유효깊이 (m)
	평균	최대	평균	최대	
활성슬러지법 (장기포기법 제외)	15～30	40～80	100～150	250	3.5～4.5
장기포기법	10～15	30	100～150	250	3.5～4.5

한편 그림(5.35)는 2차침전지에서 관찰되는 전형적인 슬러지의 침전형태를 보여준다. 이 회분식 실험에서 알 수 있듯이 슬러지는 초기의 응집침전부터 압축침전에 이르는 다양한 형태를 보이는데, 이와 같이 회분식 침전실험의 결과를 이용하여 2차침전지를 설계할 수도 있다. 이때 실험결과는 MLSS의 농도와 실험용기의 형태에 따라서도 크게 달라질 수 있으므로 실험은 실제 처리 시 예상되는 MLSS 농도범위에서 실시해야 하며, 실험용기의 바닥에 4～6회/hr의 느린 속도로 움직이는 교반장치를 부착하여 실제 침전지와 유사한 조건에서 실험을 실시하면 보다 정확한 설계가 가능하다. 회분식 실험결과인 그림(5.35)를 이용하여 2차침전지의 표면적을 구하는 수순은 다음과 같다.

① 지역침전이 나타나는 구간의 기울기 V_o를 결정한다. 이때 초기의 응집을 위한 지체시간을 제외하면 지역침전 구간에서 경과시간 t와 경계면의 높이 H는 거의 일차관계를 가진다.

② 압축침전이 이루어지는 구간의 기울기를 구한 후 양 직선을 연장하여 교점을 구하고, 이 교점에서 교각을 이등분하여 점 1을 구한다.

③ 점 1에서 침전곡선에 대한 접선을 그린다.

④ 계획 인출슬러지의 농도 C_u를 결정한 후 최초 슬러지 농도 C_o와 최초 높이 H_o로부터 경계면의 높이 H_u를 구한다. 즉, $C_oH_o = C_uH_u$이므로 H_u는 다음과 같다.

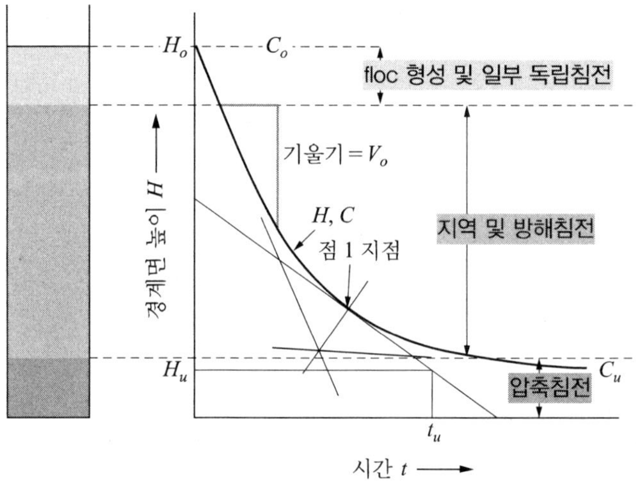

그림 5.35 회분식 침전곡선의 분석

$$H_u = \frac{C_o H_o}{C_u} \tag{5.51}$$

⑤ H_u에서 수평선을 그어 접선과의 교점을 구하면, 시간 t_u를 구할 수 있다. 이 시간 t_u는 인출슬러지 농도가 C_u로 되는 데 걸리는 개략적 시간이다.

⑥ 농축에 필요한 침전지 표면적 A_t는 다음 식으로 구한다.

$$A_t = 1.5(Q + Q_r)\frac{t_u}{H_o} \tag{5.52}$$

여기서, Q : 반송슬러지의 유량을 고려치 않은 포기조의 평균 유입유량 (m^3/day),

Q_r : 반송슬러지의 유량(m^3/day),

1.5 : 확대계수(scale-up factor)이다(Eckenfelder, 1980).

⑦ 정화에 요구되는 침전지 표면적 A_c는 다음 식으로 구한다.

$$A_c = 2.0\frac{Q}{V_o} \tag{5.53}$$

여기서, V_o : 지역침전 구간의 기울기, 즉 경계면의 높이(H) / 경과시간(t),

2.0 : 확대계수(scale-up factor)이다(Eckenfelder, 1980).

최종침전지의 설계 표면적은 상기 값 중 큰 것을 이용한다. 하지만 도시하수의 경우 첨두시간의 유량은 평균 유량의 수배가 되기도 한다. 따라서 유입유량의 변화가 심한 경우 최대 유량에 대해 설계면적을 조정해야 한다.

예제 5.16

평균 유량이 1,000 m^3/day인 도시하수처리장의 2차침전지를 설계하고자 한다. 침전실험 결과는 그림(5.36)과 같고, 이때 MLSS 농도는 2,500 mg/L이며, 인출 슬러지 농도는 10,000 mg/L 정도로 예상된다. 침전에 필요한 면적, 농축에 필요한 면적 및 침전지의 직경을 구하라.

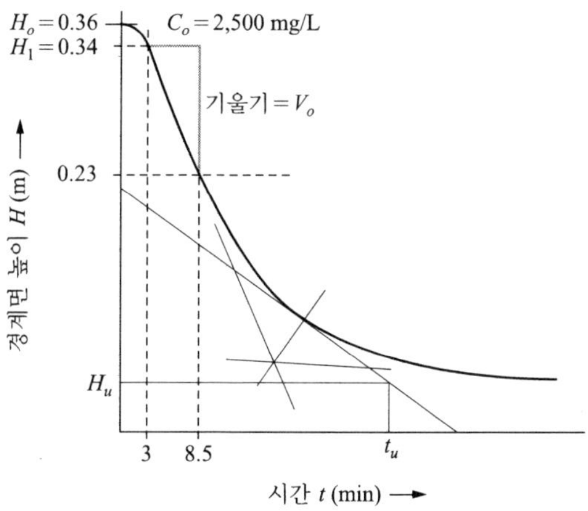

그림 5.36 슬러지 침강실험 결과

풀이 먼저 유입수 중의 SS 농도는 "0"이라고 가정하고 반송량 Q_r을 구한다.

$$(Q+Q_r)\times 2{,}500 = Q\times 0 + Q_r\times 10{,}000$$

$Q_r/Q = \dfrac{2{,}500}{10{,}000-2{,}500} = 0.333$, 즉 반송률은 33.3%이고 반송량은 333 m^3/day 이다.

한편 $H_u = \dfrac{C_oH_o}{C_u} = \dfrac{2{,}500\times 0.36}{10{,}000} = 0.09\ \text{m}$ 이고, 이때 t_u는 48 min(0.8 hr)이다.

$V_o = \dfrac{0.34-0.23}{(8-3)/60} = 1.2\ \text{m/hr}$ 이다.

따라서 농축에 필요한 면적 A_t는

$$A_t = 1.5(Q+Q_r)\frac{t_u}{H_o} = 1.5\left(\frac{1{,}333\ \text{m}^3}{24\ \text{hr}}\right)\frac{0.8\ \text{hr}}{0.36\ \text{m}} = 185.1\ \text{m}^2$$

정화에 요구되는 면적 A_c는

$$A_c = 2.0\frac{Q}{V_o} = 2.0\times\frac{1{,}000\ \text{m}^3}{24\ \text{hr}} \div 1.2\ \text{m/hr} = 69.44\ \text{m}^2 < 185.1\ \text{m}^2$$

농축에 요구되는 면적으로 설계하며, 이때 침전지의 직경 D는

$$D = \left[\frac{4}{\pi}\times 185.1\right]^{1/2} = 15.35 \fallingdotseq 16\ \text{m}$$ 이다.

연습문제

1. 생물학적 폐수처리 공정을 적용 미생물과 적용 상태에 따라 분류하라.

2. 활성슬러지 공정을 도식하고, 각 단위 공정별 기능을 약술하라.

3. 다음 용어를 설명하라.
   (1) MLSS
   (2) MLVSS
   (3) HRT
   (4) F/M비
   (5) BOD 용적부하
   (6) SRT
   (7) SVI
   (8) 슬러지 팽화
   (9) 반송비

4. SS 농도가 2,000 mg/L이고, 유량이 1,000 m^3/day인 폐수를 가압부상법으로 처리하고자 한다. 압축탱크의 유효전달압력이 2 atm이고, 공기의 밀도가 1.3 g/L, 공기의 용해도가 29.0 mg/L인 경우 필요한 공기고형물비는 얼마인가? (단, f는 1.0이고 순환 유량은 300 m^3/day이다.)

   [해답] 5.66×10^{-3}

5. 침전의 4가지 형태에 대해 설명하라.

6. 다음 용어를 설명하라
   (1) 월류언부하
   (2) 표면적부하

7. 어떤 처리장의 유입유량은 50,000 m^3/day이다. 침전지의 평균 체류시간이 2.5시간이라면, 이 침전지의 표면적부하는 얼마인가? (단, 침전지의 유효깊이는 3.5 m이다.)

   [해답] 33.6 $m^3/m^2 \cdot day$

8. 포기조 유입 BOD 농도가 140 mg/L, 평균 체류시간이 6시간, 미생물 농도가 2000 mg/L인 경우, F/M비는 얼마인가?

[해답] 0.28 kg-BOD/kg-MLSS · day

9. F/M비 0.28 kg-BOD/kg-MLSS · day인 하수처리장에서 미생물의 겉보기증식계수가 0.5 g-MLSS/g-BOD이었다. SRT는 얼마인가?

[해답] 7.14 day

10. 침사지에서 입경 0.05 mm 이상의 모래를 제거하고자 한다. 모래 입자의 침강속도를 구하라. (단, 모래의 밀도는 2.6 g/cm^3, 유입 폐수의 밀도와 점도는 각각 1.0 g/cm^3 및 0.01 g/cm · sec이다.)

[해답] 0.22 cm/sec

11. 원형침전지의 유입량이 5,000 m^3/day이고, 이때 표면적부하가 24 m^3/m^2 · day이다. 침전지의 직경과 월류언부하는 각각 얼마인가?

[해답] 침전지 직경; 16.28 m, 월류언부하; 97.76 m^3/m · day

12. 다음 그림은 F/M비와 슬러지의 침전성과의 상관관계를 나타낸 것이다. 이 그림이 공학적 측면에서 가지는 의미와 의문점은 어떤 것인가?

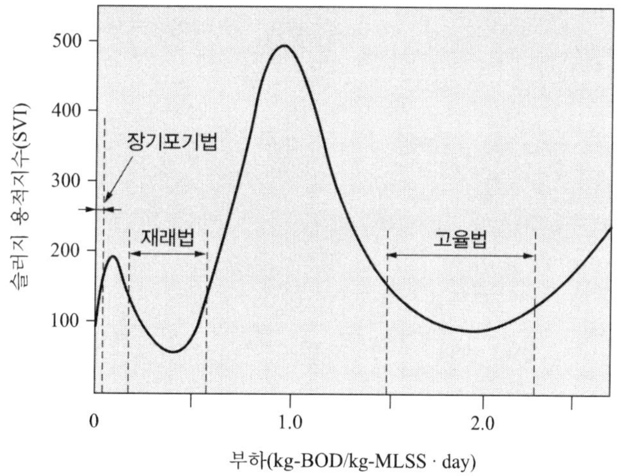

13. $opt.F/M$비의 의미는 무엇인가?

14. 포기조의 설계 수리학적 체류시간이 6시간이다. $opt.F/M$비는 얼마인가? (단, 반응온도는 28℃이다.)

[해답] 0.22 kg-BOD/kg-MLSS · day

15. 문제 14의 부하로 운전될 경우, 이동계수 K_m이 1.047이라면 반응온도 15℃에서 가할 수 있는 최적부하는 얼마인가?

[해답] 0.12 kg-BOD/kg-MLSS · day

16. 유입수 농도와 수리학적 체류시간이 슬러지의 침강성에 어떠한 영향을 미치는지 설명하라.

17. SRT기준 설계법의 문제점에 대해 설명하라.

18. 활성슬러지를 설계함에 있어 HRT를 가장 기초적인 설계인자로 취급해야 하는 이유를 설명하라.

참고문헌

이정수, 표준 및 간헐포기식 활성슬러지법의 처리특성에 관한 비교연구(Ⅱ), 대한환경공학회지, 21(8), 1555～1561, 1999.

이정수, 부유성미생물을 이용한 생물처리법의 최적 설계, 대한환경공학회지, 22(6), 1011～1019, 2000a.

이정수, 팽화 발생 원인의 재고, 대한토목학회지, 21(6-B), 725～733, 2001a.

이정수, 이태규, 온도 및 pH 변화에 따른 연속 및 간헐포기식 활성슬러지법의 처리 특성, 대한환경공학회지, 22(6), 1011-1019, 2000b.

이정수, 슬러지의 침전성에 미치는 온도의 영향, 대한환경공학회지, 23(4), 671-679, 2001b.

이정수, HRT를 기초설계 변수로 한 활성슬러지의 공정설계, 대한토목학회논문지, 24(1-B), 2004.

Ardern E. and Lockett W. T. Experiments on the oxidation of sewage without the aid of filters, *J. Society of Chemical Industries*, 33, pp.523-539, 1914a.

Ardern E. and Lockett W. T. The oxidation of sewage without the aid of filters Ⅱ, *J. Society of Chemical Industries*, 33, pp.1122-1124, 1914b.

Ardern E. and Lockett W. T. The oxidation of sewage without the aid of filters Ⅲ, *J. Society of Chemical Industries*, 34, pp.937-943, 1915.

Ardern E. A resume of the present position of the activated sludge process of sewage purification, *J. Society of Chemical Industries*, 36, pp.822-883, 1917.

Atlas R. M.; R. Bartha. *Microbial Ecology: Fundamental and application.* Bejamin/Cummings Science Publishing, Menlo park, California, USA. 61-65, 1997.

Bisogni, J. J., and Lawrence, A. W., Relationships between Biological Solids Retention Time and Settling Characteristics, *Water Res.* 5, 753, 1971.

Bitton G. *Wastewater Microbiology*, John Wiley & Sons, New York, pp. 6, 156, 167-179, 1994.

Chudoba J. Control of activated sludge filamentous bulking Ⅵ: Formulation of basic principles, *Water Res.* 19(8). 1017-1022, 1985.

Chudoba J., Grau P., Ottova V. and Madera V. Control of activated sludge filamentous bulking: Part Ⅰ, Effect of the hydraulic regime or degree of mixing in an aeration tank, *Water Research*, 7(8), 1163-1182, 1973a.

Clauss F., Helaine D., balavoine C. and Bidault A. Improving activated sludge floc structure and aggregation for enhances settling and thickening performances, *Water Sci. Technol.* 38, 35-44, 1998.

Dague, Richard R. A Modified Approach To Activated Sludge Design, Paper presented at 56th Annu. *W.P.C.F.*, Conf., Atlanta, Ga., 1983.

Droste R. L. *Theory and Practice of Water and Wastewater Treatment*, John Wiley & Sons, New York, pp. 142, 208, 594, 1997.

Eckenfelder W. W. and Weston R. F., Kinetics of Biological Oxidation, *Biological Treatment of Sewage and Industrial Wastes*, 1, 1956.

Eckenfelder W. W. Jr. and O'Conner D. J., *Biological Waste Treatment*, Pergamon Press, New York, N. Y., 1961.

Eckenfelder W. W. *Principles of Water Quality Management*, Boston. Mass.: CBI Publishing,

1980.

EPA. *The causes and control of activated sludge bulking and foaming*, EPA-625/8-87/012, Cincinnati, Oh., 1987.

Forster C. F. and Johnston D. W. M. *Aerobic processes*, pp. 15-56, in: *Environmental Biotechnology*, Forster C. F. and Wase D. A. J. Eds. Ellis Horwood, Chichester, U.K., 1987.

Friedman B. A., Dugan P. R., Pfister R. A. and Remson C. C. Structure of exocellular polymers and their relationship to bacterial flocculation, *J. Bacteriol.* 98, 1328-1334, 1969.

Hammer M. J., and Hammer M. J., Jr. *Water and Wastewater Technology*, 3rd, Prentice-Hall, New Jersey, pp. 366, 409, 1996.

Lawrence, A. W., and McCarty, P. L., Unified Basis for Biological Treatment Design and Operation, *J. Sanit. Eng. Div. Proc. Am. SOC. Civ. Eng.* 96, 757, 1970.

Lesperance T. W. A generalized approach to...: Part Ⅱ. Developing the process, *Water Works and Waste-engineering*, 2(5), 52-55, 1965.

Lim Daniel. *Microbiology*, WCB/McGraw-Hill. New York, NY. pp. 61-62, 141-171, 433, 1998.

McKinney R. E. *Microbiology for sanitary engineers*, McGrow-Hill, New York, pp. 213-234, 1962.

McKinney R. E. Mathematics of Complete Mixing Activated Sludge, *J. Sanit. Eng. Div. ASCE.*, 88, SA3., 1962.

Metcalf and Eddy, Inc. *Wastewater Engineering-Treatment, Disposal, Reuse.* 2nd Ed., McGraw-Hill, Inc., New York, N.Y., 1979.

Metcalf and Eddy, Inc. *Wastewater engineering: Treatment, Disposal, Reuse*, 3rd ed., G. Tcchobanoglous and F. L. Burton, eds., McGraw-Hill, Toronto, 1991.

Matin A. and Haraken S. *Effect of starvation on bacterial resistance to disinfectants*, pp.88-103, in; Drinking Water Microbiology, G. A. McFeters, Ed. Springer-Verlag, New York, 1990.

Mithchell R. *Introduction to environmental microbiology*, Prentice-Hall, Englewood Cliffs, New Jersey. 267-269, 1974.

Monod J. The growth of bacterial cultures, *Annual Reviews of Microbiology* 3, 371-394, 1949.

Monsen R. M. and Davis E. M. *Microbial responses to selected organic chemicals in industrial waste treatment units*, pp. 233-249, in ; Toxicity Screening Procedures Using Bacterial systems, D. Liu and B. J. Dutka, Eds. Marcel Dukker, New York, 1984.

Norberg A. B., and Enfors S. O. Production of extracellular polysaccharide by Zooglea ramigera, Appl. *Envir. Microbial.* 44, 1231-1237, 1982.

Sawyer C. N. and McCarty P. L. *Chemistry for Environmental Engineering*, 3rd, McGraw-Hill, pp. 230-239, 1978.

Vallon J. K. and McLoughlin A. J. Lysis as a factor in sludge flocculation, *Water Res.* 18, 1523-1528, 1984.

WEF. and ASCE. *Design of Municipal Wastewater Treatment Plants*, Vo. 1, Chapters 11, pp. 517-548, 1992.

WEF. and ASCE. *Design of Municipal Wastewater Treatment Plants*, Vo. 2, Chapters 11, pp. 6-18, 20, 211, 1998.

Chapter 06

활성슬러지법의 관리요령

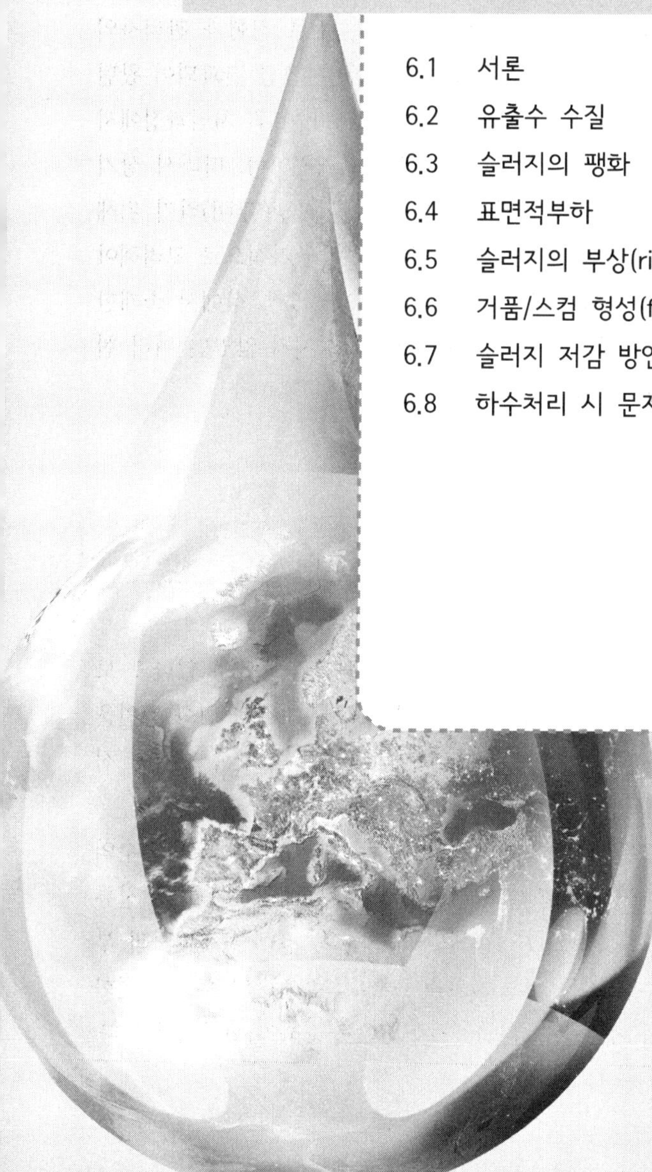

6.1 서론

활성슬러지법의 관리 핵심은 유기물의 생물학적 제거·고액분리 및 잉여슬러지의 처리와 처분이라고 할 수 있다. 이 중 유기물의 생물학적 제거와 원활한 고액분리를 위해서는 무엇보다 포기조의 관리가 중요하다.

상기 두 가지 인자의 관리와 관련하여 McKinney(1962)의 표현을 그대로 인용하면 다음 표현처럼 “This vast storehouse of information has lain dormant like the pirate treasure of old waiting for someone to uncover the key to its use in the field.” 수많은 연구에도 불구하고 본 법이 개발된 지 100년 이상의 세월이 흘렀으나 지금까지 확실하게 밝혀지지 않았으며, 이들 인자의 관리는 주로 경험과 관리자의 재간에 의존하여 왔다. 하지만 이들 두 가지 인자의 변화 요인은 그간 간과되어 왔던 몇몇 생물학적 현상에 기인함이 새롭게 밝혀졌다. 즉, 포기조나 이후 처리과정에서 나타나는 여러 현상은 대부분 포기조 내의 생물학적 현상에 기인한다. 따라서 상기 두 가지 인자와 그 밖에 밝혀지지 않았던 여러 현상을 정확히 구명(究明)하기 위해서는 본 학문분에에서 그간 간과해 왔던 몇몇 생물학적 현상을 추가적으로 고려해야 하는데, 이런 필요에 따라 생물학에 대한 관련 기초이론을 이미 1～3장에서 소개한 바 있으며, 본 장에서는 이들 기초이론을 근거로 이제까지 밝혀지지 않았던 여러 현상과 결과를 이론과 실험을 통해 규명하고자 한다.

6.2 유출수 수질

Droste(1997)는 아직까지 유출수의 수질을 예측할 수 있는 수학적 모델은 없다고 보고한 바 있다. 하지만 본 항에서는 그간 밝혀지지 않았던 유출수 수질의 변화 원인을 구명하여, 활성슬러지의 관리요령과 이후 수질을 예측할 수 있는 수학적 모델에 접근하기 위한 기초지식을 제공하고자 한다.

일반적으로 처리수의 수질기준은 생분해가 가능한 부분[여과하지 않은 방류수의 BOD, 즉 용해성 유기물(S-BOD 또는 S-COD)＋부유성 고형물(SS)]과 여과 후 잔류물의 건조무게[부유성 고형물(SS)]로 나타낸다. 하지만 처리수 중 용해성 유기물과 부유성 고형물의 농도를 변화시키는 요인은 각기 다르다. 따라서 유출수의 수질을 변화시키는 원인을 규명하기 위해서는 이들 양 인자를 따로 따로 구분하여 생각해야 한다.

6.2.1 용해성 유기물(S-BOD 또는 S-COD)

일반적으로 유출수의 수질은 부하의 증가에 따라 당연히 악화될 것으로 판단하기 쉽다. 하지만 이러한 현상은 단일 미생물을 이용하거나 부하를 경시적으로 변화시킬 때 나타나는 현상으로, 혼합미생물을 이용하는 활성슬러지법에서 장기적으로 나타나는 현상은 상식과 다르다.

그림(6.1)은 활성슬러지법에서 발생하는 단기적 변화와 장기적 변화를 파악하기 위해 부하를 일시에 증가 또는 감소시킨 후 유출수질의 일변화를 관찰한 것이다. 참고로 실험은 합성하수(표 5.8 참고)를 이용하였다. 그림에서 부하를 급격히 상승시킬 경우 처리수질은 일반론과 같이 단기적으로 악화된다. 하지만 4～5일 후를 기점으로 수질은 호전되어 저부하 시에 비해 수질이 양호해진다.

한편 표(6.1)과 그림(6.2)는 부하 증가에 따라 각 실험조건의 정상상태(steady state)에서 측정한 유출수질, 즉 유출수질의 장기적 경향을 나타낸 것이다. 실험은 표에 나타낸 바와 같이 두 가지 방법으로 실시하였는데, 첫 번째 방법은 폐수의 농도를 일정하게 고정한 상태에서 유입량을 증가시켰으며, 두 번째 방법은 유입량을 일정하게 고정한 상태에서 유입수 농도를 증가시켰다. 양 경우 모두 유출수의 수질은 일반적 주장과 달리 부하의 증가에 따라 계속 악화되지 않고, 악화 후 개선 그리고 다시 악화되는 S-curve를 나타낸다(李, 1998a). 이러한 현상은 포기조 내 미생물의 종조성 변화에 따라 나타나는 장기적 경향이다.

이와 같이 장기적 경향과 단기적 경향은 다르게 나타나는데, 실제 하수처리장의 처리결과는 장기적 경향을 나타낸다. 따라서 이제까지의 일반론적 사고, 즉 단기적 현상으로는 결과를 예측할 수도 설명할 수도 없다.

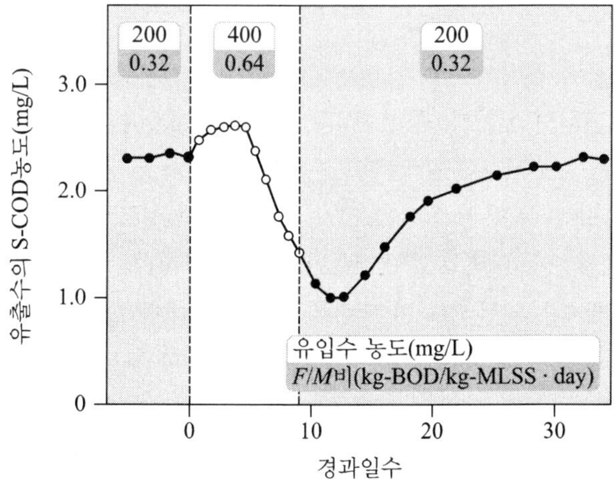

그림 6.1 부하 변화에 따른 유출수의 일변화

표 6.1 *F/M*비 변화에 따른 유출수의 S-COD 변화

F/M (kg-BOD/kg-MLSS · day)		0.16	0.24	0.32	0.40	0.48	0.64	0.77	0.96
S_i (200 mg/L)	HRT (hr)	12	8.0	6.0	4.8	4.0	3.0	2.5	2.0
	Eff. S-COD (mg/L)	1.1	1.6	2.1	1.8	1.5	1.4	1.8	2.1
HRT (6 hr)	S_i (mg/L)	100	150	200	250	300	400	-	500
	Eff. S-COD (mg/L)	2.5	2.9	2.3	1.6	1.2	0.8	-	1.4

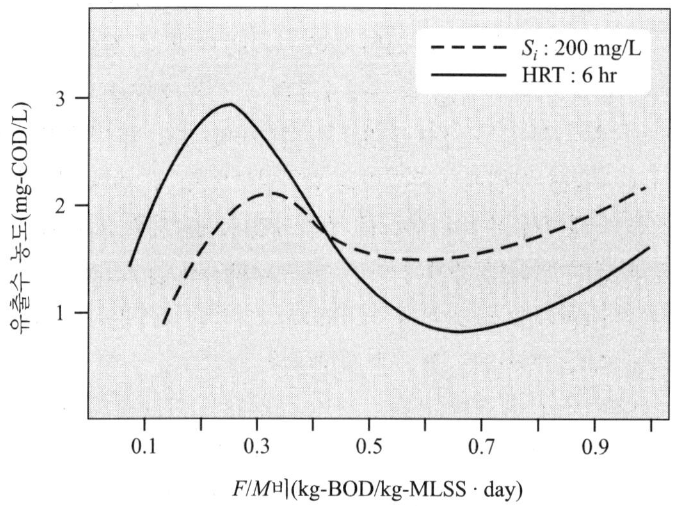

그림 6.2 *F/M*비 변화에 따른 유출수의 S-COD 변화

이상의 장기적 현상을 설명하기 위해서는 생태학에 대한 이해가 요구되는데, 이미 1.2.1항에서 기술한 바와 같이 활성슬러지법의 포기조는 하나의 유사 생태계를 이루고 있으므로, 즉 유입폐수를 생산자로 고려하고, 유기물을 분해하여 성장하는 박테리아나 균류 등을 분해자로, 이들 분해자를 포식하는 윤충·선충 및 원생동물 등 고등한 미생물을 소비자로 고려하여 포기조를 하나의 독립된 생태계로 취급해야 한다.

생태계는 외부 환경의 변화에 따라 생물피라미드의 형태가 변화하는데, 이와 마찬가지로 포기조 내의 생물피라미드 형태 역시 부하 변화와 같은 외부적 요인에 따라 변화하며, 포기조 내의 미생물 농도를 일정하게 유지하기 위해 미생물을 인위적으로 인출시키는 과정은 이러한 변화를 가속시켜 처리결과에 빠르게 반영된다(李, 1998a).

그림(6.3)은 부하 변화에 따른 분해자와 소비자 간의 종조성(피라미드의 형태) 변화를 이상적으로 나타낸 것이다. 즉, 일정 부하 이하에서는 먹이원의 부족으로 분해자인 세균류의 증식은 제한되며, 이로 인하여 소비자인 고등한 미생물의 증식 역시 제한된다. 따라서 생물피라미드의 형태는 그림(6.3)의 (a)와 같이 비교적 뾰족한 상태를 유지한다. 그러나 이 부하범위를 초과하면 반응조 내 전체 미생물의 양은 증가하고 이때 과잉의 미생물은 계속 인출된다. 이러한 잉여슬러지의 인출과정으로 포기조 내 하등한 세균류의 구성비는 크게 증가하고 상대적으로 세대기간이 긴 고등한 미생물은 감소하여 생물피라미드의 형태는 그림(6.3)의 (b)와 같이 넓은 삼각형의 형태로 변화한다.

이와 같은 종의 변화는 처리수의 수질에 영향을 미치는데, 세균류의 증가는 처리속도를 상승시킨다. 즉, 그림(6.2)의 일부 부하 구간에서 부하 증가에도 불구하고 유출수의 수질이 호전되는 원인은, 그림(6.3)이나 (6.4)에서 알 수 있듯이 일부 부하 구간에서 하등한 세균류의 증가로 처리속도가 상승하기 때문이다. 하지만 부하가 어느 이상이 되면, 즉 Monod[식(3.16) 참고]가 제시한 바와 같이 기질의 농도가 일정치를 초과하여 비성장률이 최대치(μ_{max})에 이르게 되면, 종구성비는 더 이상 크게 변화하지 않고 부하의 증가는 그대로 처리수의 악화로 나타난다.

이상과 같이 부하의 증가는 부하의 구간에 따라 때론 악화되고, 때론 개선되기도 하는데, 재래식 활성슬러지법의 운전 구간은 상기 범위에 해당하여 그간 재래법의 처리결과를 해석하는 데 혼란을 주었던 것이다. 특히 이 구간은 이후 관련항에서 자세히 설명하겠으나 질소나 인 제거와 관련하여 이해되지 않았던 처리결과를 공학적으로 설명할 수 있게 하는 중요 구간임을 미리 강조한다.

그림(6.4)는 부하 외에 미생물의 종조성에 영향을 미치는 외부 인자와 종조성의 변화에 따른 처리결과를 이상적으로 나타낸 것이다.

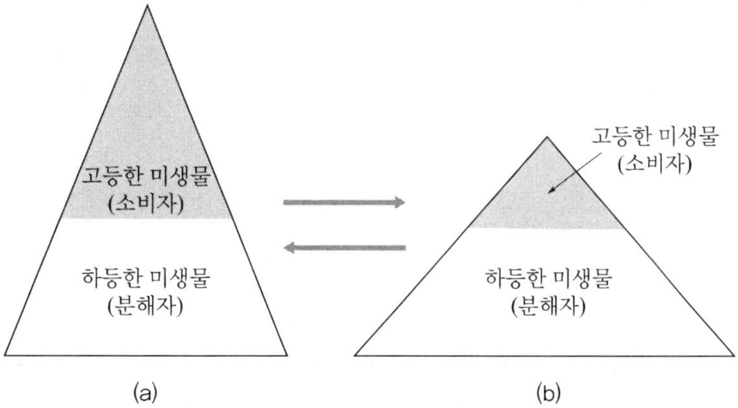

그림 6.3 부하 변화에 따른 생물피라미드의 형태 변화

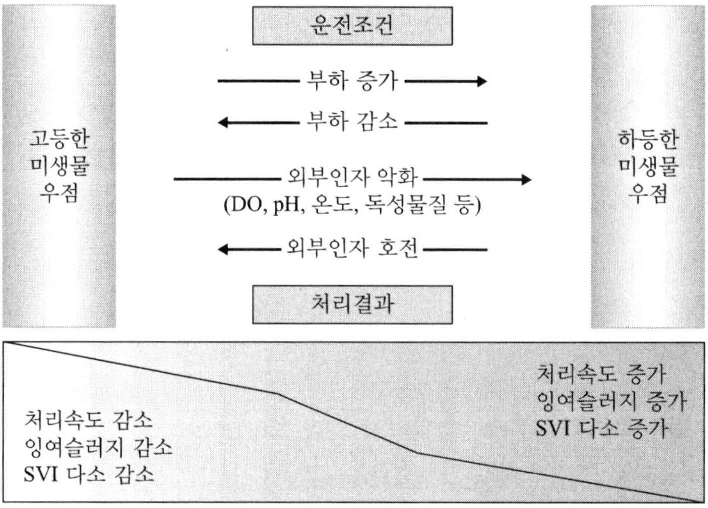

그림 6.4 운전조건에 따른 종조성의 변화와 처리결과

다음 표(6.2)는 대구시 신천하수처리장의 처리공정 개선을 위한 개수공사 과정에서 나타난 결과이다. 이 처리장은 원래 4계열(24 line)로 운전되던 포기조를 2000년 6월 1일 이후 3계열로 감축 운전한 바 있다. 그 결과 처리수는 예상과 다르게 악화되지 않고 오히려 개선되었는데, 특히 유입수질이 크게 변화하는 7·8월 여름철 우기를 제외하면 처리수질은 더욱 뚜렷하게 개선됨을 알 수 있다. 이와 같이 일반론과 다르게 재래식 활성슬러지법의 부하범위 내에서 부하의 상승이 언제나 수질의 악화로 이어지지는 않는다.

표 6.2 실제처리장에서 HRT 변화 시 수질변화의 예

운전기간	평균온도 (℃)	T-COD 제거율 (%)	T-BOD 제거율 (%)	SS 제거율 (%)
5.1～5.31	22.5	86.3	93.6	94.9
6.1～6.30	24.2	92.6	95.1	98.0
7.1～7.30	27.1	89.5	93.4	97.5
8.1～8.31	26.9	85.4	92.5	96.5
9.1～9.30	23.9	84.7	94.4	97.0
average	25.5	88.1	93.9	97.3
6+9 average	24.1	88.7	94.8	97.5

이상과 같이 재래식 활성슬러지의 운전범위 내에서, 유출수의 용해성 BOD를 감소시키기 위해서는 부하를 증가시켜(또는 미생물 농도를 다소 감소시켜) 세균류의

우점을 유도하는 것이 유효할 수 있는데, 개선효과는 1～2 mg/L 정도이다. 그 외에 종변화를 유도하기 위해 DO를 낮추거나 간헐포기를 실시할 수도 있는데[7.2.5 3.항 참고], 어느 경우든 소요 에너지를 크게 감소시킬 수는 있으나, 처리수의 용해성 BOD를 크게 개선시킬 수는 없다(李, 1998a).

6.2.2 현탁고형물(Suspended solids; SS)

일반적으로 유출수의 SS 농도를 변화시키는 주요인은 침전지의 표면적부하와 미생물의 포식작용으로 알려져 있으며, Droste(1997)는 그 외에 HRT나 pH 및 SRT 등도 영향인자로 판단되나 이론적으로 밝혀진 바는 없다고 보고하였다. 하지만 실제 처리장의 운전결과는 기존의 주장과 다른 결과를 나타낸다. 그림(6.5)·(6.6)은 1998년 겨울철을 제외한 10개월간 측정된 전주 도시하수처리장의 운전결과이다.

일반론적으로 유출수의 SS 농도는 침전지의 표면적부하와 비례관계를 가지는 것으로 알려져 있다. 하지만 그림(6.6)에서 알 수 있듯이 유출수의 SS 농도는 HRT가 감소할 경우, 즉 표면적부하의 증가에도 불구하고 오히려 감소하여 기존 주장과는 다른 결과를 보여준다. 한편 McKinney(1962)는 *Vorticella*·*Rotifer*나 *Stylonichia* 등 고등한 포식자가 존재할 경우, 이들이 분산된 박테리아를 포식하여 SS 발생량이 감소한다고 보고하였다. 그렇다면 HRT가 증가할 경우, 즉 F/M비가 낮아질 경우 고등한 포식자는 증가하므로 그에 따라 SS는 감소해야 할 것이다. 하지만 그림의 결과에서 알 수 있듯이 유출수의 SS는 오히려 증가한다.

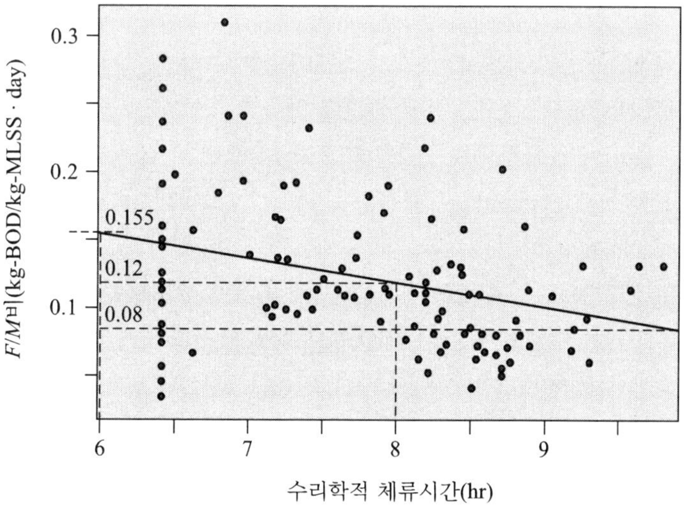

그림 6.5 HRT와 F/M비의 관계(전주하수처리장, 1998)

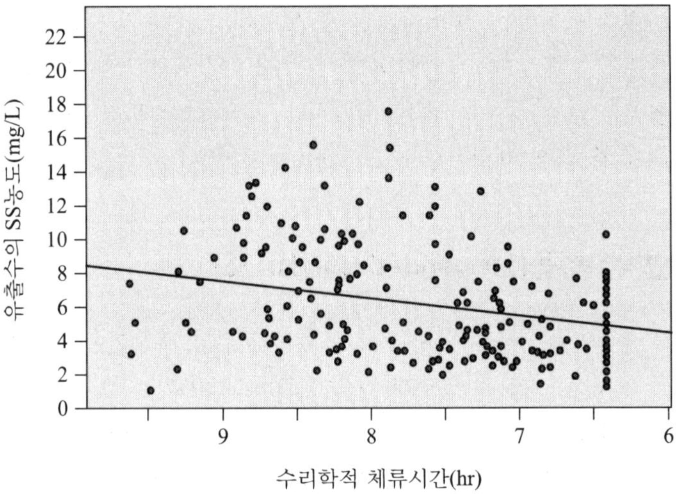

그림 6.6 HRT와 SS의 관계(전주하수처리장, 1998)

이상과 같이 일반론과 다른 결과는 SS의 발생 원인이 표면적부하와 같은 물리적 원인이나 미생물의 포식작용과 같은 생물학적 원인 외에 이제까지 알려지지 않은 다른 인자에 의해 보다 지배적인 영향을 받는다는 것을 암시한다.

최근 이러한 영향인자로 미생물이 생산하는 점액물질이 제시되었는데, 그림(6.7)은 HRT가 일정한 상태에서 유입수의 농도를 증가시킬 경우, 점액물질의 양과 SVI 및 유출수 SS의 이상적 관계를 나타낸 것이다(李, 2001a). 이미 5.3.2 5.①㈁항에서 기술하였듯이, 미생물의 점액물질 생산은 조 내 유기산의 농도에 의해 좌우되며, 조 내 유기산의 농도는 HRT와 유입수 농도에 의해 좌우된다. 그림과 같이 HRT가 일정한 상태에서 유입수 농도가 증가하면 종조성은 점액물질을 생산하는 하등한 세균류로 전환되고 이와 아울러 세균의 점액물질 생산량도 증가하여 유출수의 SS는 감소한다. 즉, 점액물질이 많은 경우 기존에 형성된 floc은 잘 깨어지지 않고 분산된 미생물은 기존 floc에 부착하여 유출수의 SS는 감소하며, 점액물질이 적을 경우, 미생물은 분산한다. 즉, bulking 시 유출수의 탁도가 크게 감소하거나 Droste(1977)의 주장과 같이 pinpoint floc 시 SS가 크게 증가하는 현상은 모두 점액물질의 양적 변화로 명확하게 설명된다. 자세한 내용은 6.3.2 1.항을 참고하기 바란다.

참고로 그림(6.8)은 각 HRT에서 유입수 농도를 변화시킬 때 SS의 변화를 나타낸 것으로 합성하수(표 5.8 참고)를 이용한 필자의 실험결과인데, 각 HRT에서 유입수 농도의 증가에 따라 유출수의 SS 농도가 감소하여 그림(6.7)과 같은 이상적 관계를 보여준다. 또한 실제 처리장의 HRT와 F/M비의 관계를 나타낸 그림(6.5)의 각 조건, 예를 들어 HRT와 F/M비가 각각 6과 0.155, 8과 0.12, 10과 0.08인 경우를 실험실적 결과인 그림(6.8)에 표시하면 점선과 같고, 그 결과는 F/M비가 감소함에 따라 유출수의 SS가 증가하여 실제 처리장의 운전결과(그림 6.6)와 동일하다.

결론적으로 유출수의 SS 농도 변화의 주 영향인자는 미생물이 분비하는 점액물질임을 확인할 수 있는데, 처리수의 수질기준(BOD)이 용해성 유기물(S-BOD) + 부유성 고형물(SS)이고, 이 중 70 ~ 80%는 SS에 기인함을 감안할 때, 처리수질을 개선하기 위해서는 SS를 감소시키는 것이 유효하며, 이 목적을 달성하기 위해서는 F/M비를 상승시켜야 한다. 즉 일반론적 상식과는 다르게 포기조 내 미생물 농도를 낮추어야 한다. 이때 부하조건에 따라서는 용해성 유기물의 처리율도 상승한다. 하지만 슬러지 발생량은 증가한다.

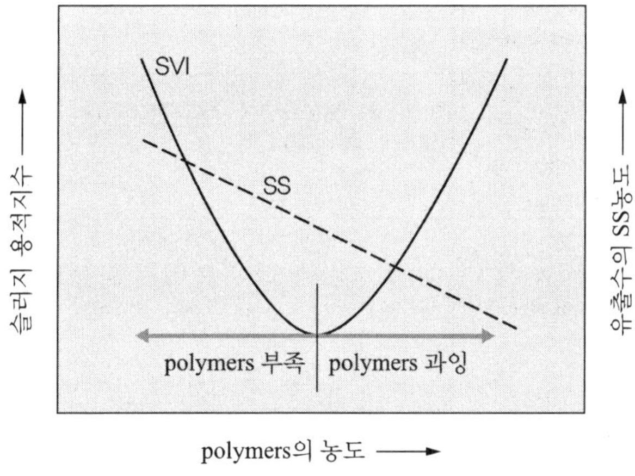

그림 6.7 점액물질의 양과 SVI 및 유출수 SS의 이상적 관계

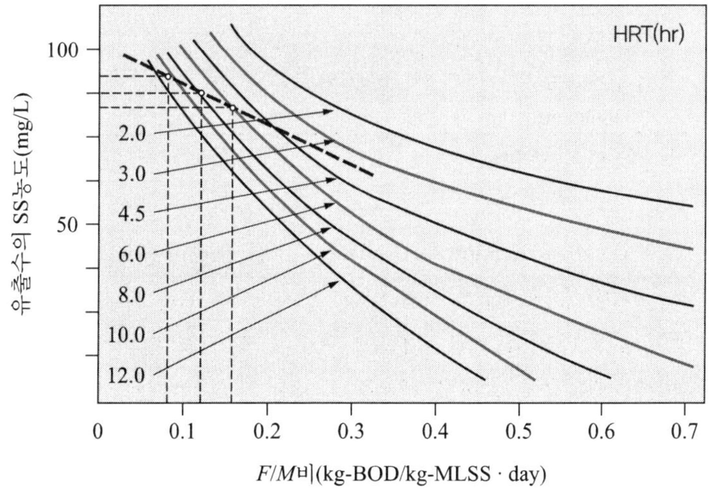

그림 6.8 F/M비 · HRT 및 유출수 SS의 상호관계

6.3 슬러지의 팽화

활성슬러지법의 운전 시 가장 어려운 문제는 슬러지의 팽화이다(Sykes, 1989). 이것은 폐수처리의 기본개념인 고액분리를 어렵게 하기 때문인데, 표(6.3)은 고액분리를 어렵게 하는 각종의 원인과 결과를 일반론에 준하여 나타낸 것이다.

표 6.3 활성슬러지 고액분리 문제의 원인과 결과

구 분	문제의 원인	문제의 결과
사상성 팽화 (filamentous bulking)	사상성 생물체는 밀도 높은 floc의 형성을 방해하여 활성슬러지의 견고함과 침전을 막는다.	슬러지의 SVI가 높고, 상징액은 매우 깨끗하다.
점액성 팽화 또는 비사상성 팽화 (nonfilamentous bulking)	미생물의 세포표면에 점액물질이 과다하게 존재한다.	적은 침전 및 압축비, 사실상 고형물 분리가 불가능하며, 심한 경우 2차침전지에서 슬러지 블랭킷이 넘친다.
점플록 (pinpoint flocs)	작고 단단하고, 약하고 거친 구형의 floc이 형성되어 보다 큰 것은 빨리 가라앉고 작은 것은 천천히 가라앉는다.	슬러지의 SVI가 낮고, 처리수의 탁도가 높다.
분산성장 (dispersed growth)	미생물은 floc을 잘 형성하지 않고 분산되어 작은 덩어리 또는 단일 세포로 존재한다.	슬러지의 침전성이 나쁘고, 유출수의 탁도가 높다.
슬러지부상 (rising sludge)	2차침전지에서 탈질화는 물에 녹지 않는 질소 가스를 발생시키고, 이것은 슬러지의 floc에 부착하여 슬러지를 부상시킨다.	2차침전지 표면에 스컴을 형성한다.
거품/스컴 형성 (foaming/scum formation)	비분해성 계면활성제와 Nocardia sp.의 존재, 때로 Microthrix parvicella의 존재 시 발생한다.	거품은 처리장치의 표면에 많은 양의 활성슬러지 고형물을 부유시킨다.

Jenkins *et al.* (1984) 인용

상기의 표는 Jenkins 등(1984)의 보고를 Bitton(1994)이 요약 인용한 것으로 그 내용은 일반적으로 잘 알려져 있다. 하지만 이 표는 문제의 원인에 대한 공학적 설명 없이 주로 경험적 관찰결과를 보여주고 있는데, 본 항에서는 이러한 경험적 결과를 공학적 현상으로 밝히고 왜곡된 내용은 바로잡고자 한다.

6.3.1 사상성 팽화(filamentous bulking)

일반적으로 팽화의 주원인은 사상성 세균으로 알려져 있다(WEF., 1998; Richard *et al.*, 1985; Richard *et al.*, 1982; Storm *et al.*, 1985). 하지만 이러한 주장은 논리적인 또는 정량적인 증거 없이 육안관측에 의존한 추상적 주장으로, 본 항에서는 팽화의 실제 원인을 구명하기 위해 그간에 알려진 사상성 팽화의 원인을 표(6.4)와 같이 크게 6개 항으로 구분하였다.

표 6.4 사상성 팽화의 원인

구 분	대표적 보고자
F/M	*F/M*; Genetelli *et al.*, 1964; Ganczarczyk, 1970; Gaudy, 1988; Hammer, 1986; Bitton, 1994. SRT; Jenkins *et al.*, 1968; Sherrard *et al.*, 1972.
온도	Chudoba, 1989.
DO	Benedick *et al.*, 1970.
pH	Genetelli *et al.*, 1964; Pipes, 1966; Chudoba, 1989.
독성물질	Chudoba, 1989; Farquhar *et al.*, 1972.
기타	포기 강도; Chudoba *et al.*, 1973a; Chudoba *et al.*, 1973b; Chudoba *et al.*, 1974. 기질의 구성 요소; Hammer *et al.*, 1996; Pipes, 1966; Pasveer, 1996. 영양 물질(질소와 인)의 균형; Chudoba, 1989; Richard *et al.*, 1985; Mithchell, 1974; Droste, 1997.

이학적으로 사상성 세균은 보통의 미생물에 비해 서서히 자라는 미생물이고(van Niekerk *et al.*, 1987, Wanner *et al.*, 1989), 자연계에서 흔치 않은 미생물로 알려져 있다(Bitton, 1994). 그럼에도 불구하고 위의 표(6.4)와 같이 활성슬러지 관리인자의 대부분이 사상성 팽화를 유도한다는 것은 좀처럼 이해되지 않는다. 게다가 잘 알려진 팽화대책에는 다음 4가지가 있는데, 이들 대책이 어떤 작용으로 사상성 세균을 억제하는지 공학적으로 설명되지 않으며, 팽화 발생 시 이들 대책 중 어느 대책이 적절한 것인지 알 수 없어 시행착오를 겪어야 하고, 이때 잘못된 대책을 선택하면 팽화는 걷잡을 수 없이 진행된다.

- 미생물 농도를 높이는 것(F/M비를 낮추는 것).
- 미생물 농도를 낮추는 것(F/M비를 높이는 것).
- 소화슬러지를 혼입하는 것.
- 염소와 같은 산화제를 주입하는 것.

한편 사상성 세균은 floc 형성의 근간을 제공한다는 주장도 있는데(Sezgin *et al.*, 1978), 그에 반해 Chudoba(1989)는 사상성 세균이 부재(不在)한 슬러지에서도 floc이 잘 형성되는 원인은 무엇인지 알 수 없다고 보고한 바 있다. 관련하여 일부 학자들은 floc 형성의 주원인으로 활성슬러지에 의해 생산되는 점액물질을 주장한 바 있는데(Vallon *et al.*, 1984; Norberg *et al.*, 1982), 최근 李(1998a, 2001b)는 미생물이 분비하는 점액물질이 floc 형성의 양부뿐 아니라 팽화와 관련됨을 논리적으로 입증하여 사상성 세균이 팽화의 주원인이라는 그간의 잘못된 주장을 바로잡았다(아래 항 참고).

6.3.2 비사상성 팽화(nonfilamentous bulking)

이 현상은 흔히 "Zoogleal bulking" 혹은 **점액성 팽화**라 부르며, 일반론적으로 활성슬러지에서 발견되는 세균(예; *Zooglea*)에 의한 세포외 다당류(exopoly-saccharides)의 과잉 생산에 따른 것으로 알려져 있으며, 이 때 슬러지는 밀도가 낮아 침전하지 않는다고 알려져 있다. 또한 이러한 팽화는 드물게 일어나며, 염소주입에 의해 조절(Chudoba, 1989)되는 것으로 잘못 알려져 있다.

하지만 이미 5.3.2 5.①㈁항에서 살펴보았듯이 *Zooglea* 뿐 아니라 활성슬러지를 구성하는 대부분의 세균은 유기산이나 중금속과 같이 유해한 환경에 노출될 경우 점액물질을 생산하는데, 이 물질은 슬러지의 floc 형성과 관련된다. 따라서 본 항에서는 표(6.4)의 모든 인자가 사상성 세균과 무관하며 점액물질의 양적변화와 관련된다는 것을 입증하여 팽화에 대한 그간의 잘못된 주장을 바로잡고자 한다.

1. *F/M* 비

부하를 변화시키는 주요 인자는 HRT와 유입수 농도(S_i)이고, 이들 인자가 미생물의 점액물질 생산에 미치는 영향은 이미 5.3.2 5.항에서 자세히 기술한 바 있다. 또한 그림(5.20)과 같이 각각의 HRT에서 최소의 SVI 값을 보이는 $Opt.F/M$비가 존재함을 이미 설명한 바 있다. 그림에서 각 SVI곡선의 좌측은 점액물질의 부족에 의해 팽화가 발생하는데(李, 2000a), 이때 슬러지는 점액물질의 부족으로 floc이 잘 형성되지 않고, 현탁물질의 유출량은 크게 증가한다. 반면 우측은 점액물질의 양이 지나치게 많아 슬러지가 팽화하는데, 이때 슬러지는 floc를 형성하지만 floc의 밀도가 낮아 침전하지 않으며, 혼합액의 점도가 증가하여 유출수 중 현탁물질의 농도는 크게 감소한다. 이와 같이 팽화는 $Opt.F/M$비의 좌·우측에서 점액물질의 과부족에 따라 발생하는데, 이후 기술에서는 편의상 $Opt.F/M$비의 좌측, 즉 점액물질이 부족한 경우를 **좌측부하**라고 칭하고, 우측을 **우측부하**라고 칭한다. 따라서 흔히 말하는 pinpoint floc은 저부하의 좌측부하에서 발생하고, 분산성장은 고부하의 좌측부하에서 발생한다. 또한 유출수의 탁도가 현저히 감소하는 전형적 bulking 현상은 사상성 세균과는 무관한 점액성 팽화로 비교적 고부하의 우측부하에서 발생한다.

관련하여 이전의 주장을 재고하면, Gaudy(1988)나 Hammer(1986)는 고F/M비가 팽화의 주원인이라고 주장하였으며, Bitton(1994)은 저F/M비가 팽화의 주원인이라고 주장하였는데, 이들의 주장과 같이 좌·우측 구분 없이 단순히 F/M비의 고저만으로는 팽화를 설명할 수 없다. 또한 표(6.4)에서 팽화 인자로 소개된 SRT 역시 3.3.2항의 식(3.15)에서 알 수 있듯이 F/M비의 함수이므로 SRT 또한 그 장단만으로 팽화를 설명할 수는 없다.

따라서 부적절한 F/M비로 인하여 팽화가 발생할 경우, 팽화대책을 수립하기 위해서는 먼저 좌·우측부하의 구분이 요구되는데, 이것은 매우 간단하다. 예를 들어 pH가 계속 하강하면서 팽화가 발생하였다면 우측부하에 의한 팽화이고, pH가 계속 상승하면서 팽화가 발생하였다면 좌측부하에 의한 팽화이다. 각각의 경우 팽화대책은 다음과 같다.

① 좌측부하의 경우

이 경우는 점액물질이 부족한 상태이므로 점액물질의 생산을 유도하기 위해 F/M비를 증가시키거나, 즉 MLSS 농도를 줄이거나 또는 소화슬러지·염소 등을 주입한다. 이때 염소와 같은 산화제는 미생물에게 독성물질이므로 주입 농도에 유의해야 한다. 일반적으로 염소는 포기조나 반송슬러지에 첨가하는데, 이때 충격을 피하기 위해 가급적 여러 차례 나누어 주입하고 조 내 최종 농도는 10～20 mg/L 이하가 되도록 한다. 그 이상이 되면 미생물의 일부가 사멸하고 사멸한 미생물은 점액물질을 생산할 수 없으므로 floc 형성 능력이 떨어지고, 결국 처리수와 함께 유출되어 처리수의 탁도를 증가시킨다.

한편 소화슬러지는 혐기성 분해과정의 중간생성물인 유기산을 다량 함유하고 있어 산화제와 마찬가지로 미생물에게 독성으로 작용하는데, 그 독성은 호기성 분해과정에서 생산되는 유기산에 비해 매우 크다.

② 우측부하의 경우

이 경우는 점액물질이 과다한 상태이므로 점액물질의 생산을 유도하는 유기산의 분해를 촉진하기 위해 MLSS 농도를 최대한 높인 후 운전 상태를 보아가며 점차적으로 $Opt.F/M$비로 조정한다.

한편 포기조 내의 유기산을 중화시키기 위해 가성소다(NaOH)를 주입하는 것도 유효한데(李, 1998b, 2000b, 2002), 그것은 독성으로 작용하는 유기산을 중화시켜 미생물의 점액물질 생산을 완화시키고 동시에 미생물의 활성을 증가시키기 때문인 것으로 판단된다.

수식을 이용한 $Opt.F/M$비의 조정방법은 다음 예제(6.1)을 참고하기 바란다.

예제 6.1

도시하수처리장의 포기조 유입수 농도 200 mg/L, HRT가 6 hr, MLSS 농도 2,000 mg/L인 조건에서 슬러지가 팽화하였다. 팽화의 원인은 좌측부하인가 우측부하인가? 또한 최적의 침전성을 유지시키기 위해 필요한 MLSS 농도를 구하라. (단, 반응온도 28℃이다.)

풀이 먼저 F/M비는

$$F/M = \frac{S_i \times 24}{X \times \mathrm{HRT}_{(\mathrm{hr})}} = \frac{200 \times 24}{2{,}000 \times 6} = 0.4 \text{ kg-BOD/kg-MLSS} \cdot \text{day}\text{이다.}$$

한편 체류시간 6 hr일 때 $Opt.F/M$비는

$$Opt.F/M_{(28℃)} = 3.3255 \times \theta_h^{-1.516} = 3.3255 \times 6^{-1.516}$$

$$\fallingdotseq 0.22 \text{ kg-BOD/kg-MLSS} \cdot \text{day}\text{이다.}$$

∴ $0.4 > 0.22$로 우측부하로 인하여 팽화하였다.

따라서 팽화를 완화시키기 위해서는 점액물질의 감소를 유도해야 하는데, 점액물질을 감소시키기 위해서는 MLSS 농도를 상승시켜야 한다. $Opt.F/M$비가 0.22이므로 미생물 농도는

$$X = \frac{S_i \times 24}{opt.F/M \times \mathrm{HRT}_{(\mathrm{hr})}} = \frac{200 \times 24}{0.22 \times 6} = 3{,}636 \text{ mg/L}\text{이다.}$$

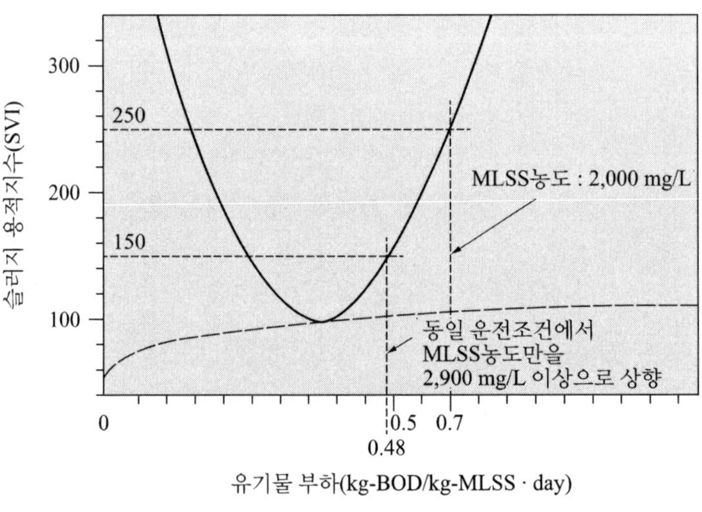

그림 6.9 고부하 시 슬러지 팽화대책의 도해

한편 그림(6.9)는 적절치 못한 F/M비로 인하여 팽화가 발생한 경우 슬러지의 침전성을 개선하기 위한 도해적 방법을 보여주고 있다. 만약 그림과 같이 미생물 농도 2,000 mg/L로 운전되는 처리장에서 슬러지가 F/M비 0.7로 우측부하에서 팽화했다면, 운전 가능한 SVI(150으로 가정)를 유지하기 위해서는 F/M비를 최대 0.48 이하로 조정해야 한다. 따라서 미생물 농도를 최소 2,900 mg/L 이상으로 증가시켜야 한다.

2. 온도

생화학반응은 화학반응과 마찬가지로 온도에 따라 속도가 달라진다(Lesperance, 1965; Eckenfelder 등, 1965). 즉, 반응온도가 상승하면 일정량의 미생물이 일정 시간동안 분해하는 유기물의 양이 증가하는데, 그것은 BOD 부하를 감소시키는 것과 유사하다(Hammer 등, 1996). 다시 말하면 온도의 변화는 유입수 농도를 변화시키는 것과 동일한 결과를 나타내고, 그것은 결국 슬러지의 침전성을 변화시키는데, 이러한 현상을 그림으로 살펴보면 다음 그림(6.10)과 같다. 그림에서 온도가 상승할 경우 SVI 곡선은 우측으로 이동하고 이때 슬러지는 팽화한다. 자세한 내용은 5.3.2 5.① ㈃항을 참고하기 바라며, 온도 변화 시 팽화대책은 다음과 같다.

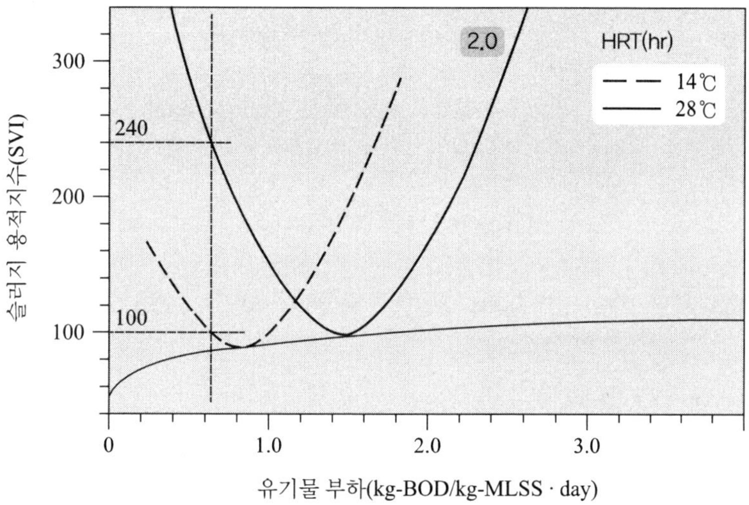

그림 6.10 온도 상승 시 슬러지 팽화의 도해

① 온도 상승 시

반응온도가 상승할 경우 미생물이 생산하는 점액물질의 양은 감소한다. 따라서 점액물질의 생산을 유도하기 위해서는 MLSS 농도를 줄여 F/M비를 상승시키거나, 소화슬러지·염소 등을 주입한다. $Opt.F/M$비의 구체적 조정방법은 예제(6.2)를 참고하기 바란다.

② 온도 하강 시

온도가 하강함에 따라 점액물질의 양이 과다해지므로 F/M비를 낮추기 위해 MLSS 농도를 높인다.

예제 6.2

도시하수처리장에서 겨울철 반응온도 12℃의 조건에서 슬러지는 양호한 침전성을 나타내었다. 여름철 기온의 상승으로 반응온도가 24℃로 상승하여 슬러지의 침전성이 악화되었다. 슬러지 팽화를 막기 위한 대책을 강구하라. (단, 연중 체류시간과 유입수 농도의 변화는 없으며 HRT는 6 hr이다.)

풀이 온도가 상승하면서 슬러지가 팽화하는 것은 좌측부하로 인한 것이다. 따라서 임시적으로 소화슬러지나 염소와 같은 산화제를 투입할 수 있지만, 보다 확실한 대책은 미생물 농도를 조절하는 것이다. 조절방법은 다음과 같다.

먼저 28℃에서 $Opt.F/M$비는

$$Opt.F/M_{(28℃)} = 3.3255 \times \theta_h^{-1.516} = 3.3255 \times 6^{-1.516}$$
$$\fallingdotseq 0.22 \text{ kg-BOD/kg-MLSS} \cdot \text{day}$$ 이고,

12℃에서 $Opt.F/M$비는

$$Opt.F/M_{(12)} = Opt.F/M_{(28)} \cdot 1.047^{(12-28)} = 0.22 \times 1.047^{(12-28)}$$
$$= 0.11 \text{ kg-BOD/kg-MLSS} \cdot \text{day},$$

24℃에서 $Opt.F/M$비는

$$Opt.F/M_{(24)} = 0.22 \times 1.047^{(24-28)} = 0.18 \text{ kg-BOD/kg-MLSS} \cdot \text{day}$$ 이다.

한편 연중 유입수 농도나 체류시간의 변화가 없으므로, 식(5.30)에서 다음 관계가 성립한다.

$$F/M_{(12)} \times X_{(12)} = F/M_{(24)} \times X_{(24)}$$
$$\Rightarrow F/M_{(12)}/F/M_{(24)} = X_{(24)}/X_{(12)} = 0.11/0.18 = 0.61.$$

따라서 겨울철에 유지했던 미생물 농도를 60% 정도로 감소시켜야 한다.

3. DO 농도

Lau 등(1984)은 *Sphaerotilus natans* · Type 1701 · *Thiothrix* sp · Type 021N · *Haliscomenobacter hydrosis* sp. 등의 사상성 세균은 포기조의 DO가 낮을 때 잘 성장한다고 보고하였다(Palm 등, 1980; Sezgin 등, 1978; Traver 등, 1984). 따라서 사상성 세균의 우점을 막기 위해서는 최소 2 mg/L 이상의 DO 농도가 요구되는 것으로 알려져 있다(WEF., 1998; Chudoba, 1985). 하지만 이들 보고와는 다르게 Hammer(1996)는 지나친 포기가 슬러지의 팽화를 유도한다고 보고하였다.

위와 같이 상반되는 주장은 사상성 세균이 아닌 미생물이 생산하는 점액물질의 양적 변화로 설명된다. 이미 3.2.1항에서 설명한 바와 같이 미생물은 가수분해과정을

통해 생산된 유기산을 분해하기 위해 산소를 이용한다. 따라서 포기조의 DO 농도가 지나치게 낮아지면 유기산의 분해속도가 떨어지고 pH가 하강하며, 그 결과 점액물질의 생산량이 증가한다. 반면 Hammer(1996)의 보고처럼 지나친 포기는 유기산의 농도를 감소시키고, 그 결과 점액물질의 감소로 팽화한다.

그림(6.11)은 이러한 현상을 확인하기 위한 실험으로(李, 2001b), 실험은 DO 농도 2.0 mg/L 정도, BOD 부하가 각각 0.4 및 1.2 정도에서 SVI 값이 약 150 정도를 보이는 슬러지를 대상으로 실시하였는데, DO 농도만을 약 0.4 mg/L로 감소시켰을 때, 실험 시작 5일 후 좌측부하에서는 SVI가 115로 낮아지고, 우측부하는 254로 팽화하였다. 이와 같이 DO 농도만을 변화시켜도 단기간에 팽화가 유도되는데, 사상성 세균의 성장속도나 현미경 관찰결과를 고려할 때, 이러한 현상은 사상성 세균과는 무관하며 점액물질의 양적 변화에 따른 것으로, 이때 DO 농도의 감소는 침전곡선을 좌측으로 이동시켜 BOD 부하를 증가시키는 것과 같은 결과를 나타낸다.

표 6.5 DO 농도 변화 시 슬러지의 침전성 변화

실험조건 및 결과	
반응온도(℃)	28
HRT(hr)	3.0
MLSS(mg/L)	2,500
DO(mg/L)	0.4
F/M (kg-BOD/kg-MLSS · day) (실험 1/실험 2)	0.4 / 1.2
SVI 실험 전(실험 1/실험 2)	142 / 155
SVI 실험 후(실험 1/실험 2)	115 / 254

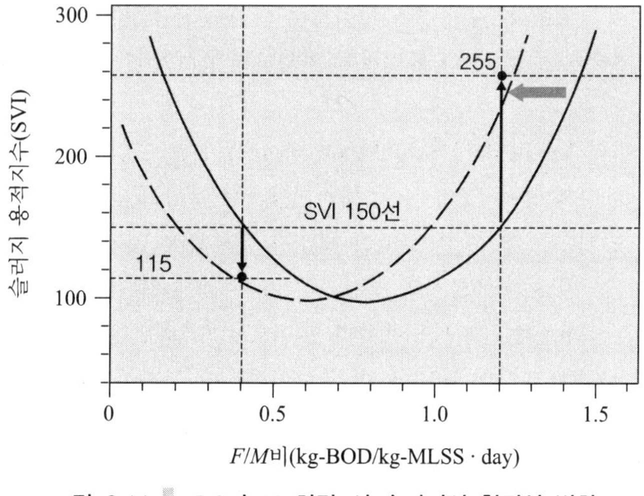

그림 6.11 DO 농도 하락 시 슬러지의 침전성 변화

4. pH

Pipes(1974)는 pH 6 이하에서 *Geotrichum*·*Candida*·*Trichoderma*와 같은 진균류가 잘 자라며, 이때 진균류의 사상성(絲狀性) 균사로 인해 사상성 팽화가 야기된다고 보고하였다. 반면 Hu(1991)는 낮은 pH로 인하여 사상성 팽화가 유도되기 위해서는 약 30일 정도의 기간이 소요된다고 보고하였는데, 일반적으로 사상성 세균은 타 세균에 비해 증식속도가 낮기 때문에 사상성 팽화가 발생하기 위해서는 Hu의 보고와 같이 상당 기간이 소요되며, 한번 발생하면 그 형태상 잘 포식되지 않고 환경변화에도 내성이 크므로 팽화가 완화되는 데도 상당한 시일이 요구된다. 이와 같이 사상성 팽화는 자주 발생하는 현상이 아니다.

한편 특별히 포기조의 pH가 낮아지는 원인은 유입수의 pH가 낮을 경우를 제외하면, HRT가 길거나 유입수 농도가 높은 경우, 온도나 DO가 하락하는 경우인데, 이 경우 점액물질의 과다로 팽화하며, 이러한 팽화는 단기간에 발생하고 적절한 조치를 취할 경우 쉽게 완화된다. 따라서 pH 하락에 의해 발생하는 팽화를 사상성 팽화로 판단하는 것은 잘못된 것이다.

팽화대책은 pH의 하락 원인을 파악한 후 각 원인에 따라 위의 1~3항의 대책을 시행한다.

5. 독성물질

독성물질이 유입되거나, 원수의 수질이 부패되어 있을 경우, 유지류의 함량이 높아 분해과정에서 지방산이 과다하게 발생할 경우, 침전지나 반송슬러지의 배관에 장기간 슬러지가 체류하여 혐기성 분해과정의 중간생성물, 즉 H_2S나 유기산 등이 과다하게 포기조로 유입될 경우 슬러지는 팽화한다. 이러한 현상은 운전조건이 우측부하인 상태에서 독성물질이 유입하여 미생물의 점액물질 생산량이 과다하게 증가하기 때문이다.

한편 Nenfield(1976)나 Monson(1984) 등은 중금속이 유입되는 도시하수처리장에서 팽화가 적게 발생하는 경향이 있다고 보고하였는데, 이와 같은 현상은 도시하수와 같이 비교적 낮은 농도의 하수를 처리하는 처리장에서, 즉 좌측부하에서 중금속의 유입으로 점액물질의 생산량이 증가하기 때문이다.

이상과 같이 사상성 팽화의 원인으로 알려져 왔던 F/M비·온도·DO 농도·pH 및 독성물질 등이 팽화에 미치는 영향을 실험과 논리적 이론으로 살펴보았는데, 그 결과 상기의 원인들이 점액성 팽화를 일으키는 것은 이론의 여지가 없다. 따라서 **팽화의 주원인이 사상성 세균이라는 기존의 일반론적 주장은 잘못된 것이며**, 이러한 결론은 기존의 팽화대책을 살펴보면 더욱 확실해진다.

일반적으로 잘 알려진 팽화대책에는 MLSS 농도를 증가시키거나 감소시키는 것, DO를 상승시키는 것, 소화슬러지를 혼입하거나 염소·과산화수소 또는 오존과 같은 산화제를 투입하는 방법 등이 있다. 이 중 먼저 산화제를 투입할 경우, 사상성 세균은 사멸하는 것으로 알려져 있는데, 그렇다면 산화제는 사상성 세균만을 선택적으로 사멸시키는 것인가? 그때 다른 세균은 염소와 같은 독성물질의 투입에 어떻게 대처하는가? 그리고 MLSS 농도를 상승시키는 것이 사상성 세균을 제어한다면, MLSS 농도를 감소시킬 경우 팽화가 완화된다는 상반된 주장은 어떻게 설명할 수 있는가? 이와 같은 주장은 점액물질의 양적 변화로 설명된다. 즉, MLSS 농도를 감소시키거나, 염소나 소화슬러지를 혼입하는 것은 좌측부하에서 점액물질의 생산을 유도하고, MLSS나 DO를 증가시키는 것은 우측부하에서 점액물질의 감소를 유도하여 슬러지의 침전성을 개선시키기 때문이다.

6.4 표면적부하

이제까지 침전지의 설계 시 표면적부하는 가장 중요한 설계인자로 취급되었다. 하지만 이미 기술하였듯이 침전지의 효율은 표면적부하와 같은 물리적 인자보다는 포기조의 운전조건, 즉 생물학적 인자에 의해 보다 큰 영향을 받는다.

다음 그림(6.12)는 표면적부하, 즉 물리적 인자가 슬러지 침전성과 유출수의 SS 농도에 미치는 영향을 파악하기 위한 것으로, 일정 운전조건(HRT; 6 hr, F/M비; 0.4 kg-BOD/kg-MLSS · day, 표면적부하; 4.14 m^3/m^2 · day)에서 정상상태를 유지시킨 후 표면적부하만을 4배, 즉 28.0 m^3/m^2 · day로 변화시킨 결과이다.(李, 2001c) 실험결과 표면적부하의 상승에도 슬러지의 침전성이 악화되거나 유출수의 SS 농도가 크게 증가하지 않고 오히려 슬러지의 SVI 값은 감소하였다. 이와 같이 물리적 인자는 일반적 상식과 다른 결과를 나타내거나 크게 영향을 미치지 않는 것으로 판단되며, 이러한 변화는 생물학적 원인, 즉 생물종의 변화로 설명할 수 있는데, 표면적부하가 증가할 경우, 활성슬러지를 구성하는 미생물 중 floc을 잘 형성하지 못하는 미생물이나, 밀도가 낮고 크기가 작은 미생물 floc이 침전지로부터 유출되어 시간이 경과함에 따라 침전성이 개선되기 때문이다.

결론적으로 침전지의 설계 시 물리적 인자보다는 생물학적 인자에 보다 중점을 두어야 하며, 포기조의 관리를 효율적으로 행한다면 침전지의 크기는 현재의 설계기준보다 크게 감소시킬 수 있을 것으로 판단된다.

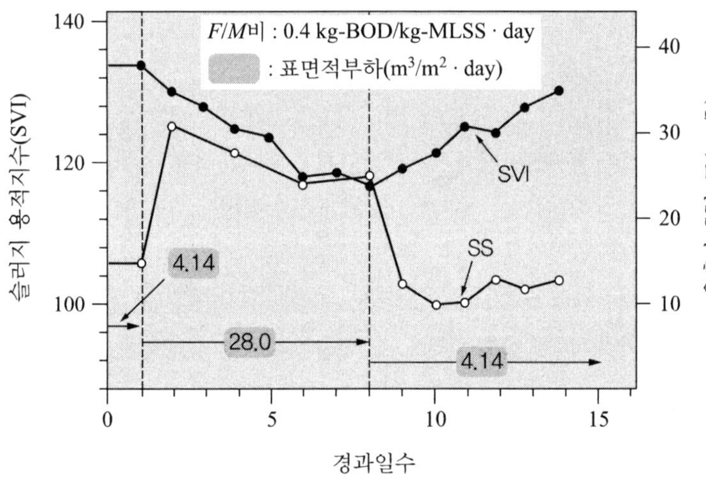

그림 6.12 표면적부하 변화 시 슬러지의 침전성 및 SS 변화

6.5 슬러지의 부상(rising sludge)

침전지에서 슬러지가 부상하는 원인은 주로 탈질반응에 따른 것이다. 무산소(anoxic) 조건인 2차침전지의 침전슬러지 내에서 탈질반응으로 발생한 미소한 질소가스는 슬러지의 자중을 감소시켜 수 cm 직경의 슬러지 덩어리를 침전지 표면에 부상시킨다. 이때 부상한 슬러지로 인하여 유출수의 수질이 악화되며, 심한 경우에는 표면에 스컴(scum)을 형성하기도 한다. 이러한 현상은 주로 온도 상승으로 탈질반응이 활발해지는 여름철에 발생하는데, 이 현상을 억제하기 위해서는, 첫째 슬러지의 반송률을 증가시켜 침전지 내 슬러지의 체류시간을 줄이거나, 포기조 유출수를 충분히 포기하여 침전지에서 무산소 조건이 형성되는 것을 최대한 억제시켜야 한다.

6.6 거품/스컴 형성(foaming/scum formation)

거품과 스컴의 문제는 전 세계적으로 많은 폐수처리장이 갖는 공통의 문제인데, 발생하는 거품과 스컴의 원인은 다음과 같이 요약된다(Jenkins 등, 1984).

① 분해되지 않는 표면활성 유기화합물.
② 생분해가 잘 되지 않는 세제로 인한 흰 거품
③ 침전조에서 탈질화에 의해 부상한 슬러지 스컴
④ 방선균의 과도한 생장에 따른 갈색 스컴(참고로 방선균은 생활사상 한 시기에 분기한 균사를 형성하는 그람양성의 사상성 세균이다).

또한 그 발생 원인과 과정은 잘 알려져 있지 않으나, 다음과 같은 가능성이 지적되고 있다(Soddell 등, 1990).

① 포기나 물질대사에서 생긴 기포(예, 질소)는 거품미생물의 부상을 돕는다.
② 거품미생물의 세포벽은 소수성(疏水性)으로 이들 미생물이 떠있도록 한다.
③ 거품미생물에 의한 생물계면활성제는 거품 형성을 돕는다.
④ 거품은 상대적으로 긴 체류시간(9일 이상)과 따뜻한 온도(18℃ 이상), 그리고 지방이 풍부한 폐수와 관련이 있다(Eikelboom, 1975).

한편 일반적으로는 *Nocardia*와 같은 방선균은 거품과 스컴의 주원인으로 알려져 있는데, 필자의 경험으로는 지방은 확실한 거품의 원인이며, 그 외에 *Zoogloea ramigera*의 지나친 성장(그림 6.15 참고) 및 높은 pH, 심층포기 시 기포의 석출[5.3.2 5. ⑤] 등도 주요한 원인이 되는 것으로 생각된다.

거품의 제어는 발생 원인에 따라서는 쉽게 제어되기도 하는데, 일반적으로 난분해성 세제로 인한 흰 거품은 살수(撒水)하거나 소포제를 이용하면 일시적으로 쉽게 제거되며, 탈질화에 의한 스컴은 반송슬러지 양을 증가시킴으로써 제어될 수 있다. 하지만 그 외에 방선균의 과도한 성장이나 표면활성 유기화합물에 의한 스컴이나 거품은 발생 원인과 과정이 잘 알려지지 않은 만큼 표(6.6)과 같이 제안된 제어방법도 많으나, 그 성공여부는 확실치 않다. 다만 방선균의 경우, 이들 미생물의 증식을 위해서는 긴 체류시간이 요구되기 때문에 폐기슬러지 양을 증가시켜 SRT를 감소시키는 것, 즉 F/M비를 증가시키는 것이 유효한 것으로 알려져 있다.

표 6.6 거품/스컴 제어방법

제어방법
거품 또는 반송슬러지에 염소주입
슬러지 폐기량의 증가
생물학적 선택조 이용
포기조에 공기 유입량의 감소
pH, 기름, grease의 양을 감소
혐기성 소화조 상징액을 폐수에 첨가
살수(撒水)
소포제 또는 철염 주입
거품의 물리적 제거
길항적인 미생물종의 이용

Bitton(1994) 인용.

그림 6.13 방선균 및 발생초기 집락

그림 6.14 포기조에 발생한 거품

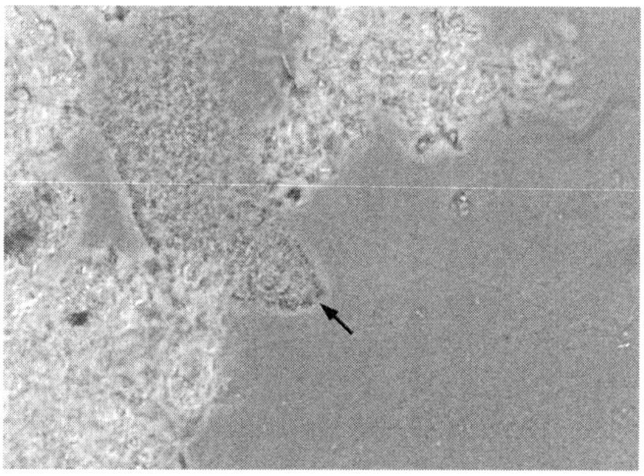

(화살표는 *Zoogloea ramigera*의 집괴)

그림 6.15 거품 발생 시 활성슬러지

6.7 슬러지 저감 방안

잉여슬러지의 처리비용은 처리장의 관리비용 중 상당한 비율을 차지한다. 따라서 경제적 관리를 위해서는 발생슬러지의 양을 줄여야 한다. 이미 1.2.1항에서 기술한 바와 같이 포기조 내의 미생물은 크게 하등한 세균류와 포식자인 고등한 미생물로 구분할 수 있는데, 고등한 미생물이 우점할 경우 이들의 포식작용으로 슬러지의 발생량은 감소한다. 따라서 슬러지의 발생량을 감소시키기 위해서는 처리수의 수질이나 슬러지의 침전성이 문제되지 않는 한 F/M비를 낮추는 것이 유효하다.

슬러지 발생량을 줄일 수 있는 또 다른 방법으로는 간헐포기를 들 수 있는데(李, 1998a), 여기서 간헐포기란 일정 간격으로 공기공급을 단속(斷續)하는 것을 말하며, 간헐 포기 시 무포기로 인한 환경여건의 악화는 하등한 세균의 우점을 유도하지만, 전체 미생물의 증식을 억제하여 슬러지 발생량을 감소시킨다. 이때 처리수의 수질은 악화되지 않는다. 경제적 관리를 위한 가장 이상적인 간헐포기비(포기시간/무포기시간)는 1～1.5이며, 이 조건에서 슬러지 발생량은 약 35% 정도 감소하고, 포기에 소요되는 에너지는 35～45% 정도 감소된다. 또한 간헐포기는 완전 호기성 미생물인 사상성 세균의 증식을 억제하며(李, 1998a), 탈질화에 의한 질소제거에도 유효한 것으로 판단된다. 보다 자세한 내용은 7.5.4항을 참고하기 바란다.

6.8 하수처리 시 문제점과 대책

도시하수 처리 시 가장 문제가 되는 점은 하수의 농도가 낮고 유입량의 변화가 크다는 것이다. 유입수의 농도가 낮을 경우 슬러지의 침전성을 적절히 유지하기 위해서는 MLSS 농도를 낮추어야 하는데, 이때 지나친 감소는 포기조의 효율을 저하시키고, 침전지에서 슬러지의 floc 형성에 지장을 주어 현탁성 고형물의 유출량을 증가시킬 수 있다. 따라서 낮은 하수 농도로 인한 문제를 해결하기 위해서는 분류식 하수관거의 확대가 시급하며, 그것이 곤란할 경우 축산폐수·분뇨·공장폐수 등과의 병합처리를 시도하는 것도 유효할 것이다.

한편 하수도가 합류식인 경우 처리장의 유입유량은 연중 일부 기간을 제외하면 설계기준(HRT; 6 hr)에 크게 못 미쳐 처리장의 효율을 감소시킨다. 따라서 하수도가 합류식인 경우 처리장 설계 시 포기조의 설계유량을 현재의 설계기준보다 다소 증가시켜 일부 기간에 유입유량이 설계기준을 초과하더라도, 나머지 대부분의 기간에 유입유량이 설계조건을 만족시키는 것이 유리할 것으로 판단된다. 참고로 이미 6.2절에서 기술한 바와 같이 유입유량이 증가 하여도 지나치지 않으면 처리수는 악화되지 않는다.

연습문제

1. 미생물상의 변화가 유출수질에 미치는 영향을 설명하라. 즉, S-curve의 발현에 대해 기술하라.

2. 미생물상의 변화는 처리결과에 어떤 영향을 미치는가?

3. 유출수의 SS에 영향을 미치는 인자는 어떤 것이 있으며, 이 중 유입수 농도는 유출수의 SS에 어떤 영향을 미치는가?

4. 슬러지 팽화대책을 기술하라.

5. 팽화의 원인과 각 팽화대책에 대해 기술하라.

6. 다음 인자는 슬러지 팽화에 어떤 영향을 미치는가?
   (1) F/M비
   (2) MLSS
   (3) 온도
   (4) 독성물질

7. 그림(5.19)와 (5.25)를 참고로 하여 팽화의 원인이 일반론과 같이 사상성 팽화가 아닌 점액성 팽화임을 설명하라.

8. 다음 용어를 설명하라.
   (1) 좌측부하
   (2) 우측부하
   (3) 이동계수

9. 미생물이 분산성장하고 있다. 즉, SVI와 유출수의 SS가 크게 상승하였다면 이때 부하조건은 좌측부하인가 우측부하인가? 그리고 이때 운전조건을 어떻게 바꿔야 하는가?

10. 슬러지의 부상 원인과 대책에 대해 기술하라.

11. 우리나라 하수처리장의 운전·관리 시 문제점과 대책에 대해 기술하라.

참고문헌

이정수, 표준 및 간헐포기식 활성슬러지법의 처리특성에 관한 연구(Ⅰ), 대한환경공학회지, 20(9), 1267～1278, 1998.

이정수, 김종국, pH 및 BOD 부하율 변화에 따른 재래식 활성슬러지법의 처리특성에 관한 연구, 대한환경공학회지, 20(11), 1639-1650, 1998.

이정수, 부유성미생물을 이용한 생물처리법의 최적설계, 대한환경공학회지, 제22권, 제6호, pp. 1011-1019, 2000a.

이정수, 이태규, 온도 및 pH 변화에 따른 연속 및 간헐포기식 활성슬러지법의 처리특성, 대한환경공학회지, 22(6), 1001～1009, 2000b.

이정수, 활성슬러지법의 이해와 modelling을 위한 정성적 접근, 대한환경공학회지, 23(9), 1469～1476, 2001a.

이정수, 팽화 발생 원인의 재고, 대한토목학회논문지, 제21권, 제6-B호, pp. 725-733, 2001b.

이정수, 침전지의 표면적부하와 HRT가 슬러지의 침전성에 미치는 영향, 대한토목학회논문지, 제21권, 제4-B호, pp. 463-468, 2001c.

이정수 외3, 고농도 대두가공폐수의 처리를 위한 개선활성슬러지법, 한국응용생명화학회, 2002. 02.01.

Benedick P. and Farkas P., *In Iternational Symposium on Water Pollution Control in Cold Climates Held at the University of Alaska*, Jule, pp. 22-24, 1970.

Bitton G., *Wastewater Microbiology*, John Wiley & Sons, New York, pp. 6, 156, 167-179, 1994.

Chudoba J., Grau P., Ottova V. and Madera V., Control of activated sludge filamentous bulking: Part Ⅰ, Effect of the hydraulic regime or degree of mixing in an aeration tank, *Water Research*, 7(8), 1163-1182, 1973a.

Chudoba J., Grau P. and Ottova V., Control of activated sludge filamentous bulking: Part Ⅱ, Selection of microorganisms by means of a selector, *Water Research*, 7(10), 1389-1406, 1973b.

Chudoba J., Blaha J. and Madera V., Control of activated sludge filamentous bulking: Part Ⅲ, Effect of sludge loading, *Water Research*, 8(4), 231-237, 1974.

Chudoba J., Control of activated sludge filamentous bulking. Ⅵ: Formulation of basic principles, *Water Res*. 19(8), 1017-1022, 1985.

Chudoba J., *Activated sludge bulking control*, pp.171-202, in; Encyclopedia of Environ. Control Technology, Vol 3, Wastewater Treatment Technology, P. N. Cheremisinoff, Ed. Gulf Publishing Co., Houston, TX., 1989.

Droste R. L. *Theory and Practice of water and wastewater treatment*, John Wiley & Sons, New York, pp. 145, 561-565, 594, 1997.

Eckenfelder W. W. and Weston R. F., Kinetics of Biological Oxidation, *Biological Treatment of Sewage and Industrial Wastes*, Vol. 1, 1965.

Eikelboom, D. H., Filamentous organisms observed in activated sludge, *Water Res.* 9. 365-388, 1975.

Farquhar G. J. and Boyle W. C., Control of *Thiothrix* in activated sludge, *J. Water Pollut.*

Control Fed. Vol. 44, No. 1, pp. 14-24, 1972.7.

Ganczarczyk J., Variation in the activated sludge volume index, *Water Research* Vol. 4, No. 1, pp. 69-78, 1970.

Gaudy A. F., Jr. and Gaudy E. T., *Elements of Bioenvironmental*, Engineering Press, San Jose, CA., 1988.

Genetelli E. J. and Heukelekian H., The influence of loading & chemical composition of substrate on the performance of activated sludge, *J. Water Pollut. Control Fed.* Vol. 36, No. 5, pp. 643-649, 1964.

Granville, H. Sewell. *Introduction to environmental Microbiology*, Prentice-Hall. New Jersey, 267, 1974.

Hammer M. J., *Water and Wastewater Technology*, Wiley, New York, 1986.

Hammer M. J., and Hammer M. J., Jr., *Water and Wastewater Technology*, 3rd, Prentice-Hall, New Jersey, pp. 396-397, 1996.

Hu P. and Strom P. F., Effect of pH on fungal growth and bulking in laboratory activated sludge, *J. Water Pollut. Control Fed.* Vol. 63, pp. 276-277, 1991.

Jenkins D. and Garrison W. E., Control of activated sludge by mean cell residence time, *J. Water Pollut. Control Fed.* Vol. 40, No. 11, pp. 1905-1919, 1968.

Jenkins D., Richard M. G. and Daigger G. T., *Manual on the causes and control of activated sludge bulking and foaming*, Water Research commission, Pretoria, South Africa, 1984.

Lau A. O., Strom P. F. and Jenkins D., The competitive growth of floc-forming and filamentous bacteria: A model for activated sludge bulking, *J. Water Pollut. Control Fed.* Vol. 56, pp. 52-61, 1984.

Lesperance T. W., A generalized approach to...: Part Ⅱ. Developing the process, *Water Works and Waste-engineering*, Vol. 2, No. 5, pp. 52-55, 1965.

McKinney R. E. *Microbiology for sanitary engineers*, McGraw-Hill. New York, pp. 213-237, 1962.

Mithchell R., *Introduction to environmental microbiology*, Prentice-Hall, Englewood Cliffs, New Jersey, pp. 267-269, 1974.

Monsen R. M. and Davis E. M., *Microbial responses to selected organic chemicals in industrial waste treatment units*, pp. 233-249, in ; Toxicity Screening Procedures Using Bacterial systems, D. Liu and B. J. Dutka, Eds. Marcel Dukker, New York, 1984.

Nenfield R. D., Heavy metal induced deflocculation of activated sludge, *J. Water Pollut. Control Fed.* Vol. 48, pp. 1940-1947, 1976.

van Niekerk A. M., Jenkins D. and Richard M. G., The competitive growth of Zooglea ramigera and Type 021N in activated sludge and pure culture; A model for low F/M bulking, *J. Water Pollut. Control Fed.* 59. 262-273, 1987.

Norberg A. B., and Enfors S. O., Production of extracellular polysaccharide by Zooglea ramigera, Appl. *Envir. Microbial.* Vol. 44, pp. 1231-1237, 1982.

Palm J. C., Jenkins D. and Parker D. S., Relationship between organic loading, dissolved oxygen concentration and sludge setteability in the completely-mixed activated sludge process, *J. Water Pollut. Control Fed.* Vol. 52, pp. 2484-2506, 1980.

Pasveer A., A case of filamentous activated sludge, *J. Water Pollut. Control Fed.* Vol. 41, No. 7, pp. 1340-1352, 1996.

Pipes W. O., *Advances in Applied Microbiology*, 8rd, Academic Press, pp. 77-103. 1966.

Pipes W. O., Control bulking with chemicals, *Water Waste Eng*. 1974.

Richard M. G., Jenkins D., Hao O. and Shimizu G., The isolation and characterization of filamentous microorganisms from activated sludge bulking, *Report No. 81-2, Sanitart Eng. and Envir. Health Research Laboratory, University of California, Berkeley*, 1982.

Sezgin M., Jenkins D. and Parker D. S., A unified theory of activated sludge bulking, *J. Water Pollut. Control Fed.* Vol. 50, pp. 362-381, 1978.

Sherrard J. H. and Schroeder E. D., Relationship between the observed cell yield coefficient and mean cell residence time in the completely mixed activated sludge process, *Water Research*, Vol. 6, No. 9, pp. 1039-1049, 1972.

Soddell, J. A. and Seviour, R. J., Microbiology of foaming in activated sludge foams, *J. Appl. Bacteriol*. 69. 145-176, 1990.

Storm P. F. and Jenkins D., Identification and significance of filamentous microorganisms in activated sludge, *J. Water Pollut. Control Fed.* Vol. 49, pp. 584-589, 1984.

Sykes, J. C., The use of biological selector technology to minimize sludge bulking, In; *Biological Nitrogen and Phosphorus removal; The Florida Experience*, TREEO Center, University of Florida, Gainesville, FL., 1989.

Traver S. M., and Lovett D. A., Activated sludge treatment of abattoir wastewater, Ⅱ. Influence of dissolved oxygen concentration, *Water Res*. Vol. 18, pp. 435-439, 1984.

Vallom J. K. and McLoughlin A. J., Lysis as a factor in sludge flocculation, *Water Res*. Vol. 18, pp. 1523-1528, 1984.

Wanner J. and Grau P., Identification of filamentous microorganisms from activated sludge; A compromise between wishes and possibilities, *Water Res*. 23, 883-891, 1989.

WEF. and ASCE., *Design of Municipal Wastewater Treatment Plants*, Vol. 2, Chapters 11, pp. 27, 1998.

Chapter 07

활성슬러지의 변법

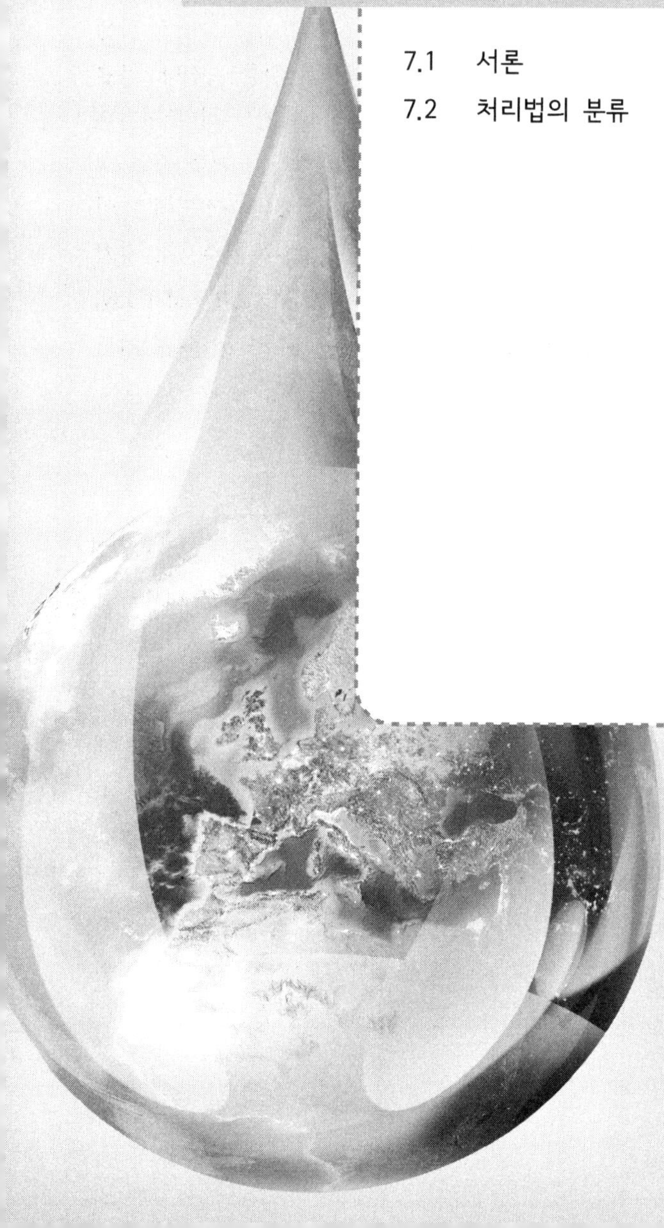

7.1 서론

5장과 6장에서는 주로 재래식활성슬러지법(conventional activated sludge process)을 중심으로 기술하였다. 이 방법은 우리나라에서 흔히 표준활성슬러지법이라고 말하는데, 그것은 하수처리방법이 우리나라에 도입·소개되면서 이 방법을 설계 표준으로 권장하는 과정에서 붙여진 잘못된 이름이다. 따라서 이후 표준활성슬러지법이란 호칭은 지양하고 원래대로 재래식활성슬러지법으로 칭하는 것이 옳을 것이다.

아무튼 우리나라에서 도시하수의 처리는 대부분 재래법을 이용하고 있으며, 이 방법은 장기포기법(extended aeration process)과 고율법(high rate aeration process)의 특징을 고루 나타낸다. 즉, 장기포기법은 일반적으로 처리수가 양호하고 슬러지 발생량이 극히 적은 반면 포기조 체류시간이 길어 적용부하가 적은 단점을 가진다. 한편 고율법은 포기조 체류시간이 짧아 고부하를 가할 수 있어 경제적이기는 하나 처리수가 상대적으로 불량하고 슬러지 발생량이 많은 단점을 가진다. 따라서 이들 중간 정도의 특징을 갖는 재래법은 경제성과 효율성을 고루 갖춘 처리법으로 인정되어 도입 초기부터 활발히 권장되었다. 이와 같이 활성슬러지법은 적용부하를 기준으로 장기포기법·재래법 및 고율법 등으로 구분할 수 있으며(표 5.2 참고; Metcalf and Eddy, 1991), 그 외에도 흐름의 형태·먹이주입방법·산소공급방법 등에 따라 구분하기도 한다.

7.2 처리법의 분류

7.2.1 폐수 유입의 연속성에 따른 분류

개발 초기 활성슬러지법은 **회분식**(batch system)으로 개발되었으며, 그 운전방법에 기인하여 「fill and draw」라고 불렸다. 그러나 이 방법은 당시 각종 자동제어 기술의 부재로 인하여 관리가 번거로워 그 우수성에도 불구하고 그 후 **연속류 시스템**(continuous flow system)으로 대체되었다(그림 5.2 참고). 하지만 근래에 이르러 각종 자동제어 기술의 발달로 개발 초기 회분식 처리법의 단점인 조작의 번거로움은 더 이상 문제가 되지 않게 되었다. 따라서 현재에는 연속류 시스템의 단점을 보완할 수 있는 연속회분식 활성슬러지법(sequencing batch reactor activated sludge process; SBR)이 개발되어 있는데, 이 공법의 기본적인 전체 공정의 1주기는 그림(7.1)과 같이 **유입**(fill) - **반응**(react) - **침전**(settle) - **방류**(draw) 및 **대기**(idle)의 4가지 공정으로 이루어진다. 이들 공정은 폭기와 교반장치를 갖춘 하나의 반응조에서 순차적으로 이루어지며 다수의 반응조를 설치할 경우 교차운전을 통하여 연속류 시스템과 같이 처리의 연속성을 가질 수 있다.

SBR의 장점은 다음과 같다.

1. 장치가 간단하고 관리가 쉽다.
2. 연속류 시스템에 비하여 비교적 수량과 수질의 변화에 큰 영향을 받지 않는다.
3. 정치침전(定置沈澱)을 실시하므로 고액분리가 용이하고 슬러지의 침전성이 다소 불량하도라도 침전시간을 연장함으로써 유연하게 대처할 수 있다.
4. 조작방법을 변경함으로써 질소나 인과 같은 영양물질의 제거도 가능하다. 즉, BOD 제거를 위한 지속적 폭기과정을 폭기와 교반과정으로 분할함으로써 질소와 인도 제거할 수 있다.

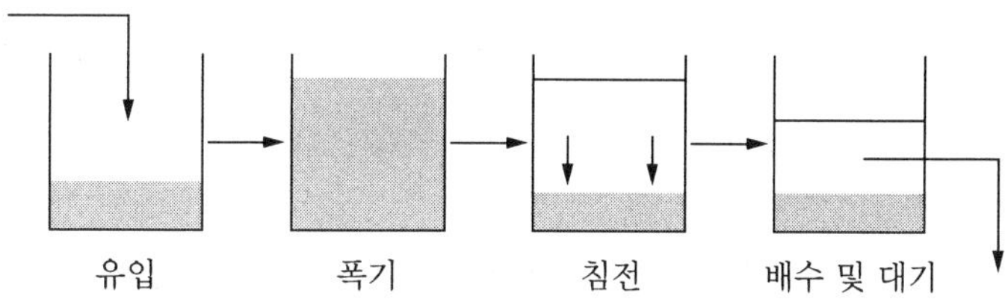

그림 7.1 SBR의 공정도

7.2.2 흐름의 형태에 따른 분류

활성슬러지법은 흐름의 형태에 따라 **완전흐름혼합형**(continuous flow stirred tank reactor; CFSTR)과 **플러그흐름형**(plug flow reactor; PFR)으로 구분된다. 완전흐름혼합형은 그림(7.2)와 같이 폐수가 반응기에 연속적으로 유입되고, 유입과 동시에 기계적 교반에 의하여 혼합되며, 유입량만큼 혼합액은 처리수로 배출된다. 따라서 전체 반응기 내 기질의 농도가 같고 처리수 역시 반응기 내의 혼합액과 동일하다. 한편 플러그흐름형은 그림(7.3)과 같이 주입된 폐수가 반응기의 유입부에서 유출부로 흐르는 동안 점진적으로 처리되어 방류되는 시스템으로 반응기 내 기질의 농도는 위치에 따라 다르다. 따라서 전단과 후단에 가해지는 부하가 다르고 그에 따라 산소요구량 또한 그림(7.4)와 같이 위치에 따라 다르다.

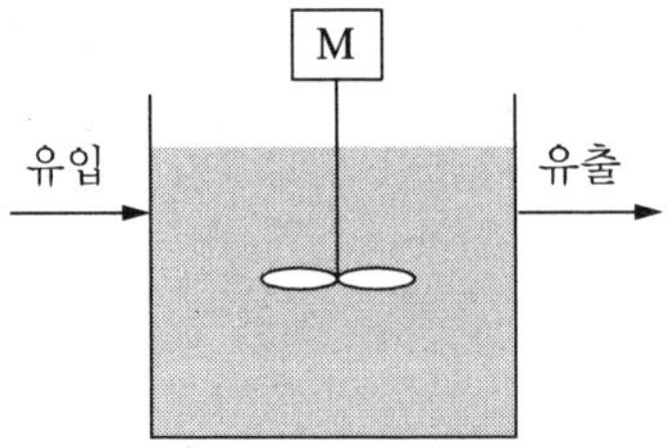

그림 7.2 완전혼합형

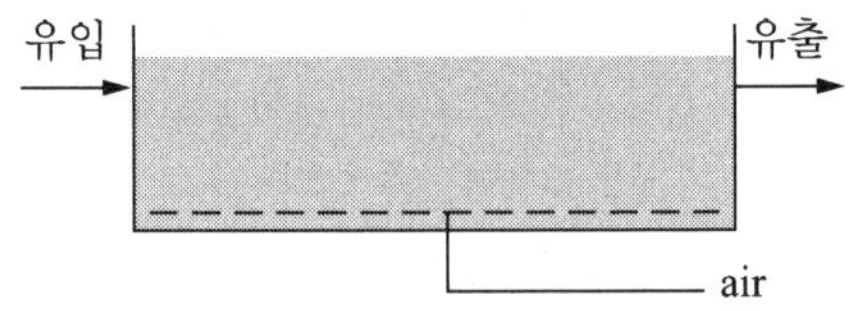

그림 7.3 플러그흐름형

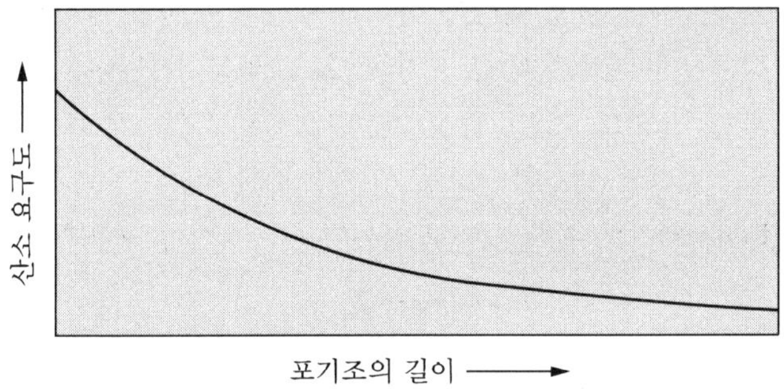

그림 7.4 플러그흐름형 반응기에 있어서 폐수의 진행에 따른 산소 요구도 변화

7.2.3 산소원이나 공기·기질 공급방법에 따른 분류

상기 항에서 설명한 플러그흐름형 반응기의 산소이용률을 높이기 위해서는 공기의 공급을 차등화하거나 기질의 공급을 분할할 수 있는데, 이와 같이 공기나 기질의 공급방법의 차이에 따라 **점감식 포기법**(tapered aeration system)과 **단계식 부하법**(step feed system)으로 구분하기도 한다.

1. 점감식 포기법(Tapered aeration system)

플러그흐름형 포기조에서 산소요구량은 기질의 농도에 따라 그림(7.4)와 같이 유입부에서 최대가 되고 유출부에서 최소가 된다. 따라서 이러한 비효율을 개선하기 위해 그림(7.5)와 같이 산기장치를 점감 설치한 것을 점감식 포기법이라고 한다.

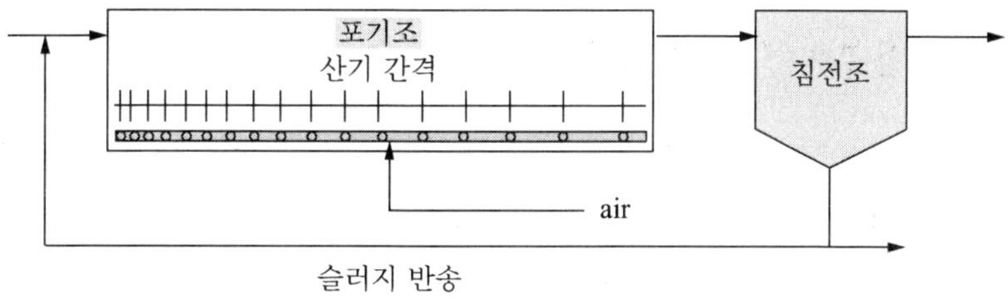

그림 7.5 점감식 포기법

2. 단계식 부하법(Step feed system)

단계식 부하법은 계단식 부하법이라고도 하며 그림(7.6)과 같이 1차침전지 유출수를 플러그흐름형 포기조의 측면에 설치한 여러 유입구를 통하여 분할·공급함으로써 포기조 전체에 부하를 균등하게 하여 산기장치의 개선 없이 산소이용률을 최대화하기 위한 것이다. 따라서 이 방법은 개선 전에 비해 포기조의 적용부하를 높일 수 있으며, 첨두부하 시 산소부족현상도 다소 완화시킬 수 있다.

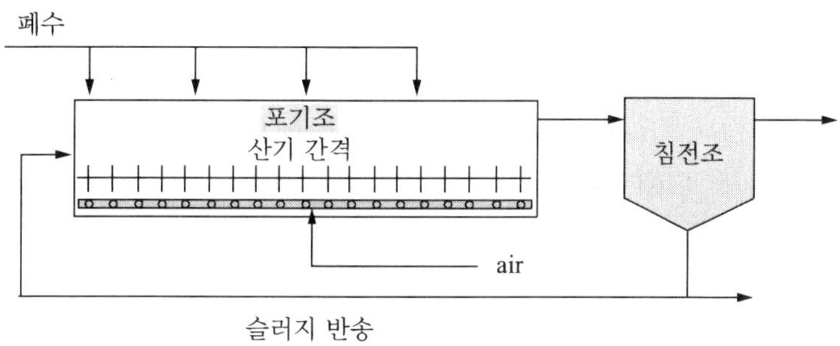

그림 7.6 단계식 부하법

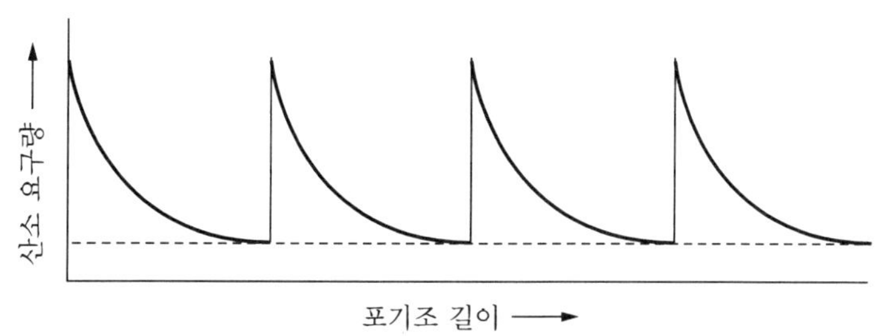

그림 7.7 단계식 부하법에서 산소 요구량

7.2.4 적용부하에 따른 분류

표(5.2)에 나타낸 바와 같이 활성슬러지법은 적용부하에 따라 재래법 외에 장기포기법·고율법 및 수정포기법(modified aeration process)으로 구분된다. 이들 각 공정은 유입수 농도가 다른 여러 도시하수처리장을 운전하는 과정에서 슬러지 침전성을 확보하기 위한 시행착오적 노력의 과정에서 개발된 것으로 적용 부하나 적용 농도가 다를 뿐 그림(5.2)와 동일한 공정으로 이루어진다.

1. 장기포기법(Extended aeration process)

장기포기법은 HRT가 30시간 이상으로 부하는 0.05～0.15 kg-BOD/kg-MLVSS·day 정도로 낮다. 이때 미생물의 성장단계는 내생단계에 해당하여, 슬러지 발생량이 매우 적다. 따라서 SRT는 20일 이상이 되고, 처리수는 비교적 양호하다.

폐수의 적정 유입수 농도는 비교적 중농도 이하의 도시하수에 해당하는 50～150 mg/L 정도가 적당하며(그림 5.28 참고), 유입수의 농도가 낮기 때문에 이 처리법에서 1차침전지는 설치하지 않는 것이 일반적이다. 미생물 농도는 1,500～5,000 mg/L 정도로 유지한다(자세한 내용은 5.3.2 5.①항 참고).

이 처리법은 타 처리법에 비해 소량의 포기를 실시하며, 비교적 소형 처리장에 주로 이용된다. 운전 시 pinpoint floc의 발생이 우려되며, 이 경우 미생물 농도를 낮추는 것이 유효하다.

2. 고율법(High rate aeration process)

고율법은 짧은 체류시간으로 고농도의 폐수를 처리하기 위해 개발된 것으로(Mc Kinney, 1962; Metcalf, 1979), 적용 부하는 0.4～1.5 kg-BOD/kg-MLVSS·day 정도로 매우 높고, HRT는 2～4시간 정도로 짧다.

폐수의 적정 유입 농도는 200～600 mg/L 정도로(그림 5.28 참고) 고농도의 폐수처리에 적합하다(Bitton, 1994). 따라서 미생물 농도는 3,000～6,000 mg/L로 높게 유지시켜야 한다. 이때 미생물은 대수성장단계를 유지하며, 고부하로 인하여 슬러지 발생량 및 슬러지 전환율이 높아 SRT는 5일 이내로 매우 짧다. 처리수의 용해성 BOD는 비교적 불량하다. 또한 타 처리법에 비해 대량의 포기를 필요로 하며, 유입수 농도가 낮을 경우 미생물의 분산성장으로 처리수가 악화될 수 있다.

3. 수정포기법(Modified aeration process)

이 처리법은 저농도의 폐수를 짧은 체류시간으로 처리하기 위해 개발된 것으로, 적용 부하는 1.5～5.0 kg-BOD/kg-MLVSS·day 정도로 매우 높고, HRT는 1.5～3시간 정도이다.

폐수의 적정 유입 농도는 50 mg/L 내외이며(그림 5.28 참고), 이러한 조건에서 슬러지의 침전성이 적절히 유지되기 위해서는 미생물 농도를 200～500 mg/L 정도로 매우 낮게 유지시켜야 한다. 이때 미생물은 대수성장단계를 유지하며, 고부하로 인하여 슬러지 전환율과 발생량이 매우 높아 SRT는 0.5일 이하로 극히 짧다. 따라서 잉여슬러지의 처리비용이 많이 들고, 지나치게 낮은 미생물 농도로 인하여 침전지에서 슬러지의 응집이 원활치 못해 유출수질이 악화되는 등 관리에 문제가 발생할 수 있다.

4. 초고율 처리법(Ultra high rate aeration process; UHR)

이 처리법은 국내에서 개발된 활성슬러지의 새로운 변법이며(李, 2000a), 아직 실제 처리장에 도입된 바는 없으나, 실험실적 결과로는 1시간 이하의 극히 짧은 체류시간에서 2.2～7.0 kg-BOD/kg-MLVSS·day 정도의 고부하를 적용할 수 있다. 이 부하는 재래법에 비해 약 10배 이상이고, 고율법에 비해서는 약 3배에 해당하는 초고부하에 해당한다.

폐수의 적정 유입 농도는 200～450 mg/L 정도이며, 처리율은 94.7～97.3%로 매우 양호한 결과를 보인다. 따라서 이 처리법은 양적 측면에서 기존의 어떤 처리법보다 획기적인 처리법으로 고려되며, 수정법이나 고율법이 가지는 장·단점을 동시에 가진다. 표(7.1)은 UHR을 이용하여 합성하수(표 5.8 참고)를 처리한 결과이다.

표 7.1 UHR의 처리특성(李, 2000a)

유입수 농도 (mg-BOD/L)	수리학적 체류시간(hr)											
	1.0 hr				0.83 hr				0.67 hr			
	F/M ratio	SS (mg/L)	유출수 S-COD/T-COD (mg/L)	제거율 S-COD/T-COD (%)	*F/M* ratio	SS (mg/L)	유출수 S-COD/T-COD (mg/L)	제거율 S-COD/T-COD (%)	*F/M* ratio	SS (mg/L	유출수 S-COD/T-COD (mg/L)	제거율 S-COD/T-COD (%)
200	1.92	41.9	5.6/9.2	97.2/95.4	-	-	-	-	-	-	-	-
250	2.40	29.0	7.7/12.5	96.9/95.0	2.89	59.4	7.2/12.2	97.1/95.1	3.58	87.8	9.0/14.8	96.4/94.1
300	2.88	29.3	8.2/14.5	97.3/95.2	3.47	48.8	11.3/18.9	96.2/93.7	4.29	74.1	10.9/21.3	96.4/92.9
350	-	-	-	-	4.05	39.5	11.1/19.6	96.8/94.4	5.10	71.7	13.7/25.2	96.1/92.8
400	3.84	20.1	11.8/16.3	97.1/95.9	4.63	37.5	14.0/22.3	96.5/94.4	5.73	62.1	19.6/32.9	95.1/91.8
450	-	-	-	-	5.20	29.3	19.2/25.5	95.7/94.3	6.45	57.7	23.8/36.2	94.7/92.0

7.2.5 기타 처리법

1. 접촉안정법(contact stabilization system)

일반적으로 하·폐수는 용해성 기질과 많은 양의 부유성 유기물을 포함하는데, 이들 물질이 미생물에 의해 제거되는 과정이나 속도는 각기 다르다. 용해성 기질의 경우 농도 차에 의한 확산이나 능동수송과정 등을 통하여 대사되는 데 반하여, 부유성 기질의 경우 생물학적 흡착에 의해 활성슬러지에 부착되고 용해된 후 용해성 기질과 같은 대사과정을 거쳐 제거된다.

접촉안정법은 미생물의 생물학적 흡착현상을 최대한 이용하는 방법으로, 그림(7.8)과 같이 폐수를 적은 용량의 접촉조에서 20~40분 정도 미생물과 접촉시켜, 부유물을 흡착시킨 후 그 혼합액을 침전조에 유입·침전시킨다. 이때 침전된 슬러지는 다량의 부유물을 함유한 고농도의 슬러지로 이것만을 안정조로 유송시켜 4~8시간에 걸쳐 포기한다. 이와 같은 방법으로 접촉안정법은 재래법에 비해 포기조의 소요용적을 약 1/2 정도로 크게 줄일 수 있고, 1차침전지도 소거할 수 있으며, 생물반응조(안정화조)의 체류시간을 증가시켜 슬러지 발생량을 감소시키고, 동시에 점액물질이 많은, 즉 흡착력이 양호한 슬러지를 생산하여 SS의 유출을 감소시킬 수 있는 장점이 있다. 하지만 접촉조의 체류시간이 짧아 용해성 기질의 제거율은 재래법에 비해 다소 떨어질 수 있다.

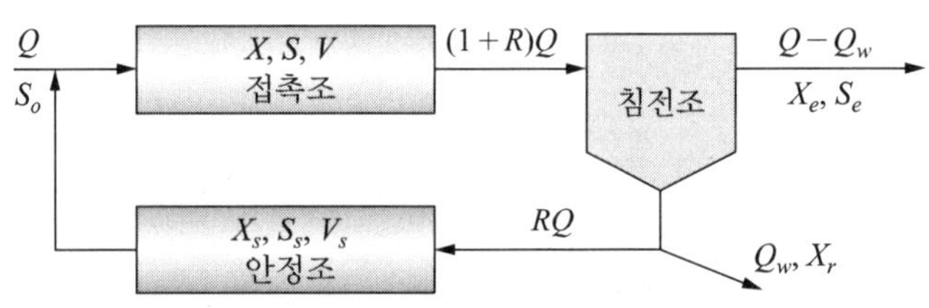

그림 7.8 접촉안정법의 공정도

표 7.2 재래식 방법과 접촉안정법에 있어서 필요한 조 용적의 비교

구 분	재래법		접촉안정법	
	체류시간(hr)	조용적(m^3)	체류시간(hr)	조용적(m^3)
1차침전지	1.5	$1.5Q$	-	-
재래식 포기조	6.0	$9Q$	-	-
접촉조+안정조	-	-	1.0+6.0	$1.5Q+3Q$
2차침전지	2.0	$2Q$	2.0	$2Q$
합 계	9.5	$12.5Q$	9.0	$6.5Q$

Q=유량(m^3/hr), 슬러지반송률 $R=0.5$.

2. 순산소포기법(Pure oxygen aeration system)

순산소포기법은 포기에 공기 대신 순산소를 이용하는 방법이며, 산소 이용률을 최대화하기 위해 밀폐된 포기조를 채용하고, 이때 혼합액의 교반은 터빈과 같은 회전기를 이용한다. 이 방법은 빠른 산소전달속도로 인하여 조 내 DO는 4~10 mg/L 정도로 높아 MLSS 농도를 높게 유지할 수 있으며, 0.4~1.0 kg-BOD/kg-MLVSS·day 정도의 고부하를 실현할 수 있다. 자세한 운전 조건은 표(7.4)와 같다.

이 방법은 공기포기법에 비해 기질이용속도가 높고 슬러지 생산량이 적은데, 이러한 장점과 그것을 주장하는 반응이론에 관해서는 상당한 논쟁이 있다(Albertson, 1970; Kalinske, 1976; Chapman, 1976; Parker, 1976). 그러나 Benefield(1980)는 이러한 장점이 운전방법에 따른 것이라고 주장한다. 즉, 공기포기법에 비해 작은 포기조에 고농도의 활성슬러지를 유지하므로, 슬러지의 반송 빈도가 잦고, 그 과정에서 슬러지의 흡착 및 저장된 기질을 대사하는 빈도가 더 많기 때문이라고 주장하고, 순산소포기법이 다음과 같은 장점을 가진다고 보고하였다.

① 높은 산소전달계수
② 작은 포기조에 고농도의 MLSS 농도를 유지할 수 있는 능력
③ 양호한 슬러지 침강성
④ 적은 슬러지 생산량
⑤ 높은 산소공급효율
⑥ 보다 안정된 처리

순산소법이 나타내는 상기의 장점은 반응이론에 대한 주장과 관계없이 이론(異論)의 여지가 없어 보인다. 하지만 이러한 장점은 Benefield(1980)의 주장처럼 운전방법에 기인하기 보다는 산소원에 있는 것으로 판단된다. 즉, 일반적으로 순산소포기법은 주로 고농도의 폐수를 처리하기 위해 이용된다. 이때 슬러지의 점액성 팽화를 유도하는 고농도의 유기산이 생산되는데, 용존산소 농도를 크게 높일 수 있는 순산소포기법은 공기포기법에 비해 유기산의 산화속도가 빠르다. 따라서 슬러지의 침전성이 안정되며, 동시에 처리수도 호전되는 것으로 판단된다. 또한 슬러지 발생량이 적은 것은 본 법이 고농도의 미생물을 유지할 수 있으므로 높은 용적부하에도 불구하고 고율법이나 수정포기법에 비해 상대적으로 낮은 F/M비를 유지할 수 있기 때문이다.

3. 간헐포기법(Intermittent aeration system)

활성슬러지법의 운전 시 관리의 핵심은 유기물의 제거, 즉 처리효율과 슬러지의 침

전성 확보 및 슬러지의 처리나 송기량과 같은 처리비용의 문제이다. 이들 인자는 모두 포기조 내 유기산의 농도나 미생물의 종조성과 관련된다. 예를 들어 포기조의 MLSS 농도가 같다고 하더라도, MLSS 중 세균의 비율이 증가하면 처리속도는 상승하고, 슬러지 발생량은 증가한다. 반대로 고등한 미생물의 비율이 증가하면 긴 먹이 연쇄로 인하여 슬러지 발생량은 감소하지만 처리속도는 저하한다. 또한 송기량을 감소시켜 용존산소의 농도를 다소 낮추면, 낮은 산소 농도에서 보다 잘 견디는 세균류가 증가하여, 처리속도가 상승하고 슬러지 발생량은 증가한다.

이상과 같이 미생물상의 변화는 처리의 결과에 상당한 영향을 미치는데, 만약 인위적으로 세균의 비율을 증가시켜 처리속도를 상승시키고 동시에 슬러지 발생량을 감소시킬 수 있다면, 게다가 운전에너지까지 감소시킬 수 있다면, 가장 이상적인 운전 방법이 될 것이다. 이러한 이상적 운전방법으로 간헐포기법(李, 1998)을 들 수 있는데, 간헐포기법은 연속포기 대신 포기를 단속(斷續)하는, 즉 무산소상태(anoxic)와 산소상태(oxic)를 반복하는 방법으로 변형한 것이다. 이 방법은 공기 공급의 단속으로 미생물의 서식환경이 악화되어 세균의 비율이 증가하고 그로 인하여 처리속도가 상승한다. 이때 무산소상태는 미생물의 활성을 크게 저하시키지 않지만 증식을 억제하여 슬러지 발생량이 감소하고, 동시에 무산소 시에는 단순히 혼합액의 교반만을 실시하므로 연속포기에 비해 에너지를 절감시킬 수 있다. 이와 같이 간헐포기법은 활성슬러지의 효율개선 및 경제성을 높이기 위한 이상적 수단으로 이용될 수 있다. 다음은 부하 0.08～0.64 kg-BOD_5/kg-MLSS·day에서 실험실 규모의 반응기를 이용하여 실시한 간헐포기와 연속포기의 장단점을 비교한 것이다(李, 1998).

① 간헐포기는 연속포기에 비해 하등한 세균류의 증가로 유출수질은 전반적으로 양호하고, 유입수의 pH 변화에도 강하다(李, 2000b). 또한 조 내 유기산의 축적으로 슬러지의 침전성도 보다 안정적이며, 낮은 부하에서 pin floc, 즉 floc해체현상(解體現象)이 크게 감소한다.
② 무포기 시 미생물은 포기 시에 비해 증식이 크게 억제되는데, 연속포기 시에 비해 슬러지 발생량을 최대 36% 정도 감소시킬 수 있으며, 소요에너지는 최대 45% 정도 감소시킬 수 있다.
③ 간헐포기를 실시하므로 질소 제거도 어느 정도 기대할 수 있다.
④ 기계식 폭기 시 거품 발생이나 동절기의 폭기조 온도 하락을 완화시킬 수 있다.

이상과 같이 간헐포기법은 연속포기 시에 비해 많은 장점을 가지며 특별한 단점은 발견되지 않는다.

4. 심층포기법(Deep aeration process)

심층포기법(深層曝氣法)은 활성슬러지의 변법으로 1970년대 영국에서 개발되었다(Cox, 1980). 이 방법은 포기조의 수심을 10 m 정도로 깊게 하여 높은 정수압 하에서 포기를 실시하므로 산소용해도가 높고 산소 이용률이 극대화되는데, 이때 10～15% 정도인 기존의 산소이용률은 90%까지 크게 증가한다(Hashimoto, 1986). 더불어 포기조의 수심 증가로 소요부지면적을 크게 줄일 수 있다.

이 처리법의 장점은 충분한 산소공급능력으로 포기조 내 미생물 농도를 높게 유지할 수 있고, 그에 따라 고농도의 폐수처리가 가능하다. 또한 슬러지 발생량이 적고, 악취나 소음·비산(飛散) 등의 발생이 적다. 하지만 수심이 10 m 이상이 되면 혼합액의 상승 시 급격한 감압(減壓)에 의해 용존가스가 석출된다. 이때 석출된 가스는 주로 질소로 이것이 슬러지 표면에 부착하여 포기조에 scum이 발생하거나 최종침전지에서 슬러지의 침전성을 악화시키는 원인이 되는데, 이러한 현상은 특히 동절기에 두드러진다. 따라서 포기조에 살수장치의 설치가 요구되고, **후폭기**(後曝氣; post aeration)를 실시하여 슬러지가 최종침전지에 유입하기 전에 탈기(脫氣)시켜야 하는 단점이 있다. 적용부하는 0.5～5 kg-BOD/kg-MLVSS·day 정도가 가하며, 수리학적 체류시간은 1～5시간 정도로 하고, 송기량은 산소이용률 50% 정도를 기준으로 정하며, BOD 1 kg 제거 당 약 1 kg의 산소가 공급되도록 한다. 또한 포기조 내 혼합액의 하향유속은 혼합액의 충분한 교반을 위하여 최소 1 m/sec 이상으로 한다.

5. 초심층포기법(Deep shaft aeration process)

초심층포기법은 그림(7.9)와 같이 1차침전지·포기조·탈기장치 및 2차침전지로 구성된다. 포기조는 deep shaft와 head tank로 구성되는데, deep shaft는 직경 0.5～10 m 정도, 깊이 50～150 m 정도의 하향관(downcomer)과 상향관(riser)으로 구성되며, 이들 관은 일반적으로 U형관 혹은 동심 이중관의 형태를 가진다. 하향관(downcomer)은 저압 하에서 송풍한 공기를 폐수와 함께 50 m 이상의 수심까지 가져가 용해시킴으로써 산소공급률을 높인다. 한편 폐수의 순환은 air lift 방식이나 펌프순환방식을 채용하는데, 일반적으로 air lift 방식을 주로 채용한다.

Air lift 방식은 초기 시동 시 순환류를 유발하기 위해 상향관에 공기를 대량 주입하는데, 주입된 공기에 의해 순환류의 유속이 일정치 이상에 도달하면 하향관의 대략 1/3 수심 이하에서 포기용 공기를 공급한다. 포기용 공기가 충분히 용해된 후 다시 상승하면 폐수는 석출된 포기용 공기의 부상력으로 순환하게 되는데, 이때 상승관의 공기 주입을 중단한다. 즉, 초기 시동 시를 제외하면 폐수의 순환동력은 상승관의 공기(대부분 질소가스) 부상력에 의하며(그림 7.10 참고), 상승관 공기의 부상력을 충분히 확보하기 위해서는 하향관에 주입된 기포가 하향류를 따라 하강하면서 충분히 용해되어야 한다. 따라서 폐수의 하강유속은 일반적으로 기포의 상승속도(0.3 m/sec)보다 충분히 큰 1~2 m/sec 정도를 취하며, 최소 0.7 m/sec 이상이어야 한다.

본 법은 유기물의 제거 또는 석출 공기의 흡착력을 이용한 무기물(주로 이토)의 제거에 이용되나 시공의 예는 많지 않다. 따라서 보다 자세한 내용은 기술하지 않았다.

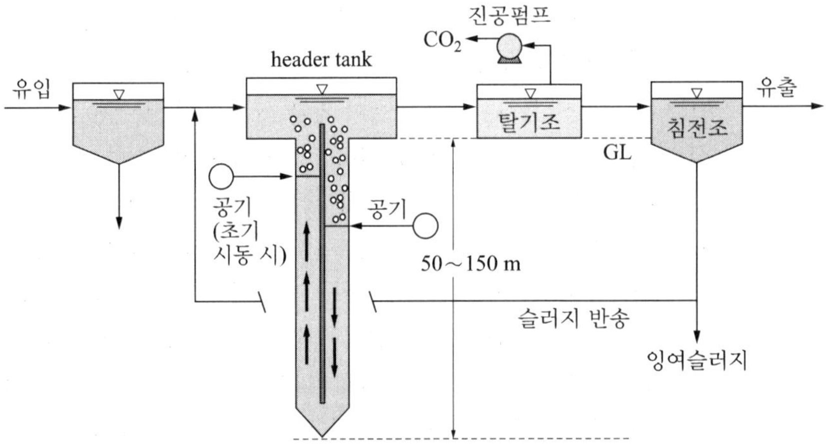

그림 7.9 초심층포기법의 공정도

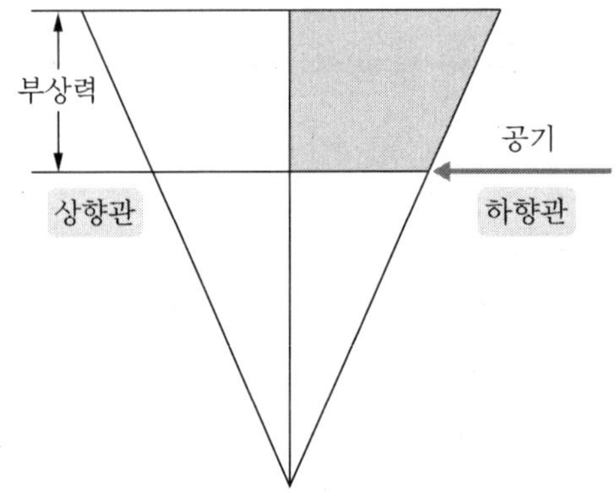

그림 7.10 순환의 원동력(상향관의 부상력)

6. 고속폭기침전지(High rate aeration clarifier)

고속폭기침전지는 상수도의 약품침전지인 고속응집침전지를 응용한 활성슬러지법의 변법으로 포기조와 침전지를 일체화시킨 구조로, 일종의 완전혼합방식으로 볼 수 있다. 이 처리법은 구조에 따라 slurry 순환형·slurry blanket형, 그리고 이들 두 가지 형식을 조합한 복합형이 있다.

하수는 포기부로 유입되어 슬러지와 함께 교반된 후 침전부로 유입되며, 침전슬러지는 포기부로 연속 유입되고 처리수는 침전지 상부로부터 월류(越流)한다. 이때 수면적부하는 30~40 m^3/m^2·day가 적당하다. 잉여슬러지는 침전부 하부의 배니관을 통해 인발(引拔)하며, 타이머 등을 설치하여 자동적으로 배출할 수 있도록 한다. 포기설비는 산기장치만 있는 경우와 산기장치와 교반장치를 병용하는 경우가 있는데, 송기량은 전자의 경우 계획하수량의 5~8배, 후자의 경우 2~4배를 표준으로 한다. 교반기의 회전수는 20~50 rpm 정도로 하며, 기타 조작조건은 표(7.3)과 같다.

이 처리법은 고농도의 미생물을 유지시키고 동시에 침전조와 포기조를 조합함으로써 소요 부지면적이 작고, 건설비나 전력비가 적게 들며, 부하변동에도 강하다. 하지만 송기량이나 슬러지 양의 조절과 sludge bed부의 유지 등 고도의 운전기술이 요구되는 단점이 있다.

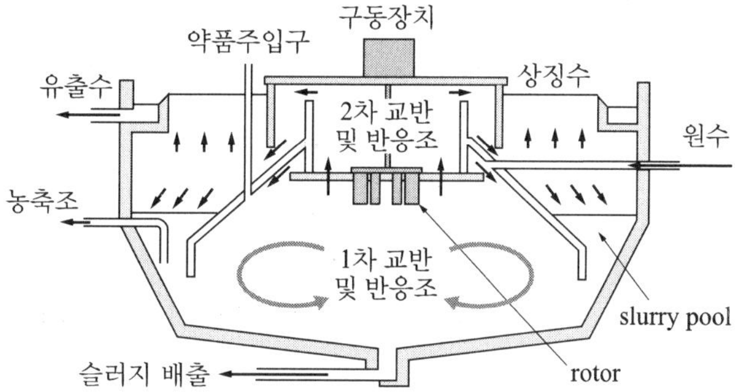

(a) Slurry 순환형

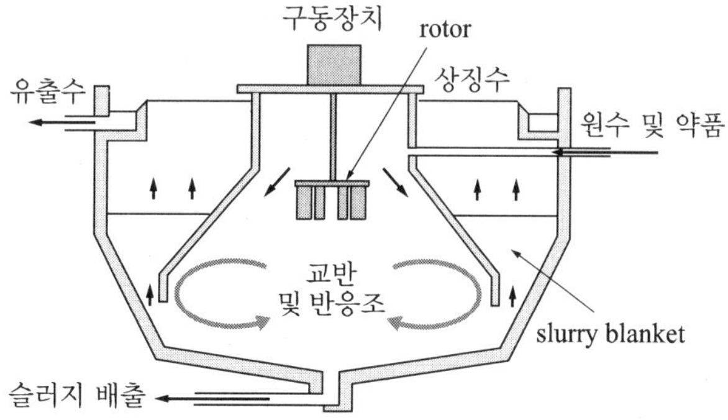

(b) Slurry blanket형

그림 7.11 ▪ 고속폭기침전지의 예

7. 산화구(Oxidation ditch)

산화구는 축산분뇨를 포함해 농업지역의 폐수를 처리하기 위해 네덜란드의 Pasveer에 의해 개발된 것이다. 이 방법은 표(7.3)의 운전조건으로 볼 때 장기포기법과 원리적으로 거의 같은데, 그림(7.12)에서 보듯이 그 형태는 다르다.

일반적으로 1 m 정도의 도랑을 환상으로 설치하여 폐수를 순환시키며 처리하는 방법으로, 로터(rotor)의 회전에 의해 기계적 폭기와 동시에 폐수의 흐름을 유도한다. 이때 로터의 경제적 침수심은 직경의 20% 정도이며, 유속은 슬러지가 바닥에 침전하지 않도록 40 cm/sec 이상으로 해야 한다.

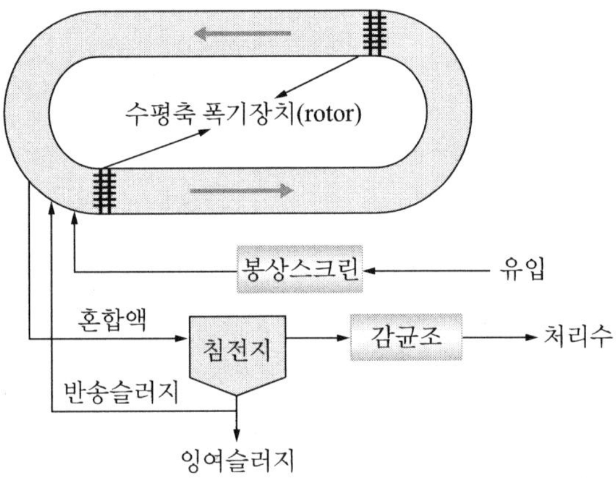

그림 7.12 연속류식 산화구의 공정도

표 7.3 각종 활성슬러지법의 조작 조건

구 분	F/M (kg-BOD/kg-MLVSS·d)	HRT (hr)	MLSS (mg/L)	SRT (day)	S_i^a (mg/L)
장기포기법	0.05~0.15	18~36	1,500~5,000	20~30	50~150
재래법 (단계식 부하법, 점감식 포기법)	0.2~0.4	4~8	1,500~3,000	5~15	80~200
고율법	0.4~1.5	2~4	3,000~6,000	5~10	200~600
수정포기법	1.5~5.0	1.5~3	200~500	0.2~0.5	50 내외
초고율법[a]	2.2~7.0	1 이하			200~450
순산소포기법[b]	0.4~1.0	1~3	6,000~10,000	8~20	
접촉안정법	0.2	5 이상	2,000~8,000	4	
고속포기침전지	0.2~0.4	2~3	3,000~6,000	2~4	
산화구법	0.03~0.05	24~48	3,000~4,000	15~30	

a; 필자 주

b; Reynolds, T. D.

산화구법은 장기포기법보다 체류시간이 더 길어 잉여슬러지는 매우 적다. 잉여슬러지의 인출은 연속류가 아닌 경우는 로터의 작동을 정지시킨 후 유로의 일부에 설치된 침전용 hopper로부터 인출하며, 연속류 처리인 경우는 별도의 후침전지를 설치하는 것이 바람직하다. 이 처리법은 체류시간이 길어 후단에서 탈질을 기대할 수 있는 장점이 있으나 광대한 부지를 요하며 냄새·거품 등이 발생한다.

8. 호기성 고온 활성슬러지법(Thermophilic aerobic activated sludge)

호기성 고온 활성슬러지법은 고온성 세균을 이용하여 고농도의 폐수를 처리하는 방법으로 분해속도가 빠르고 슬러지 발생량이 적은 것이 특징이다. 고온산화의 최적 온도는 55～60℃ 정도이지만, 일반적으로 45℃ 이상에서 운전한다. 이 방법은 중온산화에 비해 반응속도가 3～10배 빠르고, 내생분해속도가 10배 정도 빠른 것으로 알려져 있다. 한편 외부 가온 없이 고온을 유지하기 위해서는 20,000～40,000 mg-COD/L 정도의 고농도 유입수가 요구되며, 산소전달효율은 10～20% 정도가 요구된다. 이 방법의 단점은 산소전달효율이 떨어지고, 슬러지의 침전성이 불량하며 동시에 처리수의 탁도가 높다는 점인데, 그것은 고온성 세균의 floc 형성 능력이 낮기 때문이다.

9. 라군처리(Lagoon)

라군(Lagoon)이란, 원래 작은 소지(沼池)를 의미하는데, 폐수처리 분야에서는 유기성폐수를 비교적 장시간 체류시켜 생물학적으로 처리하는 지상(池状)의 시설을 의미하며, 안정화지(Stabilization pond) 또는 산화지(Oxidation pond)라고도 한다.

표(7.4)는 미생물학적 정화기구(浄化機構)에 의해 분류한 라군의 종류와 특성을 나타낸 것이다.

표 7.4 라군의 종류와 특성

구 분	안정화지			폭기지
	산화지		혐기성지	
	호기성	임의성		
수심(m)	0.2～0.4	1～2.5	2.5～4	2～4.5
체류시간(day)	2～6	7～30	30～50	2～10
BOD 부하($g/m^2 \cdot day$)	10～20	2～10	20～100	
BOD 제거율(%)	80～95	35～75	50～70	
BOD 분해형식	호기성	호기성	혐기성	호기성
슬러지의 분해	없음	혐기성	-	호기＋혐기
광합성반응	있음	있음	-	-

위의 각종 라군은 각기 다른 특성을 가지고 있어 일률적으로 논하기는 어려우나 다음과 같은 공통적 특성을 가지고 있다.

① 비교적 넓은 용지를 필요로 하나, 비장치적 시설이므로 건설비가 저렴하다.
② 제어성(制御性)이 부족하기는 하나, 유지관리의 비용이 싸고 관리도 쉽다.
③ 체류시간이 길고, 폐수의 수량 및 수질의 변동이나 독성물질의 충격적 유입에 대해 저항력이 크다. 그러나 일단 처리기능이 악화되면 회복에는 장시간을 요한다.
④ 폭기지를 제외하고는 처리과정의 해석이 복잡하여 합리적 설계기준과 운전지침을 확립하기 어렵다.
⑤ 기온이나 일조량(日照量) 등의 환경인자에 지배되는 바가 크고, 처리능력은 계절에 따라 크게 변화한다.
⑥ 고부하 시나 침전성 현탁물이 많은 경우, 황화수소 등의 악취나 모기 등 해충이 발생하여 민원의 소지가 크다.

그림(7.13)은 라군에 의한 폐수처리의 원리와 물질 흐름을 나타낸 것이다.

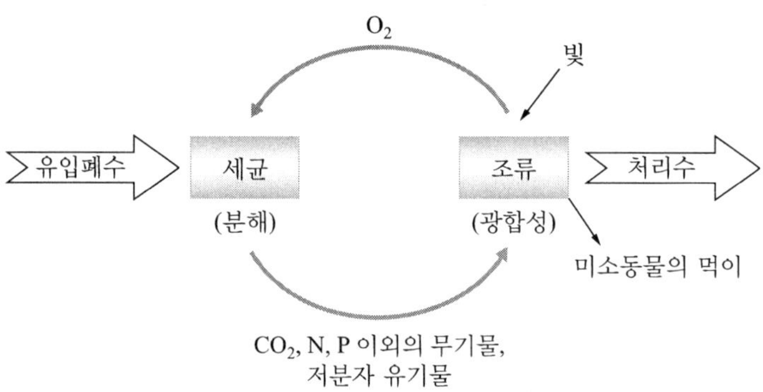

그림 7.13 라군에 의한 폐수 처리의 원리와 물질 흐름

라군의 설계 시 부하는 표면적당 BOD 부하량, 즉 g-BOD/m^2 · day로 표현되는데, 통상 2.44 g-BOD/m^2 · day를 초과해서는 안 된다. 또한 겨울철에는 생물의 활동이 중지되므로 지는 유입폐수를 저류할 수 있도록 충분한 용량을 확보해야 하며, 폐수의 유출입구는 단락류가 발생하지 않도록 위치를 잘 고려하여 폐수가 전체 지에 고루 확산되도록 해야 한다. 그림(7.14)는 단락류를 예방하기 위한 몇 가지 흐름의 예를 보인 것이다.

(a) 1점유입 1점유출　　(b) 다점유입 1점유출　　(c) 다점유입 다점유출

그림 7.14 라군의 유입 및 유출방법의 예

예제 7.1

어떤 지역의 인구가 1,000명이다. 이 지역 내 공장폐수와 생활하수를 처리하기 위해 라군을 설계하고자 한다. 라군의 BOD 부하를 2.0 g-BOD/m^2·day으로 계획할 경우, 라군의 표면적과 제방의 높이를 구하라. (단, 생활하수의 농도는 150 mg-BOD/L, 1인당 하수발생량은 0.35 m^3/day이고, 공장폐수의 농도 및 배출량은 각각 1,000 mg-BOD/L 및 40 m^3/day이다. 또한 증발 및 누출에 의한 연간 물 손실은 2 m/year이고, 연간 강우량은 1.3 m/year이다. 평상시 라군의 수위는 0.5 m 정도로 하고, 겨울철 폐수의 저장일수는 150일을 기준으로 한다.)

풀이 일 BOD 부하(생활하수 + 공장폐수)

$$= 150 \times 0.35 \times 1000 + 1000 \times 40 = 92{,}500 \text{ g-BOD/day}$$

라군의 면적(A)

$2.0 \text{ (g-BOD/m}^2 \cdot \text{day)} = 92{,}500 \text{ (g-BOD/day)} / A \text{ (m}^2)$

$A = 46{,}250 \text{ m}^2$

한편 1일 총 하·폐수량(Q)은

$Q = 0.35 \times 1000 + 40 = 390 \text{ m}^3/\text{day}$

겨울철 저장유량(Q')은 1일 총 하·폐수량 × 저장일수이므로,

$Q' = 390 \times 150 = 58{,}500 \text{ m}^3$이다.

제방의 높이는 평상시 수위와 겨울철 저장유량에 의한 수위(h)이다.

$$h = \frac{58{,}500}{46{,}250} \fallingdotseq 1.3 \text{ m}$$

따라서 제방고(H)는 여유고를 1 m 정도로 할 경우,

$H = 1.0 + 1.3 + 0.5 = 2.8 \text{ m}$ 이다.

연습문제

1. 연속회분식 활성슬러지법(SBR)의 장점을 기술하라.

2. 활성슬러지법은 적용부하에 따라 어떻게 분류할 수 있으며, 각 변법의 적정 유입수 농도는 각각 어떻게 다른가?

3. 초고율법(UHR)의 운전조건 및 장단점에 대해 기술하라.

4. 점감식 포기법과 단계식 부하법에 대해 설명하라.

5. 접촉안정법의 원리와 특징에 대해 기술하라.

6. 순산소포기법을 이용할 경우 기질제거속도가 크고 슬러지 발생량이 적은 이유는 무엇인가?

7. 간헐포기법이 운전에너지의 감소에도 불구하고 처리속도가 빠르고 슬러지 발생량이 적어 연속포기에 비해 우수한 것은 어떤 이유인가?

8. 고속폭기침전지의 특징과 장단점에 대해 기술하라.

9. 라군의 장단점을 기술하라.

참고문헌

이정수, 표준 및 간헐포기식 활성슬러지법의 처리 특성에 관한 비교 연구(Ⅰ) -부하변동 및 합리적 설계에 관하여-, 대한환경공학회지, 20(9), 1267～1278. 1998.

이정수, Ultra high rate(UHR)법의 처리특성 및 설계에 관한 연구, 대한환경공학회지, 22(12), 2239～2245. 2000a.

이정수, 이태규, 온도 및 pH 변화에 따른 연속 및 간헐포기식 활성슬러지법의 처리특성, 대한환경공학회지, 22(6), 1001～1009. 2000b.

Albertson, J. G., *et al.*, *Investigation of the use of High Purity Oxygen Aeration in the Conventional Activated Sludge Process*, FWQA report No. 17050 DNW05/70, 1970.

Bitton G., *Wastewater Microbiology*, John Wiley & Sons, New York, pp. 150. 1994.

Benefield, L. D. and Randall, C. W., Biological Process Design for Wastewater Treatment, Prentice-Hall, pp.199, 1980.

Chapman, T. D., *et al.*, Effect of High Dissolved Oxygen Concentration in Activated Sludge. *J. Water Pollut. Control Fed.*, Vol. 48, 1976.

Cox, G. C., Lewin, V. H., and Brignal, W. J., Use of the deep shaft process in uprating and extending existing sewage treatment works, *J. WPCF*, 80, p. 70-86, 1980.

Hashimoto, S., Fujimoto, T., Kawasugi, T. and Yoriyama, A., 深層曝氣法の 研究と 歷史的展望, 環境技術, Vol. 15, No. 11, p. 837-981, 1986.

McKinney R. E., Mathematics of Complete Mixing Activated Sludge. *J. Sanit. Eng. Div. ASCE.*, 88 , SA3. 1962.

Metcalf and Eddy, Inc., Wastewater Engineering-Treatment, Disposal, Reuse. 2nd Ed., McGraw-Hill, Inc., New York, N.Y. 1979.

Metcalf and Eddy, Inc. *Wastewater engineering: Treatment, Disposal, Reuse*, 3rd ed., G. Tcchobanoglous and F. L. Burton, eds., McGraw-Hill, Toronto.1991.

Kalinske, A. A., Comparison of Air and Oxygen Activated Sludge System., *J. Water Pollut. Control Fed.*, Vol. 48, 1976.

Parker, D. S. and Merill, M. S., Oxygen and Air Activated Sludge; Another View. *J. Water Pollut. Control Fed.*, Vol. 48, 1976.

Reynolds, T. D., Unit operation and processes in environmental engineering.

CHAPTER 07 ■ ■ ■ CHAPTER 08

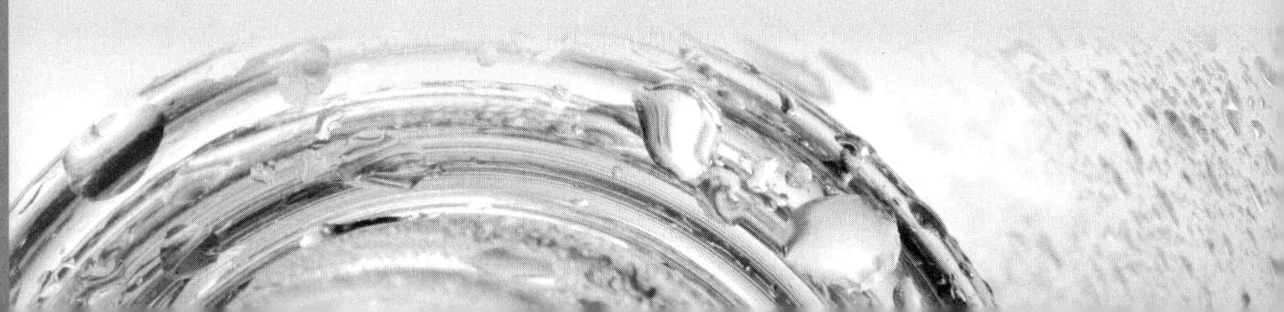

Chapter 08

고도처리

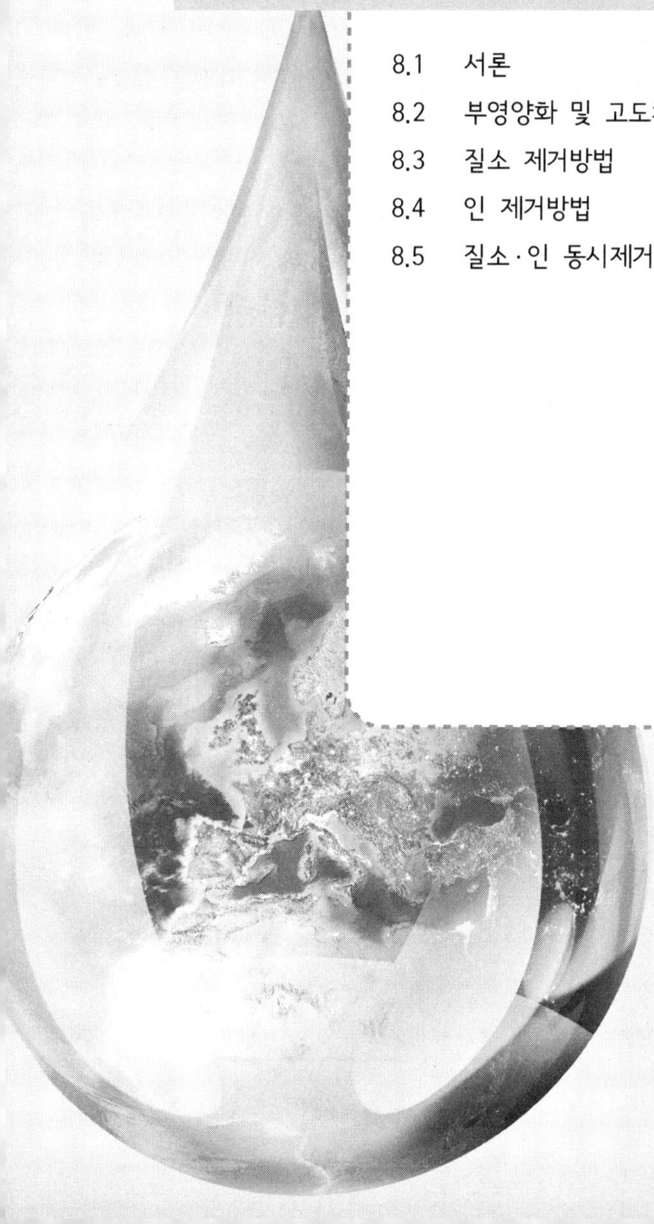

8.1 서론

도시와 산업의 발달에 따라 용수의 사용량은 나날이 증가하고 있다. 이에 따라 하·폐수의 발생량 역시 자연히 증가하고 있으며, 게다가 기존의 처리법으로는 제거되지 않는 물질의 배출량도 날로 증가하고 있다. 따라서 수자원을 보다 효율적으로 사용하고 보호하기 위해 환경기준은 더욱 강화되고 있는 실정이며, 이러한 기준을 충족시키기 위해서는 보다 효과적인 새로운 처리법의 도입과 개발이 절실히 요구된다. 즉, 환경기준의 유지와 달성 및 물의 재이용, 수원의 오염 방지 및 양질의 수원을 확보·보전하기 위해서는 기존의 1·2차 처리 이상의 보다 높은 수준의 처리가 절실히 요구되는데, 이와 같은 목적으로 2차 처리 후 부가되는 처리를 일반적으로 **고차처리**라고 한다. 이 중 질소와 인과 같은 부영양화 물질을 제거하기 위한 과정은 특별히 **고도처리**라 칭하는데, 그것은 이들 물질의 제거수순이 1차 → 2차 → 고차처리와 같이 기존의 처리수순과 무관하게 행해질 수 있기 때문이다.

고차처리기술은 처리의 방법이나 목적에 따라 표(8.1)과 같은 다양한 물리적·화학적·생물학적 단위조작과 이들 단위조작의 조합으로 이루어지는데, 이 중 물리적·화학적 단위조작의 대부분은 용수처리에서도 동일하게 사용되는 기술이다.

표 8.1 고차처리의 목적별 제거대상물질 및 주요 단위조작

처리목적	제거대상물질			단위조작
환경기준의 유지 및 달성	유기물	부유성	SS, VSS.	여과, 응집침전, 규조토(硅藻土)여과, 부상법(浮上法), 장모여과, 스크린, 한외여과 등.
		용해성	BOD, COD, TOC, TOD, UV 흡광도.	활성탄 흡착, 염소 등 산화제 처리, 응집침전, 접촉산화 등.
부영양화 방지	영양염류	질소	TN, TKN, 암모니아, 질산성 or 아질산성질소.	생물학적 질산화-탈질법(A/O; anoxic/oxic 등), 이온교환법, 암모니아 탈기법(脫氣法), 불연속점 염소투입법, 토지적용(土地適用), 전기투석, 역삼투 등.
		인	T-P, PO_4-P.	생물학적 인 제거법(A^2/O 등), 흡착, 이온교환, Lime 첨가법, 응집침전, 응집제첨가 활성슬러지법, 토지적용(土地適用), 전기투석, 역삼투 등.
재이용	미량성분	용해성	TOC, 전도도, Na, Cl, Ca, Cd 등.	역삼투, 전기투석, 이온교환법 등.
		미생물	세균, 바이러스, 조류 등.	멸균, 소독(Cl_2, NaOCl, O_3, 자외선 등), Micro-straining 등.

8.2 부영양화 및 고도처리의 필요성

8.2.1 부영양화 현상(Eutrophication)

부영양화(富榮養化)란 호수가 지질학적 기원으로부터 서서히 소멸해 결국 육지화되어 가는 자연적인 천이과정 중의 하나이다. 즉, 그림(8.1)과 같이 호수에 유입하는 질소와 인은 자영양성 미생물인 조류나 수초를 번식시키고, 이들의 생존여건이 악화될 때 이들의 사체는 호수에 침전하며, 이들 사체를 구성하는 질소와 인은 혐기성 분해 과정을 거쳐 다시 용출된다. 상기의 반복적 과정을 통해 호수 내로 유입하는 질소와 인은 유출되지 않고 계속 누적되는데, 이러한 영양물질의 누적현상을 부영양화라고 하며, 그 결과 호수는 최종적으로 육지화 된다. 이러한 현상은 인간의 간섭이 없을 경우 매우 서서히 진행되지만, 농업활동이나 하수의 무분별한 처분 등 인간의 활동이 더해지면 더욱 빠르게 진행된다.

표(8.2)는 호수의 영양상태를 항목별로 구분한 것인데, 이 중 주로 질소와 인의 농도를 지표로 사용한다. 하지만 호수의 생산력은 단지 질소나 인뿐만 아니라 일광·온도·비타민·유해 중금속의 농도 등 다양한 인자의 영향을 받기 때문에 질소와 인의 한계농도가 부영양화의 절대적 조건은 아니지만, 일반적으로 그 한계치는 질소 0.1～0.2 mg-N/L, 인 0.02～0.03 mg-P/L 정도인 것으로 알려져 있다.

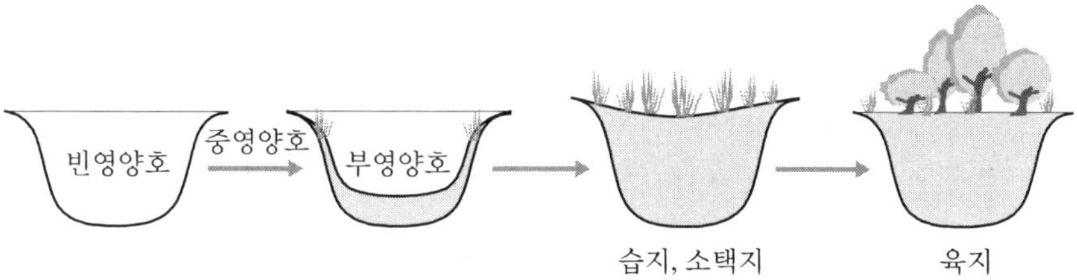

그림 8.1 호수의 생태학적 천이과정

표 8.2 호수의 영양상태

수질항목	빈영양	중영양	부영양
TP(μg/L)	<10	10～20	>20
chlorophyll(μg/L)	< 4	4～10	>10
투명도(m)	> 4	2～4	< 2
심수층DO(%포화도)	>80	10～80	<10

USEPA(1974), NAS/NAE(1972), Thomann, R. V., Mueler, J. A.(1987)

8.2.2 부영양화로 인한 영향

부영양화는 단지 생태계를 변화시키는 데 그치지 않고, 다음 표(8.3)과 같이 인간의 생활에도 많은 영향을 미친다.

표 8.3 부영양화로 인한 각종 장해

구 분	빈영양	중영양(전기)	중영양(후기)	부영양
상수도(공업용수도 포함)				
여과지 폐색	○	○○○	○○○	○○○
냄새		○○	○○○	○○○
착색		○	○○	○○○
Mn 장해		○○	○○○	○○○
응집 장해		○	○○	○○○
수 산				
어종 변화	○	○○	○○○	○○○
폐사			○	○○○
관 광				
레크리에이션				
외관	○	○	○○	○○○
수영			○○	○○○
보트			○	○○
냄새			○	○○○

8.2.3 부영양화의 통제

부영양화를 통제하기 위해서는 유입을 통제하는 방법과 호소 내 기존의 영양물질을 제거하는 방법이 있다.

유입을 통제하는 방법은 각종의 폐수를 처리하는 방법, 무인산 세제 등 저공해 상품을 개발·사용하는 방법 등이 대표적인데, 전자의 경우 기존의 생물학적 처리법으로는 질소와 인을 충분히 제거할 수 없어 별도의 고도처리가 요구된다. 즉, 생활하수의 경우 유입수 중의 N/C의 비는 1/6, P/C의 비는 1/20인데 비하여 미생물의 대사에 요구되는 N/C의 비는 1/20, P/C의 비는 1/100 정도로 낮다. 따라서 일반 활성슬러지법에서 질소와 인의 제거율은 각각 30~50%, 10~20% 정도로 그 이상을 처리하기 위해서는 별도의 고도처리가 요구된다.

한편 호소 내 영양물질을 통제하거나 또는 제거하는 방법으로는 퇴적층의 준설·폭기 또는 물리·화학적 과정을 통한 침전 등을 들 수 있는데, 이 중 준설의 경우 일반적으로 pump를 이용하여 호소 내 퇴적층을 흡인하여 육지로 이송한 후 고형물의 침전과 상징액의 화학적 처리를 실시한 후 각 대상물질에 해당하는 방법, 즉 매립하거나 원래 장소로 되돌려 보내는 등으로 처리·처분한다. 하지만 이 경우 호소 내 저서생물의 서식환경을 파괴할 수 있으며, 바닥의 영양물질과 고형물을 주변에 확산시켜 2차적 오염이 발생할 수 있다.

그 밖에 호소 내 용존산소의 농도를 상승시켜 호소의 혐기화로 인한 영양물질의 용출을 억제하기 위한 방법으로 심수층 포기방법과 탈성층화 방법이 있는데, 어느 경우든 지속적으로 많은 에너지가 소요되는 단점이 있다. 또한 명반과 같은 응집제를 이용하여 호소 내 인·탁도·색도 등을 화학적으로 응집·제거할 수도 있는데, 이 경우 역시 호소 내 생태계의 파괴와 약품 사용비 등을 무시할 수 없다.

8.3 질소 제거방법

8.3.1 물리/화학적 질소 제거방법

1. 암모니아 탈기법

수중의 암모늄이온(NH_4^+)과 암모니아(NH_3)는 pH와 수온에 따라 다음과 같이 해리하여 평형을 이룬다.

$$NH_4^+ + OH^- \rightleftarrows NH_3 + H_2O \tag{8.1}$$

다음 그림(8.2)는 pH와 온도에 따른 NH_3와 NH_4^+의 평형이동 상태를 나타낸 것이다(横須賀市下水道部, 1975, 1976). 그림에서 온도와 pH의 상승에 따라 NH_3의 비율이 증가하는데, 암모니아 탈기법은 보통 석회를 이용하여 pH를 11 이상으로 충분히 높여 NH_4^+를 NH_3로 유리(遊離)시킨 후 탈암모니아탑에서 다량의 공기와 접촉시켜 NH_3를 대기 중으로 방산시키는 방법이다. 이때 NH_3의 방산속도는 온도·공기공급량 및 NH_3의 농도에 비례하며, 다음 식(8.2)와 같은 1차식으로 표현된다.

$$-dC/dt = K'C \tag{8.2}$$

여기서, C : 수중 NH_3 농도,
K' : 제거반응속도상수이다.

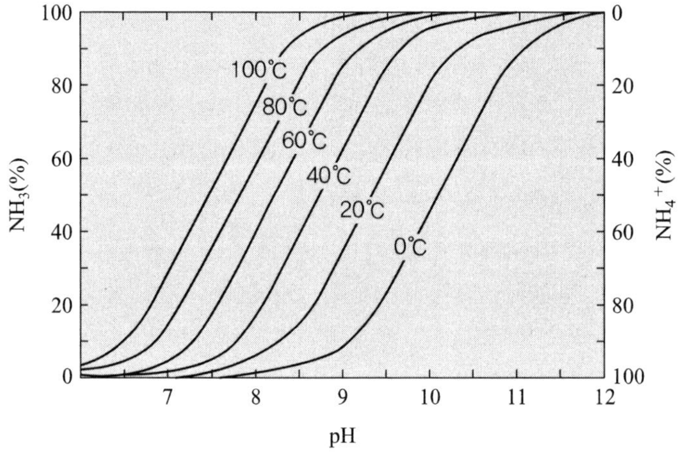

그림 8.2 pH와 온도에 따른 NH_3와 NH_4^+의 존재 비율

따라서 암모니아 탈기법은 추운 지역이나 동절기에는 처리효율이 저하하며 소음과 악취 및 탈기탑 내에 scale이 발생하는 등의 문제점이 있다.

그림(8.3)은 암모니아 탈기를 위한 처리시설의 한 예를 보인 것인데(Culp, 1967), 탈기를 위해서는 그림과 같이 유입수에 석회[$Ca(OH)_2$]를 첨가하고 충분히 교반시켜 설정 pH까지 올린 후 불용액은 침전·분리한다. 다음 상징액은 탈기탑에 유입시켜 암모니아성 질소로 방출시킨다. 한편 탈기탑의 유출수는 pH가 높기 때문에 1·2차 재탄산화조에서 탄산가스를 주입하여 유출수에 용해된 석회를 탄산칼슘[$CaCO_3$]으로 침전·제거한 후 여과지를 거쳐 방류한다. 또한 각 분리조에서 분리된 탄산칼슘은 재생과정을 거쳐 재이용한다. 재탄산화반응 및 재생반응은 식(8.3) 및 (8.4)와 같다.

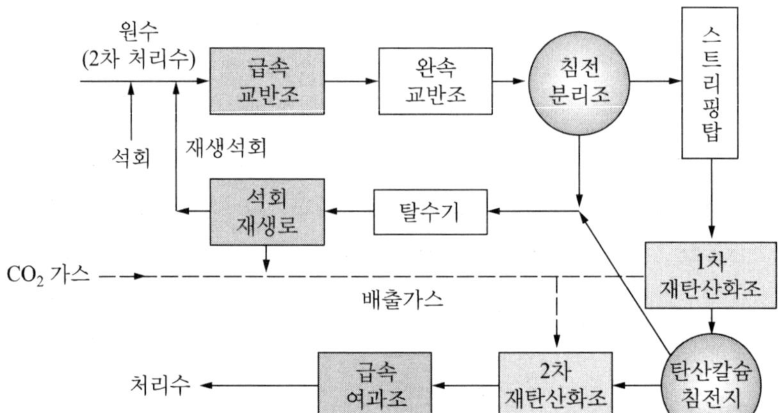

그림 8.3 암모니아 탈기법의 흐름도

$$\text{재탄산화 } Ca(OH)_2 + CO_2 \rightarrow CaCO_3\downarrow + H_2O \quad (8.3)$$

$$\text{재생 } CaCO_3 \rightarrow CaO + CO_2 \quad (8.4)$$

2. 이온교환법

이온교환법이란 화학반응성에 따라 이미 결합된 이온을 다른 이온으로 교체하여 제거하는 것을 말하는데, 제거 기능에 따라 양이온(陽ion) 교환수지·음이온(陰ion) 교환수지 및 양 이온(兩ion) 교환수지가 있으며, 이 중 陽ion 교환수지의 선택성은 다음과 같다.

$$Al^{3+} > Ca^{2+} > Mg^{2+} \cdots Mn^{2+} > K^{+} > NH_4^{+} > Na^{+} > H^{+} \quad (8.5)$$

상기와 같이 NH_4^+은 선택성이 낮아 일반적인 양이온 교환수지를 이용할 경우 공존이온의 영향을 크게 받지만 알미노규산염 광물의 일종인 제올라이트(zeolite)는 하수 중에 다량 존재하는 Ca^{2+}나 Mg^{2+} 등에 비해 NH_4^+의 선택성이 높아 공존이온의 영향을 크게 받지 않으면서 선택적으로 NH_4^+을 제거할 수 있다. 또한 이 방법은 동절기에도 사용이 가능하며, pH를 높일 필요가 없기 때문에 알루미늄염이나 철염으로 인을 응집·제거한 후 유출수에 적용할 수 있다. Zeolite는 분말 또는 입상으로 이용하는데 후자가 일반적이며, 각종 천연 zeolite의 NH_4^+-N 흡착량은 5~10 mg NH_4^+-N/g 정도이다.

참고로 zeolite는 알칼리 및 알칼리토금속의 규산알루미늄 수화물인 아종광물의 총칭으로, 이 중 클리놉틸로라이트[Clinoptilolite, $(CaNaK_4)(AlSi_5O_{12})\cdot 24H_2O$]와 모데나이트[Mordenite, $(CaNa_2K_4)(AlSi_5O_{12})\cdot 24H_2O$]를 주성분으로 하는 zeolite의 양이온 교환 능력이 우수하다.

Zeolite의 양이온 선택성은 다음과 같다.

$$K^{+} > NH_4^{+} > Cr^{2+} > Ca^{2+} > Fe^{3+} > Al^{3+} > Mg^{2+} \quad (8.6)$$

3. 불연속점 염소처리법

불연속점 염소투입법(Break point chlorination process)은 액체염소 또는 차아염소산나트륨이나 표백분(차아염소산칼륨)과 같은 염소화합물의 산화력을 이용하여 암모니아성 질소를 질소가스 상태까지 산화시켜 대기 중으로 방산시키는 방법이다.

다음 그림(8.4)는 암모니아성 질소를 포함한 물에 염소를 서서히 주입할 경우 총잔류염소의 농도 변화를 나타낸 것으로 다음 4단계로 나누어진다.

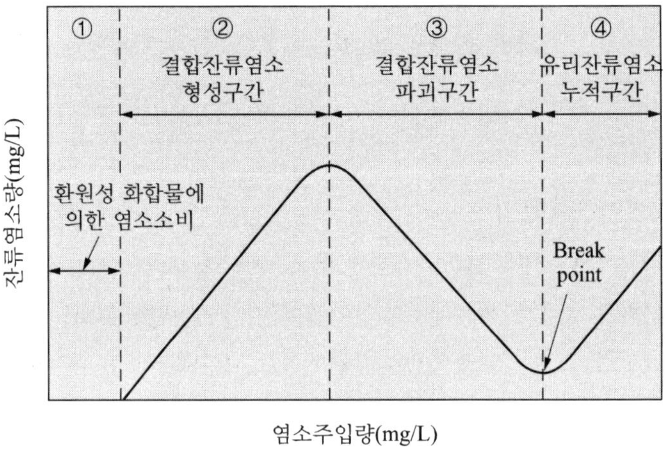

그림 8.4 염소 주입 시 잔류염소의 변화

① 주입된 염소는 하수 중의 산화 가능한 물질을 산화하는 데 소비되어 수중에 잔류염소는 존재하지 않는다.

② 이 과정은 이후 계속되는 염소의 주입에 따라 형성된 차아염소산(HClO)과 암모니아가 반응하여 결합잔류염소(結合殘留塩素)인 클로라민을 형성하는 단계인데, 차아염소산과 암모니아가 반응하면 먼저 모노클로라민이 형성되고 이후 pH가 저하하면서 디클로라민과 트리클로라민이 형성된다. 이때 일부 클로라민은 질소가스 상태로 분해된다.

$$\text{모노클로라민} \quad NH_3 + HClO \rightarrow NH_2Cl + H_2O \tag{8.7}$$

$$\text{디클로라민} \quad NH_2Cl + HClO \rightarrow NHCl_2 + H_2O \tag{8.8}$$

$$\text{트리클로라민} \quad NHCl_2 + HClO \rightarrow NCl_3 + H_2O \tag{8.9}$$

③ 계속 염소를 주입해도 결합잔류염소가 증가하지 않고 오히려 감소하는 단계로, 그것은 이미 생성된 클로라민이 다음과 같은 반응을 통하여 질소가스로 변환되기 때문이며, 이 과정에서 질소가 제거된다.

$$2NH_2Cl + 2HClO \rightarrow N_2 + 2H_2O + 2HCl + 2Cl^- \tag{8.10}$$

$$NHCl_2 + NH_2Cl \rightarrow N_2 + 3HCl \tag{8.11}$$

$$2NHCl_2 + H_2O \rightarrow N_2 + 4HCl + (O) \tag{8.12}$$

$$2NCl_3 + 3H_2O \rightarrow N_2 + 6HCl + 3(O) \tag{8.13}$$

④ 이 단계는 더 이상 산화될 물질이 없어 주입한 염소가 유리된 상태로 남아 유리잔류염소의 농도가 계속 증가한다.

한편 상기 식(8.10)~(8.13)을 암모니아와 염소의 반응으로 나타내면 다음과 같다.

$$2NH_3 + 4Cl_2 \rightarrow N_2 + 6HCl + 2Cl^- \tag{8.14}$$

$$2NH_3 + 3Cl_2 \rightarrow N_2 + 6HCl \tag{8.15}$$

$$2NH_3 + 4Cl_2 + H_2O \rightarrow N_2 + 8HCl + (O) \tag{8.16}$$

$$2NH_3 + 6Cl_2 + 3H_2O \rightarrow N_2 + 12HCl + 3(O) \tag{8.17}$$

상기 식에서 알 수 있듯이 Cl/NH_3-N의 중량비는 7.6~15.2배이다. 하지만 실제 하수 처리수에는 많은 유기물이 포함되므로 이 이상의 염소가 소비된다. 따라서 고도처리를 목적으로 염소를 사용할 경우, 유기물과 질소를 동시에 제거할 수 있는 장점이 있으나 염소의 소비량이 커서 약품비가 과다하고, pH의 조정을 위한 석회의 투여로 유출수의 경도가 증가하며, 잔류염소의 독성으로 방류수역의 생태계를 교란시킬 수 있다. 참고로 상수의 염소소독 시 발생하는 Trihalomethane(THM)과 같은 발암물질은 하수 소독 시 거의 발생하지 않는데, 그것은 하수 소독 시 염소를 break point 이상으로 주입하지 않기 때문이다.

8.3.2 생물학적 질소 제거의 원리 및 개요

오늘날 폐수처리과정에서 질소의 제거는 매우 중요한 공정이다. 하지만 폐수에 포함된 많은 종류의 질소화합물과 다양한 반응(그림 8.5 참고; Mark, 1998)은 미생물에 의한 질소제거공정에 대한 연구를 어렵게 한다. 따라서 오랜 연구에도 불구하고 질소 제거와 관련하여 일부 새로운 현상들이 꾸준히 보고되고 있다. 하지만 이러한 현상의 생물학적 과정은 이론적으로 정확하게 구명되지 않고 있어, 현재까지 생물학적 질소제거과정은 기존의 이론대로 질산화(Kluyer and Donker, 1926)에 이은 탈질(Beijerinck and Minkman, 1910) 과정으로 해석하고 있다.

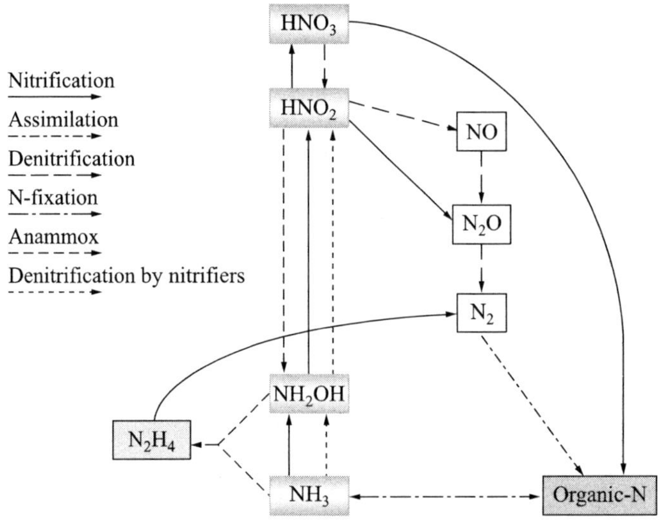

그림 8.5 생물학적으로 가능한 질소 전환 모식도

기존 이론에 따르면 폐수 중에 질소는 유기성 질소·암모니아성 질소·아질산성 및 질산성 질소의 형태로 존재하는데, 이 중 유기성 질소나 암모니아성 질소가 산소가 공급되는 조건(oxic)에서 자영양성 미생물인 아질산균(*nitrosomonas*)과 질산균(*nitrobactor*)에 의해 질산화되는 1단계 과정과 산소가 없는 조건(anoxic)에서 질산화물질이 타영양성 미생물인 탈질균(脫窒菌)에 의해 질소가스(N_2)로 탈질되는 2단계 과정을 거쳐 제거되는 것으로 생각하고 있다. 즉, 질산화에 대한 기존 이론은 특정의 세균이 특정의 기능만을 보유한다는 생각에 기초한다. 다시 말해 탄소원을 제거하는 미생물·질소를 제거하는 미생물·인을 제거하는 미생물 등이 각기 따로 존재한다는 생각에 기초한다.

하지만 일반론과 다르게 최근 다양한 현상이 제시되고 있는데, 예를 들어 호기성 탈질(aerobic denitrification)과 타영양성 미생물에 의한 타영양성 질산화(heterotrophic) (Robertson and Kuenen, 1990; Muller et al, 1995), 혐기성 암모니아 산화(anaerobic ammonium oxidation) (Muller *et al.*, 1995) 또는 자영양성 질산화 박테리아에 의한 탈질(Bock *et al.*, 1995; Schmidt and Bock, 1997) 등이 보고되었고, 분리 동정된 호기성 탈질균에 의한 호기성 탈질 현상도 보고된 바 있다(山田, 1993).

이와 같이 기존의 질산화나 탈질이론과는 다른 현상이나 주장이 더 이상 생소한 것은 아니지만, 그 정확한 과정은 잘 알려져 있지 않다. 따라서 생물학적 질산화 및 탈질현상은 기존의 과정 외에 밝혀지지 않은 다른 많은 과정이나 현상이 작용하는 것으로 판단되며, 밝혀지지 않은 많은 세균이 탄소성 유기물의 제거뿐 아니라 질산화나 탈질을 행하는 것으로 판단된다. 이러한 생각은 몇몇의 주장을 비교함으로써 보다 명확해진다. 예를 들어, Metcalf(1991) 등은 F/M비가 상승할 경우 총 미생물 중 질산화세균의 비율이 크게 감소한다고 보고하였는데, 그렇다면 이때 질산화 속도는 감소해야 할 것이다. 하지만 Ekama(1984)는 F/M비가 상승할 경우, 즉 탄소성 유기물이 증가할 경우 비탈질률이 상승한다고 보고하였다. 또한 C/N비(폐수에 함유된 탄소 대 질소의 비)는 질소 제거에 영향을 주는 것으로 알려져 있는데, 호기성 분해 시 10~16 정도에서 가장 활발한 것으로 알려져 있으며, C/N비가 상승하면, 즉 Ekama의 주장과 같이 F/M비가 상승하면 질소제거율은 상승하는 것으로 알려져 있다.

이와 같이 질소제거와 관련하여 주장이 상반되는데, 이들 주장이 각각 타당성을 가지기 위해서는 기존의 질산화세균(*nitrosomonas*, *nitrobactor*) 외에 활성슬러지 내 일반 산화균 역시 질산화에 관여하는 것으로 생각하지 않으면 안 된다. 즉, 그림(4.4)와 같이 BOD 실험 시 탄소성 유기물이 거의 산화된 후 질소가 산화되는 현상은 대부분의 세균이 생장에 필요한 에너지로 상대적으로 분해가 쉬운 탄소성 유기물을 우선 분해하고, 이후 탄소성 유기물이 고갈될 경우 질산화를 통하여 에너지를 취득하기 때문에 나타나는 현상으로, 기존의 주장처럼 탄소성 유기물을 제거하는 세균과 질소를 제거하는 세균이 따로따로 존재한다면, 실험 초기부터 각기 해당 기질을 제거하기 위해 산소를 소비하므로 BOD곡선은 한 개의 곡선(CBOD+NBOD)으로 나타날 것이다. 다시 말해 탄소가 산화되고 이후 질소가 산화되는 현상은 세균의 기질 선택 현상을 보여주는 것으로, 실제 처리장에서도 탄소성 유기물이 일정 정도 제거되지 않으면 질산화반응은 잘 일어나지 않는다. 또한 3.3.1항의 그림(3.5)는 이러한 현상을 보다 명확하게 보여준다.

결론적으로 활성슬러지 내 수많은 세균들의 기능이 확실하게 다 밝혀지지 않은 현황에서 일반론과 같이 각 세균이 유기물의 제거·질산화 혹은 탈질 중 특정의 기능만을 보유한다고 생각하기보다는, 오히려 많은 세균이 다양한 기능을 동시에 겸유(兼有)하며, 산화의 난이에 따라 기질을 선택하는 것으로 판단하는 것이 합리적일 것이다. 하지만 기능겸유나 기질선택과 상관없이 세균에 의한 질산화나 일반적 탈질현상은 다음과 같은 과정으로 생각된다.

1. 질산화 반응

식(8.18)과 (8.19)는 생물학적 질산화 과정을 나타낸 것으로, 질산화 세균은 생장에 필요한 에너지를 암모니아와 같은 질소화합물의 산화를 통해 취득한다.

$$NH_4^+ + \frac{3}{2}O_2 \xrightarrow{\text{nitrosomonas sp.}} NO_2^- + 2H^+ + H_2O \quad (8.18)$$

$$NO_2^- + \frac{1}{2}O_2 \xrightarrow{\text{nitrobactor sp.}} NO_3^- \quad (8.19)$$

총괄적 반응은 다음과 같다.

$$NH_4^+ + 2O_2 \rightarrow NO_3^- + 2H^+ + H_2O \quad (8.20)$$

한편 일부 암모니아성 질소는 세포질로 합성되는데, 그 과정은 다음과 같다.

$$4CO_2 + HCO_3^- + NH_4^+ + H_2O \rightarrow C_5H_7O_2N + 5O_2 \quad (8.21)$$

상기 두 가지 반응, 즉 질산화와 세포합성의 총괄적 반응은 다음과 같다.

$$NH_4^+ + 1.83O_2 + 1.98HCO_3 \rightarrow$$
$$0.021C_5H_7O_2N + 0.98NO_3^- + 1.041H_2O + 1.88CO_2 \quad (8.22)$$

2. 탈질반응

질소제거공정에서 유기물은 미생물의 증식과 호흡활동의 에너지원으로 활용될 뿐 아니라 탈질세균의 탈질을 위한 에너지원으로 활용된다. 이미 밝혔듯이 필자의 생각으로는 수많은 세균이 탈질에 관여할 것으로 판단하지만, 아무튼 일반론적으로 잘 알려진 탈질세균으로는 *Pseudomonas* · *Micrococcus* · *Bacillus* · *Achromobacter* 등이 있으며, 이들 세균은 산소(oxic) 혹은 무산소(anoxic)조건에서도 에너지를 얻을 수 있는데, 산소조건에서는 유리산소(遊離酸素)를 이용하고, 무산소조건에서는 NO_2^-와 NO_3^-와 같은 결합산소(結合酸素)를 이용하는 것으로 알려져 있다.

탈질반응은 다음 식과 같다.

$$2NO_3^- + 2(H_2) \rightarrow 2NO_2^- + 2H_2O \quad (8.23)$$

$$2NO_2^- + 3(H_2) \rightarrow N_2\uparrow + 2OH^- + 2H_2O \quad (8.24)$$

위 식과 같이 질산화물질을 환원하기 위해서는 수소가 요구되는데, 이 수소는 유기물의 분해과정에서 얻어진다. 수소공여체로, 즉 탈질을 위한 에너지원으로 유입하수 · 메탄올(methanol) · 초산 등의 저급 지방산과 당류나 펩톤(peptone) 등의 유기물이 활용될 수 있는데, 실 처리장에서는 대부분 유입하수를 이용한다.

질산화물질의 환원과정을 살펴보기 위해 메탄올에 의한 질산염과 아질산염의 환원과정을 예로 들면 다음과 같다.

$$3O_2 + 2CH_3OH \rightarrow 2CO_2\uparrow + 4H_2O \quad (8.25)$$

$$6NO_3^- + 5CH_3OH \rightarrow 3N_2\uparrow + 5CO_2\uparrow + 7H_2O + 6OH^- \quad (8.26)$$

$$2NO_2^- + CH_3OH \rightarrow N_2\uparrow + CO_2\uparrow + H_2O + 2OH^- \quad (8.27)$$

따라서 완전 탈질화에 수소공여체로 요구되는 메탄올은 다음과 같다.

$$CH_3OH = 0.7DO + 1.1(NO_2\text{-}N) + 2.0(NO_3\text{-}N) \quad (8.28)$$

여기서, CH_3OH : 메탄올 농도(mg/L),
DO : 용존산소 농도(mg/L),
NO_2-N : 아질산성질소 농도(mg/L),
NO_3-N : 질산성질소 농도(mg/L)이다.

한편 세포합성은 다음과 같다.

$$NO_3^- + 1.88CH_3OH + 0.24H_2CO_3 \rightarrow$$
$$0.056C_5H_7O_2N + 0.47N_2 + 1.68H_2O + HCO_3 \quad (8.29)$$

또한 메탄올을 탄소원으로 하고 암모니아를 질소원으로 사용할 경우 세포합성은 다음과 같다.

$$NO_3^- + 2.5CH_3OH + 0.5NH_4^+ + 0.5H_2CO_3 \rightarrow$$
$$0.5C_5H_7O_2N + 0.5N_2 + 4.5H_2O + 0.5HCO_3 \quad (8.30)$$

상기 세포합성과정에는 탈질화에 소요되는 메탄올의 약 30%가 소비된다. 따라서 탈질화와 세포합성에 요구되는 메탄올의 총량은 다음 식과 같다.

$$CH_3OH = 0.9DO + 1.5(NO_2\text{-}N) + 2.5(NO_3\text{-}N) \quad (8.31)$$

3. 질산화 및 탈질에 미치는 영향인자

이하 질산화와 탈질에 대한 각 인자의 영향은 기존의 일반론적 주장과 필자의 생각을 기술한 것으로 일부 내용은 필자의 생각과 다를 수 있다.

① 질산화 반응속도

질산화속도는 탈질속도와 마찬가지로 생물학적 질소제거법에서 반응조의 체류시간 및 질소제거율을 결정하는 중요한 인자이다.

질산화반응은 $NH_4^+ \rightarrow NO_2^- \rightarrow NO_3^-$의 2단계 반응으로, 이 중 $NH_4^+ \rightarrow NO_2^-$ 반응은 전체 질화속도를 좌우하는 율속단계(律速段階)이다. 질산화속도는 NH_3-N의 감소속도 또는 NO_2-N와 NO_3-N의 증가속도로 나타내며, 유기물 부하·수온·용존산소 농도·SRT·pH·알칼리도 및 기타 방해물질의 영향을 받는다.

㈀ 유기물 부하

질산화속도는 유기물의 부하와 생물반응조 내 유기물의 농도에 영향을 받는다. **즉, 생물반응조 내 유기물의 농도가 높을 경우 질산화반응은 잘 일어나지 않는다**(그림(4.4) 참고). 따라서 조 내 유기물의 농도가 일정 정도 이하로 낮아져야 하는데, 조 내 유기물의 농도는 유기물의 부하와 관련된다. 즉, 그림(6.2)에서 조 내 유기물의 농도는 F/M비 0.2 이하 또는 0.5 이상에서 낮은 값을 보인다. 따라서 질산화가 활발히 진행되기 위해서는 이들 부하조건이 유리하지만 F/M비가 0.2 이하로 낮을 경우 하등한 세균류의 감소로 질산화가 빠르게 진행되지 않으므로 **질산화를 위한 최적의 조건은 조 내 유기물 농도가 최대한 낮고 하등한 세균류는 최대한 보유할 수 있는 조건**, 즉 F/M비를 0.5 정도로 유지하는 것이 요구된다. 이 경우 인 제거율도 최대가 된다. 보다 자세한 내용은 8.4.2 ⑥항 참고.

다음 표(8.4)는 A^2/O 공정에서 충전 메디아를 감소시킬 경우와 충전 메디아를 전부 제거하고 동시에 탄소원을 보충할 경우 처리수의 수질 변화를 나타낸 것이다(金, 2001). 이 실험은 도시하수를 이용하였다.

표에 나타난 바와 같이 처리수의 수질은 메디아를 감소시키거나 탄소원을 보충함에 따라, 즉 F/M비를 상승시킴에 따라 유기물의 제거율뿐 아니라 질소와 인의 제거율도 동시에 상승함을 보여 준다.

표 8.4 메디아 충전량의 변화에 따른 유출수질

구 분	유기물 제거율(%) CODcr 기준	질소 제거율(%) T-N 기준	인 제거율(%) T-P 기준
3.2 m^2/m^3 *	평균 58.0	27.0～45.0	30.0～63.0
1.6 m^2/m^3 *	평균 73.3	평균 45.6	최대 63.0
NaAc 보충** (10～20 mg/L)	평균 80.6	70.0～84.5	45.0～65.0

* 메디아 비표면적

** NaAc(Sodium acetate; CH_3COONa)

이와 같이 유기물이나 질소·인의 제거효율을 상승시키기 위해서는 F/M비를 상승시켜 생물반응조 내에 하등한 세균류가 보다 우점토록 해야 한다. 하지만 설계나 운전 시 질소와 인 제거율을 향상시킬 목적으로 흔히 활성슬러지 반응조 내에 유동 또는 고정상태의 메디아를 충전시키거나 긴 HRT로 F/M비를 낮추는 경향이 있는데, 이럴 경우 도시하수처리장과 같이 낮은 부하로 운전되는 처리장에서는 F/M비를 더욱 낮추는 결과를 초래한다. 이에 따라 세균류가 크게 감소하여 BOD·질소·인의 제거율이 오히려 감소하는데, 이와 같이 무조건 생물반응조 내에 메디아를 충전하는 행위는 대부분 기대와 다르게 역효과를 나타내기 일쑤이다.

㈁ 온도

암모니아의 질산화속도는 보통의 생물반응과 마찬가지로 온도의 영향을 받는데, 최적 온도범위는 28~32℃로 알려져 있으며, 5℃ 이하에서는 정지된다. 이 반응에서 아질산화 과정은 전체 반응의 율속과정으로 아질산화의 활성은 25℃에서 최대를 나타내는데, 질산화의 활성은 20~25℃에서 아질산화의 활성 증가와 더불어 감소한다(Balmelle, 1992). 따라서 질산화의 활성은 15℃ 이하에서 최대치를 나타내며(Quinlan, 1986), 전체 반응속도는 다음 식과 같다.

$$K_n = a \cdot e^{bt} \tag{8.32}$$

여기서, K_n : 질산화 반응속도(mg-N/g-MLSS·hr 또는 mg-N/g-MLVSS·hr), T : 수온(℃), a, b : 상수이며, 원수의 수질이나 운전 조건에 따라 다르다.

㈂ DO

일반적으로 질산화속도에 대한 용존산소의 영향은 암모니아와 탄소계 유기물의 산화가 동시에 일어나는 단단계(單段階) system과 탄소계 유기물을 산화시킨 후 별도의 조에서 암모니아만을 산화시키는 2단계 system을 구분하여 생각해야 하는데, 그 진위를 떠나 Benefield(1980)는 단단계 system의 경우, 포기조 혼합액 내 질산화세균은 타 미생물에 비해 낮은 대사율과 5% 미만의 낮은 비율로 인하여 산소 경쟁에서 뒤지게 되고, 따라서 탄소계 유기물을 제거하는 타영양성 미생물의 수요를 초과하여 DO 농도가 3~4 mg/L로 될 때까지 질산화속도는 증가하며, 보통 2 mg/L 정도면 충분하다고 보고하였다. 또한 2단계 system에서는 탄소계 유기물의 영향이 없으므로 1 mg/L면 충분하다고 보고하였다.

㈃ pH와 알칼리도

pH는 질산화속도에 영향을 미치는데, 그 속도는 pH 8.0~8.4 정도에서 최대치를 보이며(Hultmam, 1973), 일반적으로 7.2~8.0의 pH 범위에서 안정적인 질산화가 가하다(Drowning, 1964). 한편 질산화반응은 pH를 저하시키는 반응이므로, 완충능력이 적은 폐수, 즉 알칼리도가 낮은 폐수의 경우 pH가 낮아져 질산화에 영향을 미치므로 알칼리제를 첨가하여야 한다. 이론적으로 1 mg의 NH_4-N을 산화시키기 위해서는 7.14 mg의 알칼리도가 요구된다.

㈄ 고형물 체류시간

EPA(1993)는 질산화균이 탄소성 유기물을 제거하는 일반 산화균에 비해 증식속도가 늦어 유기물 산화와 질산화를 동일 조에서 시행할 경우, 질산화균의 유지를 위해서는 긴 SRT가 요구되는데, 최소 6일 이상 요구된다고 주장하였다. 하지만 이와 같은 주장은 탄소성 유기물이 크게 부족하여 포기조 내 하등한 세균류가 주종을 이루지 못할 경우에 해당하며, 적절히 고부하(F/M비 0.5 정도)를 유지시켜(이때 SRT는 짧아짐) 세균류를 우점시킬 경우 많은 세균류의 기능 겸유로 인하여 유기물의 제거속도가 증가하고 그에 따라 후속반응인 질산화속도도 증가하는데, 최적의 SRT는 4일 정도이다. 관련 내용은 예제(5.7)을 참고하기 바란다.

② 탈질반응속도

탈질반응은 식(8.23) 및 (8.24)로 나타낼 수 있는데, 총괄반응은 다음 식과 같고, 이 반응은 유기물의 종류나 농도·DO·알칼리도·pH·온도 등의 영향을 받는다.

$$2NO_3^- + 5(H_2) \rightarrow N_2\uparrow + 2OH^- + 4H_2O \qquad (8.33)$$

㈀ 기질의 농도와 조성

탈질반응은 수소공여체로 탄소성 유기물을 이용함으로, 그 속도는 유기물의 농도나 조성에 영향을 받는데(표 8.5 참고), 일반적으로 3~4배의 BOD/N이 요구된다. 한편 식(8.34)과 같이 탈질조에 유입한 총질소의 양과 유출수의 총질소 양으로부터 비탈질률(Specific Denitrification Rate; SDNR)을 구할 수 있는데, 이때 COD(또는 BOD)/NO_x-N · F/M비 · 온도 등의 영향을 받는다. 특히 이 중 유기기질의 영향에 대해 Carucci(1996)는 COD/NO_x-N가 6.25~8.75일 경우 SDNR은 4.17 mg NO_x-N/g-MLVSS · hr, COD/NO_x-N가 32.4일 경우 10.42 mg

NO_x-N/g-MLVSS · hr이라고 보고하였으며, Ekama(1984)는 유기물의 부하와 NO_x-N의 비율에 따라 비탈질률이 4～40 mg NO_x-N/g-MLVSS · hr의 차이를 보인다고 보고하였다.

표 8.5 유기 탄소원의 종류에 따른 탈질률

탄소원	탈질률 (g NO_3^--N/g VSS · d)	온도 (℃)
Methanol	0.21～0.32	25
Methanol	0.12～0.90	20
Wastewater	0.03～0.11	15～27
Endogenous metabolism	0.017～0.048	12～20

Soap and Detergent Association(1988)

$$\mathrm{SDNR} = \frac{(TN_{in} - TN_{out}) \times Q}{\mathrm{MLVSS} \times V} \tag{8.34}$$

여기서, V : 탈질조의 용적(m^3),

Q : 탈질조 유입유량(m^3/t),

MLVSS : 탈질조 혼합액의 휘발성 고형물 농도(mg/L),

TN_{in} : 탈질조의 유입 총질소 농도(mg/L),

TN_{out} : 탈질조의 유출 총질소 농도(mg/L)이다.

(ㄴ) 질산염 농도

탈질균은 전자수용체로 질산염을 이용하므로 탈질률은 질산염의 농도에 영향을 받으며, Monod의 속도론에 따른다.

(ㄷ) 온도

탈질는 모든 생화학반응과 마찬가지로 온도의 영향을 받는데, 35～50℃의 고온에서도 일어나며, 5～10℃의 낮은 온도에서도 느리지만 일어난다. 탈질에 대한 온도의 영향은 다음 식으로 나타낼 수 있다.

$$K_{dn} = a' \cdot e^{b't} \tag{8.35}$$

여기서, K_{dn} : 질산화 반응속도(mg-N/g-MLSS · hr 또는 mg-N/g-MLVSS · hr),

T : 수온(℃), a', b' : 상수이며, 질산화와 마찬가지로 원수의 수질이나 운전조건에 따라 다르다.

㈃ DO

탈질박테리아는 임의성세균으로 산소(oxic) 혹은 무산소(anoxic)조건에서도 에너지를 얻을 수 있지만, *Pseudomonas*는 용존산소의 농도가 0.2 mg/L 이상에서는 방해를 받으며(Dawson, 1972; Terai, 1975), Nelson(1978)은 0.13 mg/L에서 탈질이 중지된 경우도 있다고 보고하였다.

㈄ pH와 알칼리도

탈질은 pH 7.0～8.5에서 가장 효율적이며, 최적 조건은 7.0이라고 알려져 있다(Metcalf and Eddy, 1991). 탈질 시 알칼리도가 상승하는데, 이론적으로 1 mg의 질산성질소가 질소가스로 환원될 때 3.6 mg의 알칼리도가 생성되며, 실제는 이 값보다 작고 설계 시는 3.0 mg이 권장된다(EPA, 1975). 이와 같이 탈질화 과정에서 생성된 알칼리도는 질산화 과정에서 요구되는 알칼리도의 절반 정도를 보충한다.

4. 아질산의 탈질

이상과 같이 질소의 제거는 질산화에 이은 탈질반응으로 알려져 있다. 하지만 최근 기존 탈질과정과는 다른 아질산의 탈질반응이 새로운 관심의 대상이 되고 있다. 이러한 연구는 아직 초보 단계로 그 정확한 과정이 밝혀지지 않았으나, 제법 구체적으로 연구되고 있다. 이와 같이 질소제거과정에서 질산화과정이 삭제될 경우 이론적으로 40%의 에너지가 감소되는 것으로 알려져 있는데(Turk, 1986; Abeling, 1992), 이것은 낮은 C/N비를 가진 폐수의 생물학적 질소제거에 유효하며(Turk, 1989; Sutherson, 1986), 이때 산소요구량은 약 25% 정도 감소한다(Abeling, 1992). 그 외의 장점으로는 탈질률이 증가하고, 슬러지 생산량이 감소하며, 반응조 내 미생물에 대한 아질산의 독성이 크게 감소하는 것으로 알려져 있다.

아질산화 과정에서 아질산의 축적에 영향을 미치는 인자로는 free ammonia · free hydroxylamine · pH · 온도 · DO 등이 있으며(Anthonisen, 1976; Sutherson, 1986; Jayamohan, 1988; Hanaki, 1990), 질산화 억제를 위해서는 포기 시 DO를 낮게, pH는 높게 유지하는 것이 요구되며, 반응기에 hydroxylamine 등을 첨가하는 것, 반응온도를 25℃ 정도로 유지하는 것 등이 중요하다고 알려져 있다. 이상 기술한 아질산의 탈질과정은 질소제거와 관련하여 구명해야 할 중요한 연구과제로 판단되어 참고적으로 소개하였다. 하지만 이미 기술한 바와 같이 그 정확한 과정이 밝혀지지 않아 더 이상의 기술은 생략한다.

8.3.3 생물학적 질소 제거공정

생물학적 질소 제거공정은 1950년대 후반 유럽에서 개발되었는데, 전체 공정은 무산소조와 산소조의 조합으로 이루어지며, 가장 기본적인 공정원리는 크게 후탈질공정과 전탈질공정으로 구분할 수 있는데, 이들 각 공정의 원리를 보다 명확하게 이해하기 위해서는 이미 기술한 바와 같이 세균의 기능겸유나 기질선택의 기능을 감안해야 한다. 생물학적 질소 제거공정의 원리를 파악하기 위해 발달과정을 시대 순으로 기술하면 다음과 같다.

1. 후탈질 공정

① Wuhrmann process

후탈질공정은 생물학적 질소제거 공정 중 가장 초기 단계의 공정으로 Wuhrmann 등에 의해 고안되었다. 이 공정은 그림(8.6)과 같이 산소가 공급되는 질산화조에서 유기물과 질소를 산화시킨 다음, 교반만 실시되는 탈질조에서 질산화물질을 질소가스로 탈질시켜 제거한다. 이 과정에서 탈질을 위한 수소공여체로 별도의 유기물을 제공하지 않기 때문에 미생물은 수소공여체로 세포내 저장물질을 이용하게 된다. 즉, 미생물의 성장단계 중 내생단계를 이용하기 때문에, 이 공정은 반응속도가 느리고, 탈질조 내 체류시간이 길어야 하는 단점이 있다.

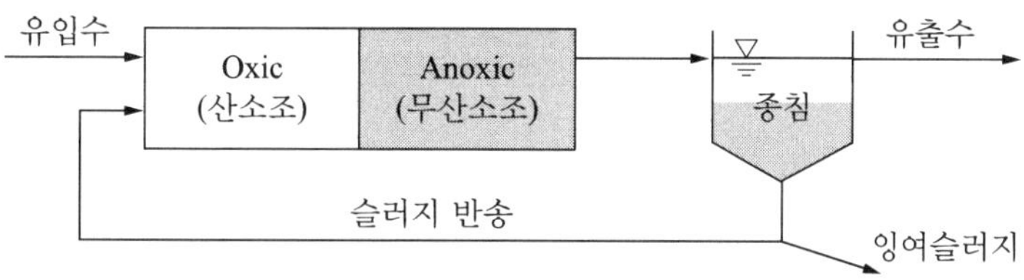

그림 8.6 Wuhrmann Process

② Bringmann process

Bringmann은 Wuhrmann Process의 단점을 개선하기 위해 탈질조에 메탄올과 같은 별도의 수소공여체를 공급하는 process를 개발하였는데(그림(8.7), 이 경우 질소제거율은 상승하지만 메탄올의 소비량이 커서 운전비용이 과다하게 소비되는 단점이 있다.

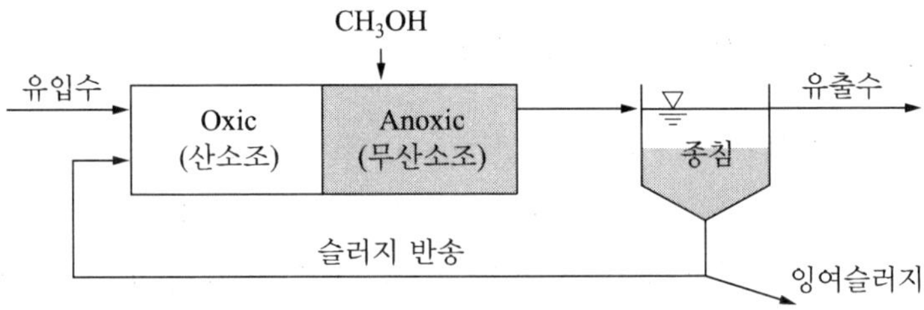

그림 8.7 Bringmann Process

2. 전탈질 공정

① Ludzack-Ettinger process와 Modified Ludzack-Ettinger process

1960년경 미국의 Ludzack 등에 의해 수소공여체로 유입하수를 이용하는 방법이 개발되었는데, 이 process는 그림(8.8)과 같이 후탈질공정과는 다르게 전단에 탈질조를 후단에 질산화조를 배치시켜 질산화조에서 질산화된 유출수를 전단의 탈질조에 반송함으로써 전단에서 탈질과 동시에 탄소성 유기물을 제거하는 방법이다. 이 방법은 순환이 요구되므로 **순환식 질화탈질법**이라고도 하는데, 이후 그림(8.9)와 같이 유출수의 순환에서 내부순환으로 일부 수정되었으며, 현재 질소를 제거하기 위한 가장 기본적인 공정이다. 이 공정에서 탈질조에 유입하는 원수 중 탄소성 유기물의 일부는 탈질을 위한 수소공여체로 이용되며, **무산소 상태인 탈질조에서 탈질과 동시에 유기물의 대부분을 제거함으로써 이후 질산화조에서 질산화에 미치는 유기물의 영향을 감소시킬 수 있다.** 이와 같이 이 공정은 수소공여체로 메탄올을 이용하지 않기 때문에 운전비용면에서 전탈질 공정에 비해 경제적이다. 하지만 순환을 위한 에너지의 소비와 질화된 혼합액의 일부가 침전지를 경유하여 유출되는 단점이 있다. 일반적으로 수정법, 즉 내부순환의 경우 순환율은 유입수량의 100～200% 정도이며, 전체 반응조 체류시간은 15시간 정도를 취한다.

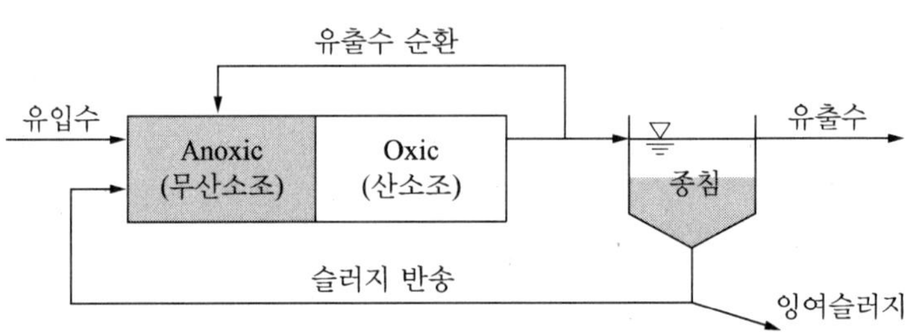

그림 8.8 Ludzack-Ettinger Process

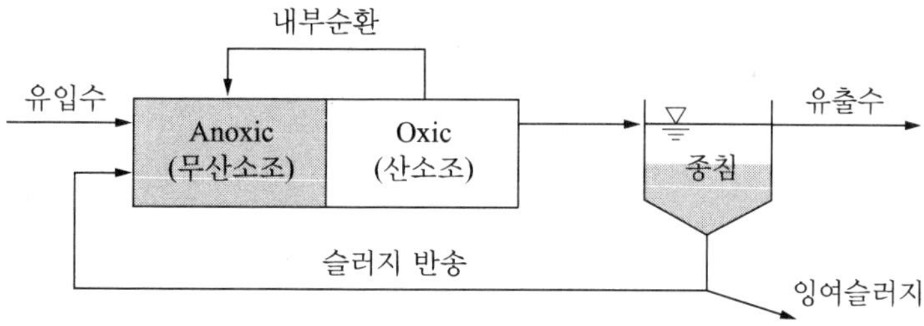

그림 8.9 Modified Ludzack-Ettinger Process

② 버나드 공법(Barnard process)

Ludzack-Ettinger Process의 경우 질화된 혼합액의 일부가 침전지를 경유하여 유출됨으로 고율의 질소제거를 기대하기 곤란하다. 따라서 남아프리카의 Barnard는 그림(8.10)과 같이 질산화조 이후에 별도의 탈질조를 추가 설치함으로써 탈질률의 상승을 꾀하였다.

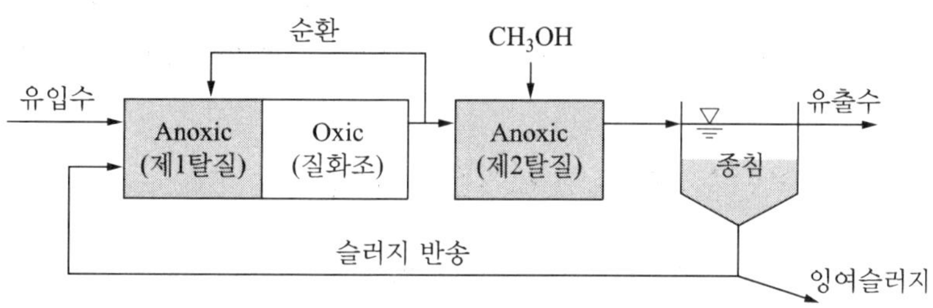

그림 8.10 Barnard process

③ 바덴포 공법(Bardenpho process)

본 법은 그림(8.11)과 같이 2개의 무산소조와 2개의 산소조로 이루어져 있다. 이 공법에서 전단의 무산소조 및 산소조는 Ludzack-Ettinger Process와 마찬가지로 탈질과 유기물의 제거 및 질산화를 위한 것이며, 후단의 무산소조는 전단계인 산소조에서 유출되는 질소산화물을 미생물의 내생탈질을 이용하여 추가적으로 탈질하여 질소제거율을 향상시키기 위한 것이다. 또한 마지막의 산소조는 두 번째 무산소조로부터 유입되는 미세한 질소가스를 산기작용에 의해 탈기시키며 동시에 최종침전지에서 인의 방출을 억제시킨다. 본 법에서 탈질을 위한 내부반송비는 대략 400~600% 정도를 취한다.

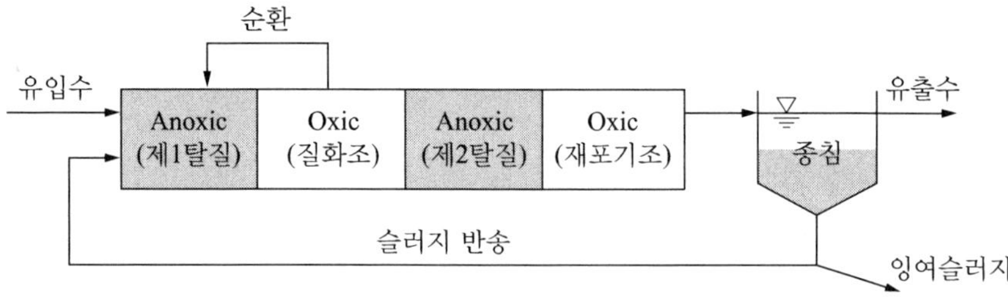

그림 8.11 Bardenpho process

3. 기타

그 외에 생물학적 질소제거법으로는 간헐포기법(intermittent aeration process)·SBR (sequencing batch reactor activated sludge process) 등이 있다. 간헐포기의 경우 일본의 한 처리장에서 실시되었는데, 질산화와 탈질을 유도하기 위해 포기를 시작하여 DO 농도가 2 mg/L 정도 되었을 때 포기를 중단하고 2시간 후 재포기를 실시하였으며, 인 제거를 위해서는 황산알미늄을 3 mg/L 정도 2차침전지 유출수에 주입하여 질소 제거와 함께 유출수 중 인의 농도를 1 mg/L 이하로 유지한 바 있다.

8.3.4 내부반송비와 질소제거율의 관계

질소의 제거율은 내부반송비에 따라 변하는데, 일반적으로 순환식 질화탈질법의 경우 100～200%, 인과 질소를 동시에 제거하는 A^2/O는 100～300%, VIP나 UCT 공법은 200～400% 정도를 적용한다(Ekama, 1984; Daigger, 1988). 이와 같이 process마다 적용 내부반송비가 다른 것은 반송비에 따라 무산소조로 공급되는 질산성질소의 농도나 양이 달라지기 때문이다. 즉, 내부반송비를 높일 경우, 질산화나 탈질을 위한 접촉시간이 단축되어 산소조에서 무산소조로 공급되는 질산화물의 농도는 낮아지며, 내부반송비를 줄일 경우 고농도의 질산화물이 공급되지만 공급의 절대량이 부족하게 된다.

이와 같이 내부반송비는 무산소조에 공급되는 질산화물의 총량 및 처리율을 결정짓는 중요 인자로 작용한다. 따라서 탈질률을 최대로 유지하기 위해서는 무산소조로 공급되는 질산화물의 총량을 최대화시키는 내부반송비로 운전되어야 하는데, process의 전체 체류시간이 길수록 처리수의 수질을 개선하기 위해서는 반송비를 증가시키는 것이 유효하고, 재래법 정도의 체류시간으로 운전할 경우 일반적으로 200% 정도가 상한인 것으로 판단되며, 그 이상의 반송비에서는 운전비용의 상승과 더불어 탈질조의 DO 상승 및 1회 접촉시간의 부족 등으로 탈질률이 감소한다. 따라서 체류시간은 내부반송비를 결정짓는 주요 인자이다.

한편 반응온도가 상승하면 질산화 속도가 상승하여 체류시간을 증가시키는 것과 동일한 효과를 나타낸다. 이상과 같이 반응온도가 상승하거나, 유입유량의 감소로 조내 체류시간이 증가할 경우, 질소제거율을 상승시키기 위해서는 내부반송비를 다소 증가시키는 것이 유효하다.

8.4 인 제거방법

8.4.1 물리/화학적 인 제거방법

1. 응집침전법

본 공법은 2차 처리수에 응집제를 가하여 처리수 중의 인을 불용성 화합물로 만들어 침전·제거하는 방법으로, 처리수 중의 부유물이나 유기물을 제거하기 위한 고차처리법으로 이용될 수도 있으며, 응집침전 후 여과나 활성탄 흡착 등을 병행하면 처리수의 수질을 보다 향상시킬 수 있다. 또한 응집제첨가 활성슬러지법이나 응집제첨가 여과법 역시 인을 응집시켜 불용성 화합물로 침전·제거하므로 원리적으로 응집침전법과 같다. 응집제로는 황산반토[$Al_2(SO_4)_3 \cdot 18H_2O$]·염화제2철[$FeCl_3$]·폴리염화알미늄(PAC)[$(AlCl_3)_n$] 등이 주로 사용되며, 그 외의 응집제로는 알루민산소다[$NaAlO_3$]·황산제1철[$FeSO_4$]·황산제2철[$Fe_2(SO_4)_3$]·석회[$Ca(OH)_2$] 등이 있다.

① 석회(Lime) 첨가법

이 방법은 석회 첨가량에 따라 high lime법과 low lime법으로 구분하는데, high lime법의 경우 pH가 11~11.5 정도, low lime법의 경우 pH가 10 이하가 되도록 lime[$Ca(OH)_2$]을 주입한다. 이때 석회의 주입량은 인의 농도보다는 하수의 완충물질(알칼리도와 마그네슘 이온)의 양이나 pH에 의해 결정되나 일반적으로 high lime법의 경우 200~300 mg/L 정도이다. 응집제는 최초 또는 최종침전지의 유출수에 주입하며, 전체 처리과정은 그림(8.12)와 같이 석회응집침전 → 재탄산염화 → 석회재생의 순서로 진행된다.

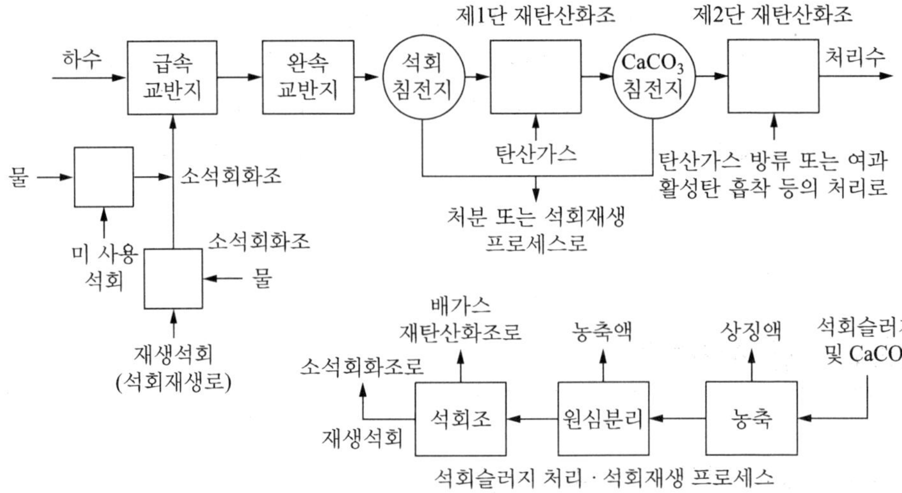

그림 8.12 석회 응집침전 처리 프로세스

하수에 석회를 주입하면 석회는 인산염 및 알칼리와 반응하여 인 화합물인 젤라틴상의 hydroxy apatite[$Ca_5(OH)(PO_4)_3$]와 탄산염을 생성하는데, 탄산칼슘은 슬러지 발생량을 크게 증가시킨다. 탄산염의 형성 및 인 제거 반응은 다음과 같다.

$$Ca(OH)_2 + Ca(HCO_3)_2 \rightarrow 2CaCO_3\downarrow + 2H_2O \tag{8.36}$$

$$Ca(OH)_2 + Mg^{2+} \rightarrow Mg(OH)_2\downarrow + Ca^{2+} \tag{8.37}$$

$$5Ca^{2+} + 4OH^- + 3HPO_4^{2-} \rightarrow Ca_5(OH)(PO_4)_3\downarrow + 3H_2O \tag{8.38}$$

상기 식(8.36) 및 (8.37)에서 생성된 $CaCO_3$은 floc의 침전성을 높이고, $Mg(OH)_2$는 정인(arthophosphate)과 축합인(polyphosphate)을 흡착·제거하여 전체 인 제거율을 향상시킨다.

재탄산염화는 다음 식과 같이 탄산가스를 충분히 주입하여 칼슘을 제거하는 중화과정이며, 반응은 통상 2단계로 이루어지는데, 1단계는 pH 9.5～10.0, 2단계는 pH 7 전후에서 시행한다.

$$Ca^{2+} + CO_2 + 2OH^- \rightarrow CaCO_3 + H_2O \tag{8.39}$$

석회의 재생은 재탄산염화로 생성된 $CaCO_3$을 원심분리기로 탈수한 후 1,000℃ 정도로 가열하여 소석회(CaO)로 재생하며, 이때 석회 회수율은 약 70% 정도이다.

$$CaCO_3 \rightarrow CaO + CO_2$$

$$CaO + H_2O \rightarrow Ca(OH)_2 \qquad (8.40)$$

석회 첨가법의 전 과정은 복잡하고, 장치의 유지비가 비싸며, 알칼리도가 높은 경우 약품비가 과다하게 소요된다. 또한 슬러지 발생량이 타 공정에 비해 1.5~2배 정도 증가하며, high lime process의 경우 재탄산염화가 요구되는 단점이 있다. 하지만 Ca^{2+}의 유출이 적고, 슬러지의 탈수성이 우수하며 석회의 재생이 가능하다. 또한 high lime process의 경우, 인 제거율이 높고, Cr·Ni 등 중금속의 제거가 가능하며, 2차 처리의 유기물 부하를 감소시킬 수 있는 장점이 있다. 하지만 다량으로 가해진 석회는 수중의 중탄산염이나 대기 중의 탄산가스와 반응하여 탄산칼슘을 형성하고, 이것은 처리시설의 배관에 스케일(scale)로 침착할 수 있으므로 주의를 요한다. 표(8.6)은 워싱턴 주의 처리 예를 보인 것이다.

표 8.6 워싱턴 주의 석회응집침전 결과[a]

구 분	인 mg/L(제거율%)	BOD mg/L(제거율%)	SS mg/L(제거율%)
2차처리수	6.1~7.3	10.2~33.0	33
석회처리수	0.11~0.72(89~98)	1.6~13.0(59~92)	17.3(48)
응집침전 후 모래여과	0.06~0.36(95~99)	1.3~10.5(68~94)	3.8(89)

a; 日本 建設省(1983)

② 금속염 첨가법

응집제로 사용되는 금속염(metal salt)에는 알루미늄염과 철염이 있는데, 이들 물질을 원수에 첨가하면 수중의 정인(arthophosphate)과 축합인(polyphosphate)은 다음과 같이 반응하여 난용성의 인산알루미늄이나 인산제2철을 생성하며, 인의 제거는 이들 물질을 침전·제거함으로써 달성된다.

$$Al_2(SO_4)_3 + 2PO_4^{3-} \rightarrow 2AlPO_4\downarrow + 3SO_4^{2-} \qquad (8.41)$$

$$FeCl_3 + PO_4^{3-} \rightarrow FePO_4\downarrow + 3Cl^- \qquad (8.42)$$

또한 금속염은 수중의 알칼리도 성분이 존재하면 인산이온과 반응하지 않고 알칼리도와 반응하여 식(8.43)과 (8.44)와 같이 수산화알루미늄·수산화철 등의 floc을 형성하는데, 이때 하수 중의 콜로이드 물질이나 인의 일부도 흡착·제거된다.

$$Al_2(SO_4)_3 + 6HCO_3^- \rightarrow 2Al(OH)_3\downarrow + 3SO_4^{2-} + 3CO_2 \quad (8.43)$$

$$FeCl_3 + 3HCO_3^- \rightarrow Fe(OH)_3\downarrow + 3Cl^- + 3CO_2 \quad (8.44)$$

인 제거를 위한 금속염의 주입률은 몰비(mole ratio)가 사용되는데, PO_4^{3-}와 $Al^{3+} \cdot Fe^{3+}$의 몰비는 식(8.41)·(8.42)와 같이 이론적으로 1 : 1이다. 하지만 금속염은 수중의 알칼리도와 반응하여 수산화물을 형성하므로 인 제거율을 향상시키기 위해서 몰비는 1보다 커야한다. 일반적으로 ([Al]+[Fe])/[P]는 2 이상이 요구된다.

한편 침전슬러지는 인을 제거할 수 있는 능력이 잔존한다. 따라서 그림(8.13)과 같이 침전슬러지를 반송함으로써 인 제거효율을 상승시키고 동시에 응집제의 소비량을 다소라도 감소시킬 수 있다.

금속염은 종류에 따라 최적 응집 pH가 다른데, 알루미늄염의 경우 pH 5.6~7.0, 철염의 경우 pH 4.5~5.0이다. 따라서 본 법은 응집제를 투여하기 전에 pH를 조정해야 하며, 처리수에 SO_4^{2-}과 Cl^- 등의 용해성 이온이 증가하여 중화가 요구되고, 슬러지의 탈수성이 나빠지는 등의 단점이 있다. 한편 금속염을 첨가하는 대신 철이나 알루미늄을 전기분해하여 인과 직접 반응시켜 침전물로 제거할 수도 있는데, 이 경우 슬러지의 발생량이 상대적으로 적고, 처리수 중에 SO_4^{2-}이나 Cl^-과 같은 용해성 이온이 잔류하지 않는 장점이 있으나 운전비용이 증가하고 유지관리는 상대적으로 다소 복잡하다.

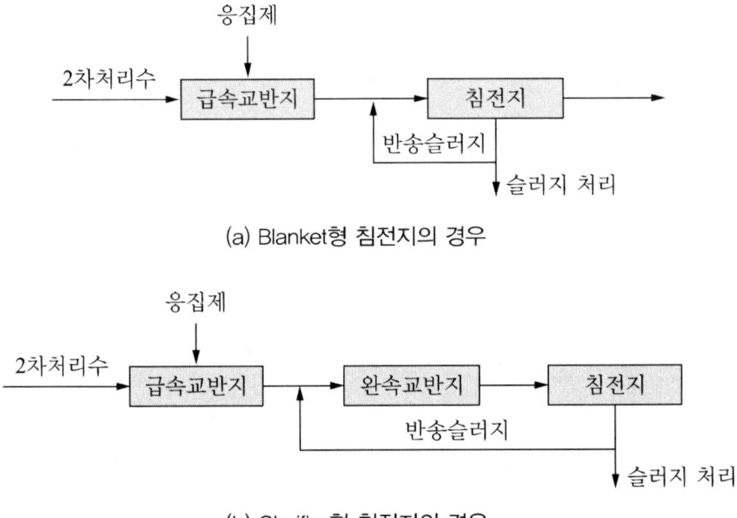

그림 8.13 금속염 응집침전 프로세스

③ 응집제첨가 활성슬러지법

응집제첨가 활성슬러지법은 활성슬러지 공정에 무기계 응집제를 직접 첨가하여 인을 응집·침전시키는 방법인데, 이때 응집제로는 주로 알미늄염이 사용된다. 이 방법의 원리는 기본적으로 응집침전법과 같은데, 응집제의 첨가 위치에 따라 그림(8.14)와 같이 세분하며, 크게 분류하면 3가지, 즉 전응집법·후응집법·응집제첨가 활성슬러지법으로 분류가 가능하다.

전응집법은 최초침전지에 응집제를 투여하는 방법으로, 유입수 중 BOD와 SS를 제거하여 2차처리의 부담을 경감시킬 수 있다. 하지만 인은 생물학적 반응을 거치지 않았음으로 정인(orthophosphate)의 형태가 적어 이 공법의 인 제거율은 비교적 낮다.

후응집법은 응집제를 2차처리수에 첨가하는 일종의 3차처리 공정으로 유기인(organic phosphates)이나 축합인(polyphosphates)이 이미 생물학적 처리과정을 통해 거의 정인으로 가수분해되어 있으므로 이 공정의 인 제거율은 88~95% 정도로 비교적 높다.

응집제첨가 활성슬러지법은 자주 사용되는 방법으로 포기조에 응집제를 직접 투입한다. 따라서 처리율은 높으나 미생물에 영향이 없도록 주의해야 한다. 이때 생물에 대한 영향은 주로 질산화 저해현상을 들 수 있는데, 이것은 응집제의 주입에 따라 알칼리도가 감소하기 때문이다. 일반적으로 질산화에 대한 영향은 알루미늄염보다 철염이 적은 것으로 알려져 있으며, 알루미늄염의 경우 저해 농도는 6 mg-Al/L 이상인 것으로 보고되고 있다. 참고로 이 방법은 재래식 활성슬러지법 외에 각종의 변법이나 살수여상·회전원판법 등에도 이용이 가능하다.

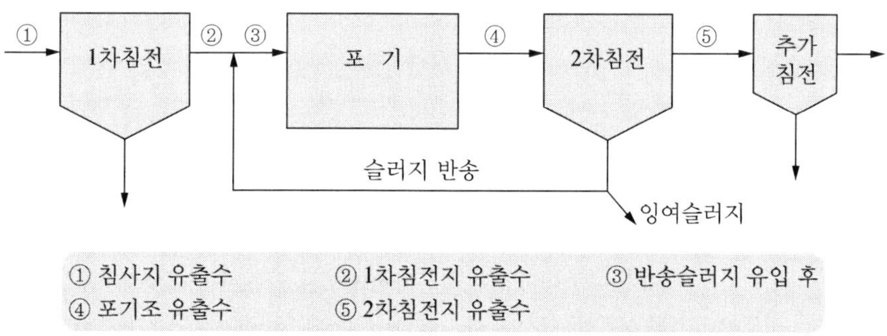

그림 8.14 인 제거를 위한 활성슬러지법의 응집제 투여 위치

④ 급속여과

고도처리를 위한 급속여과는 2차처리수의 여과, 화학적으로 처리된 2차처리수의 여과 및 화학적으로 처리된 1차 혹은 원폐수의 여과에 이용된다. 하수의 급속여과 기술은 상수도의 여과기술을 응용하고 있으나, 그 차이점은 현탁물질의 농도와 성질·여과지의 구성·여재의 성질·유량 제어·여과속도·손실수두·역세정 등을 들 수 있으며, 가장 큰 차이점은 표(8.7)·(8.8)과 같이 여재의 크기에 있다.

표 8.7 이층 여재를 이용한 여과상의 여재 특성

구 분		상수 처리 시	하·폐수 처리 시
활성탄	깊이(m)	0.5～0.6	0.3～0.6
	유효경(mm)	0.9～1.1	0.8～2.0
	균등계수	1.6～1.8	1.3～1.8
모래	깊이(m)	0.15～0.2	0.15～0.6
	유효경(mm)	0.45～0.55	0.4～0.8
	균등계수	1.5～1.7	1.2～1.6
여과속도($m^3/m^2 \cdot day$)		150～500	100～600

표 8.8 혼합 여재를 이용한 여과상의 여재 특성

구 분		상수 처리 시	하·폐수 처리 시
활성탄	깊이(m)	0.4～0.5	0.2～0.5
	유효경(mm)	0.95～1.0	0.8～2.0
	균등계수	1.55～1.75	1.4～1.8
모래	깊이(m)	0.15～0.2	0.2～0.4
	유효경(mm)	0.45～0.55	0.4～0.8
	균등계수	1.5～1.65	1.3～1.8
석류석	깊이(m)	0.08～0.1	0.05～0.15
	유효경(mm)	0.20～0.35	0.2～0.6
	균등계수	1.6～2.0	1.5～1.8
여과속도($m^3/m^2 \cdot day$)		200～600	100～600

과거에 여과지의 구성은 하향류식 단층여과(유효경 0.45～0.7 mm, 균등계수 1.7)가 대부분이었으나, 현재에는 상향류식 여과, 즉 내부여과가 많이 채용되고 있으며, 현탁물의 제거효율이나 여과지속시간을 증가시키기 위해 여재는 주로 2층 혹은 혼합층으로 이용하는 경우가 많다. 여재로는 anthracite(비중; 1.35～1.75)·모래(비중; 2.65)·석류석(garnet; 비중, 4.0～4.5) 등이 자주 사용된다.

여재의 입경과 균등계수는 상수의 모래여과와 마찬가지로 현탁물의 제거효율을 결정하는 중요 요소이다. 즉, 입경이 작을수록 처리율을 상승시킨다. 하지만 상수와 달리 하수는 현탁물질이 많기 때문에 여과지속시간을 길게 하고, 내부여과에 따른 유효공극을 확보하기 위해서는 상수 처리 시 사용되는 여재에 비해 가능한 한 입경이 큰 것을 사용해야 한다. 일반적으로 0.8~1.2 mm로 하나 최근에는 2.0 mm의 입경을 사용하기도 하며, 여과속도는 보통 100~300 m/day 정도를 취하지만 500 m/day 정도의 속도에서도 큰 문제가 없는 것으로 알려져 있다.

한편 여재에 미생물막이 형성되거나 화학적 floc을 제거할 경우, floc이 여과상의 심층까지 스며드는 경향이 있으므로 역세정이 필요하고, 이때 그 효율을 증가시키기 위해서는 공기세정 및 중간·표면세정을 실시한다. 또한 균등계수는 역세정 수량과 관련되므로 가급적 균등한 입자를 사용한다. 일반적으로 하수의 급속여과에 의한 현탁물 제거효율은 80~90% 정도이다.

8.4.2 생물학적 인 제거의 원리 및 개요

1. 인 제거의 원리

통상 활성슬러지 미생물의 체내 인 함량은 VSS당 2~3%로, 도시하수처리장에서 인의 제거율은 20~30% 정도이다. 그러나 여러 처리장에서 그 이상의 인 제거율이 보고되었는데, 이와 같은 현상에 대해서 하수 중의 인이 Ca·Fe·K 및 Mg과 같은 금속과 반응하여 침전·제거된다는 **화학침전설**(Ferguson, 1973)과 활성슬러지가 어떤 특정의 조건에서 보통 때보다 많은 인을 섭취한다는 **과잉섭취설**(luxury uptake) (Carberry, 1973) 등 연구자 간에 이견이 있었다. 그러나 오늘날 일반적으로 과잉섭취현상으로 판단하고 있으며, 동시에 화학침전에 의한 영향도 다소 있는 것으로 알려져 있다.

그림(8.15)는 과잉섭취에 의한 인의 제거과정을 요약 도식한 것으로, 일부 세균은 무산소(anoxic)조건과 산소(oxic)조건이 반복될 경우 산소조건에서 인을 과잉섭취하는 경향이 있다. 즉, 무산소조건에서 임의성 세균에 의한 유기물질의 발효반응으로부터 acetate나 기타 발효물질이 생성되는데, 이 발효생성물은 세균에 의해 쉽게 섭취되어 glycogen이나 PHB(poly-β-hydroxy butyrate) 등의 기질로 저장되며, 이때 이미 산소조건에서 축적된 축합인은 정인으로 되어 세포 외로 방출된다. 뒤 이은 산소조건에서 이미 세포 내에 저장된 기질을 산화하고 그 과정에서 얻는 energy를 이용하여 세균은 폐수 중에 용해되어 있는 정인을 다시 섭취하여 축합인으로 합성하게 된다. 이때 연속포기 시 보통의 세균이 체내에 함유하는 인의 함량보다 높은 농도의 인을 함유하게 된다(EPA, 1987). 즉, 인의 제거는 위와 같이 산소조건에서 인을 다량 함유한 슬러지를 조 외로 인출시킴으로써 달성된다.

위와 같이 인을 과잉섭취하는 대표적인 세균속(細菌屬)으로는 *Acinetobactor*가 있으며(Buchan,1981), 이외에 *Bacillus*·*Psuedomonas*·*Aeromonas* 등도 인을 과잉섭취하는 것으로 알려져 있다(Hascoet, 1985; Sell, 1981; Brodish, 1982). 하지만 필자는 인의 과잉섭취현상은 상기의 몇몇 세균뿐 아니라 대다수의 세균에 의해 이루어지는 것으로 판단한다. 그 근거로는 그림(8.15)의 모델과 관련되는 PHB와 같은 기질은 상기와 같은 특정의 세균 외에 일반적 세균에서도 흔히 발견되며, 기아상태에서 생존을 위해 이 물질을 이용하는 것으로 알려져 있다. 또한 기존에 알려진 특정 세균이 아니더라도 포기조 내 세균이 증가할 경우 인의 제거율이 상승하는 현상 등은 필자의 주장을 뒷받침한다.

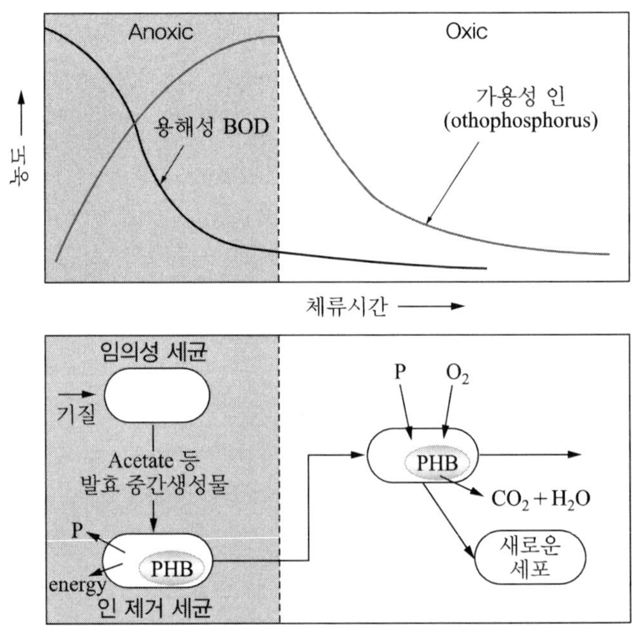

그림 8.15 생물학적 인제거의 원리

2. 영향인자

세균에 의한 인의 과잉섭취에 영향을 미치는 인자로는 유입수의 인 농도·유기물 농도 및 부하·SRT·각 조의 체류시간·반응온도 및 중금속의 농도 등이 알려져 있다.

이하 인 제거와 관련한 각 인자의 영향은 기존의 일반론적 주장을 소개한 것으로 필자의 생각과 다른 일부 내용은 첨언하였다.

① 유기물 농도 및 부하

인이 과잉 섭취되기 위해서는 무산소조에서 만족할 만한 인의 방출이 선행되어야 하는데, 유기물 농도가 높을 경우 무산소조에서 유입수의 용존산소나 산소조에서 반송되는 질산화물의 탈질에 따른 결합산소의 빠른 고갈로 인의 방출에 유리한 조건이 형성된다. 관련하여 무산소조에서 인의 방출을 결정짓는 변수로 미국의 EPA는 BOD_o/P_o비가 중요하다고 보고하였으며, 양호한 인 방출을 위해서는 그것의 비가 10 이상이 되어야 하며, 20～25 이상을 추천하고 있다(U.S. EPA, 1987). 여기서, P_o와 BOD_o는 1차침전지 유출수의 인 농도(mg/L) 및 용해성 BOD 농도(mg/L)이다. 한편 Dan Vacker(1967)는 인 제거율이 최대가 되는 BOD 부하는 0.5 kg-BOD/kg-MLVSS·day 정도라고 보고하였다. 이와 같이 부하나 농도가 인 제거율에 영향을 미치는 원인은 기본적으로 부하의 증가로 미생물의 세포구성을 위한 인의 소비량이 증가시키기 때문이다. 또한 보다 중요한 것은 이미 기술하였듯이 원핵생물인 세균은 산소조건에서 정인을 축합하기 위한 에너지로 기아상태에서 PHB와 같은 발효생성물을 이용하므로, 산소조건에서 유기물이 충분할 경우 이러한 과정은 억제될 것이다. 따라서 인이 효율적으로 제거되기 위해서는 전단의 무산소조에 충분한 부하(or 유기물 농도)가 가해지고 동시에 빠르게 제거되어 후속하는 산소조 내의 유기물 농도가 낮게 유지되어야 한다. 이런 조건이 이루어지기 위해서는 Vacker의 보고처럼 고부하를 가하여 세균의 상대적 분율을 증가시켜야 하며(그림 6.3 참고), 세균의 분율이 증가하면 처리속도가 상승하여 산소조의 유기물 농도가 낮아지고(그림 6.2 참고), 동시에 인의 섭취 총량은 증가한다. 또한 인 제거는 인을 과잉섭취한 슬러지를 조 외로 인출함으로써 달성되므로 잉여슬러지 발생량을 증가시켜야 하는데, 그 발생량을 증가시키기 위해서 고부하 운전은 필연적이다.

② 각 조의 체류시간

田中 등(1987)은 일간 부하변동이 인의 제거에 별다른 영향을 미치지 않는다고 보고하였다. 이러한 결과는 일간의 변화가 미생물 간의 종구성비를 변화시키지 못하기 때문이다. 하지만 유량의 변화가 클 경우에는 각 반응조의 체류시간이 변화하므로 인 제거효율에 영향을 미친다.

한편 Barth(1982)는 인 제거 세균의 원활한 증식을 위해서는 무산소/산소조의 체류시간이 매우 중요하다고 보고하였는데, 이때 무산소조의 체류시간은 0.5～1.0 hr, 산소조의 체류시간은 1.8～2.5 hr이 적당하며, 질소와 인을 동시에 제거하는 Bardenpho process의 경우 무산소와 산소조의 체류시간은 각각 1.0～2.0 hr, 3.0～8.0 hr이라고 보고하였다. 이와 같이 Barth의 보고처럼 HRT를 감소시키는 것은 결국 부하를 상승시키는 것이므로, 인 제거율이 상승하는 원인은 ①항에서 설명한 바와 같다.

③ 유기물 조성

활성슬러지 혼합액 내에는 근본적으로 서로 독립적 존재인 축합인 제거 미생물과 축합인 비제거 미생물이 포함되는데(Huttman, 1973), 인 제거율을 높이기 위해 필요한 대부분의 휘발성 지방산(VFAs)은 축합인 비제거 타영양성 미생물의 발효반응에 의해 이분해성 유기물이 VFAs로 변환된 것이며, 이 변환속도가 무산소 조건에서 인 방출에 대한 율속단계(律速段階)가 된다(Malnou, 1984). 따라서 유기물의 생분해성에 따라 인 제거율이 결정되는데, Huttman(1973)은 이때 이분해성(易分解成) COD의 농도가 25 mg/L 이상 되어야 한다고 보고하였으며, Law(1987)는 30～50 mg/L의 초산이 필요하다고 주장하였다. 하지만 도시하수의 경우 유입수의 기질 조성이 인 제거에 악 영향을 미치지는 않는 것으로 알려져 있다.

④ 반응온도

생물반응은 화학반응과 마찬가지로 온도의 영향을 받는다. 따라서 무산소와 산소조건이 조합된 인 제거공정에서 반응온도는 무산소 상태에서 정인의 방출속도와 산소상태에서 정인의 흡수속도에 영향을 미친다. 하지만 질화탈질공정만큼 큰 영향은 없고, 일반적으로 재래식 활성슬러지법에서 유기물 산화에 미치는 온도의 영향과 유사한 것으로 알려져 있다.

⑤ 기타

인 제거 시 최적의 pH는 7～8 정도이며(Shapiro, 1967), 슬러지 체류시간(SRT)은 대체로 3.7～7일이 가하다(津野 洋, 1985). 津野의 보고처럼 SRT의 감소는 F/M비의 증가를 의미함으로, SRT를 감소시킬 경우 인 제거율이 상승하는 현상 역시 Barth나 Dan Vacker의 주장과 동일한 이치에 따른 결과이다. 또한 빗물이 다량 유입할 경우, 하수 중 유기물의 농도가 감소하고 용존산소나 질산성 질소는 증가한다. 이때 무산소조는 anaerobic 상태를 유지하기 곤란하여, 인의 방출량이 감소하는데, 인 방출의 감소는 산소조에서 인의 과잉섭취를 저해한다. 상기에서 anaerobic 상태란 혐기성 미생물과는 관계가 없으며, 자유산소나 결합산소가 없는 조의 상태를 의미한다.

⑥ 참고적 고찰

①항의 Dan Vacker, ②항의 Barth, ⑤항의 津野 洋의 주장은 식(3.15)와 식(5.30)에서 알 수 있듯이 모두 재래식 활성슬러지법에 가하는 일반적 부하의 2배에 해당한다. 이와 같이 인 제거율을 최대화시키기 위해서는 적용부하가 재래식 활성슬러지법의 일반적 부하를 상회하여야 하며, 이때 인뿐 아니라 질소와 유기물의 제거율이 최대치를 보인다. 이러한 현상은 Metcalf(1991) 등의 보고와 같이 C-BOD 부하가 상승할 경우 총 미생물 중 질산화세균의 비가 감소한다거나, 특정의 세균이 특정의 기능만을 보유한다는 기존의 일반론적 사고로는 설명할 수 없다. 즉, 탄소성 유기물을 제거하는 세균이 따로 존재하고 고부하에서 이들 세균이 우점한다면 질소나 인의 제거율은 낮아져야 할 것이다. 하지만 0.5 kg-BOD/kg-MLSS·day 정도의 고부하에서 각각의 제거율이 최대치를 보이는 것은 많은 세균이 다양한 기능을 겸유(兼有)하지 않고서는 나타날 수 없는 현상이다(6.2.1항 참고).

결론적으로 부하의 증가는 종조성을 하등한 세균류로 변화시키고, 다양한 기능을 겸유한 세균의 증가는 C-BOD·질소·인 등의 제거율을 상승시키는 것이다. 또한 이미 ①항에서 설명한 바와 같이 인의 제거는 인을 과잉섭취한 슬러지를 인출함으로써 달성되는데, F/M비의 상승은 잉여슬러지의 양을 증가시켜 인 제거율을 상승시킨다. 하지만 현실은 상기의 이치와 반대로 많은 운전자들이 질소나 인을 제거할 목적으로 미생물 농도를 높여 F/M비를 낮추기 일쑤인데, 이러한 조작은 결국 처리장의 효율을 떨어뜨리는 결과를 가져온다.

8.4.3 생물학적 인 제거공정

1. A/O 공법(Anoxic/Oxic process)

A/O 공법은 흔히 혐기/호기법으로 잘못 호칭되는데, 혐기(anaerobic) 또는 호기(aerobic)란 미생물의 자유산소에 대한 호불호에 따른 분류이며, 이 공정에서 혐기성 미생물을 이용하는 것은 아니므로, 이러한 명칭은 잘못된 것이다. 따라서 A/O 법을 굳이 우리말로 표현한다면 무산소/산소법 혹은 무포기/포기법으로 칭하는 것이 옳을 것이다.

본 법은 탄소성 유기물과 인을 동시에 제거하기 위한 가장 기본적 공정으로 그림(8.16)과 같이 무산소조와 후속하는 산소조로 구성되어 있으며, 전형적으로 무산소조와 산소조는 같은 크기로 한다. 이 공정에서 유입수는 반송슬러지와 함께 처음 무포기조에 유입하는데, 이 조에서 유입수 중의 탄소성 유기물은 거의 제거되고, 동시에 반송슬러지 중의 과잉섭취된 인은 방출된다. 이때 무산소조에서 인의 방출 정도는 후속하는 산소조에서 세균의 인 과잉섭취에 영향을 미친다. 따라서 무산소조에서 충분한 인의 방출이 요구되는데, 유입수 중의 자유산소나 반송슬러지 중의 결합산소는 인의 방출을 방해한다. 따라서 이 공정을 이용하여 인을 효율적으로 제거하기 위해서는 산소조에서 질산화 반응이 억제되도록 고부하로 운전해야 된다. 하지만 일반적으로 이 공정의 설계 시 인 제거효율을 높이기 위해 전체 체류시간을 길게 하기 일쑤인데, 이러한 운전방법으로는 인을 효율적으로 제거할 수 없다. 관련하여 고부하에서 인이 효율적으로 제거된다는 Dan Vacker(1967)나 津野(1985)의 주장은 이러한 사실을 입증한다.

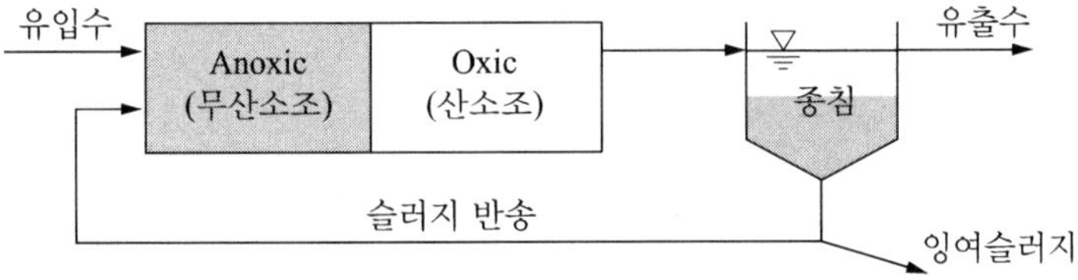

그림 8.16 A/O process

참고로 A/O 법은 원래 bulking 방지를 위한 기술의 개발과정에서 발전한 것으로, 인 제거 외에 슬러지 발생량을 감소시키고, 사상성 세균의 증식을 억제하여 슬러지의 침전성을 개선시킨다. 그 원인은 A/O 법과 같이 무산소조건과 산소조건이 반복되는 경우 무산소조건에서 세균의 증식률이 저하하기 때문이며, 사상성 세균의 증식이 억제되는 것은 이 세균이 절대호기성 미생물로 무산소조건에서 생존하지만 잘 증식할 수 없기 때문이다. 또 다른 중요한 원인은 미생물의 유기물 대사과정에 있다. 즉, 유기물의 가수분해로 발생한 유기산이 분해되기 위해서는 산소가 요구되는데 무산소와 산소조건이 반복되므로 조 내 유기산의 농도는 연속포기 시에 비해 상대적으로 높아진다. 따라서 유입수 농도가 낮은 도시하수를 본 법으로 처리할 경우 미생물의 점액물질 생산이 증가하고 슬러지의 침전성이 다소나마 개선된다. 그림(8.17)은 A/O 법의 도입에 따른 슬러지 침전성의 변화를 나타낸 것이다(日本下水道事業團, 1988).

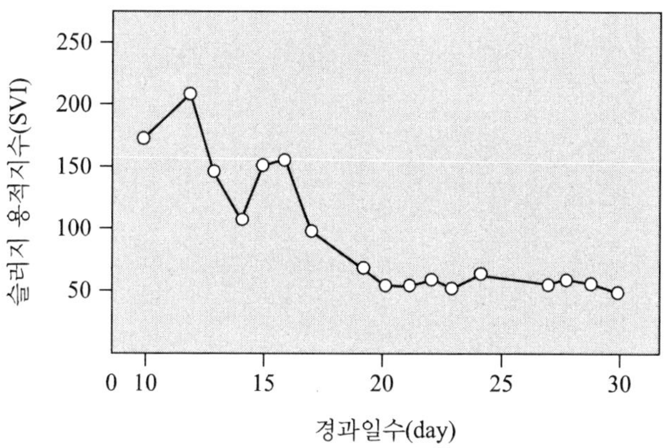

그림 8.17 S처리장의 A/O 법 도입 후 SVI의 변화

2. PhoStrip process

PhoStrip 공정은 그림(8.18)과 같이 생물학적 방법과 화학적 방법을 조합한 것으로, 반송슬러지의 일부를 무산소 상태의 탈인조에 보내어 슬러지로부터 인을 방출시킨다. 그리고 침전된 슬러지는 포기조로 반송하며 과잉의 인을 함유한 상징액은 화학처리조에 도입하고 여기에 석회를 가하여 유입수 중의 인을 인화합물인 hydroxy apatite로 침전·제거시킨다. 즉, 이 공정에서 인 제거는 최종침전지에서 인을 과잉섭취한 잉여슬러지를 인출하고 아울러 화학처리조에서 인화합물을 침전·제거함으로써 달성된다.

한편 탈인조의 인 방출을 원활히 하기 위해서 탈인조는 혐기상태(질산성질소가 없는 상태)가 되어야 하므로 체류시간은 일반적으로 질화과정이 없을 경우 12～14 hr, 질화과정이 있을 때는 16～18 hr로 설계한다. 또한 탈인조의 수리학적 유량부하는 전체 부하의 15% 정도이며, 탈인조의 효율적 운전을 위해서는 화학처리조의 유출수를 50～100% 정도 세정을 거쳐 반송시켜야 한다. 화학처리조의 석회 주입량은 순수 화학적 처리와 마찬가지로 제거될 인의 양보다는 알칼리도에 의해 결정된다. 이 공정은 인 제거 시 타 공법에 비해 유입 BOD 농도의 영향이 적고, 생물학적 처리만으로는 달성할 수 없는 1 mg T-P/L 이하의 양호한 처리수를 얻을 수 있으며, 특히 탈인조는 최종침전지의 침전슬러지가 유입됨으로 전체 반응조의 크기를 줄일 수 있고 동시에 순수 화학적 처리보다 석회의 첨가량이 아주 적어 경제적이다. 하지만 인의 침전·제거를 위해 석회를 주입해야 하므로 순수 생물학적 처리에 비해 운전비는 다소 증가한다.

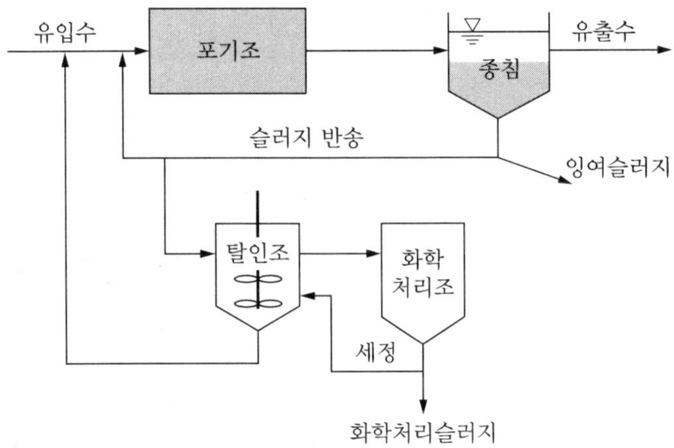

그림 8.18 PhoStrip process의 처리 개통도

3. SBR(Sequencing batch reactors)

그림(8.19)는 BOD · 인 동시제거를 위한 SBR의 계통도이며, 자세한 내용은 8.4절을 참고하기 바란다.

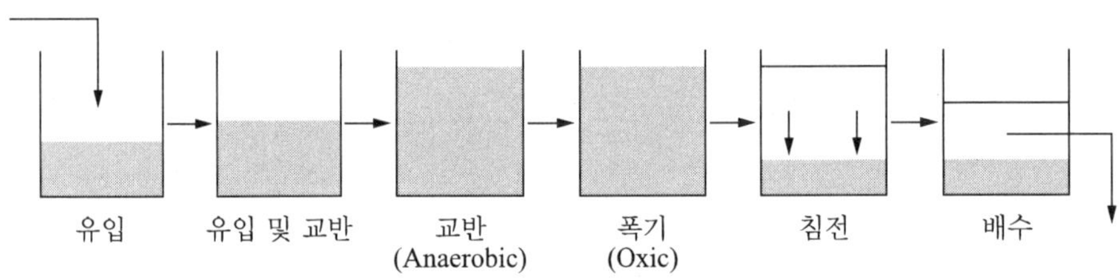

그림 8.19 BOD · 인 제거를 위한 SBR의 계통도

8.5 질소 · 인 동시제거

8.5.1 A^2/O 공법(Anaerobic-Anoxic/Oxic process)

이 공정은 그림(8.20)과 같이 A/O 공법의 무산소조 전단에 자유산소(용존산소)나 결합산소(질산화물)가 없는 anaerobic조를 추가하여 인 제거효율을 상승시킨 것이다.

즉, 혐기조 - 무산소조 - 산소조의 3단계로 구성되어 있다. 각 조의 체류시간은 같고, 완전혼합 상태를 유지한다. 따라서 인 제거만을 목적으로 할 경우, 내부순환은 필요치 않으며, 인과 질소를 동시에 제거하고자 할 경우 탈질을 위해서 산소조에서 무산소조로 약 100～300%의 내부반송을 실시한다. 침전슬러지는 혐기조에 반송되는데 반송률은 0.5 정도이다.

본 법을 이용할 경우 실 플랜트에서 질소제거율은 60～70% 정도이며(WPCF., 1983), 유출수의 인 농도는 질산화나 탈질반응을 시키지 않을 경우 평균 1 mg-P/L 정도이다.

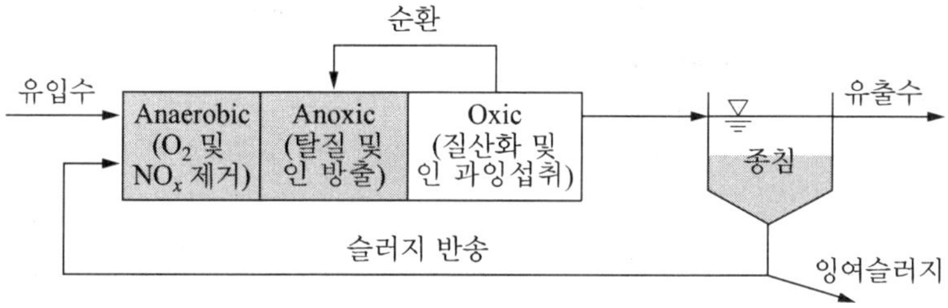

그림 8.20 A^2/O 공법에 의한 인·질소 동시제거 프로세스

8.5.2 수정 바덴포 공법(Modified Bardenpho process)

본 법은 그림(8.21)과 같이 인 제거율을 상승시키기 위해 바덴포 공정의 전단에 anaerobic조를 추가한 것이다. 따라서 1개의 혐기조와 2개의 무산소조 및 2개의 산소조로 이루어져 있다. 이 공법에서 전단의 무산소조 및 산소조는 탈질 및 질산화가 주목적으로 내부반송을 실시하며, 후단의 무산소조는 인의 방출과 탈질이 이루어지며, 또한 후단의 산소조는 인의 과잉섭취와 sludge의 rising 방지를 주목적으로 한다.

이 공법의 질소제거율은 80～90% 정도이며, 처리수의 인 농도는 1 mg-P/L 이상이다. 따라서 인 제거율을 향상시키기 위해서는 금속염을 첨가하거나 여과장치가 필수적으로 요구된다. 본 법의 평균 체류시간은 표(8.9)과 같이 약 14시간 정도이며, 탈질을 위한 내부반송비는 질소제거를 위한 바덴포 공법과 마찬가지로 대략 400～600% 정도를 취한다.

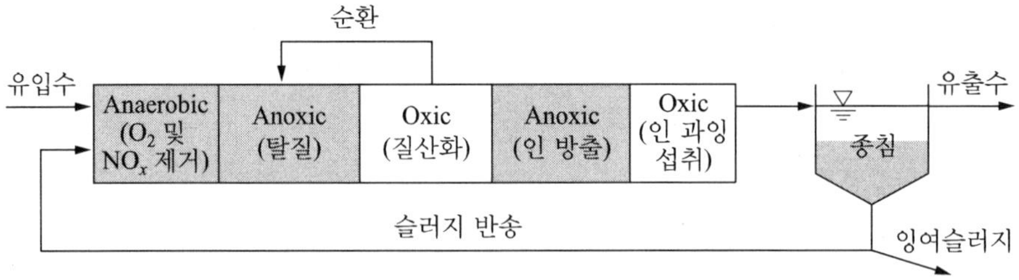

그림 8.21 수정 바덴포 공정

표 8.9 수정 바덴포 공정에서 각 조의 대표적 체류시간

반응조	체류시간(hr)
anaerobic조	1～2
1차 무산소조	2～4
1차 산소조	3～8
2차 무산소조	2～4
2차 산소조	0.5～1

W.P.C.F.(1983)

8.5.3 수정 포스트립 공법(Modified PhoStrip process)

이 프로세스는 원래 인 제거공정으로 개발된 것을, 질소의 생물학적 처리도 병행할 수 있도록 수정한 것이다. 기존 포스트립법은 반송슬러지 중 질산염의 농도가 높을 경우 탈인조의 혐기조건이 불량하여 인 방출이 저해된다. 따라서 그림(8.22)와 같이 수정된 포스트립 공법은 인과 질소를 동시에 제거하기 위해서 포기조의 체류시간을 충분히 길게 하여 암모니아를 질산화하고, 탈인조 유입 전에 탈질조에서 질산화물질을 탈질하여 이후 탈인조의 인 방출에 대한 질산염의 영향을 최소화한다. 이 공정에서 탈질반응에 요구되는 유기물은 탈질조로 유입하는 2차침전지 유출수 중 잔존 유기물과 세포의 내생성장을 이용하므로 본 공정은 매우 낮은 F/M비로 운전해야 한다. 따라서 낮은 F/M비로 인한 팽화현상이 자주 발생하는데, 팽화를 해결하기 위해 포기조 앞에 미생물 선택조(selector)를 설치하기도 한다. 한편 탈질조를 거친 슬러지의 반 정도는 포기조로 반송되는데, 나머지는 혐기조인 탈인조를 거쳐 포기조에 유입되며, 탈인조의 상징액은 화학적으로 처리된다. 이 공정의 질소제거율은 최대 70% 정도이며, 인 제거율은 88～99%에 이른다(WPCF., 1983).

참고로 부언하면 이 공법은 낮은 F/M비로 인하여 인 제거는 생물학적 기능보다는 화학적 기능에 의존하는 것으로 판단되며, 또한 낮은 부하에서 발생하는 팽화를 억제하기 위해서는 미생물 농도를 낮추거나 소화슬러지를 혼입해야 하는데, 소화슬러지를 혼입하는 것은 석회를 투입하는 화학처리공정으로 인하여, 즉 석회의 중화반응에 따라 큰 효과를 기대하기 어려울 것으로 판단된다.

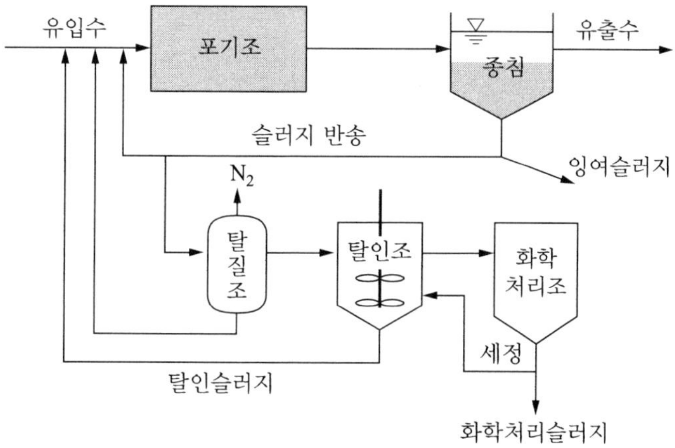

그림 8.22 수정 포스트립 공법

8.5.4 UCT 공법(University of Cape Town)

본 공법 및 이후 기술한 수정 UCT 공법 및 VIP 공법은 모두 A^2/O 공법의 변법으로 그 원리는 대동소이하다. 따라서 이하 관련 내용은 가볍게 참고하기 바란다.

본 공법은 남아공의 Cape Town 대학에서 개발한 것으로 혼합액과 슬러지의 반송을 다르게 조작하여 혐기조에 질산화물의 유입을 최대로 억제한다. 이 방법에서 산소조의 질산화물은 무산소조에 반송되어 탈질되며, 질산화물의 농도가 낮은 무산소조의 혼합액을 혐기조에 반송하고, 질산화물의 농도가 높은 침전 슬러지는 혐기조가 아닌 무산소조에 반송함으로써 혐기조의 혐기상태를 보다 양호하게 유지할 수 있다. 이 공정에 적합한 폐수는 COD/TKN의 비율이 7 이상인 것으로 알려져 있으며, 이 값이 적을수록 질소에 대한 생체요구량이 감소하여 반송슬러지 중의 질산화물 농도가 증가하므로, 인 제거율을 향상시키기 위해서는 무산소조로 혼합액의 내부반송을 줄이는 것이 바람직한 것으로 알려져 있다.

이 공정에서 슬러지의 반송은 50% 정도이고, 산소조에서 무산소조 및 무산소조에서 혐기조로의 내부반송은 각각 100～200% 정도이며(Daigger, 1988), SRT는 13～25일 정도이다.

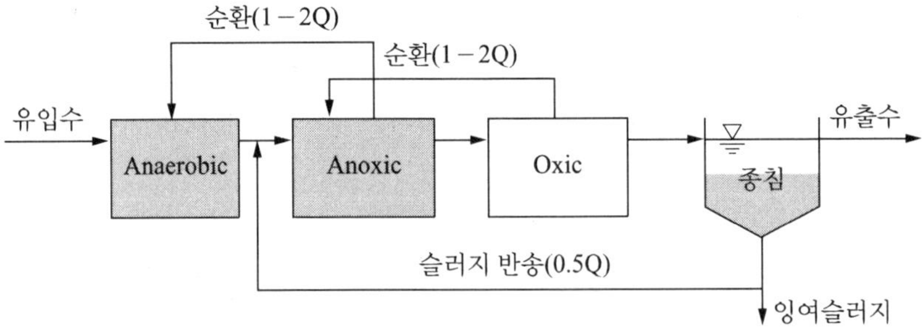

그림 8.23 UCT 공법

8.5.5 수정 UCT 공법(Modified University of Cape Town)

UCT 공법에서 혼합액을 산소조에서 무산소조로 반송하는 것은 혐기조의 질산성 질소의 농도를 낮춰 인 방출에 효과적이지만 질산성 질소의 제거율은 하강한다. 이러한 단점은 무산소조를 2개로 분할하여 첫 번째 무산소조는 반송슬러지 내의 질산성 질소의 농도를 낮추는 역할을 하고, 두 번째 무산소조는 산소조에서 반송되는 질산성 질소를 탈질함으로써 인 제거율의 저하 없이 질소제거율을 개선할 수 있는데, 이러한 공정을 수정 UCT 공법이라고 하며 그림(8.24)와 같다. 이 공정에서 슬러지의 반송과 내부반송은 UCT 공법과 같다.

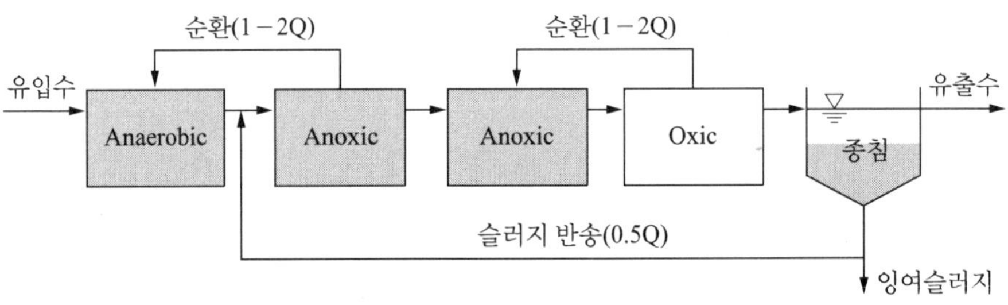

그림 8.24 수정 UCT 공법

8.5.6 VIP 공법(Virginia initiative plant)

VIP 공법은 전체적으로 UCT 공법과 같지만, 그 차이점은 다음과 같다.

각 조는 최소 2개 이상의 완전 혼합조를 직렬로 배치하며, 고율로 운전하여 잉여슬러지를 증가시킴으로써 인 제거율을 높이고 동시에 반응조의 크기를 줄일 수 있다. 즉, 인 제거율이 상승하는 원인은 VIP 공법의 SRT가 5～10일 정도로 UCT 공법의 1/2 이하인데, 다시 말해 적용부하가 UCT의 2배 이상에 해당하는데, 이럴 경우 세균류의 증가로 해당 공정의 전체 인 방출 및 과잉섭취량이 증가하고, 아울러 잉여 슬러지 발생량이 증가하기 때문이다. 슬러지 반송이나 내부반송은 UCT와 같다 (Ekama, 1984).

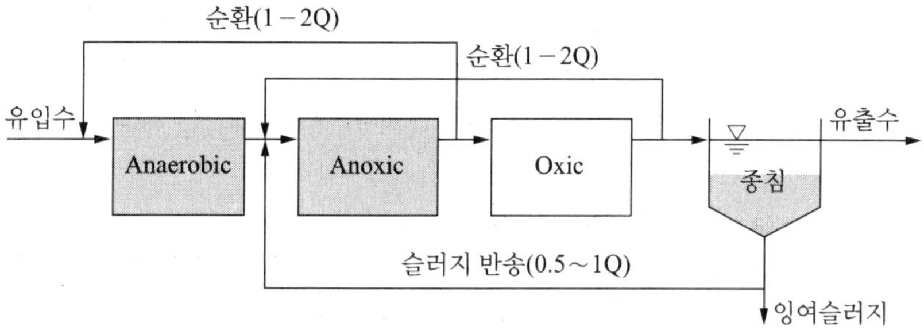

그림 8.25 VIP 공법

8.5.7 SBR(Sequencing batch reactors)

활성슬러지법은 1900년도 초기 회분식 처리법으로 개발되었으나(Irvine, 1977), 복잡한 조작을 인력에 의존해야 하고, 간헐운전에 따른 산기관의 폐색 등 기술적 문제 등으로 불편함이 많았다. 하지만 회분식 처리법이 Pasveer(1969)에 의해 슬러지의 팽화 방지 및 질소제거에 매우 효율적이라는 것과 복수의 반응조를 이용하면 연속운전이 가능한 것(Irvine, 1979; Alleman, 1980) 등이 밝혀진 이후 최근에 새롭게 관심의 대상이 되고 있는데, 그 원인은 본 법이 전체 공정의 주기 및 각 공정의 운전조건을 매우 쉽게 조절할 수 있고, 각종 자동제어장치의 발달로 관리방법이 개발 초기에 비해 획기적으로 개선되었기 때문이다.

SBR은 각 조건의 시간 배분에 따라 유기물과 SS의 제거에서 질소나 인의 제거까지 다양하게 운전될 수 있는데, 그림(8.26)은 BOD와 질소·인을 동시에 제거하기 위한 SBR의 계통도이다. 질소와 인을 동시에 제거하기 위해서는 무산소조건과 산소조건을 반복해야 하는데, 이때 먼저 무포기조건에서 대부분의 유기물이 산화됨과 동시에 인의 방출과 과잉섭취를 위한 혐기조건이 달성되어야 한다. 뒤 이은 산소조건에서는 암모니아가 질산화물로 산화되고, 다음 교반조건에서는 질산화물이 탈질과 더불어 인의 방출이 이루어진다. 다음 산소조건에서는 인의 과잉섭취가 일어나며 인을 과잉 섭취한 슬러지는 침전과정에서 잉여슬러지로 제거된다.

제거 목적에 따른 공정 및 시간 배분은 표(8.10) 및 (8.11)과 같고, 이 공정을 이용하여 연속적으로 유입되는 폐수를 처리하기 위해서는 최소 2개 이상의 조가 필요하다.

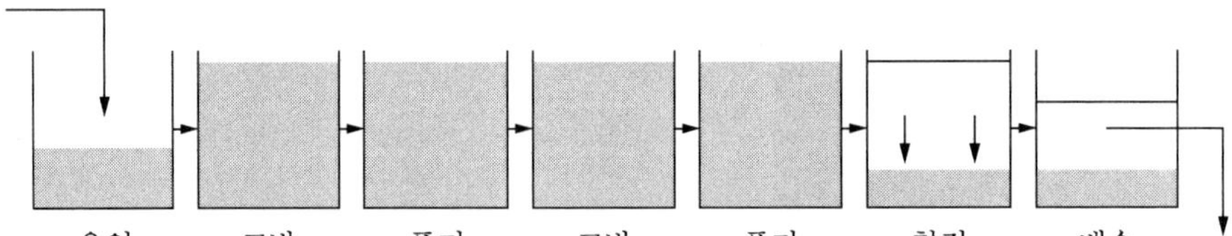

그림 8.26 SBR에 의한 질소·인 동시제거

표 8.10 처리 목적에 따른 SBR의 공정 배분

<table>
<tr><th>운전방식</th><th colspan="6">공정배분</th><th>처리목적</th></tr>
<tr><td rowspan="2">무제한포기</td><td colspan="2">유입</td><td colspan="4"></td><td rowspan="2">BOD, SS 제거</td></tr>
<tr><td colspan="4">포기</td><td>침전</td><td>배출</td></tr>
<tr><td rowspan="2">제한포기</td><td>유입</td><td colspan="5"></td><td rowspan="2">BOD, SS 제거, 일부 N, P 제거</td></tr>
<tr><td></td><td colspan="3">포기</td><td>침전</td><td>배출</td></tr>
<tr><td rowspan="2">반제한포기</td><td colspan="2">유입</td><td colspan="4"></td><td rowspan="2">BOD, SS 제거, 일부 N, P 제거</td></tr>
<tr><td></td><td colspan="3">포기</td><td>침전</td><td>배출</td></tr>
<tr><td rowspan="2">간헐포기 A</td><td colspan="3">유입</td><td colspan="3"></td><td rowspan="2">BOD, SS 제거, N, P 제거</td></tr>
<tr><td>교반</td><td>포기</td><td>교반</td><td>포기</td><td>침전</td><td>배출</td></tr>
<tr><td rowspan="2">간헐포기 B</td><td>유입</td><td></td><td>유입</td><td colspan="3"></td><td rowspan="2">BOD, SS 제거, N, P 제거</td></tr>
<tr><td>교반</td><td>포기</td><td>교반</td><td>포기</td><td>침전</td><td>배출</td></tr>
</table>

표 8.11 질소·인 동시제거를 위한 SBR의 각 공정별 체류시간

공 정	체류시간(hr)	
	저부하 운전	고부하 운전
유입 및 교반	1.8	3.0
포 기	1.0	0.4
침 전	1.0	0.7
배 수	0.4	0.7
휴 지	0.6	0

U.S. EPA.(1987)

표(8.10)에서 무제한포기란 폐수의 유입과 동시에 포기를 실시하는 것으로 주로 BOD 제거를 위한 운전방식이며, 제한포기는 폐수의 유입을 미친 후 포기를 실시하는 것으로 폐수 유입 시 무산소조건의 형성에 따라 약간의 질소와 인 제거가 가능하

다. 한편 간헐포기는 질소와 인 제거율을 향상시키기 위한 방법으로, 인 제거율을 향상시키기 위해서는 2번째 교반시간을 길게 하여 용존산소와 질산화물을 제거하기 위한 혐기조건이 충분히 유지되어야 한다. 참고로 질소제거를 위해서는 포기 시 폐수의 유입을 중단하는 간헐포기 B가 A에 비해 유리하다.

8.5.8 기타 수생식물에 의한 질소·인 제거

식물의 성장에는 질소와 인과 같은 영양물질이 필요한데, 수생식물은 수중의 영양염을 흡수한다. 이것이 식물을 이용한 질소·인 제거의 원리이다. 따라서 모든 수생식물이 수중의 영양염을 제거하지만, 수처리에 보다 효과적으로 수생식물을 이용하기 위해서는 수중 영양염의 흡수속도나 생체 내 요구량 및 생장속도 등이 큰 식물을 이용해야 하는데, 이러한 특성을 지닌 대표적인 식물로 부레옥잠과 갈대 등을 들 수 있다. 부레옥잠의 경우 생장속도가 매우 빨라 한 개체가 8개월간 약 65,000개체로 번식하였으며, NASA의 연구에서는 1년간 1 ha당 생산량이 건조중량으로 약 154톤이나 되었다고 한다(保田茂次郎, 1982).

하지만 수생식물을 처리에 이용할 경우 식물이 성장할 수 없는 동절기에 수질의 악화는 불가피하며, 또한 적절한 시기에 생장한 수생식물을 수확 혹은 제거해야 하는데, 이 수확물의 처리·처분이 곤란하다. 따라서 수확물의 사료화 또는 퇴비화를 시도하고 있으나 아직까지 경제성은 없는 것으로 판단되며, 그 외에도 이 방법은 설치 가능한 장소가 한정적이고, 처리시설의 소요면적이 큰 단점을 가진다. 참고로 현재 이용하거나 이용이 검토되는 수생식물을 서식형태에 따라 분류하면 표(8.12)와 같다.

표 8.12 고도처리에 이용 가능한 수생식물

분 류		서식형태	주요 식물명
고착성	추수성	뿌리와 줄기의 일부만 물속에 있는 것	부들, 벗들, 갈대, 창포, 솔잎말
	부엽성	뿌리와 줄기는 물속에 있고, 잎만 수면위에 떠있는 것	연꽃, 마름, 수련, 가래
	침수성	뿌리, 줄기, 잎 모두가 물속에 있는 것	말종류, 물수세미, 검정말, 말즘
부유성		뿌리가 고정되지 않고 수면이나 수중을 부유하는 것	부레옥잠, 생이가래, 개구리밥, 좀개구리밥

연습문제

1. 부영양화 현상을 설명하라.

2. 질소의 물리/화학적 처리법에는 어떤 것이 있는가?

3. 질소의 화학적 처리법 중 불연속점 염소처리법에 대해 기술하라.

4. 폐수 중에 존재하는 질소의 4가지 형태는 어떤 것들이 있는가?

5. 미생물에 의한 질산화반응을 설명하라.

6. 후탈질공정과 전탈질공정의 원리를 설명하라.

7. 내부반송비와 질소제거율과의 관계를 설명하라.

8. 인의 물리/화학적 처리법에는 어떤 것이 있는가?

9. 인 제거법 중 high lime법과 low lime법에 대해 설명하라.

10. 생물학적 인 제거 mechanism을 설명하라.

11. A/O 공정과 A^2/O 공정의 차이점을 설명하라.

참고문헌

建設省, 第1回 日米下水處理技術委員會會議錄 昭和 58年(1983).

保田茂次郎, ホテイアオイによる排水處理, 水處理技術 Vol. 23, No. 7, 1982.

山田 登志夫, 宗宮 功, 津野 洋, 好気性 脱窒能を 有する 細菌の検索とその生物特性に関する 研究, 下水道協会誌, 30, 118～129, 1993.

津野 洋, 生物學的 燐 除去の 基礎的 操作因子., 京都大學 工學部 1985.

日本下水道事業團, 嫌氣-好氣性汚泥法の技術資料, 昭和 63年 5月(1988).

田中ほか, 生物脫リンプロセスの下水處理への適用 荏原インフィルコ時報, No.97, 1987.

横須賀市下水道部 ; 横須賀市における下水の三次處理實驗報告 1975, 1976.

Abeling, U. and Seyfried, C. F., Anaerobic-aerobic treatment of high strength ammonia waste-water-nitrogen removal via nitrite, *Wat. Sci. Tech.* 26(5～6), 1007～1015, 1992.

Alleman, J. E. *et al.*, Nitrification in the sequencing batch biological reactor, *J. WECF.* Vol. 51, No. 2, 1980.

Alleman, J. E. *et al.*, Storage-induced denitrification using sequencing batch reactor operation, *Water Research.* Vol. 1483-1488, 1980.

Anthonisen, A. C., Inhibition of nitrification by ammonia and nitrous acid, *J. W.P.C.F.*, 48(5) 835～852, 1976.

Balmelle, B., Nguyen, M., Capdelville, B., Cornier, J. C. and Deguin, A., Study of factors controlling nitrite build-up in biological processes for water nitrification. *Wat. Sci. Tech.*, 26(5～6), 1017～1025, 1992.

Barth, E. F., Project officer, Summary Report, Workshop on Biological Phosphorus removal in municipal wastewater treatment., US. EPA, 1982.

Benefield, L. D. and Randall, C. W., *Biological design process for wastewater treatment*, Prentice-Hall, 1980.

Beijerinck, M. W., and Minkman, D. J. C., Bildung und verbrauch von stickoxydul durch bacterien. Zentralbl, Bakteriol, Parasitenk, Abt. Ⅱ 25, 30-63, 1910.

Bock E., Ⅰ. Stueven R. Zaet D., Nitrogen loss caused by denitrifying Nitrosomonas cells using ammonium or hydrogen as electron donors and nitrite as electron acceptor. Arch. Microbiol. 163, 16～20, 1995.

Brodish, K. E. U. and Joyner, S. J., The rule of microorganisms other than *Acinetobactor* in biological phosphorus removal in activated sludge process, *IAWPR Post Conferance on Phosphorus Removal in Biological Treatment Processes*, South Africa, 1982.

Buchan, l., The location and nature of accumulated phosphorus in seven sludges from activated sludge plants which exhibited enhanced phosporus removal., *Water SA*, Vol. 7, 1981.

Carberry, J. B. et al, Luxury uptake of phosphate by activated sludge. *J. W.P.C.F.*, Vol. 45, No. 12, 1973.

Culp, G. et. al; Water Reclamation Studies at the South Tahoe Public Utility District Journal of *WPCF.*, 1967.

Dan Vacker et al, Phosphate removal though minic pal wastewater treatment at San Antonio Texas., *J. W.P.C.F.*, Vol. 39, No. 5, 1967.

Daigger, G. T., Waltrip, G. D., Roman, E. D. and Moraises, L. M., "Enhance secondary treatment incorporating biological nutrient removal," *J. W.P.C.F.*, 60(10). 1833-1842, 1988.

Dawson, R. N. and Murphy, K. L., The temperature dependency of biological denitrification., *Wat. Res.*, 6 ; 71, 1972.

Drowning, A. L., *et al.*, Nitrification in activated sludge process. J. Proc. Inst. Sew. Purif., zVol. 64 : 2, 1964.

Ekama G. A. and Marais G. V. R., Biological nitrogen removal, Theory, Design and Operation of nutrient removal activated sludge processes, *Water Research Commission*, 1984.

Ekama G. A., Morals, G.V.R., and Slebritz, I. P. 'Biological excess phosphorous removal; In theory, design and operation of nutrient removal activated sludge processes,' *Prepared for the Water Research Commission*, Pretorla, South Africa. 1984.

Ferguson, J. F. and Jenkins, D., Pilot plant tests of a phosphate removal process. Discussion/ Communication, *J. W.P.C.F.*, Vol. 45, No. 4, 620, 1973.

Hanaki, K. and Wantawin, C., Nitrification at low levels of dissolved oxygen with and without organic loading in a suspended growth reactor. *Wat. Res.* 24(3), 297～302, 1990.

Hascoet, M. C., *et al.*, Biochemical aspects of enhanced biological phosphorus removal from wastewater., enhanced biological phosphorus removal from wastewater, *Water Science & Technology, Pergamon Press*, 1985.

Huttman, B., *Biological Nitrogen reduction studies as a general microbiological engineering process.*, Environmental Engineering, Ed. by Linder G., et al, Reidel Pub. Co. Hall, 1973.

Irvine, R. L., *Application of sequencing batch reactors for municipal and industrial wastewaters* PB 273846 NSF/RA 770259, 1977.

Irvine, R. L., Sequencing batch reactors-Over view *J. W.P.C.F.*, Vol. 51, No. 2, 1979.

Irvine, R. L., Sequencing batch treatment of wastewater in rural area, *J. W.P.C.F.*, Vol. 51, No. 2, 1979.

Jayamohan, S. and Ohgaki, S., Effect of DO on kinetics of nitrification, *Wat. Supply* 6, 141～150, 1988.

Kluyer, A. J., and Donker, H. J. K., Die einheit in der biochemie. Chem. Zelleu. Gewebe 13, 134-190, 1926.

Law, J. B., *et al.*, Influence of readily biodegradable COD fraction on the degree of biological Phosphorus removal., Proc. 12th., Fed., Conv. Austr., *Water and Wastewater Assoc.*, Adelaide. Austr., 1987.

Malnou, D., *et al.*, Biological Phosphorus removal; Study of the main parameter., *Water Science & Technology*, Vol. 16, 1984.

Mark C. M., Van Loosdrecht and Mike S. M. Jetten, Microbiological Conversions in Nitrogen Removal, IAWQ. 19th. International, 21～26, June, 1998.

Metcalf and Eddy, *Wastewater engineering.*, McGraw-Hill. New York, NY. 694-736, 1991.

Muller A., Van de Graaff A.A. Robertson L. A. and Kuenen J. G., Anaerbic ammonium oxidation discovered in a denitrifying fluidized bed reactor. FEMS Microbiol Ecol. 16, 177～184, 1995.

National Academy of Science and National Academy of Engineering(NAS/NAE), *Water Quality Criteria A Report of the Committee on Water Quality*, 1972.

Nelson, L. M. and Knowles, R., Effect of oxygen and nitrate on nitrogen fixation and denitrification by azospirillum brasilense growth in continuous culture, *Can. J. Microbiol.*, 24 : 1395, 1978.

Passver, A., A case of filamentous activated sludge *J. W.P.C.F.*, 41, 1340, 1969.

Quinlan, A. V., Optimum temperature shift for Nitrobactor Winogradskyi; Effect of dissolved oxygen and nitrite concentration. *Wat. Res.* 20(5) 611~617, 1986.

Robertson L. A. and Kuenen J. G., Combined heterotrophic nitrification and aerobic denitrification in *Triosphaera pantotropha* and other bacteria. Ant. Van Leeuwenhoek, 56, 289~299, 1990.

Schmidt I. and Bock E., Anaerobic ammonia oxidation with nitrogen dioxide by *Ntrosomonas eutropha*, Archives of Microbiology, 167, 106~111, 1997.

Metcalf and Eddy, *Wastewater Engineering*, McGrawhill, New York, 694~736, 1991.

Sell, R. L., Low temperature biologcal phosphorus removal, *The 54th Annual W.P.C.F., Conference*, 1981.

Shapiro, J., Levin, G. V. et al, Anoxically induced release of Phosphorus in wastewater treatment., *J. W.P.C.F.*, Vol. 39(11), 1811, 1967.

Soap and Detergent Association, *Principles and practice of Nutrients removal from municipal wastewater*, October, 1988.

Sutherson, S. and Ganczarczyk, J. J., Inhibition of nitrite oxidation during nitrification some observations, *Wat. Pollut. Res. J. Can.* 21, 257~266, 1986.

Terai, H. and Mori, T., Studies on phosphorylation couples with denitrification and aerobic respiration in Pseudomonas denitrificants., *BOT. Mag.*, 38 ; 231, 1975.

Thomann, R. V. and J. A. Mueler, *Principles of Surface Water Quality Modeling and Control*, Harper & Row, 1987.

Turk, O., and Mavinic, D. S., Preliminary assessment of a shortcut in nitrogen removal from wastewater. *Can. J. Cin. Eng.* 13, 600~605, 1986.

Turk, O., and Mavinic, D. S., Maintaining nitrite build-up in a system acclimated to free ammonia. *Wat. Res.* 23, 1383~1388, 1989.

U.S. EPA, *The relationship of Phosphorus and Nitrogen to the Trophic State of Northeast and North-Central Lakes and Reservoirs*, National Eutrophication Survey Working Paper, No. 23, 1974.

U.S. EPA, *Process design manual for Nitrogen Control*, Office of Technology Transfer, Washington, D. C., 1975.

U.S. EPA, *Design manual phosphorous removal*, 625/1, 87/001, 1987.

U.S. EPA, *Design for Nitrogen Control*, 1993.

Water Pollution Control Fed., *MOP FD-7*, *Nutrient control*, 1983.

CHAPTER 08 ■ ■ ■ CHAPTER 09

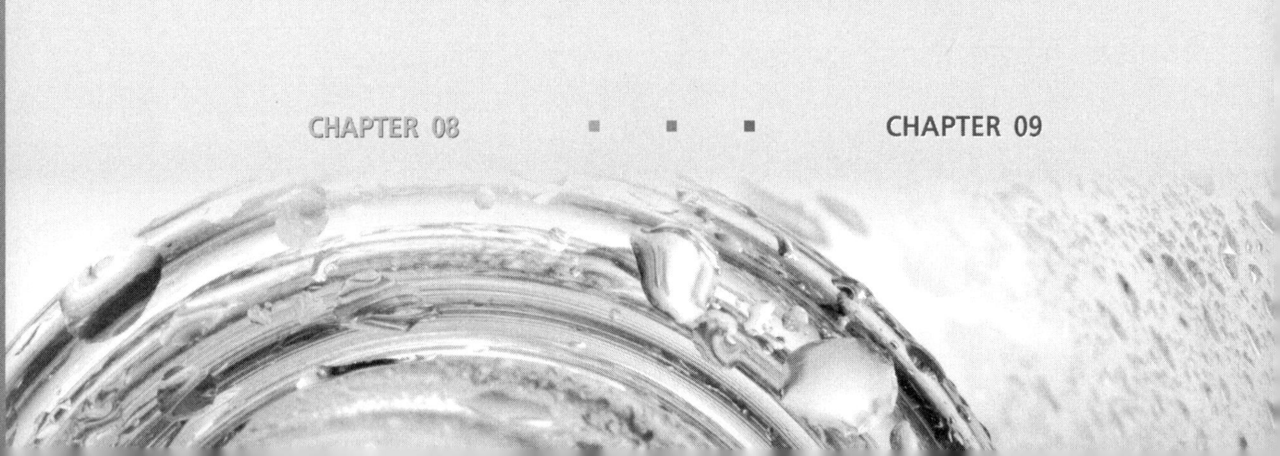

Chapter 09

막미생물 공정

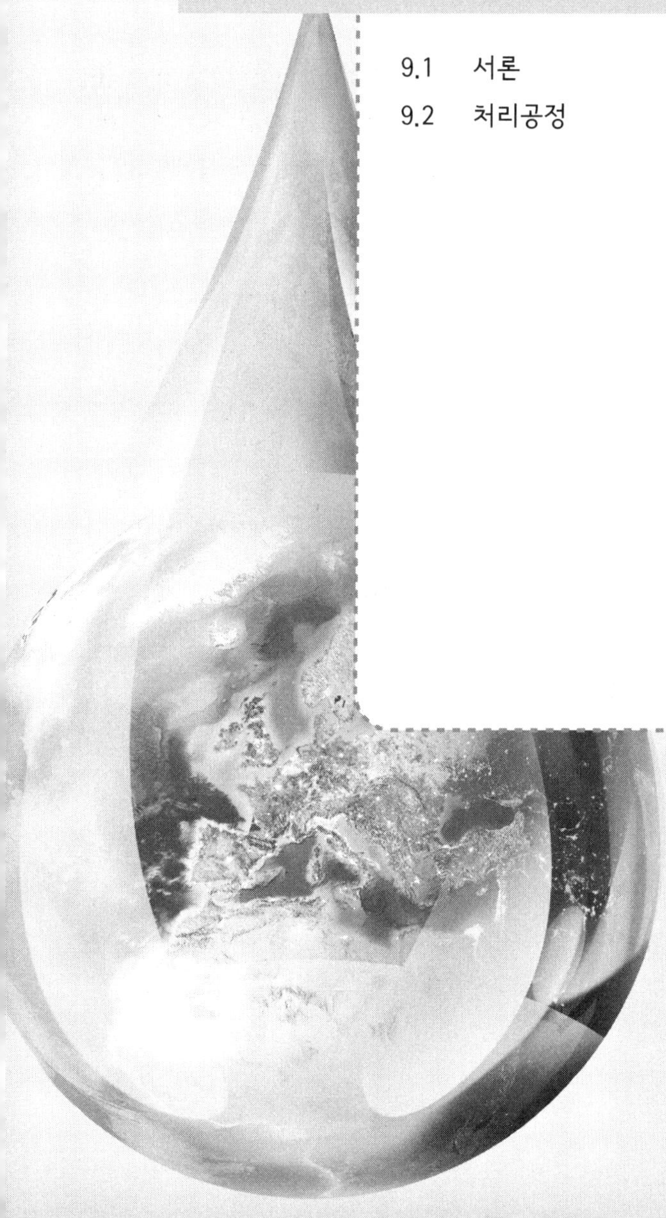

9.1 서론

막미생물 공정은 활성슬러지법이 개발되기 이전에 이미 사용되고 있었으나 활성슬러지법의 개발로 사용 빈도가 낮아졌다. 하지만 막미생물 공정은 팽화의 걱정이 없고 상대적으로 관리도 쉬워 중소규모의 처리장에서는 꾸준히 이용되고 있다. 즉, 막미생물 공법은 쇄석이나 그림(9.1)과 같은 여러 가지 형태의 메디아를 반응조 내에 충전하고, 그 표면에 형성된 생물막을 이용하기 때문에 활성슬러지법에 비해 상대적으로 생물활동 등에 대한 명확한 동역학적 해석은 곤란하지만, 운전 시 슬러지의 침전성이 문제되지 않고, 상대적으로 고농도의 미생물을 유지할 수 있으므로 운전이 비교적 쉽고 슬러지발생량이 적다는 장점을 가진다.

생물막을 이용하는 대표적 공법으로는 **살수여상**(撒水濾床)이 있으며, 그 외에 **회전원판법**(回轉圓板法)·**침지여상법**(沈漬濾床法)·**유동상법**(流動床法) 등이 있는데, 공법에 관계없이 활성슬러지법에 비해 상대적으로 운전·관리는 용이하지만 처리수의 수질은 전반적으로 불량하다.

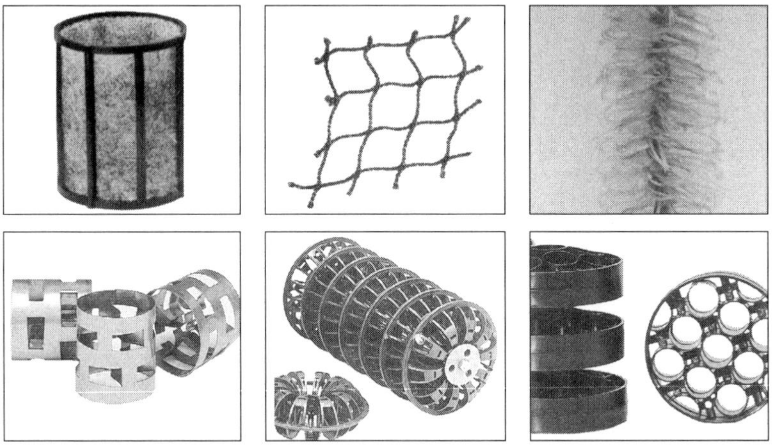

그림 9.1 생물막 공법에 이용되는 여러 형태의 메디아

다음 그림(9.2)는 생물막의 모식도를 나타낸 것이다. 그림과 같이 생물막은 시간이 경과함에 따라 비후해지고 그로인하여 호기성 생물막의 하부에 산소가 전달되지 않는 혐기성 생물막이 형성되는데, 이것은 미생물막을 탈리(脫離)시키는 원인이 되며 동시에 호기성 미생물에게 유해한 중간생성물과 부패가스를 배출하여 생물막의 활성을 저해하기도 한다.

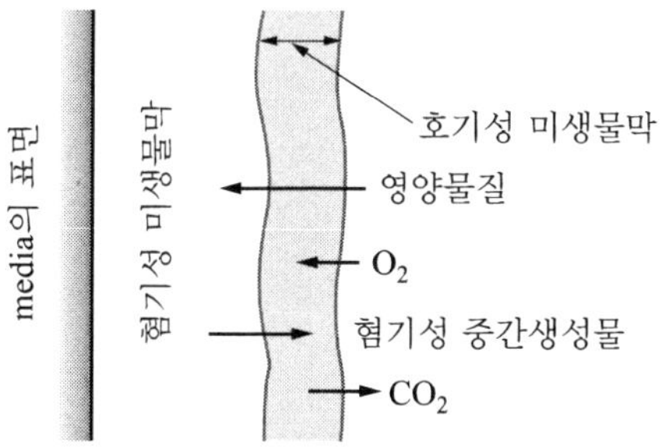

그림 9.2 생물막 모식도

9.2 처리공정

9.2.1 살수여상법(Trickling filter)

1. 개요

살수여상은 막미생물을 이용하는 공법 중 가장 대표적인 것으로, 여상에는 미생물의 부착이 용이하고 동시에 통수가 원활한 메디아를 충전(充塡)하고, 여기에 폐수를 살수한다. 그림(9.3)은 살수여상의 가장 기본적인 공정을 나타낸 것으로 전체 공정은 1차침전지와 여상 및 2차침전지로 구성된다. 본 공정의 정화 원리는 먼저 1차침전지에서 폐수 중의 침전성 유기물을 물리적으로 제거하고, 그 유출수를 여상에 살수하여 유출수가 여상을 유하하는 동안 폐수에 잔존하는 현탁성 유기물과 용해성 유기물을 여상의 메디아 표면에 부착·성장하는 생물막에 흡착·확산시켜 생물학적으로 제거한다. 이때 산화에 필요한 산소는 대기 혹은 하수의 용존산소가 이용된다. 이러한 과정에서 생물막은 비후해지는데, 운전이 지속됨에 따라 산소공급이 불충분한 막의 내부는 혐기화가 진행되고 그 부분의 점착력이 떨어져 결국 일대의 비후한 생물막이 메디아로부터 탈락한다. 이러한 현상을 **탈리**(脫離)라 하며, 탈리된 슬러지는 2차침전지에서 분리·제거한다. 즉, 살수여상의 2차침전지는 탈리된 슬러지를 제거하기 위한 것이다. 이와 같이 살수여상은 활성슬러지법과 다르게 슬러지의 침전성이 문제되지 않으며 슬러지의 반송도 필요치 않아 그 구조와 관리가 매우 간단하다. 따라서 과거에는 중소규모의 도시하수처리장에도 적용된 바 있으나, 최근에는 처리수질기준의 강화로 도시하수처리장과 같은 대규모 처리장에는 거의 채택되지 않는다.

살수여상의 구조는 장방형·정방형 또는 원형이 있으나, 살수의 편의를 고려하여 원형이 주로 채용되는데, 이때 살수는 그림(9.4)와 같은 회전식 살수기를 이용한다. 회전살수기의 회전동력은 살수기의 측면에 일정 간격으로 설치된 노즐로부터 분사되는 폐수의 분출력을 이용하며, 여상의 직경이 큰 경우에는 모터를 사용하기도 한다. 그 외에 장방형이나 정방형의 경우 살수는 주행살수기나 고정노즐을 이용한다.

여상 내 생물상은 세균·진균·조류·원생동물 및 각종의 유충으로 구성되며, 이들 미생물은 막의 형태로 존재하므로 활성슬러지법에 비해 상대적으로 세대기간이 긴 고등한 포식자가 우점한다. 따라서 먹이연쇄의 고리가 잘 발달되어 기질의 슬러지전환율은 활성슬러지법에 비해 매우 적다. 하지만 하등한 세균류의 감소로 활성슬러지법과 같이 양호한 처리수를 기대하기는 곤란하다.

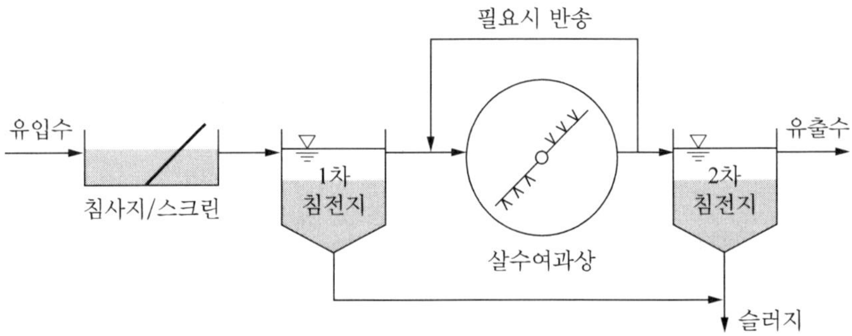

그림 9.3 살수여상의 공정도

그림 9.4 회전식 살수기가 설치된 살수여상

2. 살수여상에 충전되는 메디아

여상에 충전되는 메디아는 견고하고, 미생물의 부착이 용이한 표면특성과 큰 비표면적을 가져야 하며, 동시에 공극률과 통수저항이 크고, 경제적으로 쉽게 구할 수 있는 것이어야 하는데, 만약 메디아가 너무 작거나 균일하지 못해 상기의 특성을 갖추지 못할 경우, 탈리된 생물막이 공극을 메워 **연못화 현상**이 발생하거나 단락류가 발생하여 처리효율이 급감하고 냄새가 발생하게 된다. 따라서 입경이 큰 자갈이나 쇄석이 자주 사용되었는데, 최근에는 이러한 특성을 고루 갖춘 합성플라스틱 제품이 많이 개발되어 있다.

일반적으로 사용되는 메디아의 종류 및 특성은 표(9.1)과 같다.

표 9.1 살수여상용 메디아의 종류와 특성

메디아의 종류	공칭규격 (mm)	단위중량* (kg/m^3)	비표면적* (m^2/m^3)	공극률 (%)
화강암쇄석	25～75	1440	60	46
용광로슬랙	50～75	1080	65	49
bulk형 플라스틱	40×80	65	100～200	93～96
module형 플라스틱	600×500×1000	35～60	80～200	94～97
redwood module	1200×1200×500	150～175	40～50	70～80

from Metcalf, 1979; Liptak, 1974; 洞澤勇, 1982.
* 메디아 충전용적당

3. 살수여상의 특성

살수여상은 막미생물을 이용하는 공법의 여러 특성을 그대로 나타내며, 부유미생물을 이용하는 활성슬러지법과 비교하여 다음과 같은 장단점을 보인다.

① 운전의 용이성

슬러지의 침전성이 문제되지 않음으로, 정교한 관리기술이 요구되지 않으며, 동시에 부하변동·충격부하·수온의 변화나 독성물질의 유입 등에도 활성슬러지법에 비해 관리가 비교적 용이하다. 하지만 이러한 특성은 상기와 같은 환경인자 변화에 대해 부유미생물 공정에 비해 보다 안정적인 혹은 양호한 처리결과를 제공한다는 의미는 아니다. 즉, 살수여상과 같이 막미생물을 이용하는 공법은 고등한 미생물이 크게 번성하여 상대적으로 세균류의 비율이 감소하는데, 세균류의 감소는 장기적으로 급격한 환경변화에 대한 적응력을 떨어뜨려 처리수질을 악화시킨다.

다음 표(9.2)는 부하 0.32 kg-BOD/kg-MLSS · day의 조건에서 온도나 pH를 변화시킬 경우 유동상(流動床)과 활성슬러지법의 처리수 수질변화를 나타낸 것이다(李, 1998). 이후 관련항에서 설명하겠으나 유동상은 막미생물 공정 중 처리효율이 가장 우수한 공법이다. 그럼에도 불구하고 표에서 알 수 있듯이 활성슬러지법의 유출수는 유동상에 비해 온도나 pH 변화에 보다 안정적이다. 참고로 표에서 활성슬러지법의 경우, 높은 pH에서 처리수의 S-COD가 개선되는 현상은 환경요인의 악화로 세균류의 구성비가 증가하기 때문이다. 이때 알칼리의 중화반응으로 유기산의 농도가 감소하고 그에 따라 점액물질이 감소하여 SS는 다소 증가한다.

표 9.2 막미생물과 부유미생물의 처리특성

구 분		온도(℃)*						pH**				
		10	15	20	25	30	35	3	5	7	9	11
유출수 S-COD (mg/L)	활성슬러지	6.0	4.2	3.0	2.3	2.0	1.8	4.0	2.5	2.3	2.1	1.8
	유동상	47	30	18	7.2	4.0	3.0	89	10	5.0	5.0	16

적용부하는 0.32 kg-BOD/kg-MLVSS · day, * 유입수 pH는 7.0, ** 반응온도는 28℃

② 적은 슬러지 발생량

살수여상은 생물막의 심층에 존재하는 미생물의 내호흡(內呼吸) 및 혐기성 대사, 그리고 고등한 미생물의 포식작용(哺食作用) 등으로 슬러지 발생량이 비교적 적다.

③ 휴지기간에 대한 대응력

활성슬러지법의 경우 휴지기간이 길어지거나 반복될 경우, 세균은 기질부족으로 응집관련물질인 polymer를 재흡수하여 기질로 이용하는데, 이때 슬러지는 점액물질(polymer)의 부족으로 팽화하고, 동시에 유출수의 탁도가 현저히 증가한다. 반면 팽화가 발생하지 않는 살수여상은 내부순환을 실시하여 생물막을 상당기간 별다른 문제없이 유지시킬 수 있다.

④ 낮은 운전 · 유지비

살수여상은 살수에 소비되는 에너지 외에는 별도의 에너지가 요구되지 않는다. 따라서 고속살수여상의 경우에도 에너지 소비량은 재래식 활성슬러지법의 절반 정도이며(Metcalf, 1979), 고도의 관리기술을 요하지 않으므로 인건비가 적게 들고, 슬러지 처리비용 역시 적다.

⑤ 냄새와 파리의 발생

살수여상은 정화 원리상 냄새의 발생이 불가피한데, 그것은 혐기상태로 유지되는 생물막 저부에서 혐기성 대사과정의 중간생성물인 유기산과 H_2S가 발생하기 때문이다. 냄새의 발생을 억제하기 위해서는 재순환율을 증가시켜야 하는데, 그렇다고 운전자의 불쾌한 근무조건을 크게 개선할 수는 없다. 한편 재순환율을 증가시키면 여상파리(*Psychoda* sp.)의 발생도 방지할 수 있는데, 이때 수량부하는 30 $m^3/m^2 \cdot day$ 이상으로 유지하는 것이 바람직하다. 하지만 일단 발생한 여상파리의 유충을 제거하기 위해서는 여상을 하루 정도 침수(沈水)시키는 것이 유효하다.

⑥ 낮은 처리효율과 처리수의 높은 탁도

일반적으로 호기성 상태가 유지되는 막두께는 0.2 mm 정도인 것으로 알려져 있다. 따라서 두꺼워진 생물막은 영양과 산소의 수급에 영향을 크게 받지 않는 호기성 부분과 그렇지 못한 저부의 혐기성 부분이 존재하게 된다. 따라서 막미생물을 형성하는 전체 미생물이 부유미생물과 같이 양호한 활성을 유지하기는 어렵다. 또한 비표면적의 차이는 처리결과에 영향을 미치는데, 막미생물 공법은 부유미생물 공법에 비해 상대적으로 비표면적이 작아 일반적으로 부유공정에 비해 유기물의 제거능력이 저하한다.

한편 세균이 분비하는 점액물질은 현탁물질의 제거에 커다란 영향을 미치는데, 부유미생물을 이용할 경우 폐수에 함유된 현탁물질은 상당량이 2차침전지에서 미생물의 floc 형성 시 floc에 억류되어 침전·제거되는데, 막미생물 공법은 정화 원리상 상대적으로 현탁물질의 제거율이 떨어진다.

⑦ 비교적 큰 손실수두와 소요부지 면적

살수여상에서 폐수는 여상 위에 살수되고 바닥에서 유출 혹은 반송되므로, 여상 충전제의 충전 깊이는 완전한 손실수두가 된다. 소요부지는 목표수질이나 처리장의 규모에 따라 다르지만, 일반적으로 80% 이하의 BOD 제거율을 목표로 하거나 처리장의 규모가 작을 경우에는 활성슬러지법보다 유리하다. 하지만 90% 이상의 BOD 제거율을 목표로 하거나 규모가 클 경우에는 활성슬러지법이 유리하다.

4. 살수여상의 분류

살수여상은 유기물부하, 특히 처리수의 재순환 여부에 따라 크게 저율과 고율로 분류하는데, 세부적으로는 표(9.3)과 같이 저율·중간율·고율·초고율 등으로 분류하며, 실제에 있어서는 처리수의 향상을 위해 여상을 직렬로 연결한 2단 살수여상이 자주 사용된다(그림 9.5 참고).

저율살수여상(low-rate trickling filter)은 가장 먼저 개발된 것으로 유기물부하가 0.08~0.32 kg-BOD/m^3·day 정도로 낮아 BOD 제거율도 85~95% 정도로 높고, 처리수질도 비교적 우수하며, 질산화도 잘 이루어진다. 이 처리법에서 처리수의 순환은 원칙적으로 실시하지 않고, 폐수의 유입이 없는 야간에만 실시한다. 따라서 동력비가 싸다.

고율살수여상(high-rate trickling filter)은 100~200% 정도의 재순환을 실시하여 처리수를 개선시키고, 동시에 여상파리의 번식을 억제하거나 살수량의 조절 등을 꾀할 수 있다. 순환은 여상이나 침전지의 유출수를 이용하는데, 침전지의 유출수를 이용할 경우 침전지의 월류부하를 상승시킬 수 있으므로 대부분의 처리장에서는 여상의 유출수를 이용한다. 한편 여상은 1단 또는 2개의 여상을 직렬로 연결한 2단 여상이 사용되는데, 2단 여상의 경우 각 여과상의 크기나 반송률은 일반적으로 동일하게 설계한다.

표 9.3 살수여상의 전형적 설계자료

구 분	저율	중간율	고율	초고율	초별여상	2단여상
사용여재	돌, 슬래그	돌, 슬래그	돌	플라스틱	플라스틱	돌, 플라스틱
수량부하 (m^3/m^2·day)	1~3	3~10	10~40	40~200	50~200	10~40
유기물부하 (kg-BOD/m^3·day)	0.08~0.32	0.24~0.48	0.32~1.0	0.5~1.6	1.6~8.0	1.0~2.0
유효심(m)	1.5~3.0	1.25~2.5	1.0~2.0	4.5~12.0	4.5~12.0	1.0~2.0
순환	0	0~1	1~2	1~4	1~4	0.5~2
소요동력(kW/10^{3}m^3)	2~4	2~8	6~10	10~20	10~20	-
폐수유입간격	5분미만 (간헐적)	5~60초 (연속적)	15초미만 (연속적)	연속적	연속적	연속적
여상파리	많음	약간	적음	거의 없음	거의 없음	거의 없음
생물막 탈락	간헐적	간헐적	연속적	연속적	연속적	연속적
질산화 정도	완전 질산화	질산화	저부하시	-	-	-

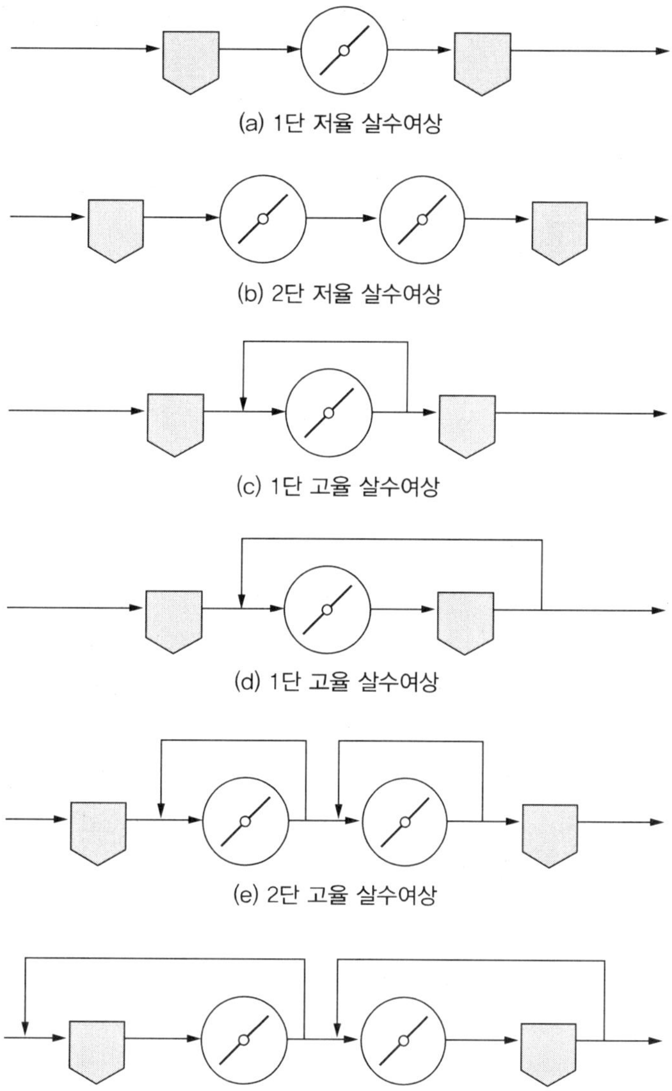
(a) 1단 저율 살수여상
(b) 2단 저율 살수여상
(c) 1단 고율 살수여상
(d) 1단 고율 살수여상
(e) 2단 고율 살수여상
(f) 2단 고율 살수여상

그림 9.5 살수여상의 흐름도

5. 살수여상의 운전인자 및 설계

① 여상의 운전인자

㈀ 살수부하(Trickling loading)

살수부하는 여상에 가해지는 1일 살수량을 여상의 면적으로 나누어 구하며, 수량부하라고도 하는데, 이 값은 살수강도와 BOD 부하에 따라 정한다.

$$\text{살수부하} = \frac{Q}{A} \ (\mathrm{m^3/m^2 \cdot day}) \tag{9.1}$$

여기서, Q : 유입폐수량($\mathrm{m^3/day}$), A : 여상의 단면적($\mathrm{m^2}$)이다.

㈁ BOD 부하

여상에 가해지는 일당 유기물부하를 나타내는 것으로 다음 식과 같다.

$$\text{BOD 부하} = \frac{Q \times S_i}{A \times H} = \frac{10^{-3} \times QS_i}{AH} \ (\mathrm{kg/m^3 \cdot day}) \tag{9.2}$$

여기서, S_i : 유입수 농도(mg/L), H : 여상의 깊이(m)이다.

㈂ 살수강도(Hydraulic intensity)

살수강도란 여상의 표면에 순간적으로 가해지는 폐수량을 나타내는 것이다. 즉, 1초간에 살수된 폐수량을 살포된 면적으로 나누고, 그 값을 24시간에 해당하는 양으로 환산한 것으로, 단위는 $\mathrm{m^3/m^2 \cdot day}$이다. 이것은 여상 내 폐수의 유하 상태를 결정하는 중요한 인자이며, 그 한계치는 충전 메디아의 직경에 따라 다른데, 살수강도가 지나치게 클 경우 폐수는 생물막과 충분히 접촉하지 못하고 유하하여 처리효율이 감소한다. 일반적으로 메디아의 직경이 25, 50, 75 mm일 때 각각 180, 210, 240 $\mathrm{m^3/m^2 \cdot day}$ 정도를 적용한다.

㈃ 재순환비

재순환비는 다음 식(9.3)과 같이 유입유량에 대한 처리수의 내부순환비를 말한다. 순환비가 클 경우, 동력비가 증가하지만 폐수와 생물막과의 접촉 빈도를 증가시켜 처리수의 향상을 기대할 수 있으며, 비후한 생물막의 탈리를 촉진하여 막의 활성을 증가시키고 동시에 여상파리 및 냄새의 발생을 억제한다.

$$\text{재순환비}(R) = Q'/Q \tag{9.3}$$

여기서, Q' : 처리수의 재순환량($\mathrm{m^3/day}$)이다.

② 살수여상의 설계공식

살수여상의 설계방법에는 이론식을 이용하는 방법과 경험에 의한 방법이 있다. 대표적인 이론식으로는 Eckenfelder(1970)가 제시한 식(9.4)를 들 수 있는데, 이 식은 기질제거속도가 기질 농도와 미생물 농도에 1차적으로 비례한다고 가정한 것이다.

$$\frac{dS}{dt} = -K \cdot S \cdot X \tag{9.4}$$

여기서, $\frac{dS}{dt}$: 기질제거속도,

K : 기질제거 속도상수,

S : 기질 농도(mg/L),

X : 미생물 농도(mg/L)이다.

위 식을 정리하여 적분을 취하면

$$\int_{s_i}^{s_e} \frac{dS}{S} = -K \cdot \overline{X} \int_0^t dt \tag{9.5}$$

여기서, S_i : 유입수 농도(mg/L),

S_e : t시간 접촉 후의 유출수 농도(mg/L),

$\overline{X}$: t시간 동안 평균 미생물 농도(mg/L)이다.

따라서 식(9.5)는 다음과 같이 나타낼 수 있다.

$$\ln\frac{S_e}{S_i} = -K\overline{X}\,t, \qquad \therefore \frac{S_e}{S_i} = e^{-K\overline{X}t} \tag{9.6}$$

한편 여과상에 대한 평균 접촉시간 t는 다음과 같이 나타낼 수 있다(Howland, 1957).

$$t = CD/{Q_a}^n \tag{9.7}$$

여기서, C, n : 상수,

D : 여상의 깊이(m),

Q_a : 여상 살수부하($m^3/m^2 \cdot day$)이다.

또한 평균 미생물 농도 $\overline{X}$는 충전물의 비표면적(A_m)에 비례하므로 식(9.6)은 다음과 같이 나타낼 수 있다(Eckenfelder, 1963).

$$\frac{S_e}{S_i} = e^{-KCA_mD/Q_a^n} \tag{9.8}$$

위 식에서 KCA_m을 k로 나타내면 다음 식(9.9)와 같은 방정식이 얻어진다(Schultz, 1960; Germain, 1966). 이 Schultz 식에서 n은 비표면적과 흐름의 특성에 따라 결정되는 상수이며, 이 식이 실제 설계에 이용되기 위해서는 상수 k와 n값이 사용 메디아의 특성에 따라 실험을 통하여 결정되어야 한다. 각종 메디아의 특성에 따른 상수 k와 n값을 표(9.4)에 나타내었다.

$$\frac{S_e}{S_i} = e^{-kD/Q_a^n} \tag{9.9}$$

여기서, k : 새로운 속도상수이다.

한편 재순환이 있는 경우, 유입수는 재순환율에 따라 달라지는데, 다음과 같이 구할 수 있다.

$$S_i = \frac{S_o + RS_e}{R+1} \tag{9.10}$$

여기서, S_o : 1차침전지 유출수 농도(mg/L), R : 재순환비(Q'/Q)이다.

따라서 재순환이 실시되는 여상의 설계공식은 다음과 같이 나타낼 수 있다.

$$\frac{S_e}{S_o} = \frac{e^{-kD/Q_a^n}}{(R+1) - Re^{-kD/Q_a^n}} \tag{9.11}$$

한편 미생물의 활성은 온도변화에 따라 변하는데. Eckenfelder(1970)는 온도변화에 따른 속도상수 k의 보정식을 다음 식(9.12)와 같이 제시하였다.

$$k_T = k_{20} \times 1.035^{T-20} \tag{9.12}$$

여기서, k_T : 온도 T℃에서 속도상수,

k_{20} : 온도 20℃에서 속도상수이고,

T : 온도(℃)이다.

■ 표 9.4 각종 메디아의 특성

메디아	비표 면적 (m^2/m^3)	온도 범위 (℃)	유입수 BOD범위 (mg/L)	여상 깊이 (mt)	살수부하 ($m^3/m^2 \cdot d$)	n	k_{20}
1 1/2-in. flexirings	131.2	2-26	65-95	2.4	0.5-1.1	0.39	0.227
1-in. clinker	201.7	7-17	220-320	1.8	0.04-0.05	2.56	0.427
2 1/2-in. clinker	122.7	7-17	220-320	1.8	0.04-0.05	0.84	0.338
1-in. slag	196.8	7-17	220-320	1.8	0.04-0.05	0.30	0.427
2 1/2-in. slag	108.2	7-17	220-320	1.8	0.04-0.05	0.75	0.316
1-in. rock	142.0	7-17	220-320	1.8	0.04-0.05	2.36	0.366
2 1/2-in. rock	90.5	7-17	220-320	1.8	0.04-0.05	3.80	0.319
1-in. rounded gravel	146.0	7-17	220-320	1.8	0.04-0.05	3.00	0.309
2 1/2-in. rounded gravel	64.6	7-17	220-320	1.8	0.04-0.05	5.40	0.282
Surface	91.8	24	200	6.6	1.3-10.2	0.50	0.195
Surface	91.8	24	200	3.7	2.5-10.2	0.45	0.163
2 1/2-and 4 1/2-in. rock filter	49.2	24	200	3.7	1.3-3.8	0.49	0.136
1 1/2-and 2 1/2-in. slag	137.8	7-17	112-196	1.8	0.2-0.51	1.00	0.430
1~3 in. granite	95.1	16-18	186-226	1.8	0.08-0.65	0.40	0.154
3/4-in. raschig rings	248.6	16-18	186-226	1.8	0.08-0.65	0.70	0.272
1-in. raschig rings	171.2	16-18	186-226	1.8	0.08-0.65	0.63	0.207
1 1/2-in. raschig rings	114.8	16-18	186-226	1.8	0.08-0.65	0.306	0.138
2 1/4-in. raschig rings	74.5	16-18	186-226	1.8	0.08-0.65	0.276	0.124
Straight block	92.5	16-18	186-226	1.8	0.08-0.65	0.345	0.099

한편 미국의 National Research Council은 살수여상으로 일정 수준의 처리수를 얻기 위해 요구되는 여상의 체적을 구하기 위해, 군사기지에 시설된 살수여상으로부터 다음과 같은 경험식을 제시하였는데, 이를 NRC 공식이라고 한다.

1단 살수여상에 대한 NRC 공식은 다음 식(9.13)과 같다.

$$E = \frac{100}{1 + 0.432\left(\frac{W}{VF}\right)^{0.5}} \tag{9.13}$$

여기서, E : 20℃에서 BOD 제거율(%),

W/V : BOD 부하($kg/m^3 \cdot day$),

F : 재순환계수; $\frac{1+R}{(1+0.1R)^2}$,

R : 재순환비이다.

2단 여상의 두 번째 여상을 위한 공식은 다음 식(9.14)와 같다.

$$E_2 = \frac{100}{1 + \frac{0.432}{1 - E_1}\left(\frac{W_2}{VF}\right)^{0.5}} \tag{9.14}$$

여기서, E_2 : 20℃에서 두 번째 여상의 BOD 제거율(%),

E_1 : 20℃에서 첫 번째 여상의 BOD 제거율(%),

W_2/V : 두 번째 여상에 가해진 BOD 부하(kg/m^3 · day)이다.

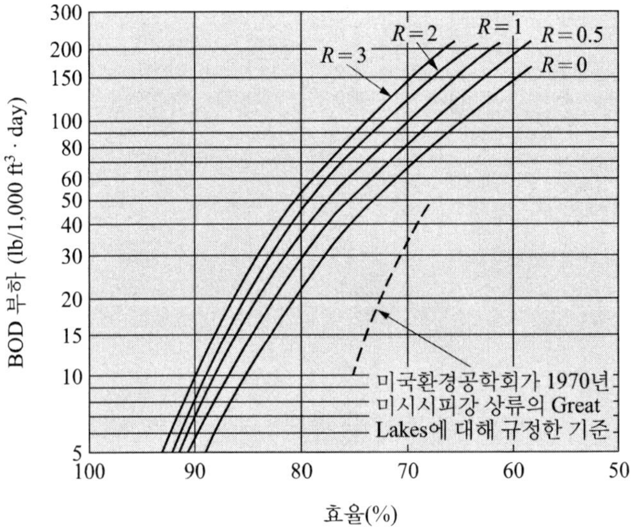

그림 9.6 NRC 공식에 의한 1단 여상의 효율곡선

그림(9.6)은 NRC 공식을 이용할 경우, 1단 여상에서 재순환비의 변화에 따른 여상의 효율과 BOD 부하 간의 관계를 나타낸 것이다. 그림의 각 곡선은 자갈·쇄석·광재 등을 메디아로 사용할 경우에 해당하며, 플라스틱 메디아인 경우는 실험이나 경험에 의해 결정해야 한다. 참고로 NRC 공식에 의해 계산된 BOD 제거효율은 최종침전지를 포함한 것이므로 중간침전지가 없는 2단 여상에서는 NRC 공식을 사용할 수 없다. 이때 두 번째 여상의 효율은 첫 번째 여상의 효율을 50%로 가정하고 식(9.14)로부터 구한다.

한편 식(9.13)과 (9.14)는 20℃에서 NRC 공식에 의한 살수여상의 효율을 나타낸 것으로 반응온도가 달라질 경우 여상의 처리효율을 예상하기 위해서는 식(9.12)나 다음 그림(9.7)을 이용할 수 있다.

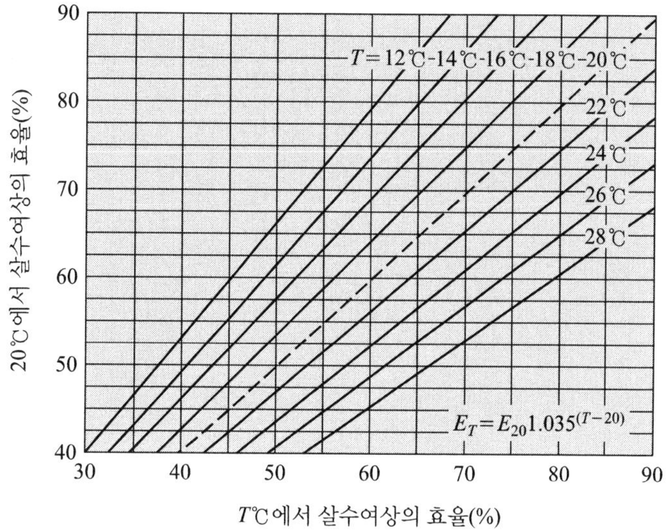

그림 9.7 NRC 공식을 이용할 경우 온도변화에 따른 살수여상의 예상효율

예제 9.1

반응온도가 20℃인 조건에서 살수여상 반응기를 이용하여 다음과 같은 결과를 얻었다. 식 $\frac{S_e}{S_i} = e^{-kD/Q_a^n}$의 상수 k와 n값을 구하라.

표 9.5 여상 깊이별 BOD 제거율

깊이 (m)	여상 깊이별 BOD 제거율(%) 살수부하($m^3/m^2 \cdot day$)			
	0.50	1.00	1.50	2.00
1.50	19	16	13	7
3.00	35	27	21	17
4.50	49	38	31	25
6.00	58	46	38	31

풀이 표에 제시된 BOD 제거율과 여상의 깊이 및 살수부하를 이용하여 k와 n값을 구하기 위해 제시된 식을 정리하면 다음과 같다.

$$\ln\left(\frac{S_e}{S_i}\right) = -kD/Q_a^n$$

위 식에서 $\ln\left(\frac{S_e}{S_i}\right) = y$, $-k/Q_a^n = a$, $D = x$라 하고 최소자승법으로 기울기 a $(-k/Q_a^n)$를 구하면, 다음 표와 같다. 참고로 S_e/S_i 값은 표의 여상 깊이별 BOD 제거율$\left(= \frac{S_i - S_e}{S_i}\right)$로부터 구한다.

표 9.6

	살수부하($m^3/m^2 \cdot day$)							
	0.50		1.00		1.50		2.00	
	x	*y*	*x*	*y*	*x*	*y*	*x*	*y*
	1.50	−0.21	1.50	−0.17	1.50	−0.14	1.50	−0.07
	3.00	−0.43	3.00	−0.31	3.00	−0.24	3.00	−0.19
	4.50	−0.67	4.50	−0.48	4.50	−0.37	4.50	−0.29
	6.00	−0.87	6.00	−0.62	6.00	−0.49	6.00	−0.37
a	−0.148		−0.10		−0.08		−0.07	

$$a = \frac{N\sum xy - \sum x \sum y}{N\sum x^2 - \sum x \sum x}$$

한편 $-k/Q_a^n = a$이므로, 각각의 살수부하에 대해 $k/0.5^n = 0.148$, $k/1^n = 0.10$, $k/1.5^n = 0.08$, $k/2.0^n = 0.07$이고 각 식을 연립하여 풀면, 평균 n값은 0.54이며, k는 0.1 정도이다.

예제 9.2

상기 문제와 같은 조건에서 온도가 10℃ 상승한다면, 그때 속도상수는 얼마인가?

풀이 $k_T = k_{20} \times 1.035^{T-20}$을 이용하면,

$$k_{30} = 0.1 \times 1.035^{30-20} = 0.14$$

예제 9.3

1 in. rounded gravel을 이용하여 재순환율이 200%인 살수여상을 설계하고자 한다. 예상 유입수의 농도는 200 mg/L, 계획 유출수 농도는 20 mg/L, 여상의 깊이는 2 m로 설계할 경우 적정 살수부하를 구하라.

풀이 재순환이 있을 경우 설계식 $\dfrac{S_e}{S_o} = \dfrac{e^{-kD/Q_a^n}}{(R+1) - R\,e^{-kD/Q_a^n}}$을 이용하고, 상수 k와 n은 표 9.4에서 각각 0.309, 3.0이므로,

$$0.1 = \frac{e^{-0.309 \times 2.0/Q_a^{0.3}}}{(2+1) - 2e^{-0.309 \times 2.0/Q_a^{0.3}}}$$

$$\therefore\ e^{-0.618/Q_a^{0.3}} = 0.25,\ \ Q_a^{0.3} = 0.446,\ \ Q_a = 0.054\ m^3/m^2 \cdot day.$$

문제 9.1

1 in. slag을 메디아로 이용하여 재순환율이 200%인 살수여상을 설계하고자 한다. 예상 유입수의 농도는 200 mg/L이고, 여상의 깊이는 2 m, 살수부하는 0.05 $m^3/m^2 \cdot day$로 설계하고자 한다. 예상되는 유출수의 수질을 구하라.

풀이 예상되는 유출수 농도는 약 9 mg/L이다.

예제 9.4

반응온도가 16℃이고, 여상 BOD부하가 0.32 kg-BOD/m^3·day일 때 저율살수여상의 예상 처리효율을 NRC 공식을 이용하여 구하라. (단, 1차침전지의 유기물 제거효율은 30%이다.)

풀이 20℃에서 BOD부하 $W/V=0.32$ kg-BOD/m^3·day, 재순환계수 $F=1$이므로, 여상의 예상 처리효율은

$$E=\frac{100}{1+0.432\left(\frac{W}{VF}\right)^{0.5}}=\frac{100}{1+0.432(0.32/1)^{0.5}}=80.36\%$$

16℃에서 예상 처리율 $k_{16}=80.36\times1.035^{(16-20)}\fallingdotseq70\%$이다. 따라서 전체 처리효율은 침전지 처리효율(30%) + 여상의 처리효율[(1 − 0.3)×70% = 49%] = 79%.

9.2.2 회전원판법(Rotating Biological Contactor; RBC)

1. 개요

회전원판법은 회전원판접촉법·회전생물접촉법 혹은 회전판접촉법이라고도 하며, 전체 시스템은 그림(9.8)과 같이 1차침전지와 생물접촉조 및 최종침전지로 구성되어 있다. 생물접촉조 내에는 그림(9.9)와 같이 지름이 큰 원판형의 메디아를 수평축에 장착한 생물접촉장치가 설치되며, 이 접촉장치를 표면적의 약 40% 정도 폐수에 침잠(沈潛)시킨 상태에서 1～2 rpm의 속도로 천천히 회전시킨다.

폐수는 수평축에 직각 혹은 평형으로 흐르게 하고, 폐수의 체류시간은 1시간 정도로 하며, 원칙적으로 처리수의 재순환은 실시하지 않는다. 이때 원판의 표면에는 1～4 mm 정도의 생물막(부유미생물량으로 50,000～100,000 mg/L에 해당)이 형성된다. 원판에 형성된 생물막은 원판이 수중에 잠길 경우, 유기물을 흡수하고 원판이 대기중에 노출될 경우 산소를 공급받아 호기성 상태를 유지하면서 유기물을 제거하는데, 운전이 지속됨에 따라 비후(肥厚)해진 생물막은 원판의 회전으로 발생하는 전단력에 의해 탈리되며, 탈리된 슬러지는 최종침전지에서 제거된다.

회전체는 각 조에 1기씩 설치하는 것을 원칙으로 하며, 회전체에 조류가 번식하거나, 일광·강수·기온 하락 또는 미관을 고려하여 덮개를 씌우는데, 덮개의 재료는 강판이나 섬유보강수지(FRP)를 이용한다. 매체의 회전은 전동기와 감속기로 구성되며, 회전속도는 산소공급·교반강도·생물막의 탈리 등 목적에 따라 달리할 수 있지만 보통 원주속도는 18 m/min 정도로 한다.

한편 부착 생물체는 활성슬러지법과 비교하여 상대적으로 고등한 미생물이 우점하며 살수여상과 비슷하다. 하지만 덮개를 설치하여 일광이 차단됨으로 조류의 번식이

억제되고, 파리나 곤충 등도 서식하지 않는다.

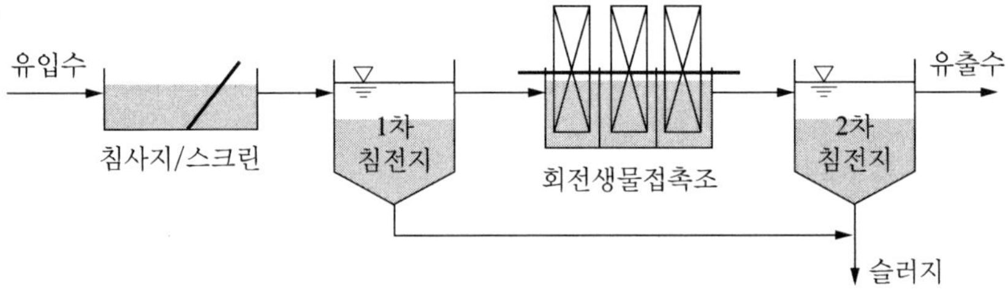

그림 9.8 회전원판법의 공정도

그림 9.9 회전 생물막 접촉장치의 예

2. 회전체의 구성

매체로는 평판(平板)·파판(波板)·망판(網板) 등이 이용되며, 재질은 주로 폴리에틸렌·폴리염화비닐(PVC)·섬유보강수지(FRP)·발포폴리스타이렌 등의 합성수지가 사용되는데, 어느 것이든 미생물의 부착과 내구성이 보장된다면 문제될 게 없다. 판의 두께는 폴리에틸렌·폴리염화비닐(PVC)의 경우 0.7～2 mm 정도, 폴리스타이렌은 7 mm 정도이다. 원판의 규격은 제작자에 따라 다를 수 있으나, 보통 직경이 3～4 m 정도이고, 수평축에 장착된 원판으로 구성된 회전체의 길이는 약 6～8 m 정도이다. 원판의 간격은 생물막에 의해 원판 간의 간극(間隙)이 막히지 않도록 보통 15～30 mm 정도로 하며, 유입수의 농도가 높을수록 간격을 크게 한다(그림 9.10 참고).

한편 처리수질을 향상시키기 위해 회전체를 2～4조 범위 내에서 직렬로 연결하여 이용할 수 있는데, 이때에도 역시 첫 단의 원판 간격은 다음 단의 간격보다 넓게 한다.

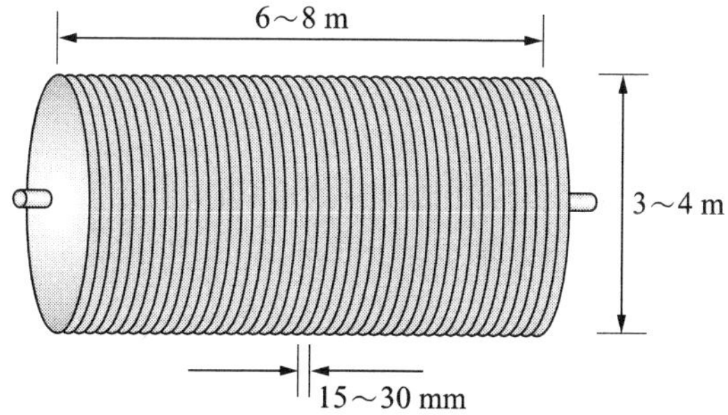

그림 9.10 회전체의 형상

3. 회전원판법의 특징

회전원판법은 운전의 용이성·적은 슬러지발생량·휴지기간에 대한 대응력·낮은 운전관리비·낮은 처리효율과 처리수의 높은 탁도 등 살수여상과 비슷한 특성을 나타낸다. 하지만 살수여상과는 달리 냄새나 파리는 발생하지 않으며, 소음도 거의 발생하지 않는다. 또한 다단식을 채용할 경우 낮은 부하에서는 고도의 질산화 반응을 유도할 수 있다. 하지만 회전체의 60% 정도가 언제나 대기 중에 노출되어 있으므로 온도 하강 시 미생물의 대사활동에 영향을 줄 수 있다. 따라서 덮개를 필히 설치해야 한다.

4. 운전인자 및 설계

① 운전인자

㈀ 원판 침적률(W)

원판의 침적률은 수중 부분의 원판면적을 원판의 총 면적으로 나눈 것으로 다음 식(9.15)와 같다.

$$\text{원판 침적률}(W) = \frac{A_w}{A'} \times 100 \ (\%) \tag{9.15}$$

여기서, A_w : 수중 부분의 원판면적(m^2), A' : 원판의 총 면적(m^2)이다.

㈁ 액량면적비(G)

액량면적비란 생물반응조의 용적 V를 전체 원판의 미생물 부착면적 A로 나눈 값으로, 단위는 L/m^2으로 나타내며, 다음 식(9.16)과 같다.

$$\text{액량면적비}(G) = \frac{V}{A} \times 10^3 \ (\text{L/m}^2) \tag{9.16}$$

여기서, V : 생물반응조의 용적(m^3),

A : 전체 원판의 미생물 부착면적(m^2)이다.

일반적으로 G 값은 5~9 정도를 취한다.

㈐ BOD 면적부하($B \cdot L$; BOD surface loading)

BOD 면적부하란 반응조에 가해지는 1일 유기물 부하량을 원판의 미생물 부착면적으로 나누어 구하며, 다음 식(9.17)과 같다.

$$\text{BOD 면적부하}(B \cdot L) = \frac{Q \times S_i}{A} \ (\text{g/m}^2 \cdot \text{day}) \tag{9.17}$$

여기서, Q : 유입 폐수량(m^3/day), S_i : 유입수 농도(mg/L)이다.

㈑ 수리학적 부하($H \cdot L$; Hydraulic loading)

수리학적 부하란 1일 폐수유입량을 원판의 미생물 부착면적으로 나누어 구하며, 다음 식(9.18)과 같다.

$$\text{수리학적 부하}(H \cdot L) = \frac{Q}{A} \ (\text{m}^3/\text{m}^2 \cdot \text{day}) \tag{9.18}$$

㈒ 평균 체류시간(T_a; Average detention time)

유입폐수의 생물반응조 내의 평균 체류시간은 다음과 같다.

$$\text{평균 체류시간}(T_a) = \frac{V}{Q} \times 24 \ (\text{hr}) \tag{9.19}$$

② 회전원판법의 설계

회전원판법의 설계를 위한 공식은 식(9.20)과 같이 Schultz(1960)의 살수여상 설계식과 유사하며, 그 외에 많은 경험식이 있다(Spengel and Dzombak, 1992).

$$S_e = S_i \cdot e^{-K(V/Q)^{0.5}} \tag{9.20}$$

여기서, S_i : 유입수 농도(mg/L),

S_e : 접촉시간 t시간 후의 유출수 농도(mg/L),

V : 생물반응조의 용적(m^3),

Q : 유입폐수량(m^3/sec),

K : 속도상수이다.

위 식에서 K는 온도변화에 따른 속도상수로 13℃의 온도에서 90～112 정도이며(WEF and ASCE, 1992), 온도감소에 따라 K값 역시 감소되어야 한다.

상기와 같은 수식이 소개되어 있지만 부유미생물을 이용하는 경우와 달리 막미생물을 이용할 경우, 막의 두께에 따라 전체 미생물의 활성이 달라지므로, 정확한 동력학적 특성을 규명하기란 쉽지 않다. 따라서 설계 시 경험적 결과를 이용하는 것이 오히려 편리한데, 그림(9.11)은 12.8℃ 이상의 온도에서 4단 여상을 이용하여 도시하수를 처리할 경우, 수리학적부하와 BOD 제거율과의 관계를 나타낸 것이다.

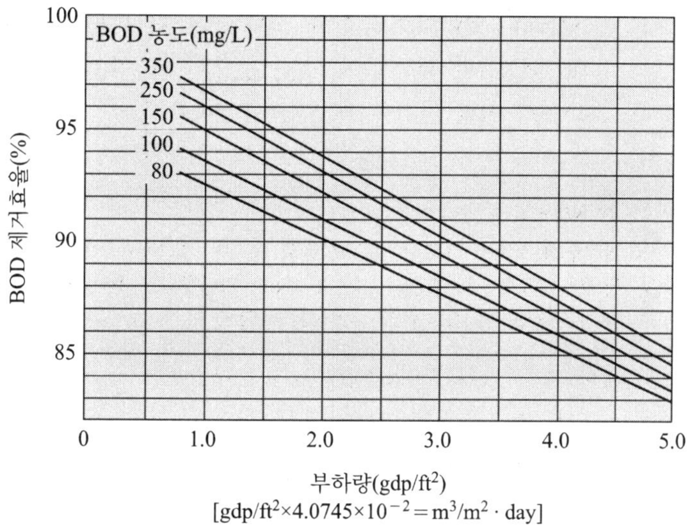

그림 9.11 RBC의 수리학적부하와 효율과의 관계

예를 들면 도시하수처리장의 1차침전지 유출수의 예상 농도가 150 mg/L인 경우, 85% 정도를 처리하여 20 mg/L 정도의 처리수를 얻기 위해 가할 수 있는 부하는 4.7 gdp/ft^2(0.19 $m^3/m^2 \cdot day$)이다. 이 부하는 13℃ 이상에서 가할 수 있는 최대부하로 온도에 따라 보정이 요구되는데, 온도보정계수는 다음 표(9.7)과 같다.

표 9.7 RBC 적용 부하의 온도변화에 보정계수

BOD 제거효율 (%)	반응온도(%)				
	12.7	10.0	7.2	4.4	1.7
95	1.0	0.9	0.8	0.7	0.6
90	1.0	0.7	0.6	0.5	0.4
85	1.0	0.6	0.4	0.3	0.2

한편 낮은 정도의 처리를 위해서는 다음과 같은 경험적 결과를 적용하여 간이로 설계할 수도 있다. 즉, 반응온도 13℃를 기준으로 도시하수를 처리할 때, 처리수의 기준이 BOD 및 SS로 각각 30 mg/L 정도인 경우 경험에 의한 허용 면적부하는 유입수의 용해성 BOD를 기준으로 7.5 $g/m^2 \cdot day$ 정도이고, 총 BOD를 기준으로 15 $g/m^2 \cdot day$가 적정하며, 첫 단의 최대 허용부하는 각각 30, 60 $g/m^2 \cdot day$ 정도로 한다. 이때 온도 하강에 따른 처리율의 감소는 허용부하를 감소시켜 회복할 수 있는데, 13℃를 기준으로 약 3℃(5°F) 감소 시마다 15%의 원판 면적을 증가시켜야 한다.

예제 9.5

원폐수의 농도가 200 mg-BOD/L이고, 유량이 3,000 m^3/day인 도시하수를 RBC로 처리하고자 한다. 유출수의 기준은 20 mg/L이고, 반응온도는 10℃이며, 1차침전지의 효율은 30%이다. 요구되는 RBC의 원판 표면적을 구하라.

풀이 먼저 1차침전지 유출수의 농도를 구한다.

$$1\text{차침전지 유출수 농도} = 200 \times (1-0.3) = 140 \text{ mg/L}$$

$$\text{요구되는 RBC의 효율} = \frac{140-20}{140} = 85.7\%$$

따라서 그림(9.11)에서 적용부하는 0.18 $m^3/m^2 \cdot day$이다.

한편 온도에 대한 보정은 표(9.7)을 이용하는데, 온도 10℃, 처리효율 85.7%에 대해 보정계수로 0.65 정도를 취하면 설계부하량은 약 0.12 $m^3/m^2 \cdot day$이다.

$$\text{설계부하량} = 0.18 \times 0.65 \fallingdotseq 0.12 \text{ m}^3/\text{m}^2 \cdot \text{day}$$

$$\text{따라서 원판의 표면적 } A = \frac{Q}{H \cdot L} = \frac{3{,}000}{0.12} = 25{,}000 \text{ m}^2$$

예제 9.6

상기 예제(9.5)의 조건에서 유출수의 기준이 30 mg/L인 경우, 경험적 결과를 이용하여 원판의 표면적을 구하라.

풀이 유출수 기준이 BOD로 30 mg/L 경우, 반응온도 13℃를 기준으로 적정 허용면적부하는 총 BOD 기준으로 15 $g/m^2 \cdot day$이다.

따라서 원판의 표면적 $A = \dfrac{Q \times S_i}{B \cdot L} = \dfrac{3{,}000 \times 140}{15} = 28{,}000\ \mathrm{m}^2$,

반응온도가 10℃이므로 소요 원판의 면적을 15% 증가시키면,

소요 원판의 면적$= 28{,}000(1+0.15) = 32{,}200\ \mathrm{m}^2$이다.

예제 9.7

원판의 직경이 4 m이고, 침적률(W)이 40%인 경우, 원판의 유효면적을 구하라.

풀이 먼저 원판의 총 면적을 구하면,

원판의 총 면적 $A' = \dfrac{\pi \cdot d^2}{4} = \dfrac{\pi \cdot 4^2}{4} = 12.6\ \mathrm{m}^2$

한편 원판이 잠긴 깊이를 h라고 하면 원판의 잠긴 면적 A_w은

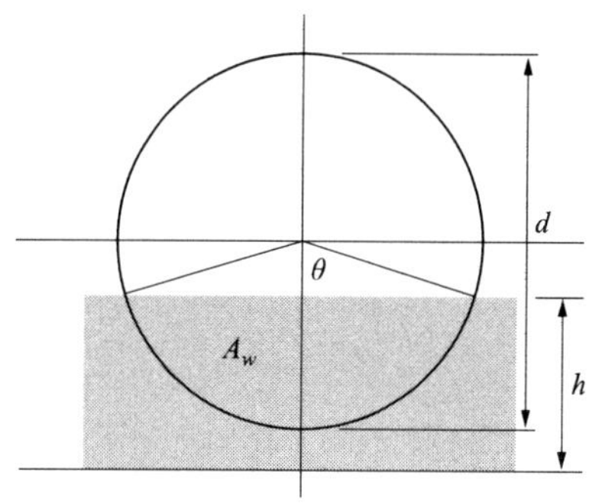

그림 9.12

$$A_w = \frac{\pi \cdot d^2}{4} - \left(\frac{\pi \cdot d^2}{4} \cdot \frac{360-2\theta}{360} + \frac{d^2}{4}\sin\theta \cdot \cos\theta\right)$$

$$= \frac{\pi \cdot d^2}{4}\left(\frac{\theta}{180} - \frac{1}{\pi}\sin\theta \cdot \cos\theta\right)$$

$\therefore\ \dfrac{A_w}{A'} = \dfrac{\theta}{180} - \dfrac{1}{\pi}\sin\theta \cdot \cos\theta = 0.4$이고,

이 식을 반복 시산하여 θ를 구하면 $\theta = 81°$이다.

한편 $\theta = \cos^{-1}\dfrac{d/2-h}{d/2}$이므로, $h = 2 - 2\cos 81 ≒ 1.69\ \mathrm{m}$

원판의 유효면적 $A = \dfrac{\pi \cdot d^2}{4} - \dfrac{\pi \cdot (d-2h)^2}{4} = \dfrac{\pi \cdot 4^2}{4} - \dfrac{\pi \cdot 0.62^2}{4}$

$= 12.26\ \mathrm{m}^2$

예제 9.8

상기 예제(9.7)과 같은 회전원판을 이용하여 1차침전지의 유출수 농도가 BOD 기준으로 200 mg/L인 폐수 500 m^3/day를 처리하고자 한다. 원판을 300매 사용할 경우, BOD 면적부하, 수리학적부하를 구하라. 또한 액량면적비(G)를 6 L/m^2으로 할 경우, 조의 용적과 체류시간

을 구하라.

풀이 1개 원판이 미생물과 접촉하는 면적은 $12.26 \times 2 = 24.52\ m^2$이고, 300매를 사용할 경우 총 유효면적은 $24.52 \times 300 = 7{,}356\ m^2$이다.

한편 BOD 면적부하$(B \cdot L) = \dfrac{Q \times S_i}{A}\ (g/m^2 \cdot day)$이므로,

$$\frac{Q \times S_i}{A} = \frac{500 \times 200}{7{,}356} \fallingdotseq 13.6\ g/m^2 \cdot day$$

또한 수리학적 부하$(H \cdot L) = \dfrac{Q}{A}\ (m^3/m^2 \cdot day)$이므로,

$$\frac{Q}{A} = \frac{500}{7{,}356} \fallingdotseq 0.07\ m^3/m^2 \cdot day$$

액량면적비 $G = \dfrac{V}{A} \times 10^3\ L/m^2$이므로, 용적 V는,

$$V = A \times G = 7{,}356 \times 6 = 44{,}136\ L = 44.1\ m^3$$

또한 평균 체류시간 $T_a = \dfrac{V}{Q} \times 24\ hr$이므로,

$$\frac{V}{Q} \times 24 = \frac{44.1}{500} \times 24 = 2.1\ hr\text{이다.}$$

9.2.3 호기성 침지여상(Aerobic submerged biofilter)

1. 개요

침지여상(沈漬濾床)의 전체 시스템은 그림(9.13)과 같이 1차침전지·생물반응조(여상)와 최종침전지로 구성되어 있다. 여상은 충전 메디아를 수중에 침지시킨 생물반응조이며, 호기성 여상과 혐기성 여상으로 구분된다. 호기성 여상의 경우 산소공급 방식은 여상의 하부에서 공기를 직접 공급하는 직접포기식과 유입폐수를 미리 포기하여 공급하는 간접포기식으로 구분된다.

폐수의 흐름은 일반적으로 상향류(上向流)이며, 산소공급이나 처리수의 개선을 위하여 주로 순환류 방법을 채용하는데, 간접포기식의 경우 순환비가 지나치게 낮을 경우 여상의 일부가 폐색되어 미생물이 사멸하고 냄새가 발생할 수 있음으로 주의해야 한다.

한편 운전이 지속됨에 따라 비후해진 생물막은 수류의 속도나 공기의 부상에 따른 전단력에 의해 연속적으로 탈리되는 것이 원칙이지만, 그렇지 못할 경우, 순환유량을 증가시키거나, 공기 공급량을 증가시켜 탈리시키며, 탈리된 슬러지는 최종침전지를 이용하여 제거한다.

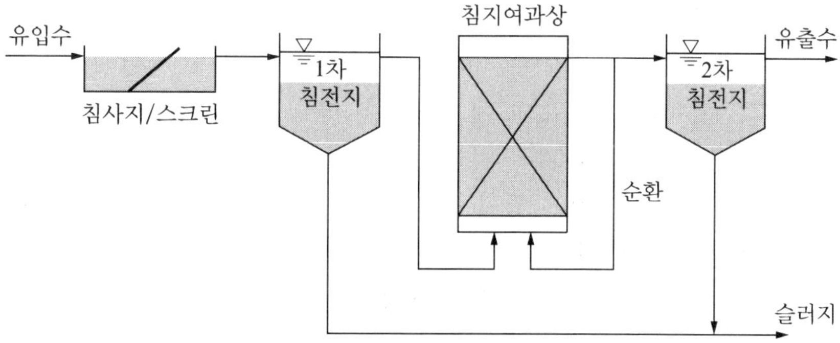

그림 9.13 침지여상의 공정도

2. 침지여상에 충전되는 메디아

침지여상에 충전되는 메디아는 살수여상의 충전제와 대동소이하다. 따라서 살수여상의 충전제를 사용해도 무관하나 살수여상의 그것보다 입경이 다소 작아도 문제되지 않는다. 일반적으로 사용되는 메디아로는 벌집형이나 망상(網狀)의 module · net-ring형 또는 bulk형 플라스틱제품 · 돌 등이 사용된다.

9.2.4 유동상(Fluidized bed)

1. 개요

유동상(流動床)은 생물반응조에 폐수를 상향류로 흐르게 하고 그 유속으로 충전된 모래와 같은 작은 입자를 부상 · 유동시키며, 이때 유동입자의 표면에 형성된 미생물막을 이용하여 폐수를 처리하는 공법이다. 이 방법은 원래 고정층 반응기에 의한 질산화 반응이 연구되던 중 고정층 반응기의 폐색(閉塞; clogging)현상과 큰 손실수두 문제를 해결하기 위해 개발되었으며, 전체 공정은 그림(9.14)와 같이 1차침전지 · 유동상(간접포기 시 포기조 별도) · 2차침전지로 구성된다.

이 방법은 산소공급방법에 따라 간접포기식과 직접포기식으로 나눌 수 있는데, 간접포기식의 경우 1차 침전지 유출수는 유동상에 유입하고 처리수는 산소공급이나 메디아의 유동을 위하여 재순환시키는 것이 일반적이다. 직접포기식의 경우 일반적으로 처리수를 재순환시키지만 공기는 유동상의 하부에서 직접 공급한다. 이런 과정에서 비후해진 생물막은 탈리장치를 이용하여 연속적으로 탈리하며, 생물막이 탈리된 메디아는 조 내로 재충전된다. 이때 탈리된 생물막은 SS로 유출되는데, 그 농도가 매우 낮다. 따라서 2차침전지는 경우에 따라 소거할 수도 있다.

유동상은 막미생물을 이용하는 타공정에 비해 매우 작은 메디아를 이용하므로 미생물의 부착에 제공되는 비표면적이 3,300 m^2/m^3 정도로, 살수여상의 82 m^2/m^3이나 회전원판법의 165 m^2/m^3에 비해 매우 크다(Theodore, 1980). 따라서 단위 용적당 미생물 농도 역시 8,000～40,000 mg/L 정도로 매우 높고(Jeris, 1975b), 미생물막의 두께가 타 막공정에 비해 매우 얇아 부유미생물 공법과 같은 높은 처리효율을 보인다(Theodore, 1980). 그림(9.15)는 모래 표면에 형성된 미생물막으로 그 두께는 0.1 mm 정도로 매우 얇음을 보여준다(李, 1994).

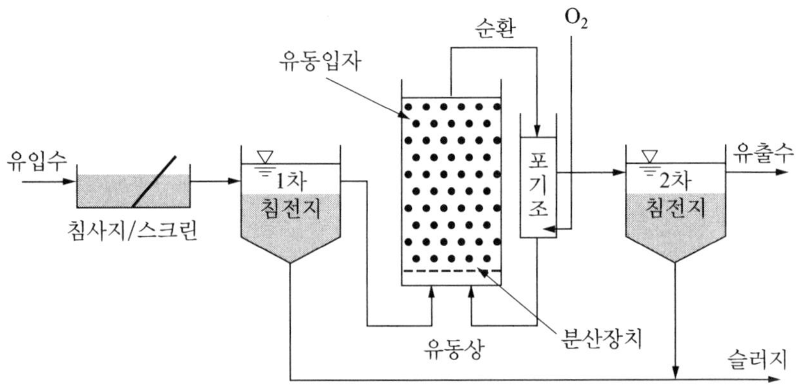

그림 9.14 유동상의 계통도

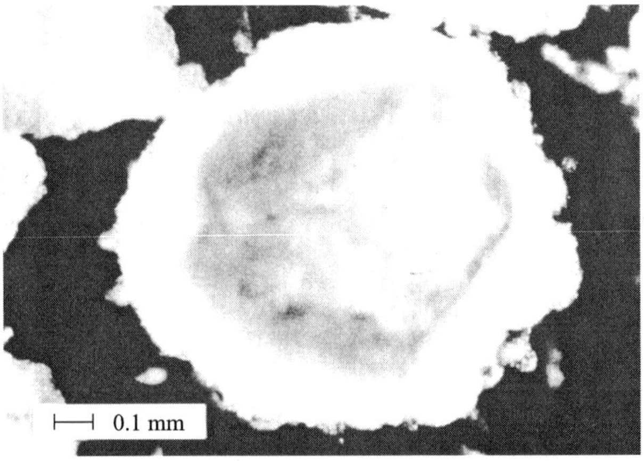

그림 9.15 모래 표면에 형성된 bioparticle

2. 유동상에 충전되는 메디아

유동상에 충전되는 메디아는 입경이 작은 모래·활성탄(activated carbon) 및 anthracite 등이 주로 이용되나, 때론 작은 스펀지 조각이 이용되기도 한다. 이들 메디아는 미생물의 부착 및 부착 생물막의 탈리가 용이해야 한다.

3. 유동상의 특성

유동상은 막미생물공법의 안정성과 부유미생물공법의 처리효율을 동시에 나타낸다. 즉, 유동상은 모래와 같이 입경이 매우 작은 메디아를 이용하므로 미생물 부착에 제공되는 비표면적이 매우 크고, 상대적으로 미생물막이 얇아 부유미생물과 같이 활성이 큰 미생물을 유지할 수 있다. 따라서 고부하 운전이 가능하고, 처리수의 수질도 부유미생물을 이용하는 공법과 크게 다르지 않으며, 슬러지 발생량도 비교적 적다. 또한 설치면적이 재래식 활성슬러지법의 1/5 정도로 매우 적어 경제적이고, 운전 시 상의 폐색(閉塞)이나 bulking의 우려가 없으며, 폐수가 유입되지 않을 경우 처리수의 순환만으로 별다른 문제없이 상당 기간 상을 유지할 수 있고, 살수여상이나 침지여상에서 흔히 발생하는 냄새로 인한 문제도 전혀 없다.

하지만 유동상은 낮은 상승유속에서는 유동이 불량하고 입자들의 합체현상이 발생할 수 있으므로 비교적 대량의 순환유량이 요구되며, 메디아의 손모 등 관리비용이 증가하는 단점이 있는데, 무엇보다 큰 단점은 상 전체의 고른 유동을 위해 고도의 기술과 세심한 관리가 요구되어 아직 대형화는 다소 곤란하다는 점이다.

연습문제

1. 막공법에 충전되는 메디아가 갖추어야할 특성을 기술하라.

2. 살수여상의 특성에 대해 기술하라.

3. 살수여상과 관련된 다음 용어를 설명하라.
   (1) 살수부하
   (2) BOD 부하
   (3) 살수강도

4. 회전원판법과 관련된 다음 용어를 설명하라.
   (1) 원판 침적률
   (2) 액량면적비
   (3) BOD 면적부하
   (4) 수리학적 부하
   (5) 평균 체류시간

5. 회전원판법의 특징에 대해 기술하라.

6. 유동상의 특징을 기술하라.

참고문헌

이정수, 간접포기식 유동상에 의한 폐수처리 특성에 관한 실험적 연구, 대한토목학회논문지, 14(2), 1994.

이정수, 간접포기식 유동상에 의한 폐수처리 특성에 관한 연구, 대한토목학회논문지, 15(1), 1995.

이정수, 막미생물과 부유미생물의 kinetics 비교연구, 대한상하수도학회지, 12(4), 1998.

洞澤勇編著, 生物膜法, 思考社, p. 20, 1982.

Eckenfelder, W. W., Jr., Trickling filtration design and performance, *Transactions American Society of Civil Engineers*, 128, Part Ⅲ, p. 371-381, 1963.

Eckenfelder, W. W., *Jr. Water quality engineering for practicing engineers*, New York: Barnes and Noble, 1970.

Germain, J. E., Economic treatment of domestic waste by plastic-medium trickling filter, *J. Water Pollution Control Federation*, 38, 2, p. 192-203, 1966.

Howland, W. E., Flow over Porous media as in a Trickling filter, *Proc. of the 12th Annual Purdue Ind. Wastes Conference*, 1957.

Jeris, J. S., Owens, R. W., Hickey, R., and Flood, F., Secondary treatment and nitrogen removal using biological Fluidized bed technology, *Presented at the Annual Conference of the WPCF*, 1975b.

Liptak, B. G., *Enviromental Engineer's Handbook*, Vol. 1, Chilton Book Co. 1974.

Metcalf and Eddy, *Wastewater Engineering-Treatment, Disposal, Reuse*. 2nd Ed., McGraw-Hill, Inc., New York, N.Y., 1979.

Ronald, W. Crites, *Journal of the Sanitary Engineering Division, ASCE*. Vol. 96, No. SA6, Proc. Paper 7713, p. 1452-1455, Dec. 1970.

Schultz, K. L., Load and efficiency of trickling filters, *J. Water Pollution Control Federation*, 33, 3, p. 245-260, 1960.

Spengel, D. B., and Dzombak, D. A., Biokinetic modeling and scale-up considerations for biological contractors, *Water Environment Research*, 64, 3, p. 223-235, 1992.

Theodore, C. Stathis, Fluidized bed for biological wastewater treatment, *J. Envir. Eng. Division*, 1980.

WEF. and ASCE. *Design of Municipal Wastewater Treatment Plants*, Vol. 1, 1992.

CHAPTER 09 ■ ■ ■ CHAPTER 10

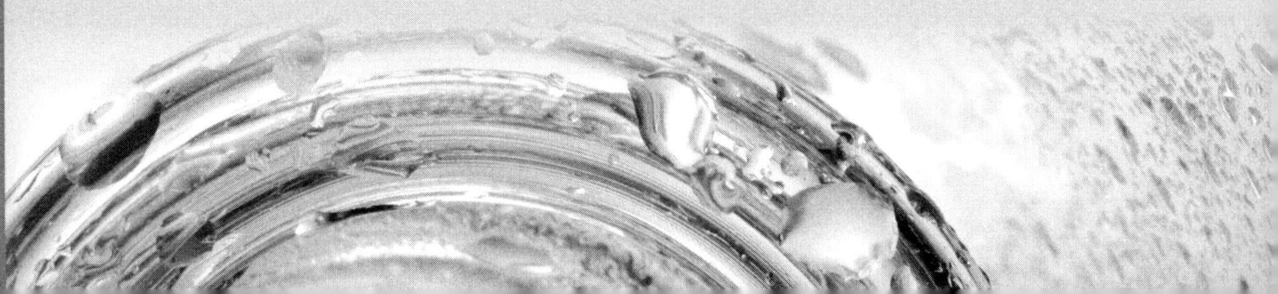

Chapter 10

혐기성 처리

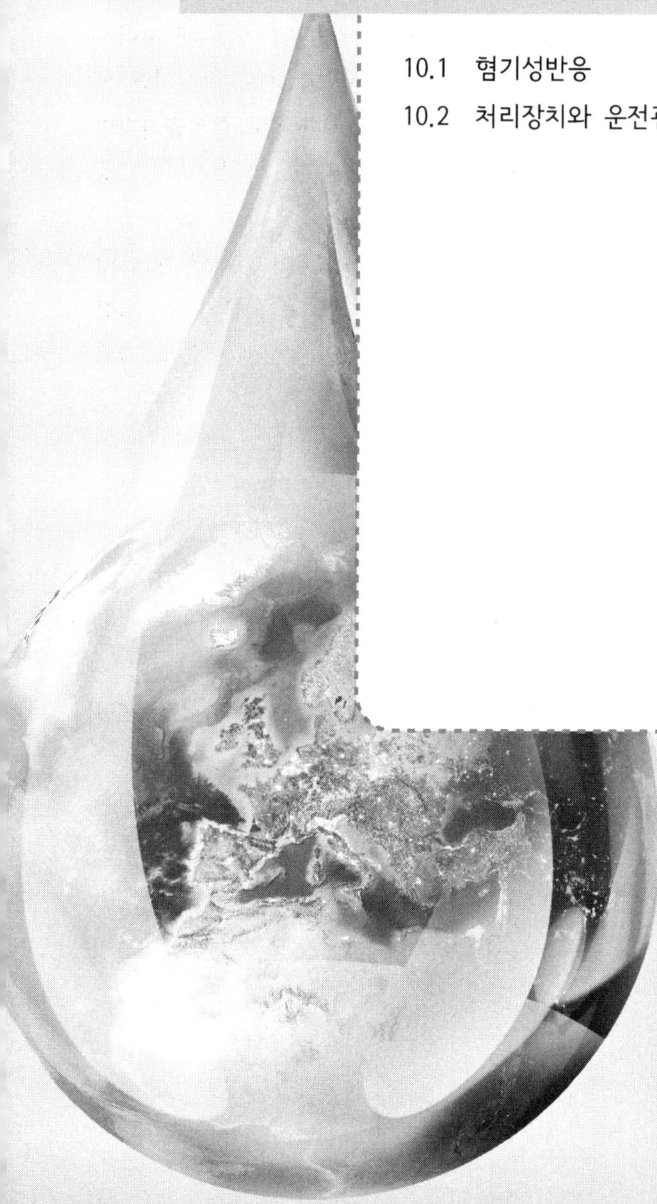

10.1 혐기성반응

10.1.1 혐기성반응의 개요

혐기성 소화(嫌氣性 消化, anaerobic digestion)란 유기물이 가수분해단계 → 산생성단계 → 메탄생성단계를 거쳐 최종산물인 CH_4와 CO_2로 전환되는 과정을 말하는데, 이 과정은 호기성반응에 비해 매우 복잡하고 환경인자에 대해 매우 민감하며, 관련 세균의 증식속도도 낮아 유입기질을 대사하기 위해서는 긴 체류시간이 요구된다.

또한 혐기성 세균을 이용할 경우 폐수의 COD : N : P의 비율은 300～500 : 6.7 : 1 정도로 질소·인의 소비량이 적고 냄새가 발생하며, 호기성 처리에 비해 처리수가 상대적으로 불량하고, 슬러지의 floc 형성 능력이나 침전성도 나쁘다. 하지만 산소공급 없이 유입기질의 90% 이상이 유가(有價)의 가스로 전환되며, 활성슬러지법으로는 처리할 수 없는 고농도의 기질을 처리할 수 있고, 슬러지의 발생량도 4% 정도로 매우 적어 호기성 처리에 비해 상대적인 장점을 가진다.

일반적으로 혐기성 처리는 폐수의 농도가 적어도 1,000 mg/L 이상일 때 주로 이용되는데, 어차피 폐수의 농도가 그 이상일 경우 활성슬러지법으로는 슬러지의 침전성을 확보할 수 없으므로 혐기성 처리에 의존할 수밖에 없다. 자세한 내용은 5.3.2항 및 예제 5.8을 참고하기 바란다.

그림(10.1)은 혐기성 분해과정을 나타낸 것으로, 그 과정을 살펴보면, 먼저 유입기질 중 단백질·탄수화물·지방 등 고분자 유기물이 가수분해균의 세포외 효소의 작용으로 아미노산·당·고급 지방산·알코올 등의 저분자 유기물로 분해된다. 다음은 산발효과정으로 아미노산과 당은 수소·지방산·초산(CH_3COOH)·프로피온산(CH_3CH_2COOH)·낙산(butyric acid; $CH_3CH_2CH_2COOH$) 등으로 분해되고, 고급 지방산과 알코올은 초산·수소·지방산으로 분해된다. 그리고 이 과정에서 생성된 프로피온산과 낙산은 초산생성균에 의해 초산과 수소로 분해되는데, 이상의 과정을 **산생성단계**라 한다.

한편 산생성단계에서 생성된 초산과 수소는 다음 식(10.1)과 같이 메탄으로 전환되는데, 먼저 초산은 초산분해 메탄생성균에 의해, 수소는 다음 식(10.2)와 같이 수소이용 메탄생성균에 의한 수소의 산화와 CO_2의 환원과정을 통해 메탄으로 전환된다. 이상의 과정을 **메탄생성단계**라 한다.

$$CH_3COO + H_2O \rightarrow CH_4\uparrow + HCO_3 \tag{10.1}$$

$$CO_2 + 4H_2 \rightarrow CH_4\uparrow + H_2O \tag{10.2}$$

위 과정에서 메탄생성과정은 산생성과정에 비해 관련 세균이 환경인자에 보다 민감하고, 성장속도도 매우 느려 전체 소화속도를 좌우하는 율속단계(律速段階)이다. 따라서 고부하 시 산생성과정에서 유기산이 누적되어 pH가 하락할 경우, 중간산물인 H_2S 등의 발생량이 크게 증가하고, 메탄생성은 중단된다.

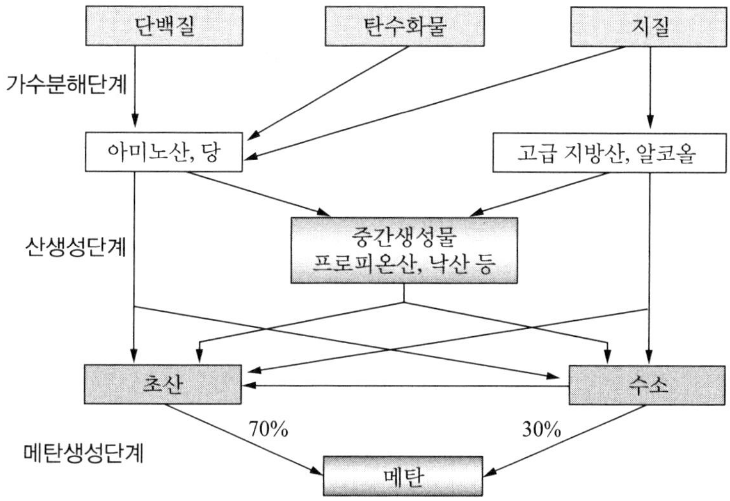

그림 10.1 혐기성 소화과정

표 10.1 혐기성 처리과정의 열역학

반 응	$\Delta G_o'$(kJ) (표준상태)	$\Delta G'$ (반응조건)*
메탄생성		
$C_6H_{12}O_6 \rightarrow 2CH_3COOH + 2HCO_3^- + 4H^+ + 4H_2$	−206.3	−363.4
$C_6H_{12}O_6 \rightarrow C_3H_7COOH + 2HCO_3^- + 3H^+ + 2H_2$	−254.8	−310.9
$1.5C_6H_{12}O_6 \rightarrow C_2H_5COOH + CH_3COOH + 3H^+ + CO_2$	−465	−520.9
$C_6H_{12}O_6 \rightarrow 2C_2H_5OH + 2CO_2$	−235	−265.4
초산생성균		
$C_3H_7COOH \rightarrow 2CH_3COOH + H^+ + 2H_2$	+48.1	−29.2
$C_2H_5COOH \rightarrow 2CH_3COOH + HCO_3^- + H^+ + 3H_2$	+76.1	−8.4
$C_2H_5OH \rightarrow CH_3COOH + H^+ + 2H_2$	+9.6	−49.8
메탄생성균		
$4H_2 + CO_2 \rightarrow CH_4 + 2H_2O$	−135.6	−16.8
$CH_3COOH \rightarrow CH_4 + CO_2$	−31.0	−22.7
전과정		
$C_6H_{12}O_6 \rightarrow 3CH_4 + 3CO_2$	−393.1	−383.8

* H_2분압 = 10^{-5} atm, CO_2 = 0.5 atm, CH_4 = 0.5 atm, HCO_3^- = 60 mM, pH = 7.0
$CH_3COOH = C_3H_7COOH = C_2H_5COOH = C_2H_5OH$ = 1 mM, $C_6H_{12}O_6$ = 10 mM; 37℃

10.1.2 혐기성반응의 영향인자

혐기성반응의 영향인자로는 pH · 온도 · 영양물질 · 알칼리도 및 독성물질 등이 있으며, 이미 기술하였듯이 이들 인자는 산생성과정보다는 메탄생성과정에 더 많은 영향을 미치는 것으로 알려져 있다.

1. pH

반응조의 pH는 유기물의 분해과정에서 생성되는 각종의 산과 CO_2의 영향에 따른 것으로, 메탄생성세균의 활성을 저해하는데, 이들 세균이 증식할 수 있는 pH 범위는 그림(10.2)와 같고(Zehnder, 1982), 메탄 생성을 위한 반응조의 최적 pH는 6.8～7.4 정도이다.

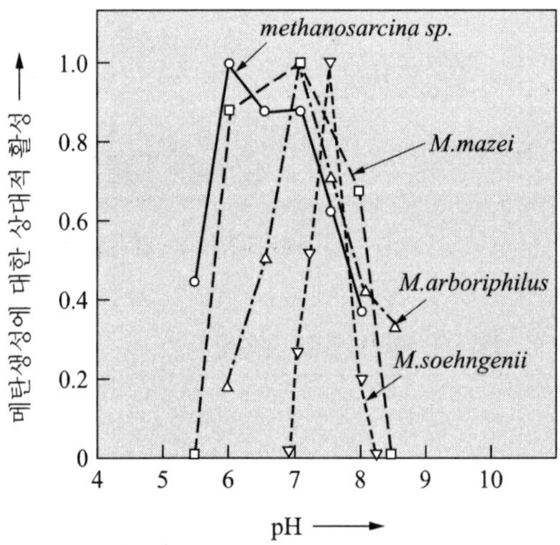

그림 10.2 pH와 메탄생성균의 활성과의 관계

그림(10.3)은 메탄 생성 · 전체 가스 중 메탄가스의 분율 · 가스/유기물 비 등에 대한 부하의 영향을 나타낸 필자의 실험결과이다. 실험부하는 4～32 kg-COD/m^3 · day이었으며, 이 부하를 미생물부하로 나타내면 0.4～3.2 kg-COD/kg-MLSS · day에 해당한다. 온도는 중온소화에 해당하는 38℃ 정도였다.

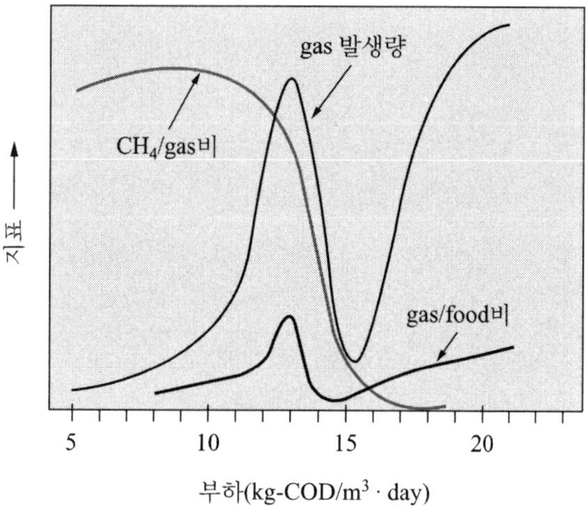

그림 10.3 중온소화 시 부하 변화에 따른 제 특성 변화

실험결과 10 kg-COD/m^3 · day의 부하에서 메탄가스의 분율은 최고를 보였으며, 13 kg-COD/m^3 · day의 부하에서 가스발생량 및 부하당 가스발생량(G/F)이 최고치를 보였는데, 이때 pH는 6.3 정도였다. 한편 부하 15 kg-COD/m^3 · day에서 메탄의 분율 및 가스발생량은 거의 "0"에 접근하였으며, 이때 pH는 6 정도였다. 이후 가스발생량은 대폭 증가하였는데, 이 가스는 대부분 CO_2와 H_2S이고, 메탄의 분율은 거의 "0"이었다. 따라서 다른 인자의 영향이 없다면 혐기성처리를 위한 최소 pH는 6.3 정도인 것으로 판단된다.

한편 반응과정에서 생성되는 CO_2는 반응조의 pH에 따라 함량이 변화하고, CO_2에 기인한 HCO_3^-는 pH 완충능력(緩衝能力)을 가지는데, 그림(10.4)는 소화조 상징액의 pH 완충물질 분포도를 나타낸 것이다(Gunnerson, 1986).

그림에서 pH가 8에서 6.3으로 내려감에 따라 소화조의 완충능력이 크게 상승되는데, 이러한 현상은 HCO_3^-의 완충능력에 따른 것이다. 하지만 산생성균의 증식속도는 메탄생성균보다 빠르기 때문에 부하가 일정치 이상으로 증가하거나 갑자기 변화할 경우, 산생성균이 생산한 유기산을 메탄생성균이 충분히 대사할 수 없어 조 내에 유기산이 축적되고 pH는 하락한다. 이때 그림(10.3)과 같이 메탄생성균의 활성은 크게 저하하며, pH와 무관하게 유기산의 농도가 3,000 mg/L 이상이 되어도 메탄균의 활동은 억제된다. 이럴 경우 메탄의 생성을 재개하기 위해서는 기질의 공급을 일시적으로 중지해야 하는데, 그렇지 않고 Alkali를 첨가하여 인위적으로 pH의 조절할 경우 유기산의 중화에 도움을 줄 수는 있으나, 산생성균과 메탄생성균 간의 균형을 회복하는 데는 도움이 되지 않는다. 따라서 인위적인 pH의 조절은 시동기를 제외하면 오히려 해로운 것으로 생각된다. 또한 낮은 pH는 중금속의 용해도를 높이는 등

타 영향인자와의 상승작용(相乘作用)으로 혐기성반응을 더욱 저해하기도 한다.

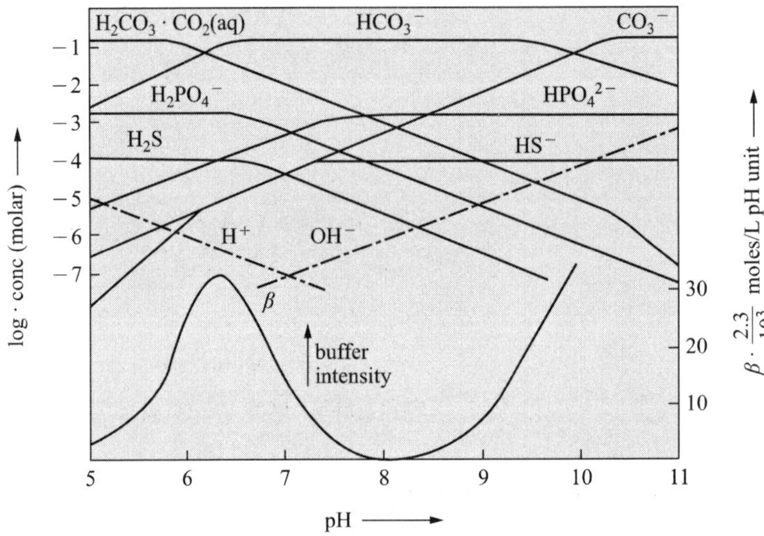

그림 10.4 혐기성 소화조 상징액의 pH 완충물질 분포도

2. 온도

유기물의 혐기성 분해에 관여하는 세균은 생존조건에 최적한 온도범위에 따라 중온성과 고온성으로 나눌 수 있는데, 중온성세균은 30～40℃, 고온성세균은 50～60℃가 적정 온도범위이며, 최적 온도는 중온소화 시 35℃, 고온소화 시 55℃이다.

각 세균의 물질대사와 증식속도는 각 온도범위 내에서 온도의 상승에 따라 증가하고 그에 따라 가스의 발생량이 증가하지만, 그 한계를 벗어나면 효소의 변성으로 반응속도는 크게 감소한다. 즉, 중온소화에서 45℃ 이상, 고온소화에서 60℃ 이상이 되면 메탄세균의 활성이 급격히 악화되어 가스발생량은 크게 감소한다. 가스 중 메탄의 함량은 온도의 상승에 따라 역으로 다소 감소한다. 그림(10.5)는 온도의 변화에 따른 메탄생성균 간의 활성도를 비교한 것으로(Zehnder, 1982), 메탄생성세균은 타 세균에 비해 증식속도가 낮아 온도의 변화에 더욱 민감한 영향을 받는다. 따라서 급격한 온도의 변화는 메탄 생성에 역효과를 미칠 수 있는데, 역효과를 미칠 수 있는 온도의 변화는 중온소화에서 2℃이고, 고온소화에서는 0.5℃이다(Gunnerson, 1986). 하지만 2시간 이내의 변화에는 빠른 회복력을 가진다. 참고로 혐기성반응은 어떠한 경우도 4℃ 이하로 내려가서는 안 되는데, 그 이하에서는 산성발효로 전환되고 그 후 온도를 상승시켜도 쉽게 원상이 회복되지 않는다.

한편 그림(10.6)에서 볼 수 있듯이 40℃ 부근에서 효율이 감소하는데(Zehnder, 1982), 이것은 각 미생물 간의 최적 온도범위가 다르기 때문이며, 최적의 조건에서 고온소화는 중온소화에 비해 메탄생성의 속도가 약 2배 정도 빠르다. 따라서 고온소화 시 조의 용적을 반으로 줄일 수 있지만, 온도의 변화에는 보다 민감하다(Buhr, 1977; Shelef, 1980; Garber, 1977; Hashimoto, 1981).

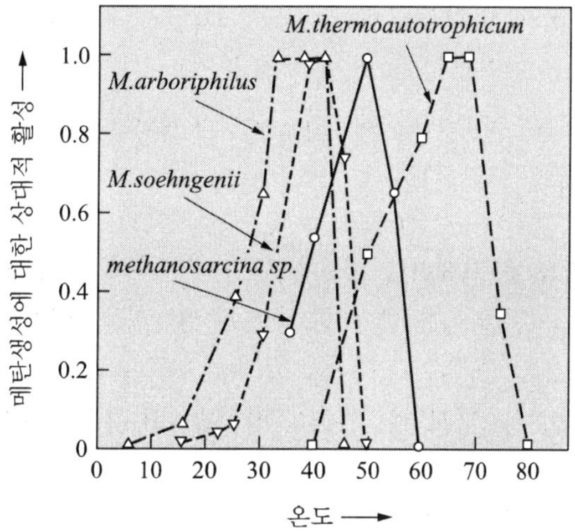

그림 10.5 온도와 메탄생성균의 활성과의 관계

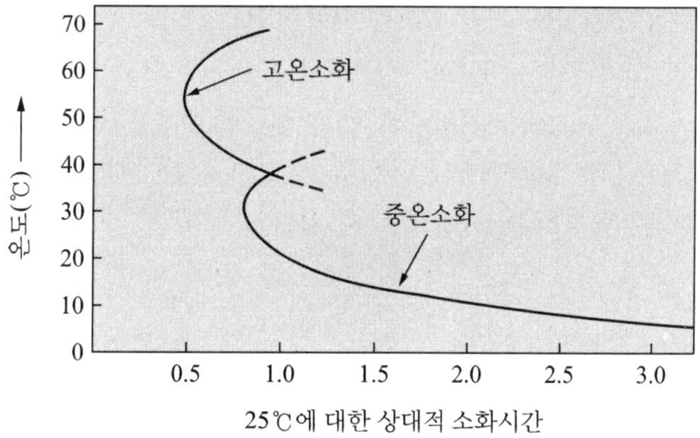

그림 10.6 하수슬러지의 소화에 대한 상대적 소화시간(저율 처리 시)

3. 영양물질

메탄발효법에서는 폐수 자체를 메탄세균의 기질로 이용하므로, 폐수 중에 세균의 증식에 적합한 영양원, 즉 에너지원인 탄소 외에 질소와 인이 요구된다. 일반적으로 혐기성세균을 이용할 경우 폐수의 COD : N : P의 비율은 300~500 : 6.7 : 1 정도면 되는 것으로 알려져 있다. 하지만 탄소와 질소의 비, 즉 C/N비는 일반 미생물과 마찬가지로 메탄세균에서도 10~20의 범위가 가장 좋은데, 질소가 지나치게 부족하면 세균의 증식에 제한인자로 작용하고 동시에 발효액의 완충력이 적어져 pH를 하강시킨다. 역으로 질소가 과다하면 pH가 8 이상이 되어 암모늄이 축적되며 CH_4과 CO_2로의 분해가 저해된다. 또한 탄소와 인의 비, 즉 C/P비 역시 100 정도에서 효율이 좋은 것으로 알려져 있는데, 만약 폐수 중에 상기와 같은 영양물질이 부족할 경우에는 일반적으로 화학비료 등을 이용하여 보충한다.

4. 독성물질

혐기성반응을 억제하는 물질은 암모니아·휘발산·무기염 및 중금속 등을 들 수 있다. 이들 물질의 세균에 대한 독성을 판단하는 방법으로는 회분식 생물학적 분석방법을 사용할 수 있는데(Owen, 1979), 세균에 대한 독성물질의 허용농도는 일반적으로 회분식 시스템보다는 연속식 시스템에서 그리고 농도를 서서히 증가시킬 경우 상승한다.

가정하수에 기인한 슬러지는 일반적으로 처리에 지장을 초래하는 특정의 유독물질을 포함하지 않는다. 하지만 차량의 급증과 유류 소비의 증가로 일반 가정하수에도 유류의 함량이 증가하고 있으며, 이러한 현상은 슬러지 소화 시 scum이나 거품을 발생시켜 소화조의 운전·관리에 지장을 준다. 또한 유지류는 슬러지의 탈수 시 지장을 주고, 퇴비로써 슬러지의 가치도 크게 떨어뜨린다.

참고로 Gunnerson(1986)은 여러 원소와 화합물이 혐기성반응을 억제하는 정도를 다음과 같이 분류하였다. 허용농도가 높은 물질; 황화물·Ca·Mg·K·Na·NH_3, 허용농도가 중간인 물질; Cd·Cr·Fe·Hg·Ni·Zn 등, 허용농도가 낮은 물질; 방향족·프로피온산·합성세제, 가장 독성이 강한 물질; 항생물질·아세틸렌·아민류·아지드화물·2-bromethane·시안화물·수소이온 등.

① 암모니아

혐기성반응에서 암모니아는 대개 단백질의 분해과정에서 생성되는데, 메탄생성균은 다른 균에 비해 암모니아의 영향을 받기 쉽다. 암모니아는 pH에 따라 식(10.3)과 같이 평형상태가 이동하는데 암모늄이온(NH_4^+)보다는 해리되지 않은 암모니아분자(NH_3)의 독성이 훨씬 더 강하다. 따라서 pH가 높을수록 저해작용이 커지는데, 수중에서 암모니아의 비해리율(F)은 그림(10.7) 및 식(10.4)와 같다.

또한 순치되지 않은 세균에 대한 암모늄이온의 허용농도는 1,500 mg/L 정도인데(McCarty, 1964), 이 농도까지 메탄생성균의 활성은 암모니아 농도의 증가에 따라 직선적으로 급격히 저하하지만, 그 이상의 농도에서는 완만한 저하를 보인다. 이러한 현상은 저해를 받는 메탄생성균의 종류가 다르기 때문이다. 즉, 1,500 mg/L까지는 수소이용 메탄생성균이 저해를 받고, 그 이상에서는 산분해 메탄생성균이 영향을 받기 때문이다. 반면 충분히 순치될 경우 메탄생성균은 2,000 mg/L 이상에서도 메탄을 생산한다.

$$NH_4^+ \rightleftarrows NH_3 + H^+ \tag{10.3}$$

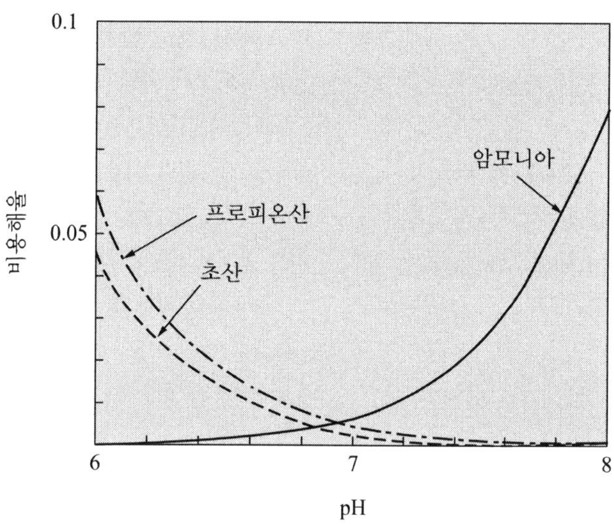

그림 10.7 pH에 따른 암모니아 및 VFA의 비용해율

$$F = [1 + 10^{(pK_w - pK_b - pH)}]^{-1} \tag{10.4}$$

여기서, pK_w : 물의 해리상수,

pK_b : 암모니아의 해리상수이다.

한편 암모니아 분자의 허용농도는 80～150 mg/L 정도이며(Anderson, 1982), 메탄생성균에 대한 암모니아의 저해는 그림(10.9)와 같다. 즉, 세균은 NH_3를 흡수하여 NH_4^+로 변화시키기 위해 H^+를 취하고 대신 K를 배출한다. 그 결과 K를 배출하는 것이 NH_3의 저해 요인으로 생각된다.

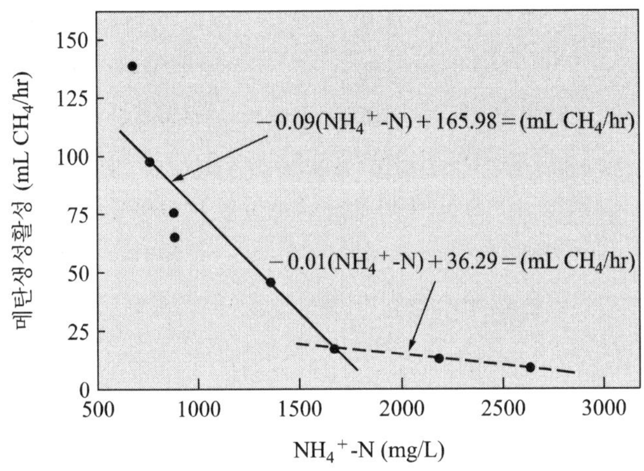

그림 10.8 메탄 생성 활성에 대한 NH_4^+-N의 저해

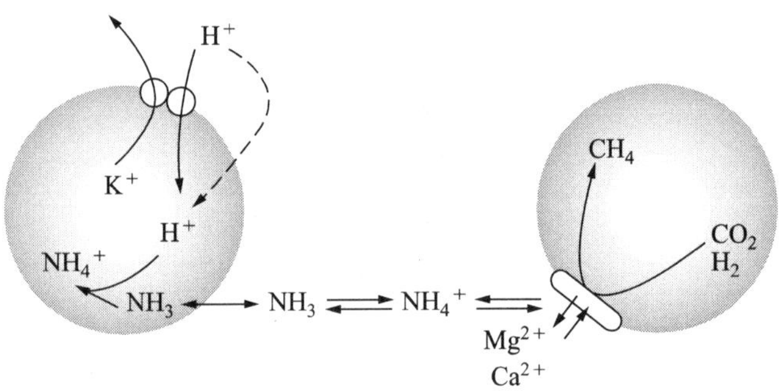

그림 10.9 Methanospirillum hungatei에 대한 암모니아의 저해 기구

② 중금속 및 무기염

중금속은 효소의 성분으로 필요한 물질이다. 따라서 소량이 있으면 메탄 생성을 촉진하지만 고농도가 되면 저해효과를 나타낸다. 표(10.2)는 주요 독물과 각각의 허용량을 나타낸 것이다.

표 10.2 슬러지 소화 시 유독 금속의 허용량

구 분	허용농도(%) 슬러지고형물 중	비 고
Cr^{3+}	1~2	수산화물로 급격히 제거되므로 일시적인 독성을 나타낸다.
Cr^{6+}	0.1~0.4	순치 가능
Ni	0.5~1.0	
Cu	0.25~0.5	
Sn	0.3	

한편 슬러지 소화 시 중금속의 저해를 나타내는 방법으로 다음의 K값이 자주 이용된다(Stronach, 1986).

$$K = \frac{\frac{\text{Fe}}{27.9} + \frac{\text{Zn}}{32.7} + \frac{\text{Ni}}{29.4} + \frac{\text{Pb}}{103.6} + \frac{\text{Cd}}{56.2} + 0.67\frac{\text{Cu}}{31.8}}{\text{슬러지 농도}} \tag{10.5}$$

K값이 400 meq/kg 이상일 경우 소화에 미치는 영향은 크지 않지만, 800 meq/kg 이상이 되면 확실한 저해가 나타나는 것으로 알려져 있다. 다만 중금속의 저해도는 그 가용 농도에 의한다. 따라서 중금속이 황화물이나 탄산염으로 침전하거나 현탁물에 의해 흡착되면 저해효과는 감소한다. 반면 킬레이트의 생성에 의한 가용성의 증가는 저해효과를 상승시키며, 온도의 상승은 금속황화물의 용해도를 높이는 효과가 있다.

무기염은 중금속과 마찬가지로 저농도일 때 혐기성반응을 촉진하기도 하지만 고농도에서는 독성으로 작용하는데(McCarty, 1963), 저해 정도가 낮은 물질로 순양에 따라 미생물의 내성이 증가하며, 특정의 경쟁이온(antagonistic ion)이 있으면 저해 정도는 급감한다. 예를 들어, 칼륨이 300 mg/L 정도 있으면 나트륨 농도가 7,000 mg/L일 때의 방해작용이 80%나 줄며, 여기에 칼륨 150 mg/L 정도를 더하면 나트륨의 방해작용은 거의 없어진다(Kugelman, 1964).

표 10.3 양이온이 독성을 나타내는 최대 농도(mole/L)

이 온	기티이온 < 10 mg/L		경쟁이온존재	
	비순화	순화	비순화	순화
Na^+	0.2	0.3	0.25～0.3	>0.35
NH_4^+	0.1	0.15～0.18		
K^+	0.09	0.15	0.15～0.2	>0.35
Ca^{2+}	0.07	>0.2	0.13	>0.2
Mg^{2+}	0.05	0.075	0.1	>0.14

③ 유기산

양호한 소화조에서 VFA(휘발산)의 농도는 50～500 mg/L 정도인데, 메탄생성균에 대한 VFA의 허용농도는 VFA의 종류·세균의 순치정도나 종류에 따라 다르지만 일반적으로 2,000 mg/L 정도이다. 초산(CH_3COOH)은 가장 저해가 적은 것으로 알려져 있으며, 프로피온산(C_2H_5COOH)은 3,000 mg/L 정도인 것으로 알려져 있다.

VFA의 독성은 그 용해 상태에 따라서도 달라지는데 비용해 상태의 VFA

(UFA; unionized volatile acid)는 세포막을 통과하기 쉽고 독성도 강하다. 초산과 프로피온산의 비용해율(F)은 그림(10.7)과 같고 다음 식으로 나타낼 수 있다. 이 식에서 pH의 저하는 UFA를 증가시켜 메탄균의 증식을 저해한다.

$$F = 10^{(pK_a - \mathrm{pH})} \cdot [1 + 10^{(pK_a - \mathrm{pH})}]^{-1} \tag{10.6}$$

④ 황화물

폐수 중의 황산이온이나 아황산이온은 혐기성 처리과정에서 환원되어 황화물을 생성하며, 황을 함유한 아미노산의 분해과정에서도 황화물이 생성된다. 황을 함유한 물질은 황산염 < 차아황산염 < 아황산염 < 황화물의 순으로 메탄생성균(초산분해 메탄생성균)에 저해작용이 크다.

표(10.4)는 황산염환원균에 의한 황화물의 환원과정을 나타낸 것이다. 황산염환원균에는 메탄균과 동일한 기질을 이용하는 종류가 있고, 이들은 반응열역학적으로 메탄균에 비해 유리하다. 또한 pH나 온도의 변화에 대해서도 저항력이 크기 때문에 황화물의 생성과 함께 메탄생성률이 감소한다. 황화물의 저해가 나타나는 농도는 보고에 따라 다르지만 가용성 황화물의 농도로 100~300 mg/L 정도인 것으로 알려져 있으나, H_2S는 수중에서 다음과 같이 해리되기 때문에 그 저해작용은 pH에 의존한다.

$$H_2S \rightarrow HS^- + H^+ \tag{10.7}$$

$$HS^- \rightarrow S^{2-} + H^+ \tag{10.8}$$

그림(10.10)은 전 용존황화물에 대한 비해리 H_2S의 비율(f_{H_2S})과 pH와의 관계를 나타낸 것으로, H_2S는 pH의 하강에 따라 크게 증가하는데, 비해리 H_2S는 강한 저해작용을 보인다. 그것은 전하를 띠지 않는 분자가 세포막을 확산·통과하기 쉽기 때문이다.

표 10.4 메탄생성과 황산염환원의 반응열(표준상태)

반 응	반응열(kJ)
메탄생성	
$4H_2 + HCO_3 + H \rightarrow CH_4 + 3H_2O$	−135.9
$CH_3COO + H_2O \rightarrow CH_4 + 3HCO_3$	−31.0
황산염환원	
$4H_2 + SO_4 + H \rightarrow HS + 4H_2O$	−152.6
$CH_3COO + SO_4 \rightarrow HS + 2HCO_3$	−71.1

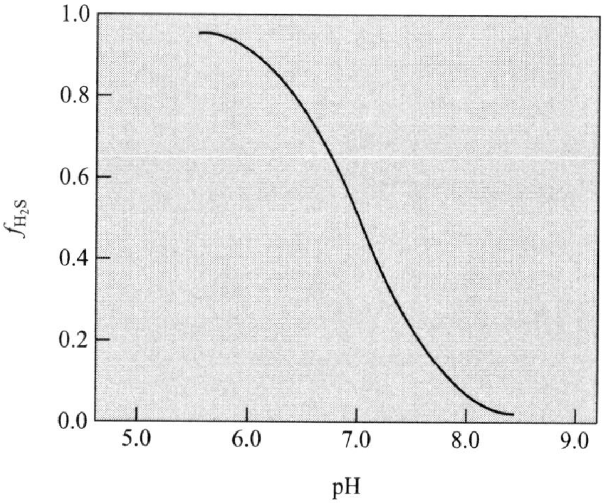

그림 10.10 pH에 따른 전체 용존황화물에 대한 비해리 H_2S의 비율(f_{H_2S})

10.1.3 혐기성반응에 의한 유기물 분해

1. 생물분해가스의 발생량

혐기성반응의 결과로 생성되는 가스는 CH_4와 CO_2이다. 이 가스의 구성비는 이미 기술한 바와 같이 pH·온도·영양물질 및 독성물질 등 영향인자에 따라 달라지는데, 이들 인자의 영향이 없는 상태에서 혐기성반응이 원활하게 진행될 경우, 기질에 따른 이들 가스의 구성비는 그림(10.11)과 같다. 즉, CH_4와 CO_2의 탄소원자를 비교하면 CH_4은 가장 환원된 상태이고, CO_2는 가장 산화된 상태인데, 이러한 최종적 산화·환원상태는 최초 기질 중 탄소원자의 산화 상태와 관련이 있다. 따라서 투입한 기질의 분자 구성을 알면 발생하는 가스의 구성비를 미리 판단할 수 있다(Gunnerson, 1986). 한 예로 포도당이 완전히 혐기적으로 분해될 때 두 가스의 몰비율은 다음 식(10.9)와 같다.

$$C_6H_{12}O_6 + H_2O \rightarrow 3CH_4 + 3CO_2 \tag{10.9}$$

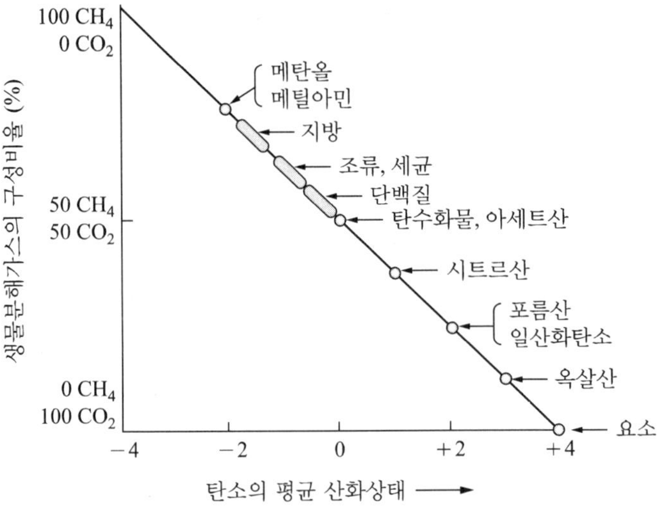

그림 10.11 기질이 완전 분해될 때 탄소원자의 산화상태에 따른 생물분해가스의 구성

하지만 분해 결과 CH_4이나 CO_2 외에 새로운 세포와 암모늄이온 등이 발생하는데, 참고로 그 과정을 보다 상세하게 표현하면 다음과 같다(McCarty, 1972).

$$C_nH_aO_bN_c + H_2O \rightarrow$$
$$CH_4 + CO_2 + C_5H_7O_2N + NH_4^+ + HCO_3^- \qquad (10.10)$$

2. 기질의 혐기성 분해율

혐기성 생물분해율은 일반적으로 COD 분해율 혹은 VS(揮發性固形物) 분해율로 나타내며, 처리방식·체류시간·소화온도·혼합정도·유입기질의 종류와 기질 중 휘발성 고형물의 농도 등의 영향을 받는데, 일반적으로 원만한 조건에서 원활한 소화를 위해서는 중온에서 최소 10~15일의 체류시간이 요구되며, 고온소화 시에는 반응속도가 상승하므로 체류시간을 다소 단축시킬 수 있다. 하지만 체류시간이 짧아지면, 즉 고부하가 가해지면 산생성반응이 우세하게 되어 메탄생성이 저해될 수 있으므로 주의해야 한다. 참고로 표(10.5)와 (10.6)은 기질의 종류에 따른 혐기성 분해율을 나타낸 것이다(van Soest, 1979).

■ 표 10.5 기질의 혐기성 분해율

기 질	θ_x (day)	온도 (℃)	COD 분해율 (%)	VS 분해율 (%)	비 고
Broiler Chicken Litter	10	60	13	20	high lignin content age for one year
Peat(Minnesota)	60	35		11.1	
	56	55		16.7	
Swine manure	15	35	58	60	14% protein ration
Dairy Bull manure	15	32.5	11.27	26.7	10% TS feed
Swine manure	15	32.5	54.6	60.9	〃
Poultry manure	15	32.5	78.1	67.8	〃
	28	31	45.3	-	
Meatworks effluent 140	15.1	26	-	44.3	
Yeast waste	-	30	67.1	62.6	
Cattle manure	80	-	-	28.1	
Kelp 159	12	35	57.7	45.1	
Dairy manure + barley straw	25	35	30.2	28.9	80% alfalfa, 15% barley 80% manure, 20% straw
Hyacinth-Bermuda grass-MSW-sludge blend(25% each)	12	35	40.3	39.2	
Beef cattle manure(varying feed)					constant through temp.
9% corn silage, 88% corn		30.6	72.5	-	range = biodeg. at
91.5% corn silage, 0% corn			52.1	-	infinite detention
40.0% corn silage, 53.4% corn			55		67.1
7% corn silage, 87.6% corn		55	73.5	-	
6～8weeks old feed lot		55	60.0	-	
Municipal refuse	15	35	45.6	36.2	12.5% sewage solids added
Corn stover(Illinois)	40	35	64.8		batch
(Missouri)	40	35	59.1		batch
Wheat straw	120	35		55.4	batch
Corn stalks	120	35		77.2	batch
Corn leaves	120	35		71.8	batch
Cattails	120	35		59.3	batch
Treated kelp	120	35		62.0	batch
Water hyacinth	120	35		58.8	batch
Corn meal	90	35		84.9	batch
Newsprint	90	35		28.1	batch
Elephant manure	120	35		52.5	batch
Chicken manure	120	35		75.6	batch
Swine manure	120	35		72.7	batch
Dairy cow manure R1	120	35		58.8	batch
Dairy cow manure R2	120	35		57.5	batch
Dairy cow manure R3	120	35		52.8	batch
Dairy cow manure	120	35		52.8	batch

■ 표 10.6 식물 구성물질의 혐기성 분해율

기 질	생물분해율
리그닌	거의 분해 안 됨. 관련된 탄수화물의 분해를 억제함.
탄수화물	용해된 것은 고도로 분해됨.
단백질, 아미노산, 핵산	고도로 분해됨.
펙틴	고도로 분해됨.
섬유소	결정체(규칙배열)는 고도로 분해됨. 비결정체(비규칙배열)는 덜 분해됨.
반섬유소(半纖維素)	순수한 것은 산에 용해되고, 비교적 분해됨. 원상태의 것(리그닌과 결합된 것)은 용해되지 않음.

10.1.4 반응속도

혐기성반응에서도 일반적 반응속도상수는 호기성반응과 마찬가지로 Monod 식으로 나타낼 수 있다. 즉,

$$\mu = \mu_{\max}\frac{S}{K_s + S} \tag{3.16}$$

여기서, μ : 비성장률(day^{-1}),
$\mu_{\max}$: 최대 비성장률(day^{-1}),
S : 생물반응조 내 기질 농도(mg/L),
K_s : 제한기질 반포화 농도(mg/L)이다.

한편 연속처리 시 미생물의 증가와 기질과의 상관관계는 다음 식으로 표현된다.

$$\frac{dX}{dt} = Y\frac{dS_r}{dt} - k_d X \tag{3.10}$$

여기서, Y : 증식계수(g/g),
k_d : 자산화계수(day^{-1}),
S_r : 제거된 기질농도(mg/L)이다.

위 식은 다음과 같이 관측된 겉보기 세포증식계수(Y_{obs})를 이용하여 나타낼 수 있다.

$$\frac{dX}{dt} = Y_{obs}\frac{dS_r}{dt} \quad \text{or} \quad \frac{dS_r}{dt} = \frac{1}{Y_{obs}}\frac{dX}{dt} \tag{3.11}$$

여기서, Y_{obs} : 겉보기 세포증식계수(g/g)이다.

한편 $\mu = \frac{dX}{dt} \Big/ X$이므로, 위 식은 다음과 같이 나타낼 수 있다.

$$\frac{dS_r}{dt} = \frac{1}{Y_{obs}} \mu X = \frac{\mu_{max}}{Y_{obs}} \frac{S \cdot X}{K_s + S} = q_{max} \frac{S \cdot X}{K_s + S} \tag{10.11}$$

여기서, $q_{max}(= \mu_{max} / Y_{obs})$: 최대 비기질이용속도(day^{-1})이다.

또한 비기질이용속도 q(day^{-1})는 단위시간당 미생물의 기질제거속도로 다음과 같다.

$$q = \frac{dS_r}{dt} \Big/ X \tag{10.12}$$

q는 Monod 방정식에 의해 다음과 같이 주어진다.

$$q = q_{max} \frac{S}{K_s + S} \tag{10.13}$$

반응속도상수의 결정은 3.3.3항을 참고하기 바라며, 문헌에 따른 $q_{max} \cdot K_s \cdot Y$ 및 k_d 값은 다음 표(10.7) 및 (10.8)과 같다.

표 10.7 혐기성 소화 시 전형적인 q_{max} 및 K_s값

온도(℃)	q_{max} (day^{-1})	K_s (mg/L)
35	6.67	164
25	4.65	930
20	3.85	2,130

Lawrence(1969)

표 10.8 혐기성 소화 시 Y와 k_d의 평균값(20℃)

기질의 구분	Y (g-VSS/g-BOD)		k_d (day^{-1})	
	범위	대표치	범위	대표치
하수	0.040～0.100	0.06	0.020～0.040	0.03
지방산	0.040～0.070	0.054	0.030～0.050	0.038
탄수화물	0.20～0.40	0.240	0.025～0.035	0.033
단백질	0.050～0.090	0.07	0.010～0.020	0.014

Metcalf(1979)

참고로 Lawrence(1971)는 설계용으로 지질의 함량이 낮은 폐수에 대해서 Y= 0.044, k_d=0.019, 지질의 함량이 높은 폐수에 대해서는 Y=0.04, k_d=0.015를 채택하는 것이 바람직하다고 하였는데, 이 값은 지질이 생성·분해될 수 있는 20~35℃의 온도에서 적용되며, 그 범위에서 온도 변화의 영향은 무시할 만하다(Lawrence, 1971).

한편 q_{max}나 K_s는 상기의 온도범위에서도 영향을 받으며, 다른 온도에서 q_{max}나 K_s값은 다음 식을 이용하여 구할 수 있다(O'Rourke, 1968).

$$(q_{max})_T = [6.67 \text{ g-COD/g-VSS} \cdot \text{day}]\ 10^{-0.015(35-T)} \tag{10.14}$$

$$(K_s)_T = [2{,}224 \text{ mg-COD/L}]\ 10^{0.046(35-T)} \tag{10.15}$$

여기서, T : 반응온도(℃)이다.

10.2 처리장치와 운전관리

슬러지 처리를 위한 소화조의 운전·관리요령은 이후 관련 장에서 기술하기로 하고, 여기서는 폐수처리를 위한 혐기성 소화조에 대해서만 기술하고자 한다.

그림(10.12)는 처리공정의 한 예를 보인 것으로, 폐수는 온도를 조절한 후 연속적으로 메탄발효조에 투입되며, 여기서 일정 기간 체류시킨 후 처리액은 슬러지 침전조로 유송하는데, 이때 침전된 슬러지의 일부는 발효조로 반송한다. 한편 메탄발효조에서 생성된 가스는 수세탑 혹은 탈황장치에서 H_2S를 감소시킨 후 연료로 사용한다.

메탄발효조는 보통 철근콘크리트로 만들며 외주(外周)를 block 등으로 보온한다. 교반방식은 그림(10.13)과 같이 축류펌프를 이용하는 **기계교반식**과 발생한 가스의 일부를 조 내에 다시 주입하여 혼합액을 교반하는 **가스교반식**이 있는데, 교반효과면에서 이들 양 방식에는 큰 차이가 없으나 기계의 보수·점검 및 부식 등을 고려하면 가스교반식이 다소 유리하다. 또한 필요시 별도의 순환펌프를 이용하여 액을 교반시키는 방법도 병행한다.

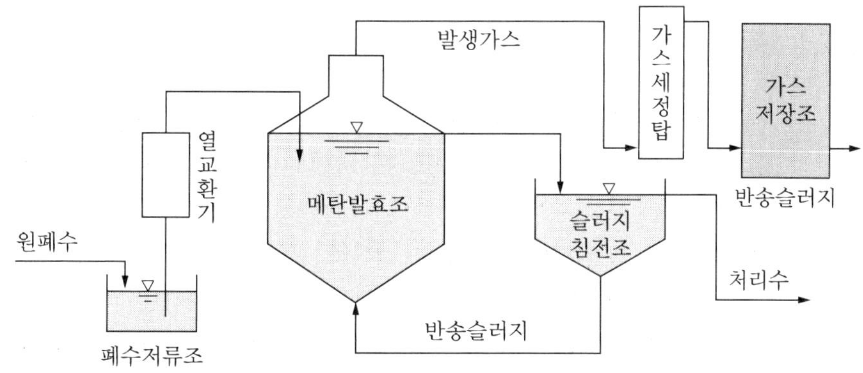

그림 10.12 메탄발효에 의한 폐수처리공정

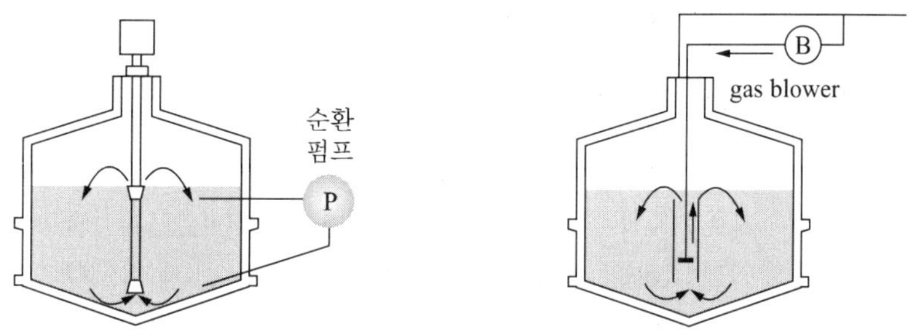

(a) 기계교반식 (b) 가스교반식

그림 10.13 메탄발효조의 교반방식

슬러지 침전조는 원형의 일반적 침전지를 채용하는 경우가 많은데, 이 경우 처리액에 2~3배 가수(加水)하여 냉각시키는 등 발효를 약화시키지 않으면 발생한 가스가 슬러지의 침전을 방해한다.

그 밖에 처리장치의 운전관리 시 중요 점검사항은, 온도·교반·혼합액의 농도·휘발산의 농도·가스의 생성 등을 들 수 있다. 우선 온도는 폐수가 고온으로 배출될 때는 열교환기 또는 방냉에 의해 냉각하고, 또한 저온일 때는 원액조 또는 발효조에 직접 증기를 불어넣어 온도를 일정하게 유지시켜야 한다. 교반은 조 내 온도를 균일하게 유지하거나 폐수와 균의 접촉률을 증가시키는 것 외에, 반응생성물, 즉 가스의 제거효율을 향상시킨다. 한편 교반이 충분하지 않을 경우 슬러지가 저부에 침강하여 슬러지 농도를 저하시킬 수 있으며, 생성된 가스가 혼합액으로부터 분리되지 않아 상층에 스컴층이 형성될 수도 있다. 따라서 처리율을 유지하고 혼합액 내 발생한 가스의 분리 및 스컴층의 형성을 억제하기 위해서는 충분한 교반을 통해 가스를 합체시켜 그 부상력을 높여야 한다.

10.2.1 분뇨의 처리

하수도의 보급이 충분하지 않던 시절 하수도가 보급되지 않은 지역의 분뇨와 정화조 침전물은 수거차로 수거하여 분뇨처리장에서 고속 산화식 활성슬러지법·호기성 소화 혹은 혐기성 소화법 등으로 처리하였으나, 최근에는 하수도 보급률의 증가와 더불어 분뇨와 정화조의 침전물, 즉 정화조 오니의 수거량이 감소하여 관련 처리장에서는 1차처리만 실시한 후 그 처리수를 하수처리장에 유입시켜 처리하는 경우가 일반적인 추세이다. 따라서 본 항에서는 이러한 추세를 감안하여 분뇨처리에 관한 기존의 전체 처리과정의 설명은 생략하고, 분뇨의 1차 처리과정과 하수처리장과의 연계처리과정에서 발생하는 문제점, 그리고 수거되지 않는 분뇨의 처리를 위한 몇몇 재래의 처리법만을 소개하고자 한다.

1. 1차처리와 연계처리

아직 하수도가 보급되지 않은 지역에서 발생하는 분뇨는 수거차를 이용하여 수거한 후 분뇨처리장에서 침전 등 물리적 처리만을 실시하고 그 유출수를 하수처리장에 유입시켜 처리하는데, 그림(10.14)는 하수처리장 유입 전 분뇨의 전처리(前處理) 과정의 한 예를 보인 것이다. 그림과 같이 수거된 분뇨는 일단 저류조에 저장하고 매일 일정량씩 스크린·침사지 등을 이용하여 협잡물과 모래를 제거한다. 이때 발생하는 협잡물은 대개 천·비닐 등으로 분뇨의 1～2%에 정도이며, 이것은 매립 혹은 수세한 후 소각 등을 통해 처분한다. 후속하는 종합협잡물처리기는 회전 스크린·스크류 프레스와 사이클론 등으로 이루어져 있으며, 이전 과정에서 제거되지 않은 협잡물을 제거한다.

한편 설계 시 각 단계별 저류조는 수일분의 용량을 갖도록 설계해야 하는데, 그것은 날씨와 기타 여건에 따라 일정량의 분뇨를 매일 수거할 수 없기 때문이며, 더불어 다음 단계의 처리용량을 고려하여 유입량을 조절해야 하기 때문이다.

상기와 같이 생물학적 처리를 거치지 않은 분뇨를 하수처리장에 유입시킬 경우 하수 중 질소의 농도가 증가하고, 냄새가 발생하여 주변지역에 피해를 주거나 근무자의 근무환경을 악화시킬 수 있다. 하지만 이런 문제를 제외하면 도시하수처리장의 경우 일반적으로 유입하수의 농도가 낮기 때문에 분뇨 처리수를 유입시킬 경우 처리수 중 현탁물의 농도가 감소하는 등 처리장의 운전에 유리한 조건을 제공할 수 있다. 현탁물의 감소와 관련하여 자세한 내용은 6.2.2항을 참고하기 바란다.

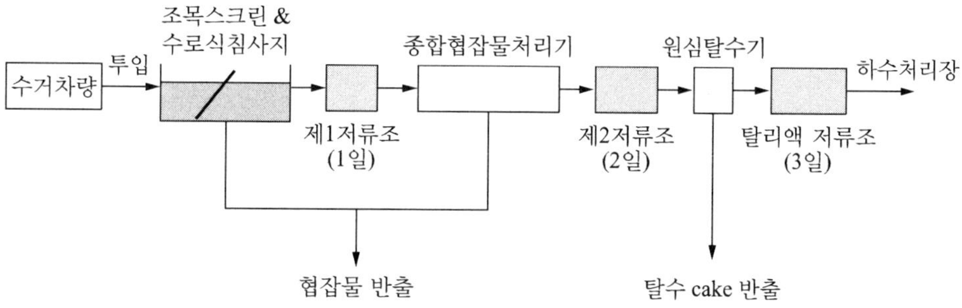

그림 10.14 분뇨의 전처리 계통도

2. 재래의 방법

재래의 분뇨처리방법으로 대표적인 것은 부패조와 Imhoff tank가 있는데, 이 중 부패조(Septic tank)는 폐수처리 발달과정의 초기에 주로 사용되었으나, 최근에는 주로 공공하수도가 없는 지역이나 하수도 유입 전의 정화조로 사용된다. 부패조는 그림(10.15)와 같이 밀폐된 콘크리트 구조물로, 유입된 폐수는 보통 1～3일 정도 체류한다. 체류시간 동안 침전성 고형물은 침전하고, 동시에 혐기성 소화가 진행된다. 침전슬러지의 소화과정에서 가스가 발생하고, scum이 수면에 떠오르므로, 유출구와 유입부 앞에 저류벽(沮流壁)을 설치하여 scum이 유출수와 함께 흘러나가는 것을 방지하고, 동시에 유입수가 조 전체에 골고루 퍼지도록 해야 한다. 소화가스는 부상 시 슬러지를 교란시키므로, 부패조의 유출수는 항상 미세한 부유물을 많이 함유하고 악취를 발생시키며 색도 검고 BOD값도 높다.

부패조의 유효용적은 폐수유량이 2～6 m^3/day인 경우 보통 1.5일분 이상으로 하며, 그 이상인 경우에는 경험적으로 다음 식이 이용된다.

$$V = 4.25 + 0.75Q \qquad (10.16)$$

여기서, V : 부패조의 유효용적(m^3), Q : 폐수량(m^3/day)이다.

Imhoff tank는 부패조와 같이 부유물의 침전과 침전물의 혐기성 소화가 한 개의 조 내에서 이루어지며 그 구조는 그림(10.16)과 같다. 이 장치에서 유입된 분뇨는 그림과 같이 상층에서 침전이 진행되고, 하층에서는 혐기성 소화가 이루어진다. 이때 하층과 상층 사이에 설치된 전향벽(轉向壁; deflector)은 부유물을 하부로 침전시키고 동시에 소화가스가 상층의 침전실로 유입하는 것을 억제한다. 따라서 하층에서 발생한 소화가스는 scum실을 통해 공기 중으로 방출된다.

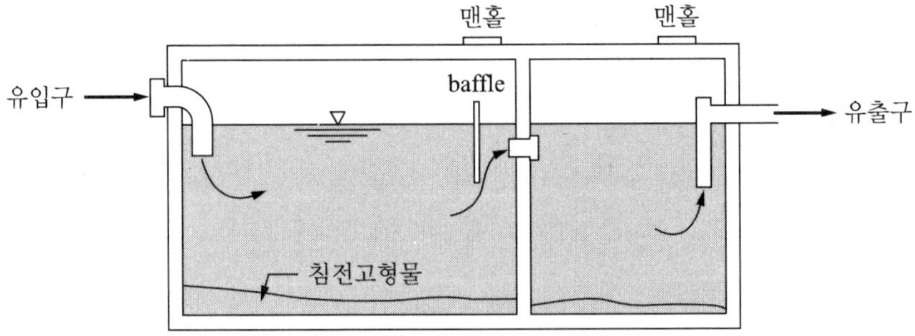

그림 10.15 전형적인 부패조의 단면도

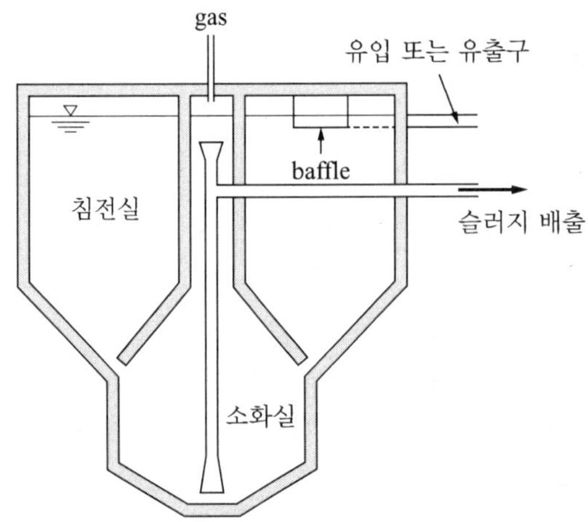

그림 10.16 Imhoff tank의 단면도

10.2.2 혐기성 생물막 처리법

혐기성세균은 호기성미생물에 비해 고액분리가 쉽지 않고 유출수 중 현탁물질의 농도도 상대적으로 높은데, 이들 미생물을 매체의 표면에 부착·번식시킬 경우 고농도의 미생물을 유지시킬 수 있고, 상기의 단점도 어느 정도 보완할 수 있으며, 호기성 생물막법에 비해 유지관리도 매우 쉽다.

1. 혐기성 여상법(Anaerobic filtration process)

이 방법은 산소공급을 제외하면 구조적으로 호기성 침지여상법과 같다. 사용되는 여재 또한 쇄석·플라스틱 성형제품 등 호기성 여상과 거의 동일하며, 여상 내 생물막의 두께는 호기성 막미생물과 달리 크게 제한받지 않으므로 미생물 농도를 20,000

mg/L 정도까지 크게 높일 수 있어 SRT를 길게 유지할 수 있으므로 안정된 처리를 기대할 수 있다.

2. 혐기성 유동상법(Anaerobic fluidized bed process)

이 방법 역시 산소공급을 제외하면 구조적으로 호기성 유동상법과 같다. 즉 반응조 내에 생물막이 부착된 메디아가 유실되지 않을 정도로 폐수를 상향으로 유입·접촉시켜 유기물을 제거하는 방법인데, 이때 충전 메디아의 입경은 500 μm 정도이고, 반응조 내의 미생물 농도는 30,000 mg/L 정도까지 유지할 수 있다. 따라서 타 혐기성 공정에 비해 폐수를 수 시간 내에 빠르게 처리할 수 있는데, 적용 폐수의 농도는 일반적으로 500 mg-BOD/L 이하이다.

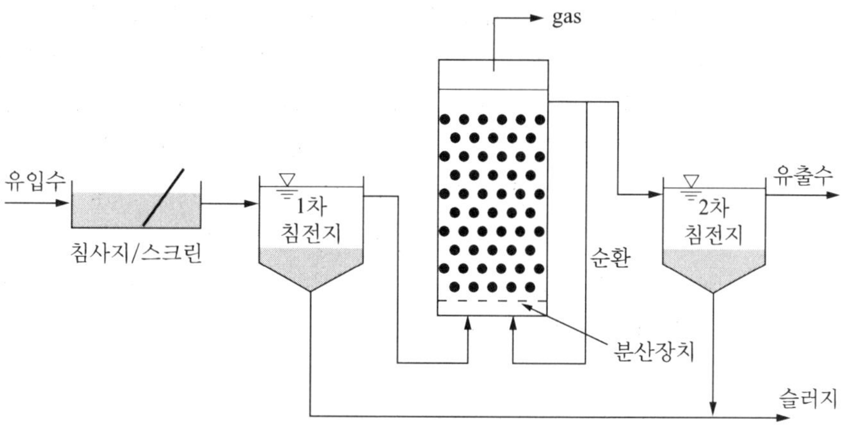

그림 10.17 혐기성 유동상법의 개통도

3. 혐기성 회전원판법(Anaerobic rotating biological contactor process)

회전원판을 폐수 중에 완전히 침지(浸漬)하여 산소공급을 차단한 상태에서 폐수를 처리하는 방법으로 일반적으로 고농도 폐수의 처리에 적용된다.

4. 혐기성 라군(Anaerobic lagoon)

본 법은 표면이 개방되고 깊이가 2～3 m 정도 되는 지(池)에 고농도의 폐수를 유입시켜 유기물을 부패시키는 처리법이다. 일반적으로 BOD가 높은 폐수의 1차처리에 사용되며, 구조가 간단하고 운전관리가 쉽지만 부지의 소요량이 크고 악취가 발생하며 온도의 영향이 크고 BOD 제거율이 낮은 단점이 있다. 하지만 비닐 등으로 라군의 표면에 cover를 씌워 이러한 단점을 다소나마 개선할 수 있다.

10.2.3 최근의 새로운 생물처리법

1. 생물처리법의 발달과정

활성슬러지법이 개발되기 이전에 살수여상 등 막처리법이 일부 이용되고 있었으나, 하·폐수의 생물처리법은 표(10.9)의 발달과정과 같이 반응조 내 미생물의 고농도화를 향하여 발달된 것으로 보이며, 그 연구·개량의 초점 역시 반응조 내 미생물의 고농도화를 통한 생물반응조의 크기 감소나 침전지의 부하 감소 또는 생략에 있다고 할 수 있다.

이러한 관점에서 고정상법이나 유동상법과 같이 자연 농축형 생물막법은 고농도의 미생물을 유지할 수 있으며, 침전지의 부하를 감소시킬 수 있으나 처리수가 불량하거나 처리장의 규모를 대형화하기 곤란한 문제점을 가지고 있다. 따라서 현재 생물막법은 대부분 소규모 처리장에 채용되고 있으며 대규모 처리장에 적용된 예는 많지 않다. 또한 UASB(Upflow Anaerobic Sludge Blanket) 등 지기고정화법은 고정화에 필요한 생물학적 이론 및 공학적 기술이 아직 확실하게 정립되지 않는 상태이다. 이와 같이 이제까지 개발된 개량된 고농도화 생물처리법은 고농도화나 대규모화할 경우에도 운전·관리의 편의성 및 경제성 등을 확보해야 하는 등 실용화를 위해서는 해결해야 할 과제가 많다. 따라서 본 항에서는 이러한 과제에 대해 숙고하는 의미로 현재 가장 진보한 처리법 중 하나인 생물고정화법에 대해 기술하고자 한다.

표 10.9 생물처리법의 발달과 미생물 농도의 변화

구 분	처리법	미생물 농도(mg/L)	개선방향
고전적 생물처리법	활성슬러지법 혐기성 처리법(부유식)	예) 활성슬러지법 1,500～3,000	건설비의 저감, 건설 간이화, 에너지절약, 유지관리의 간이, 수질의 개선 및 수질·수량변동에 대응, 고농도 폐수의 처리, 슬러지 발생의 감소, 난분해성물질의 분해, N과 P의 제거, 침전지의 부하경감 또는 생략 등
↓			
생물막 처리법	살수여상, 침지여상, 유동상, 회전원판 등	예) 유동상 8,000～40,000[a]	
↓			
인공 혹은 자기 고정화법	AUSB, MRB 및 USB UASB 등*	예) UASB 40,000～60,000[b]	

* AUSB(Aerobic Upflow Sludge Blanket), MRB(Multi-Stage Reversing-flow Bioreactor), USB(Upflow Sludge Blanket)

a; Jeris, 1975, b; Tatsuo, 1985.

2. 생물고정화법

생물고정화법은 크게 인공고정화법과 자기고정화법으로 구분할 수 있다.

① 인공고정화법

이 방법은 효모에 의한 alcohol의 대량 생산과 같이 이미 실용화된 것도 있는데, 금후에 고정화법은 표(10.19)에 나타낸 바와 같이 자기고정 또는 인공과 자기고정의 절충형으로 발전할 것이 예상된다.

인공고정화 또는 내부증식형의 고정화법(그림 10.18)은 반응조 내 미생물을 Gel bits 내에 고농도로 유지시켜 특정의 폐수를 효율적으로 처리할 수 있어 앞으로 개발과 실용화가 기대된다. 현재 미생물을 고정화시키기 위해서는 폴리아크릴아미드·카라기난·알긴산·광경화성(光硬化性) 수지 등이 사용되고 있는데, 이 중 카라기난 및 알긴산은 천연물질로 해초의 추출물이다.

인공 고정화법의 문제점은 천연물질로 만들어진 bits의 경우, 이것을 분해하는 미생물이 번식할 가능성이 있으며, bits의 제조 시 또는 폐수 내에서 bits가 성형을 유지하기 위해서는 칼슘이나 칼륨이 필요하므로 폐수 중에 염류의 첨가가 불가피하다는 것이다. 또한 폴리아크릴아미드와 같이 화학합성물질을 이용할 경우, 생분해가 되지 않는 이들 물질을 사용 후 폐기·처분하는 것이 문제이다. 또한 경제적·기술적 관점에서는, 도시하수와 같은 대량의 하·폐수를 처리하기 위해서는 소요되는 약제비의 경감 및 값이 싼 고정화제의 개발도 해결해야 할 과제이다. 하지만 이러한 단점에도 불구하고 고정화 후 처리능력의 비약적 향상과 건설 및 유지비의 대폭 감소가 예상되고, 또 고정화 기간을 년 단위로 장기간에 걸쳐 실시한다면 대규모 처리장이라도 하루에 요하는 고정화제의 비용은 많지 않을 것이며, 이 경우에 고정화 활성슬러지 bits의 수명, 즉 강도와 안정도의 유지기간이 중요한 관건이 될 것으로 생각된다.

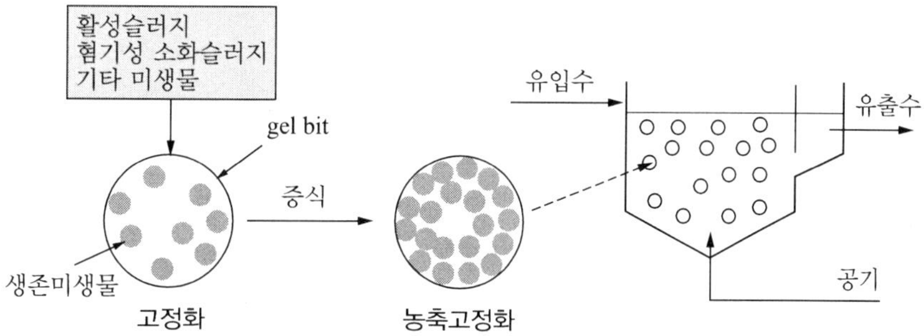

그림 10.18 고정화 미생물의 이용

② 자기고정화법

폐수처리에 있어서 고정상·유동상 등은 미생물 자체의 응집·집괴(集塊)기능을 적극적으로 이용한 자기고정화(self-immobilization)법이라고 생각할 수 있다. 하지만 여기서는 자기고정화를 협의(狹義)로 해석하여 생물막 부착용 메디아를 사용하지 않고 반응기 내에서 미생물이 스스로 입상의 증식집괴를 만드는 sludge blanket방식에 대해서만 기술하고자 한다.

Sludge blanket 반응기는 1980년대 초 Netherland의 Lettinga 등이 개발한 UASB(Upflow Anaerobic Sludge Blanket)법을 시작으로 탈질화 공정인 USB (Upflow Sludge Blanket) 등 혐기성 처리에 이용되었으나, 1980년대 말 AUSB와 MRB 등과 같이 호기성 공법에서도 입상화 현상이 발견되었다(江本, 1988; Takshashi, 1988). 하지만 입상화된 호기성 미생물을 이용할 경우 혐기성과 같이 큰 장점을 가지지 못하므로, 여기서는 혐기성세균의 자기고정화를 이용하는 UASB에 대해서만 기술하고자 한다.

㈀ UASB 반응기의 기본 원리

UASB의 기본 구조는 그림(10.19)와 같은데, 반응기는 고농도 생물의 sludge bed부와 그 상부에 비교적 생물 농도가 낮은 sludge blanket부 및 슬러지 - 처리수 - 생성가스의 3상을 분리하기 위해 반응기 상부에 설치된 GSS(Gas Solids Separator)장치로 이루어져 있는데, 이 장치가 원만히 운전되기 위해서는 다음 3가지의 기본 요건을 구비해야 한다.

- 폐수는 반응기 하부에서 상향으로 비교적 균일하게 유입되어야 한다.
- 생성 가스에 의한 sludge bed의 완만한 교반이 이루어져야 한다.
- 반응기 상부에는 GSS장치를 배치한다.

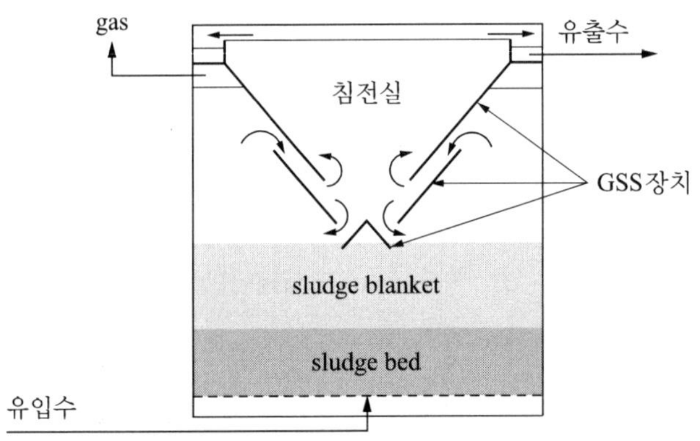

그림 10.19 UASB 반응기의 개요도

상기 요건 중에서도 GSS장치는 특히 중요한데, 이 장치는 입상슬러지(granule)를 형성하는 증식속도가 낮은 메탄생성균의 wash out을 효과적으로 억제하고, 충분한 양의 슬러지를 반응기 내에 축적하기 위해 필요하며, 다음과 같은 기능을 충족해야 한다.

- 부상 슬러지가 침전지에 들어가지 전에 충분히 가스를 분리시킨다.
- 침전실 내의 유체역학적 흐트러짐을 억제하고 슬러지의 집괴 형성을 촉진한다.
- 슬러지의 침전실 내 체류를 억제하고 신속히 하부로 침강·반송시킨다.

한편 UASB는 start up 때를 제외하면 반응기 내 슬러지의 교반은 기계적 교반 대신 생성가스를 이용하므로, 교반효과를 유지하기 위해서는 반응기 저부에서 폐수가 균일하게 분산되도록 설계되어야 한다. 특히 start up 때나 저농도 폐수 또는 저부하 운전 때에는 생성가스의 교반효과가 적음으로 sludge bed 내의 단락류(短絡流)를 방지하고 생물과 기질의 접촉을 개선하기 위한 별도의 연구가 요구된다.

반응기의 start up을 위한 지침은 다음 표(10.10)과 같다.

표 10.10 UASB 반응기의 start up을 위한 지침

구 분	조 건
식종 슬러지	① 세균의 부착이 용이한 메디아의 첨가는 초기 응집을 촉진한다. ② 메탄 생성비율이 적더라도, 가벼운 소화슬러지보다는 무거운 소화슬러지가 그라뉼 형성에 유리하다(> 60 kg-TSS/m^3). ③ 식종 시 적은 양의 그라뉼 첨가는 그라뉼 형성에 매우 유리하다.
조작방법	① 유출된 분산슬러지의 반송은 좋지 않다. 즉, 연속운전을 통하여 가벼운 소화슬러지는 배출시키고, 무거운 소화슬러지는 잔존케 한다. ② 유입 COD가 5,000 mg/L 이상인 경우, 처리수의 순환이 요구된다. ③ 부하의 단계적 증가는 생물분해성 COD의 제거율이 적어도 80% 이상일 때 실시한다. ④ 슬러지 bed 내의 초산 농도는 1,000 mg/L 이하로 유지한다. ⑤ 무거운 소화슬러지는 12~15 kg-VSS/m^3(> 60 kg-TSS/m^3), 가벼운 소화슬러지는 6 kg-VSS/m^3(< 40 kg-TSS/m^3)에서 start한다.
폐수특성	① 폐수 농도가 낮을 때 그라뉼 형성이 빠르다. ② 부유성 물질은 그라뉼 형성에 저해요인이다. ③ VFA 기질과 같은 용해성 탄소화물계 기질이 그라뉼 형성에 유리하다. ④ 높은 Ca·Mg 이온의 농도는 $CaCO_3$·$CaHPO_4$·$MgNH_4$·PO_4 등의 침전물을 만들어 반응기의 효율을 저하시킨다.
환경인자	① 적정 온도는 중온에서 38~40℃, 고온에서 50~60℃이다. ② pH는 6.2 이상이 좋고, 단백질이 기질일 경우에는 6.5 이상으로 조작한다. ③ N·P·S 등 필요 증식인자 외에 Fe·Ni·Co 등 미량물질이 충분해야 한다. ④ 독성물질이 저해 농도 이상 존재하지 않아야 한다.

㈏ 폐수처리 성능

이상 설명한 바와 같이 UASB법은 초기 그라뉼 형성 과정이 길고 그 정확한 mechanism이 확실하게 밝혀지지 않은 점을 제외하면, 구조가 간단하고 건설비가 싸며 유지관리도 쉽다. 따라서 UASB법은 종래의 혐기성 처리에 대한 일반적 상식으로는 생각할 수 없는 고속·고율의 처리가 가능한데, 당류·유기산·알코올 등의 이분해성 폐수에 대해 25～35 kg-COD_{Cr}/m^3·day의 용적부하로 85～95%의 제거가 가능하며, 수리학적 체류시간으로는 2～3시간까지, 폐수의 상승유속으로는 1.5～2 m/hr까지 허용된다.

한편 형성되는 그라뉼의 형태는 폐수의 종류(조성·농도 등)나 조작 조건(온도·pH·수리학적 체류시간·부하 등)에 따라 다르나, 이 중 특히 적용 폐수의 영향이 큰데, 그 크기는 1～5 mm 정도이고, 말랑 말랑한 탈력을 지니며, 형성된 그라뉼의 bed 내 농도는 40,000～60,000 mg/L 정도이다. 또한 이 그라뉼의 SVI는 10～25, 침강속도는 20～40 m/hr 정도로 매우 뛰어난 침전 특성을 보인다.

그림(10.20)은 그라뉼의 예를 보인 것이며, 그림에서 c와 d는 각 그라뉼의 표면을 확대한 것이다.

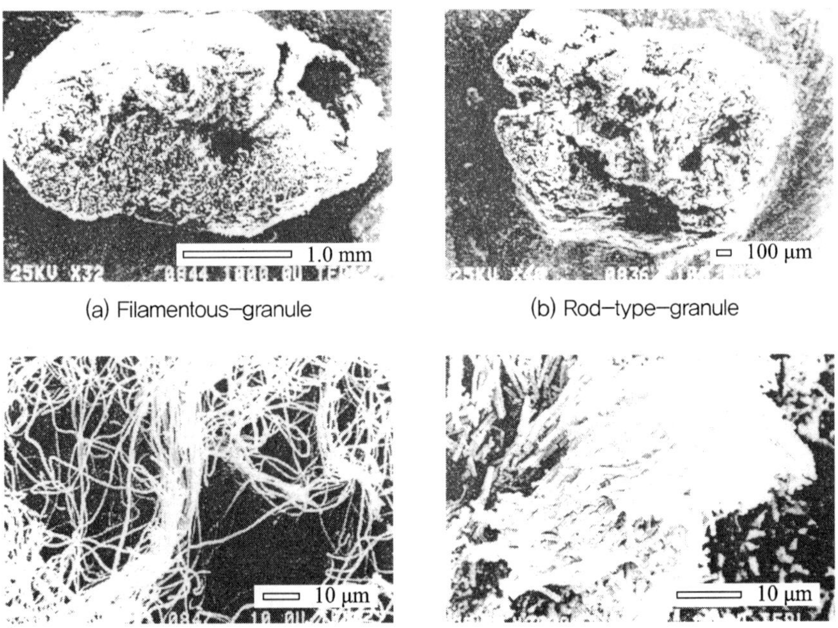

(a) Filamentous–granule (b) Rod–type–granule

(c) Filamentous–granule (d) Rode–type–granule

그림 10.20 여러 형태의 그라뉼

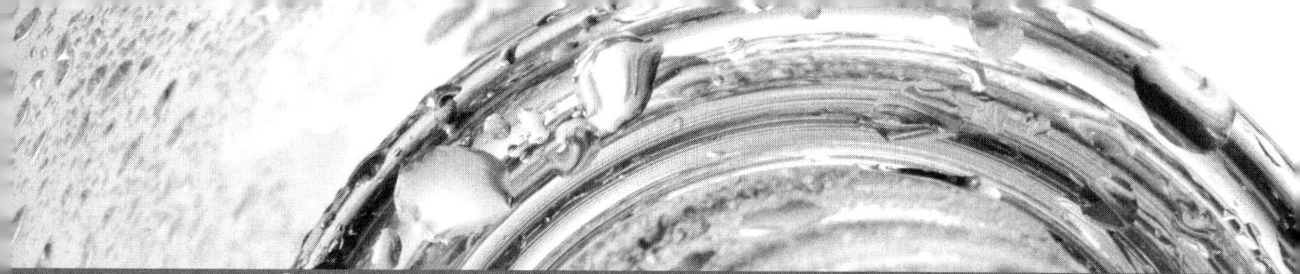

연습문제

1. 호기성반응에 대한 혐기성반응의 장점을 기술하라.

2. 혐기성 생물막 처리법에는 어떤 것이 있는가?

3. UASB 반응기의 기본 원리에 대해 기술하라.

참고문헌

江本 ふで 子，明賀春樹，上向流流動床(USB)法による脱窒の基礎研究結果，用水と廢水，Vol. 30, No. 2, p. 25-31, 1988.

Anderson, G. K., *et al.*, "Identification and control of inhibition in the anaerobic treatment of industrial wastewaters." *Process Biochemistry*, Vol. 17, 28～32, 1982.

Buhr, H. O. and Andrews, J. F., "Review Paper: The thermophilic anaerobic digestion process." *Water Research*, Vol. 11, 129～143, 1977.

Buswell, A. M. and Mueller, H. F., I.E.C., 44, pp. 550-552, 1952.

Garber, W. F., "Certain aspects of anaerobic digestion of wastewater solids in the thermophilic range at the Hyperion treatment plant." *Prog. Water Tech.* Vol. 8, 1977.

Gunnerson, C. G. and Stuckey, D. C., *Anaerobic Digestion*, World Bank Technical Paper No. 49, 1986.

Hashimoto, A. G., *et al.*, "Ultimate methane yield from beef cattle manure: Effect of Temperature, ration constituents, antibiotics and manure age." *Agricul. Wastes*, Vol. 3, 241～256, 1981.

Jeris, J. S., Owens, R. W., Hickey, R., and Flood, F., Secondary treatment and nitrogen removal using biological Fluidized bed technology, *Presented at the Annual Conference of the WPCF*, 1975.

Kugelman, I. J., and McCarty, P. L.; Proc. 19th Ind. Waste Conf., Purdue University, 1964.

Lawrence, A. W. and McCarty, P. L., *J. WPCF*, Vol. 41, p. R1-R17, 1969.

Lawrence, A. W. and Milnes, T. R., Discussion paper, *J. Sanitary Engineering Division, ASCE.* Vol. 97, 1971.

McCarty, P. L., *et al.*, *J. WPCF*, Vol. 35, pt. 1, 41, p. 151, 1963.

McCarty, P. L., "Anaerobic waste treatment fundamentals." *Public Works*, September to December, 1964.

McCarty, P. L., *Stoichiometry of biological reactions*, Presented at the International Conference

Towards a Unified Concept of Biological Waste Treatment Design, Atlanta, Georgia, 1972.

Metcalf and Eddy, Inc. *Wastewater Engineering-Treatment, Disposal, Reuse*. 2nd Ed., McGraw-Hill, Inc., New York, pp. 459, 1979.

O'Rourke, J. T., *Kinetics of Anaerobic Treatment at Reduced Temperatures*, Ph. D Thesis, Stanford University, 1968.

Owen, W. F., *et al.* "Bioassay for monitoring biochemical methane potential and anaerobic toxicity." *Water Research*, Vol. 13, 485, 1979.

Shelef, G. *et al.*, "High rate thermophilic anaerobic digestion of agricultural wastes." *Biotech. and Bioeng. symp*. 10, 1980.

Stronach, S. M., Rudd, T. and Lester, J. M., "*Anaerobic digestion processes in industrial wastewater treatment*." Biotechnology Monograph, p.184, Springer Verlag, Berin, Heidelberg, 1986.

Tatsuo Sumino, Masahiro Kon, Naomichi Mori, Kazuo Nakajima, 用水と廢水, Vol. 27, No. 10, 日立プラント建設(株)研究所, 1985.

Takshashi, M., and Kyodai, S., Development of Multi-Stage Reversing-flow Bioreactor(MRB) for Wastewater Treatment, Wat. Sci. Tech., Vol. 20, 11-12, 1988.

van Soest, P. J., *Forages Fiber and the Rumen*, Freeman, SanFrancisco, 1979.

Zehnder, A. J. B. *et al.*, "Microbiology of methane bacteria," *Anaerobic Digestion* 1981, ed. by Hughes, D. E., *et al.*, Elsevier Biomedical, 45~68, 1982.

Chapter 11

소 독

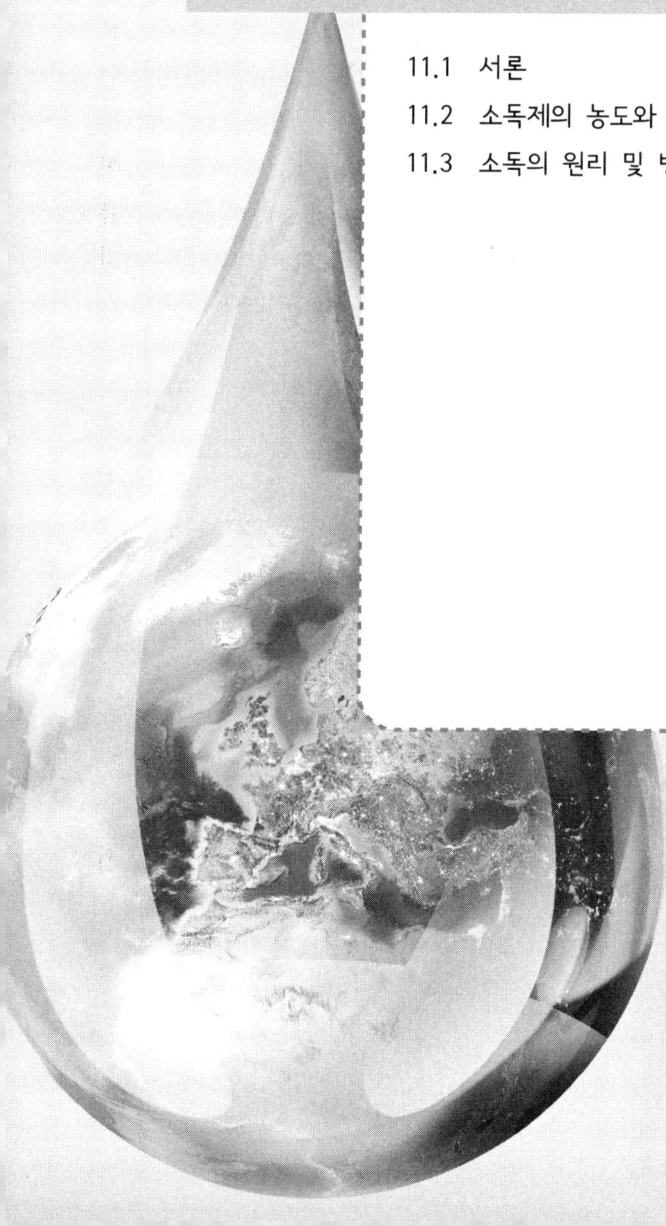

11.1 서론

11.2 소독제의 농도와 접촉시간

11.3 소독의 원리 및 방법

11.1 서론

소독(消毒, disinfection)은 바이러스·세균·원생동물 등 인간에게 감염을 일으키는 병원성 미생물을 사멸시키기 위한 것으로, 비병원성 혹은 포자 상태의 병원균까지 사멸시키는 것을 의미하지는 않는다. 후자의 개념으로는 멸균(滅菌, sterilization)이란 용어를 사용한다.

소독은 1900년대 초 상수에 대해 염소소독이 실시된 이후 오존·이산화염소 등 여러 종류의 소독 기술이 개발되어 왔으나, 경제성을 고려하여 염소의 사용이 일반적이다. 하지만 최근 상수의 염소소독은 일부 병원균이나 기생충이 소독에 저항성을 가지고 있으며, 전형적으로 시행되던 지표생물에 의한 소독효과의 측정방법에 의문점이 제기되고, 또한 소독 시 발생하는 발암성 물질인 trihalomethane(THM)으로 인하여, 그 외의 소독제나 소독방법에 대한 관심이 높아지고 있다. 따라서 상수에서는 염소소독을 대체할 방법으로 오존·이산화염소·할로겐 원소(Br_2·I_2 등)·자외선 등이 일부 시행되고 있으며, 하수에서도 염소 외에 오존·이산화염소·차아염소산나트륨(NaClO)·자외선·방사선 등의 이용이 검토되고 있는데, 본 장에서는 하·폐수처리 공정에 사용되는 염소소독과 그 외의 중요 소독방법에 대해 기술하고자 한다.

11.2 소독제의 농도와 접촉시간

소독제의 소독효과는 소독제의 농도나 접촉시간에 따라 좌우되는데, 접촉시간과 생존 미생물의 감소율은 식(11.1)과 같이 나타낼 수 있다(Chick, 1908). 즉, 생존 미생물의 감소율은 접촉시간에 비례한다.

$$-\frac{dN}{N_t} = k\,dt \tag{11.1}$$

$$\therefore \frac{N_t}{N_o} = e^{-kt} \tag{11.2}$$

여기서, N_o : 소독 전($t=0$) 미생물의 수,

N_t : t시간 소독 후 생존 미생물의 수,

t : 접촉시간(time), k : 감소율 상수(time^{-1})이다.

위 식(11.1)에서 k는 소독제의 농도 · 미생물의 종류 · 온도 · pH 등에 따라 달라지는데, 이 식을 현장에서 실측한 결과와 비교하면 또 다른 결과를 나타내기도 한다(Hoff, 1986). 즉, 그림(11.1)에서 곡선 C는 식(11.1)과 같이 1차 반응을 따르지 않는다. 이러한 현상은 혼합 미생물인 경우 각 미생물의 소독제에 대한 내성이 다르기 때문이며, 이러한 현상은 동종개체군에서도 관찰되는데, 그것은 미생물이 소독제에 노출될 경우 응집체를 형성하여 스스로를 보호하기 때문이다(Rubin, 1983). 즉, 5.3.2 5.①㈁항에서 설명한 바와 같이 미생물이 독성물질에 노출될 경우 일부 미생물은 체외로 bio-polymers를 배출하여 스스로를 보호하는데, 이 물질에 의해 미생물 덩어리, 즉 응집체가 형성되면 미생물은 보다 효율적으로 생존을 유지할 수 있다.

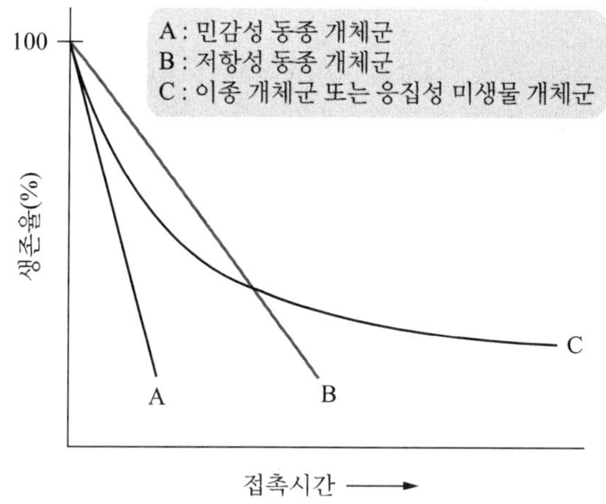

그림 11.1 소독 경과시간에 따른 미생물의 불활성화 곡선

한편 소독제의 농도와 접촉시간과의 관계는 다음과 같다.

$$C^n t_c = K \tag{11.3}$$

여기서, C : 투입 초기 소독제의 농도,

t_c : 목표 살균율에 소요되는 접촉시간,

n : 희석상수,

K : 소독제의 종류나 온도 등 주어진 조건에 따른 상수이다.

식(11.3)에서 n값은 소독제의 종류나 성질에 따라 달라지는데, n값이 1보다 크면 소독작용은 농도에 좌우되며, 1보다 작으면 접촉시간에 좌우됨을 알 수 있다.

11.3 소독의 원리 및 방법

11.3.1 염소소독

1. 염소의 수중 반응

염소는 가장 널리 사용되는 소독제로 주로 액체염소나 차아염소산염[차아염소산나트륨(NaClO)·차아염소산칼슘(표백분; $Ca(ClO)_2$) 등]의 형태로 사용되며, 이때 염소의 소독 능력은 미생물이 지닌 효소의 산화에 따른 것이다. 액체염소나 차아염소산염의 수중 반응은 다음과 같다.

$$Cl_2 + H_2O \rightleftarrows HClO + HCl \tag{11.4}$$

$$NaClO + H_2O \rightleftarrows HClO + NaOH \tag{11.5}$$

$$Ca(ClO)_2 + 2H_2O \rightleftarrows 2HClO + Ca(OH)_2 \tag{11.6}$$

$$HClO \rightleftarrows ClO^- + H^+ \tag{11.7}$$

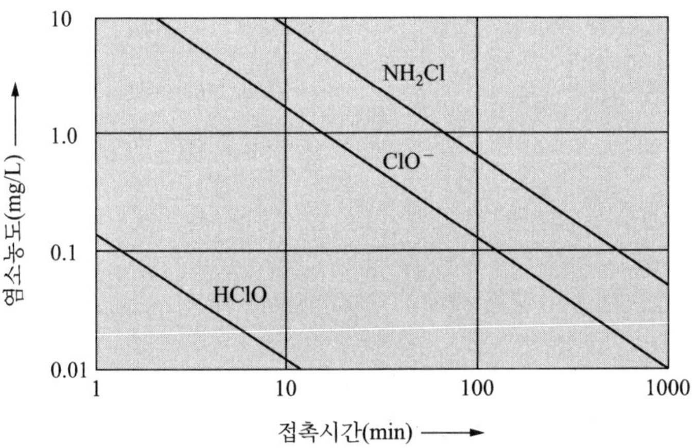

그림 11.2 99% 대장균 살균에 필요한 여러 형태의 염소 농도와 접촉시간과의 관계

이와 같이 염소는 차아염소산(HClO)을 생성하고, 생성된 차아염소산은 다시 차아염소산이온(ClO^-)을 생성하는데, 이때 이들 물질 간의 평형상태는 pH와 수온의 영향을 받는다. 즉, pH가 3 이상인 경우에는 식(11.4)와 같이 반응하여 차아염소산이 형성되며, 형성된 차아염소산은 pH의 상승에 따라 식(11.7) 및 그림(11.3)과 같이 ClO^-로 이온화하는데, 이들 물질을 **유리잔류염소**(free residual chlorite)라 하며, 이들 물질은 소독효과를 나타낸다. 소독효과는 HClO이 ClO^-에 비해 약 100배 정도 강하다.

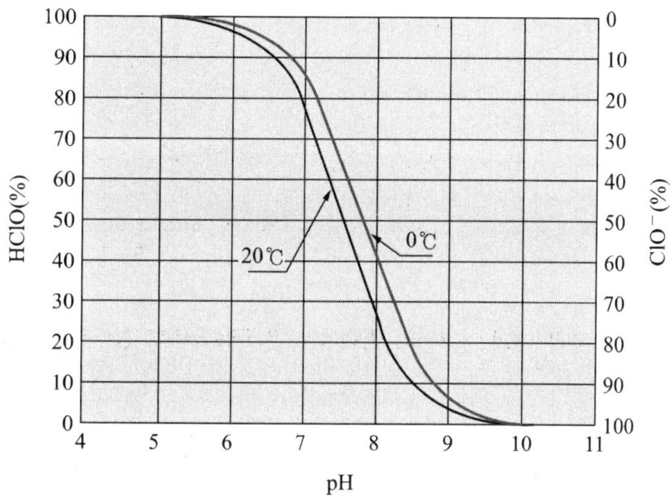

그림 11.3 pH에 따른 HClO과 ClO^-의 양적 변화

한편 HClO은 수중의 무기물질 및 유기물질과 반응하는데, 이 중 중요한 반응은 암모니아와의 반응이다. 즉, 수중에 암모니아가 존재할 경우 암모니아는 염소와 반응하여 **클로라민**(chloramine)을 형성하는데, 이들 물질을 **결합잔류염소**(combined available residual chlorine)라 하고, 이것은 유리염소와 마찬가지로 소독효과를 나타낸다. 암모니아와 염소가 반응하여 클로라민을 형성하는 과정과 형성되는 클로라민은 다음과 같다(Snoeyink and Jenkins, 1980).

$$NH_3 + HClO \rightarrow NH_2Cl\text{(monochloramine)} + H_2O \quad (11.8)$$

$$NH_2Cl + 2HClO \rightarrow NHCl_2\text{(dichloramine)} + H_2O \quad (11.9)$$

$$NHCl_2 + 3HClO \rightarrow NCl_3\text{(trichloramine)} + H_2O \quad (11.10)$$

형성되는 클로라민의 형태는 HClO의 농도와 pH의 함수인데, 대략 pH가 6 이상일 경우 monochloramine이 다량 존재하고, pH가 5 정도인 경우 dichloramine이 지배적이다(그림 11.4 참고).

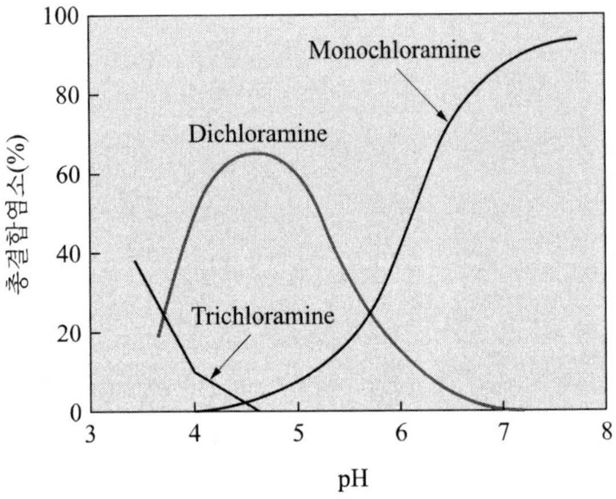

그림 11.4 pH의 변화에 따른 클로라민의 형태분포(Wolfe *et al.* 1984)

그림(11.5)는 물에 염소를 서서히 주입할 경우 물에 포함된 물질에 따른 총 잔류염소 농도의 변화를 나타낸 것이다. 그림에서 Ⅰ형의 경우는 수중에 염소와 반응할 물질이 전혀 없어 주입된 염소가 모두 잔류염소로 나타나는 경우이고, Ⅱ형의 경우는 염소가 수중에 제1철염 또는 아질산염과 같은 물질과 반응하여 계속 소비된 후 이후 주입된 염소가 모두 **유리잔류염소**로 나타나는 경우이며, Ⅲ형의 경우는 수중에 암모니아가 존재하는 경우로, 염소 주입 초기에 염소는 암모니아와 반응하여 **결합잔류염소**를 형성하며, 이후 계속되는 염소 주입으로 결합잔류염소는 파괴되어 질소나 이산화질소 가스로 분해되어 감소되고 임계점 이후에 염소는 유리염소로 수중에 잔류하게 된다. 자세한 내용은 8.3.1 3.항을 참고하기 바란다.

이때 임계점을 **불연속점**(파괴점; break point)이라 하고, 상수 처리 시에는 보다 완전한 소독과 송수과정에서의 오염을 억제하기 위해 처리수 중에 염소를 잔류시켜야 하는데, 이러한 목적으로 통상 염소를 불연속점 이상으로 주입하며, 이러한 처리 방법을 **불연속점 염소처리**(break point chlorination)라 한다. 여기서 불연속점까지 주입된 염소량을 **염소요구량**이라 한다. 따라서 **잔류염소량 = 염소주입량 − 염소요구량**이다.

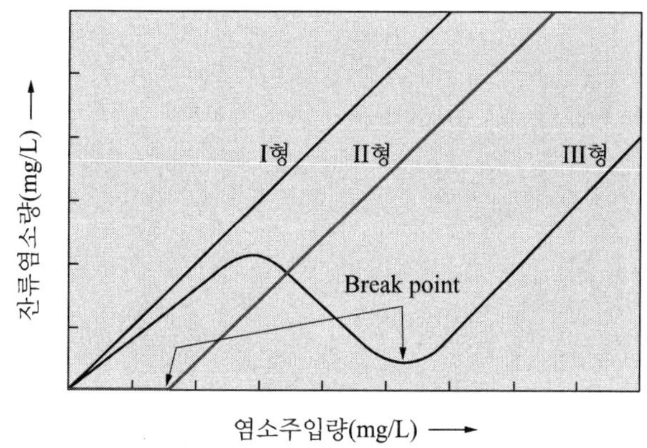

그림 11.5 잔류염소곡선

한편 상수 소독 시 유리염소 중 HClO은 수중에 Humic acid · Fulvic acid 등 유기물과 반응하여 trihalomethane(THM)이란 발암물질을 생성하는데, 대표적인 물질은 chloroform(trichloromethane, $CHCl_3$) · bromodichloromethane($CHCl_2Br$) · dibromodichloromethane(CCl_2Br_2) · bromoform($CHBr_3$) 등이 있다. 이와 같이 THM이 생성되기 위해서는 수중에 HClO이 존재해야 하는데, 하수 소독 시 염소의 수중반응에서 생성되는 HClO은 하수 내에 다량 존재하는 암모니아와 매우 빠르게 반응하여 클로라민을 형성하므로(표 11.1 참고), 전구물질(前驅物質), 즉 Humic acid나 Fulvic acid 등이 존재한다 하여도, 하수에 염소를 불연속점 이상으로 투입하지 않는 한 THM은 발생하지 않는다. 다시 말하면 하수의 염소소독은 클로라민에 의존하며 방류하천의 수서생물에 영향을 줄 정도, 즉 불연속점 이상으로는 거의 실시하지 않는다(Brungs, 1973). 따라서 하수 소독 시 THM의 발생은 우려하지 않아도 된다. 참고로 Humic acid과 Fulvic acid은 토양에 포함되어 있는 부식질 중 용제에 의해 제거되지 않고 남아있는 암갈색 혹은 흑색 산성유기물의 일종이다.

표 11.1 pH에 따른 HClO과 암모니아의 반응시간

pH	8.3	7	2
반응시간(sec)	0.069	0.2	421

2. 염소제의 종류

① 액화염소(Cl_2)

염소가스는 질식성의 자극적 냄새와 독성을 가진 황록색의 기체로 활성과 부식성이 매우 강해 생체에 극히 유해하므로 취급과 저장에 특히 유의해야 한다. 가스상의 염소는 공기보다 약 2.5배 무겁고, 상온(18℃)에서도 16.5기압 이상이면 비교적 쉽게 액화된다. 따라서 저장은 액체 상태로 하며 보통 철제의 압력탱크(5~10기압)를 이용하는데, 액화염소 중 염소의 함량은 거의 100%이므로 다른 염소제와 비교하여 저장량이 적어도 되며 품질이 안정적이다

② 소독설비

액체염소를 이용하는 소독설비는 그림(11.6)과 같이 크게 저장시설·주입시설 및 혼화시설로 구성된다.

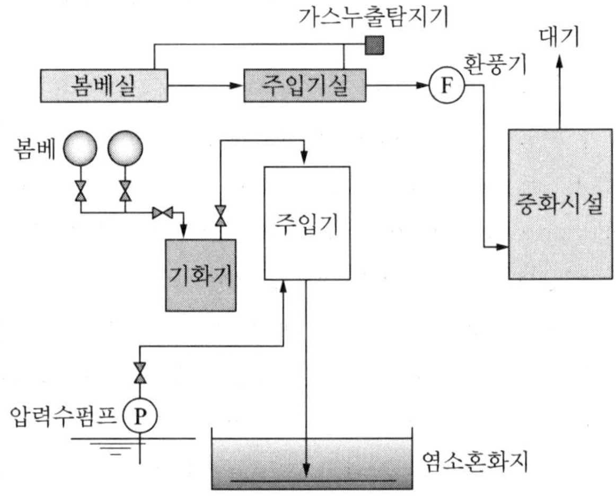

그림 11.6 액체염소 소독설비의 개요

㈀ 저장

액체염소의 저장량은 계획처리수량과 평균주입률로부터 산출하며 보통 10일분 이상으로 한다. 저장은 평균주입량이 1 t/day 정도로 적을 경우 용기를 이용하지만 대규모일 경우 저장탱크로 하고 이때 탱크의 용량은 10~30 t 정도로 2기 이상 설치한다. 저장실은 저장능력이 1 t 이상인 경우 주입기실과 분리하고 염소가스 누출에 대비한 중화실 및 탐지기를 설치하는데, 이때 탐지기는 염소가스가 공기보다 무거운 가스이므로 저장실 바닥의 적당한 위치에 pit를 두어 그 안에 설치한다.

㈁ 주입기

주입기는 기화된 염소가스를 수중에 주입하는 기기로 건식과 습식이 있다. 건식은 기화된 염소가스를 수중에 직접 주입하는 방법이고, 습식은 현재 가장 많

이 사용되는 방법으로 물과 염소가스를 혼합하여 일단 염소수를 만든 다음 수중에 주입하는 방법이다. 한편 주입량의 제어는 수동으로 일정량 주입하는 방법, 유입수량에 따라 자동제어하는 방법 및 잔류염소를 측정하여 주입량을 제어하는 방법 등이 있다.

㈃ 혼화장치

혼화장치는 폐수와 염소수를 효과적으로 섞기 위한 것으로, 혼화조와 diffuser로 구성되며 혼화효율을 높이기 위해 보통 정류벽을 설치한다. 혼화조의 체류시간은 보통 15～30분 정도로 한다.

③ 차아염소산나트륨(NaClO)

차아염소산은 유효염소가 4～20% 정도 되는 수용액인데, 강알칼리로 산화작용이 있고 부식성이 강한 담황색의 액체이다. 일반적으로 가성소다 용액에 염소가스를 흡수시켜 제조하는데, 액체염소에 비해 가격은 비싸지만 가스 누출의 위험이 없고, 소독설비가 비교적 간단하므로 유지비가 비교적 저렴하다. 소독효과는 식(11.5)와 같이 수중에 생성되는 HOCl과 OCl^-에 의하며, 소독효과가 비교적 높고, 색도와 탁도의 제거에도 효과적이다.

참고로 하수 처리 시 사용되는 차아염소산나트륨의 유효염소 농도는 12% 정도로 높은데, 이때 차아염소산은 빛과 열에 노출될 경우 쉽게 분해되므로 주의해야 한다. 또한 이 시설은 탈염시설 등이 별도로 요구되는 단점이 있다.

④ 차아염소산칼슘[$Ca(ClO)_2$]

예부터 소독제로 흔히 사용되어온 차아염소산칼륨(표백분)은 소석회에 염소가스를 흡입시켜 만든다. 이것의 유효 염소량은 보통 35～38% 정도이지만 고농도인 경우 70～90% 정도로 같은 양의 액체염소와 거의 같은 정도의 효력을 갖는다. 하지만 이것은 액체염소에 비해 작용이 완만하고, 식(11.11)과 같이 불필요한 침전물을 발생시키며, 주입량을 정확하게 조절하기 어렵다. 따라서 대규모 처리장보다는 소규모 처리장에서 사용빈도가 높다. 하지만 최근에는 이러한 단점을 보완하기 위하여 과립·태블릿(tablet)·펠릿(pellet)상의 것이 개발되어 주입량을 비교적 손쉽게 조절할 수 있다.

$$Ca(OCl)_2 + 2H_2 \rightarrow Ca(OH)_2\downarrow + HClO \qquad (11.11)$$

⑤ 이산화염소(ClO_2)

이산화염소는 보통 진공 상태에서 $NaClO_2$ 용액에 염소가스를 주입하여 발생시키는데[식(11.12 참고)], 온도·압력 및 빛에 불안정한 물질로 대기 중 4% 이상 존재하면 폭발하며, 고농도의 가스상에서 압축가스로 저장되지 않기 때문에 현장에서 직접 제조해야 한다. 이산화염소의 살균력은 중성 부근에서 염소와 비슷한 살균력을 나타내지만 pH 8.5 이상에서는 강력한 살균력을 나타내며, THM을 생성하지 않고 암모니아와 반응해도 클로라민을 생성하지 않는다.

$$NaClO_2 + Cl_2 \rightarrow 2ClO_2 + 2NaCl \tag{11.12}$$

예제 11.1

청천 시 일 최대 오수량이 60,000 m^3/day, 평균 염소주입률이 5 mg/L, 최대 10 mg/L인 경우, 염소주입시설을 설계하라.

풀이 일평균 염소주입량 = 60,000 m^3/day × 5 mg/L = 300 kg/day
염소저장량 = 일평균 주입량의 10일분 = 300 kg/day × 10 day = 3,000 kg
따라서 1 t 용기 3개로 한다.
기화기 및 주입기의 규격 = 300 kg / 24 hr = 12.5 kg/hr이므로 15 kg/hr 내외의 기화기 및 주입기를 2기 설치한다.

11.3.2 오존처리

오존은 산소의 동소체로 산소원자 3개가 결합된 상태로 불안정하고 자극적인 청색의 가스이다. 즉 제3원자는 결합이 약해 쉽게 분리되어 발생기산소(nascent oxygen)로 되고 이 산소는 강한 산화력을 갖는다. 20℃의 증류수에서 반감기가 20～30분 정도이고, 용액 속에 산화가 가능한 물질이 존재하면 반감기는 더욱 더 짧아진다(Rice *et al.*, 1979). 한편 오존은 공기 또는 산소만 있으면 언제나 생산이 가능하므로 운송·저장이 필요 없다. 따라서 현장에서 제조하는 것이 유리하다.

순수 중에서 오존의 분해과정을 살펴보면 다음과 같다.

$$O_3 + H_2O \rightarrow HO_3^+ + OH^- \tag{11.13}$$

$$HO_3^+ + OH^- \rightarrow 2HO_2 \tag{11.14}$$

$$O_3 + HO_2 \rightarrow HO + 2O_2 \tag{11.15}$$

$$HO + HO_2 \rightarrow H_2O + O_2 \tag{11.16}$$

오존의 산화력은 주로 상기 과정에서 발생하는 HO_2와 HO에 의한 것으로, 불소 다음으로 강력한 산화력을 가지고 있으며, 살균·탈색·탈취·탈미·제철·제망간·시안화합물과 페놀류의 분해제거·ABS 등의 제포(除泡) 및 BOD와 COD 등의 제거에 있어 타 산화제에 비해 효과가 매우 크다. 그 밖에 오존의 장점으로는 물에 THM이나 클로라민과 같은 잔류물이 남지 않아 방류수역의 생태계 보존에 유리하고, 염소와 같이 취기를 남기지 않으며, 수중에서 단시간에 자기분해하여 산소를 방출하므로 과잉첨가에 따른 2차오염이 없다. 또한 오존의 발생량은 전력의 조절에 의해 쉽게 조절되므로 관리의 자동화가 쉽고 에너지를 절약할 수 있다.

반면 오존은 고가이고 복잡한 오존발생장치가 필요하며, 수온이 상승하면 오존의 소비량이 증가하여 운전비가 증가하는 단점이 있다. 참고로 오존의 물에 대한 용해도는 20℃에서 570 mg/L 정도로 염소에 비해 용해도는 1/12에 지나지 않는다. 하지만 이러한 단점에도 불구하고 오존은 처리능력이 크고, 생물분해가 불가능한 물질의 처리에도 적용할 수 있으며, 잔존물질이 남지 않으므로 하·폐수처리장의 방류수 처리에 매우 유리한 것으로 판단된다.

11.3.3 자외선 방사법

자외선(Ultraviolet light, UV) 방사법은 파장이 2,537 Å (Å = 10^{-8} cm) 정도인 자외선의 살균력을 이용하는 방법으로, 이때 자외선은 석영튜브(quartz tube) 내의 저압 수은램프를 이용하여 발생시킨다. 본 법은 정수나 폐수의 소독에 효과적이나, 잔유물이 남지 않아 폐수처리에 보다 유리하다. 또한 화학적 부작용이 적어 안전하며, 설치가 용이하고 접촉시간이 짧은 장점을 가진다. 하지만 자외선 조사(照射) 시 탁도·색도 및 현탁물의 농도가 높을 경우 자외선이 잘 투과되지 않아 소독효과가 떨어지며, 유지비용(램프 교체)이 높고, 램프의 주기적 세척이 요구된다. 또한 잔류성이 없어 상수나 중수도에 사용할 경우에는 재염소처리 시설이 필요하다.

램프의 세척은 기계적 방법 혹은 초음파 등을 이용하는데, 세척 주기를 늘리기 위해 석영의 대용으로 테플론이 제안되기도 하였으나, 테플론은 자외선 투과성이 석영튜브에 비해 다소 낮은 단점을 가진다.

자외선에 의한 미생물의 불활성화는 자외선의 강도(μW/cm^2)와 노출시간(sec)에 비례하며, 다음 식(11.7)과 같이 나타낼 수 있다(Luckiesh and Holladay, 1944; Severin, 1980). 즉, 불활성화된 미생물의 수는 $N(=N_o-N_t)\propto P_d\cdot t$이고, 여기에 상수를 적용하면, $N=KP_d t$이므로, 미생물의 감소속도는 $-\dfrac{dN}{N}=KP_d\,dt$이고, 이 식을 적분하면,

$$\int_0^t \frac{1}{N} dN = -\int_0^t KP_d dt, \qquad \log\frac{N_t}{N_o} = -KP_d t$$

$$\therefore \frac{N_t}{N_o} = 10^{-KP_d t} \tag{11.17}$$

여기서, N : 불활성화된 미생물의 수(#/mL),
N_o : 초기 미생물의 수(#/mL),
N_t : t시간 소독 후 생존 미생물의 수(#/mL),
P_d : 자외선의 강도(μW/cm^2),
t : 노출시간(sec),
K : 불활성화 계수(cm^2/μW · sec)이다.

표 11.2 각 소독법의 장단점 비교

구 분	장 점	단 점
염소	약품비가 싸다. 액화하기가 쉽고, 저장이 용이하다. 주입이 용이하다.	사용 후 잔류물이 있다. 특유의 냄새가 있다. 가스 누출의 위험이 있다. 타 소독제에 비해 소독효과가 떨어진다.
이산화염소	악취 및 색도 제거에 효율적이며, 소독력이 강하다. 바이러스 살균에 효과적이다. 중수도에 이용이 가능하다.	약품비가 높고, 취급 시 폭발의 위험성이 있다. 현장 제조가 요구되며, 제조 후 시간 경과에 따라 소독 효율이 크게 저하한다. 탈이산화염소 시설이 요구된다.
차아염소산나트륨	유지비가 비교적 저렴하다. 색도와 탁도 제거에 효과적이며, 소독 효과가 비교적 높고, 중수도에 이용이 가능하다.	탈염시설이 요구된다.
오존	강력한 산화력을 가지고 있으며, 적용범위가 크다. 잔류물이 남지 않아 이취미가 없다. 즉, 과잉 첨가에 따른 2차오염이 없다.	가격이 고가이고 복잡한 오존발생장치가 필요하다.
UV	화학적 부적용이 적어 안전하며, 잔류독성이 없다. 설치가 용이하고 접촉시간이 짧다.	유지비용(램프 교체)이 높고, 램프의 주기적 세척이 요구된다. 중수도 사용 시 재염소처리시설이 필요하며, 색도나 탁도가 높으면 소독력이 현저히 저하한다.

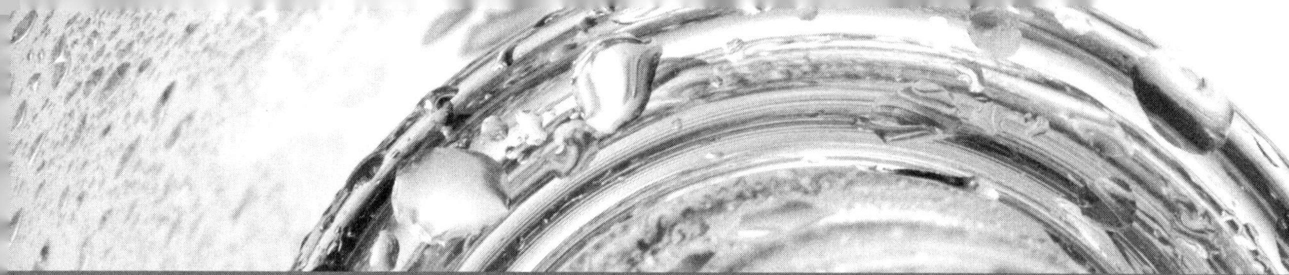

연습문제

1. 하수 소독에 이용될 수 있는 소독제에는 어떤 것들이 있는가?

2. 소독제의 농도와 접촉시간이 소독 효과에 미치는 영향을 기술하라.

3. 상수와 하수의 염소 소독 시 차이점에 대해 기술하라.

4. Trihalomethane(THM)의 발생 mechanism을 설명하라.

5. 하수 소독 시 오존처리의 장단점을 기술하라.

6. 하수 소독 시 자외선 방사법의 장단점을 기술하라.

7. 어떤 소독제를 이용하여 하수를 처리한 결과 대장균을 90% 사멸시키는 데, 20초가 소요되었다. 감소율 상수 k는 얼마인가?

   [해답] $k = 0.115\ \mathrm{sec}^{-1}$

8. 대장균을 80% 사멸시키는 데, 3분이 소요되었다. 95%를 시멸시키기 위해서는 얼마의 시간이 소요되는가?

   [해답] 3.72 min

참고문헌

Brungs, W. A., Effects of recidual chlorine on aquatic life, J. WPCF. 45, No, 10; 2180, 1973.

Chick, H., Investigation of the Laws of Disinfection, *J. Hygiene*, 8-92, 1908.

Hoff, J. C., and Akin, E. W., Microbial resistance to disinfectants: Mechannisms and significance, Environ. Health Perspect. 69: 7-13, 1986.

Luckiesh, M., and Holladay, L. L., Disinfecting water by means of germicidal lamp, Gen. Electric Rev., 47: 45～54, 1944.

Rice, R. G., Miller, G. W., Robson, C. M., and Hill, A. G., Ozone utilization in Europe. *AIChE, 8th Annual Meeting*, Houston, Tex, 1979.

Severin, B. F., Disinfection of municipal wastewater effluents with ultraviolet light, J. WPCF., 52: 2007～2018, 1980.

Snoeyink, V. L., and Jenkins, D., *Water Chemistry*, Wiley, New York, 1980.

Wolfe, R. L., Ward, N. R., and Olson, B. H., Inorganic chloramines as drinking water disinfectants; A review, *J. Am. Water Works Assoc.* 76; 74～88, 1984.

Chapter 12

슬러지 처리

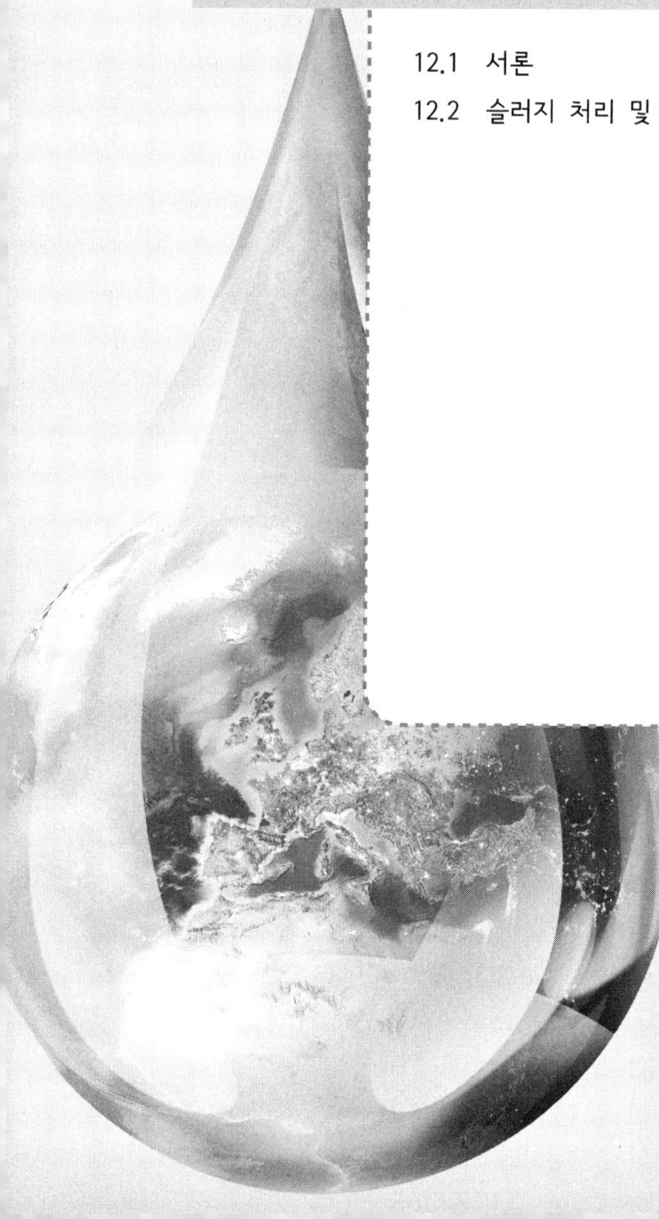

12.1 서론

하수를 처리하는 과정에서 발생하는 오염고형물은 스크린의 협잡물·침사지의 모래·1차 및 2차침전지의 슬러지 등으로, 이들 물질은 하수처리공정 외로 인출하여 성상에 따라 처리·처분하는데, 이 중 특히 침전지의 슬러지는 비위생적이고 함수율이 높아 용적이 크고, 유기물 함량도 높아 그대로 처분하기 곤란하다. 따라서 최종처분에 앞서 별도의 처리과정을 거쳐, 저렴하게 운반·처분할 수 있도록 용적을 줄여 취급을 용이하게, 즉 **감량화**하며, 부패성 유기물을 무해한 무기물로 분해하여 **안정화**시키고, 동시에 병원성세균을 제거하여 **안전화**시키는 과정이 필요하다. 즉 슬러지 처리는 감량화·안정화·안전화 및 그 외에 재이용을 목적으로 하며, 이러한 목적을 달성하기 위해서는 농축·소화·탈수·소각 등의 방법이 이용되는데, 이 과정은 처리장의 전체 건설비 및 운전비의 상당 부분을 차지한다.

12.1.1 슬러지의 종류

하·폐수 처리 시 발생하는 슬러지는 유입하수의 종류 및 특성·처리방법 등에 따라 그 성상이 다른데, 슬러지의 처리·처분시설을 정확하게 설계·관리하기 위해서는 발생 슬러지의 성상을 정확하게 파악해야 한다.

1. 하수슬러지

하수슬러지란 도시하수처리장의 침사지에서 제거되는 모래를 제외하고 하수로부터 분리되는 고형물의 총칭이다. 즉, 하수슬러지는 분쇄된 스크린 협잡물·1차침전지와 포기조의 scum 및 1차·2차침전지의 침전물을 포함하는데, 동일 폐수라 하더라도 처리장에서 발생하는 슬러지는 하수의 배제방식(합류식 또는 분류식)·주민의 생활수준·가정하수와 공장폐수의 병합처리 여부·하수처리방식 등에 따라 다르나, 다음과 같이 크게 2가지로 구분한다.

- 침전슬러지 : 최초침전지에서 발생하는 슬러지(약품침전슬러지도 포함).
- 생물학적 폐슬러지 : 생물처리(2차처리) 이후의 공정에서 발생하는 슬러지.

한편 도시하수처리장의 단위 슬러지 발생량은 부하와 처리량에 따라 증가하는 경향이 있으며, 표(12.1)과 같다. 또한 각 하수처리공정에서 발생하는 슬러지의 양은 다음 표(12.2)와 같다.

표 12.1 하수도 시설기준에 의한 슬러지 발생량

계획인구 (만명)	계획1인1일 최대하수량(L/인·일)	슬러지 발생량[a] (m^3/day)
1	250	20
5	300	120
50	400	1,600
100	500	4,000

건설부, 1992, a) 함수율 98% 기준

표 12.2 각종 하수처리 공정에서 발생하는 슬러지의 특성

처리방법	건조중량 기준 발생량 (kg/1,000m^3)		함수율 (%)
	범 위	전형적 발생량	
1차침전(보통침전)	108~169	151	92~95
활성슬러지법	72~96	84	98~99
살수여상법	60~96	72	92~95
장기포기식 활성슬러지법	84~121	96[a]	
폭기식 산화지	84~121	96[a]	
인 제거를 위한 1차침전지의 화학처리			93~97
·석회 350~500 mg/L	241~398	301[b]	
·석회 800~1,600 mg/L	602~1,325	795[b]	
부유 성장식 탈질공정	12~30	18	

a) 1차침전이 없는 경우, b) 1차슬러지 포함

2. 산업폐수 슬러지

산업폐수 슬러지의 성분은 각 공장의 생산물과 폐수처리법에 따라 다르다. 예를 들어 중화처리장에서는 석회슬러지, 약품응집처리장에서는 수산화물 슬러지, 피혁공장에서는 모발 및 피혁, 사탕수수의 세정과정에서는 토사가 섞인 슬러지가 발생한다.

또한 산업폐수 슬러지 속에는 공정에 따라 특수한 독성물질이 함유되는 수가 있어 생물학적 처리에 영향을 줄 수 있으나, 유기성 물질을 주로 함유하는 산업폐수를 생물학적으로 처리할 경우 발생하는 슬러지는 가정하수를 생물학적으로 처리하는 경우와 성분상 큰 차이는 없으며, 일반적으로 슬러지의 약 65% 정도는 유기물이고 그 외에 35% 정도는 무기물이다.

12.1.2 슬러지 발생량·고형물 함유율 및 용적

1. 슬러지 발생량

이미 기술하였듯이 슬러지는 발생 공정에 따라 1차침전지의 침전슬러지와 2차침전지의 생물학적 폐슬러지로 구분할 수 있으며, 1일당 발생 슬러지의 총량은 이들 양의 합이다. 이 중 1차침전지의 침전슬러지 양은 다음 식과 같다.

$$\text{침전슬러지} = S_1 \cdot Q \cdot e_1 \ \ \text{(g/day)} \tag{12.1}$$

여기서, S_1 : 1차침전지 유입 부유물의 농도(mg/L),
Q : 유입 하수량(m^3/day),
e_1 : 1차침전지의 부유물 제거효율이다.

한편 2차침전지에서 발생하는 생물학적 폐슬러지는 1차침전지에서 유출된 부유물질 중 2차침전지의 제거량과 포기조에서 유기물 분해로 증식한 활성슬러지를 포함한다. 식(3.10) 참고. 즉,

$$\text{생물학적 폐슬러지} = S_1 Q(1-e_1)e_2 + \Delta X \ \ \text{(g/day)} \tag{12.2}$$

여기서, e_2 : 2차침전지의 부유물 제거효율,
ΔX : 일당 미생물 증식량(g/day) $= Y(S_r \times Q) - k_d X = Y_{obs}(S_r \times Q)$,
Y : 증식계수(g-VSS/g-BOD_5),
Y_{obs} : 겉보기 세포증식계수(g-VSS/g-BOD_5),
k_d : 자산화계수(day^{-1}),
S_r : 제거된 기질 농도(mg/L)이다.

따라서, 1일당 슬러지 발생량은 다음과 같다.

$$\begin{aligned}\text{1일당 슬러지 발생량} &= \text{침전슬러지} + \text{생물학적 폐슬러지} \\ &= S_1 \cdot Q \cdot e_1 + S_1 Q(1-e_1)e_2 + \Delta X \ \ \text{(g/day)}\end{aligned} \tag{12.3}$$

이상과 같이 슬러지 발생량은 유입 부유물의 농도와 운전부하에 따라 달라지는데, 참고적으로 폐슬러지 발생량은 표(12.3)과 같다. 표에서 부하율을 크게 고율·중간율·저율로 구분하였는데, 이는 SRT를 기준으로 각각 1～3일, 4～8일, 15일 이상을 나타내며, 제시된 값들은 부유성장 system이나 부착성장 system에 관계없이 호기성 생물처리에 적용할 수 있다.

표 12.3 생물학적 처리공정에서 발생하는 폐슬러지량

처리공정	폐슬러지 발생량 (g-TSS/g-BOD$_5$)	
	1차침전지 없음	1차침전지 있음
고 율	1.0～1.6	0.8～1.3
중간율	0.8～1.1	0.7～0.9
저 율	0.7～0.9	0.5～0.7

2. 슬러지의 함수율·고형물의 함유율 및 용적

슬러지 중의 함수율·고형물질 및 슬러지 용적은 다음과 같다.

$$\text{슬러지의 수분 함유율 } P_w = \frac{W}{W+S} \times 100(\%) \tag{12.4}$$

$$\text{슬러지의 고형물 함유율 } P_s = \frac{S}{W+S} \times 100 = 100 - P_w(\%) \tag{12.5}$$

$$\text{슬러지 중의 수분 중량 } W = \frac{S(100-P_s)}{P_s} \tag{12.6}$$

$$\text{슬러지 수분의 용적 } V_w = \frac{W}{r_w} \tag{12.7}$$

$$\text{고형질의 용적 } V_s = \frac{S}{r_s} \tag{12.8}$$

$$\therefore \text{ 슬러지의 전 용적 } V = \frac{W}{r_w} + \frac{S}{r_s} = S\left(\frac{100}{P_s r_w} - \frac{1}{r_w} + \frac{1}{r_s}\right)$$

$$\text{또는 } V = \frac{S}{r_w \cdot r_s (P_s/100)} \tag{12.9}$$

여기서, W : 슬러지 중의 수분 중량(kg),

S : 슬러지 중의 건조고형물의 중량(kg),

r_w : 슬러지 중 수분의 밀도(kg/m^3),

r_s : 슬러지 중 건조고형물의 비중(kg/m^3)이다.

슬러지를 소화하거나 탈수한 후 슬러지의 함수율과 부피의 관계는 다음 식(12.10)과 같은데, 이 식에서 알 수 있듯이 슬러지의 함수율은 99%에서 98%로 소폭만 변화하여도 슬러지의 부피는 반으로 감소한다. 따라서 슬러지 처리에 있어서 함수율을 낮추는 것이 중요하며, 슬러지의 함수율은 슬러지 펌프의 능력·건조상의 크기 등 슬러지 처리와 관련되는 시설이나 운영비에 큰 영향을 미친다.

$$\frac{V_1}{V_2} = \frac{100 - P_2}{100 - P_1} \tag{12.10}$$

여기서, V_1 : 함수율 P_1(%)인 슬러지의 부피,

V_2 : 함수율 P_2(%)인 슬러지의 부피이다.

예제 12.1

아래 표(12.4)와 같은 조건으로 운전되는 하수처리장에서 발생하는 슬러지를 혐기성 소화법에 의해 처리하고자 한다. 소화조에 투입되는 슬러지의 양 및 휘발성 고형물량을 구하라.

표 12.4

유입 하수량	(m^3/day)	10,000	포기시간	(hr)	8
유입 현탁고형물 농도	(mg/L)	200	SS 중 휘발성 물질	(%)	65
초침 SS 제거율	(%)	60	MLSS 중 휘발성 물질	(%)	90
종침 SS 제거율	(%)	90	농축조 배니 농도	(kg/m^3)	50
포기조 유입 BOD	(mg/L)	150	증식계수	(g-VSS/g-BOD_5)	0.6
포기조 BOD 제거율	(%)	95	자산화계수	(day^{-1})	0.05
MLSS 농도	(mg/L)	2,000			

풀이 1차침전지 슬러지

$200\ \text{mg/L} \times 10{,}000\ \text{m}^3/\text{day} \times 0.6 = 1{,}200\ \text{kg/day}$

2차침전지 현탁고형물

$200\ \text{mg/L} \times (1-0.6) \times 10{,}000\ \text{m}^3/\text{day} \times 0.9 = 720\ \text{kg/day}$

2차침전지 생물 슬러지

$[150\ (\text{mg/L}) \times 0.95 \times 0.6\ (\text{g-VSS/g-BOD}_5)$

$-2{,}000\ (\text{mg/L}) \times 0.05\ (\text{day}^{-1}) \times 8/24\ (\text{day})] \times 10{,}000\ \text{m}^3/\text{day} = 522\ \text{kg/day}$

전체 슬러지의 양(건조중량)

$1{,}200 + 720 + 522 = 2{,}442 \fallingdotseq 2{,}500\ \text{kg/day}$

소화조에 유입하는 슬러지의 양

$2{,}500\ (\text{kg/day}) / 50\ (\text{kg/m}^3) = 50\ \text{m}^3/\text{day}$

휘발성 고형물의 양

$(1{,}200 + 720) \times 0.65 + 522 \times 0.9 = 1{,}718\ \text{kg/day}$

3. 공정별 슬러지의 특성

슬러지를 처리하기 위해서는 슬러지의 발생량뿐만 아니라 공정별 발생 슬러지의 특성을 파악해야 한다. 발생 슬러지는 공정별로 크게 1차침전지 슬러지·생물학적 폐슬러지·소화 슬러지 및 약품응집 슬러지 등으로 나눌 수 있다. 각 슬러지의 함수율은 표(12.2)에 나타낸 바와 같이 1차침전지 슬러지는 92~95%, 활성슬러지법의 2차침전지 슬러지는 98~99%, 살수여상 슬러지는 92~95%, 약품응집 슬러지는 93~97% 정도이다. 함수율 외에 기타 특성을 살펴보면 다음과 같다.

① 1차슬러지

1차침전지에서 발생하는 슬러지는 주로 유기고형물이며 그 외에 그릿·무기성 미세입자로 구성되는데, 고형물 중 휘발성 고형물의 함량은 50~60% 정도이고, 비교적 탈수성이 양호하다. 이 슬러지는 침전성 유기물이 주성분이므로 침전지 체류시간이 길어지면 악취의 원인이 된다.

② 생물학적 폐슬러지

생물학적 처리공정의 2차침전지에서 발생하는 슬러지로 다갈색을 띠며, 1차슬러지나 약품응집 슬러지에 비해 악취 발생의 우려는 적으나 유기물의 함량이 높고, 소화과정을 거치지 않을 경우 탈수하기 곤란하다. 휘발성 고형물의 함량은 70~85% 정도이고, 함수율은 98~99% 정도로 가장 높다.

③ 약품응집 슬러지

약품 주입으로 부유성 고형물이나 인 등을 응집·침전시키는 과정에서 발생하는 슬러지로, 농축과 탈수성은 약품의 종류·하수의 pH·반응시간 등에 따라 달라진다. 약품으로 석회를 사용할 경우 발생 슬러지의 양은 증가하지만 농축과 탈수성은 양호하다.

④ 소화 슬러지

혐기성 소화슬러지는 흑회색을 띠며 함수율은 87~90% 정도로 탈수성이 양호하다. 호기성 소화슬러지에 비해 상대적으로 수분이 적지만 소화과정에서 발생하는 각종 소화가스로 인하여 악취가 발생할 가능성이 크다.

표 12.5 처리공정별 슬러지 및 고형물의 비중

공정의 종류	슬러지 내 고형물 비중	슬러지 비중
1차침전(보통침전)	1.4	1.02
활성슬러지법	1.25	1.005
살수여상법	1.45	1.025
장기포기식 활성슬러지법	1.30	1.015
폭기식 산화지	1.30	1.01
인 제거를 위한 1차침전지의 화학처리		
· 석회 350~500 mg/L	1.9	1.04
· 석회 800~1,600 mg/L	2.2	1.05
부유성장식 탈질공정	1.20	1.005

12.2 슬러지 처리 및 처분

슬러지 처리는 매우 번거롭고, 많은 비용이 소요되는 공정이다. 따라서 슬러지 처리 공정의 선정은 처리장의 경제성을 좌우하는 중요 사안으로 하수 처리법의 선정과 마찬가지로 신중하게 고려해야 한다.

슬러지 처리의 기본 목적은 안정화·안전화 및 감량화에 있다. 이러한 목적을 달성하기 위해서는 농축·소화·탈수·소각 등 각종의 단위조작이 이용되는데, 그림(12.1)은 슬러지 처리를 위한 주요 공정을 나타낸 것이다. 그림에서 각 공정의 수순은 슬러지 처리의 기본 목적을 달성하기 위한 일반적 수순을 나타낸 것으로, 슬러지의 최종 처분이나 재이용 방법에 따라 달라질 수 있는데, 공정의 선택이나 수순은 경제성·안정성·환경성 등을 검토하여 정한다. 예를 들어 최종 처리법으로 소각을 택할 경우 슬러지는 안정화나 살균과정 없이 탈수 후 소각하거나 또는 탈수와 건조 후 소각을 행한다. 이와 같이 안정성과 환경성만 보장된다면 가장 경제적인 수순으로 결정하면 된다. 한편 처분은 비료나 퇴비·토양 개량제로 토양에 환원하는 방법, 소각 후 매립, 소각재의 재이용 혹은 해양투기법 등이 이용되는데, 이때에도 자원의 재이용·환경성 및 경제성을 동시에 고려해야 한다.

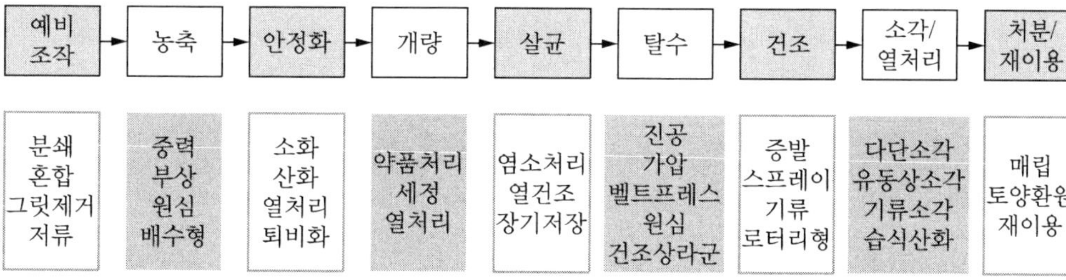

그림 12.1 슬러지 처리 및 처분 공정

12.2.1 슬러지의 예비처리

슬러지를 보다 쉽고 효율적으로 이송·처리하기 위해서는 슬러지를 농축하기 전에 분쇄·혼합하거나 그릿을 제거하는 것이 좋다. 즉, 슬러지의 이송에는 이송관과 스크류 또는 용적형(容積型) 펌프가 이용되는데, 이송 시 슬러지 중에 그릿이나 조대한 물질이 존재할 경우 이송관의 폐색이나 펌프의 손상은 물론 농축조나 소화조 내에 그릿의 축적을 피할 수 없다. 따라서 1차침전지의 그릿은 이송 전 미리 제거할 필요가 있으며, 기타 조대한 물질은 분쇄기를 이용하여 대상물질을 6~13 mm 정도의 크기로 분쇄하여 이송을 원활케 해야 한다.

참고로 일반적 수처리 시설에서는 중력식 혹은 포기식 침사지를 이용하여 직경 0.2 mm 이상의 모래를 제거하고 있으나 유입유량의 증가나 강우 초기 시 토사가 대량으로 유입할 경우 설계치로 그릿을 제거할 수 없는 경우가 많다. 이때 재차 그릿을 제거하기 위해서 흔히 그림(12.2)와 같은 하이드로사이클론(hydrocyclone)을 사용하는 예가 많은데, 이 시설은 직경 65~75 μm 이상의 그릿을 효과적으로 제거할 수 있으며, 이때 유입 고형물의 농도는 처리장의 설계기준인 일최대오수량이 주입될 경우에도 1~1.5% 이하가 되도록 하는 것이 좋다. 참고로 하이드로사이클론은 직경이 작을수록 그릿의 제거효율이 증가하지만 지나치게 작을 경우 막힘현상이 발생할 수 있으므로 선택 시 유의해야 한다.

한편 탈수나 소각과 같이 처리시간이 짧은 공정이나 균일한 성상의 유입슬러지가 요구되는 경우 처리효율을 향상시키기 위해서는 각 공정에서 발생하는 슬러지를 혼합하는 혼합시설이 요구되며, 각 공정에서 발생하는 슬러지를 발생 시간대와 관계없이 효과적으로 혼합하기 위해서는 저류조를 설치하는 것이 좋다.

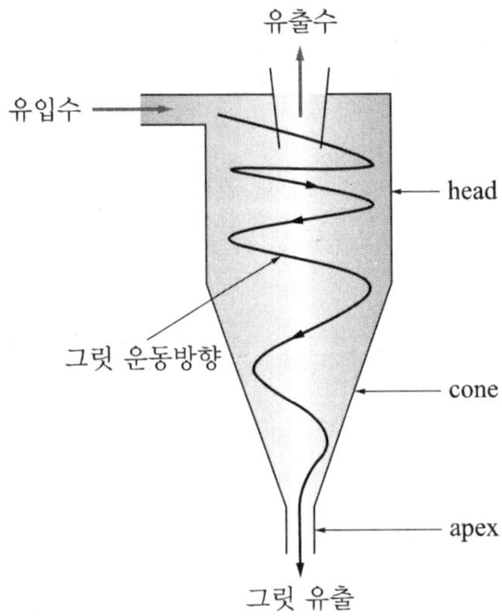

그림 12.2 하이드로사이클론의 기본 구조

12.2.2 슬러지의 농축

슬러지 농축(濃縮, thickening)이란 슬러지를 장시간 침전시켜 슬러지의 부피를 감소시키기 위한 물리적 공정으로, 후속 공정의 규모를 줄이고 효율을 향상시키기 위한 것이다. 농축 시 슬러지의 함수율 변화에 따른 슬러지의 부피 감소는 식(12.10)과 같이 나타낼 수 있다. 즉, 고형물 농도가 1%(함수율 99%)인 슬러지가 농축에 의해 농도가 2%로 증가할 경우, 슬러지의 부피는 50%로 감소한다. 이와 같이 농축에 의한 부피의 감소는 후속 과정의 시설 규모를 대폭 감소시킬 수 있는데, 주요 슬러지 농축 방법에는 중력농축·부상농축 및 원심농축 등이 있으며, 일반적으로 사용되는 방법은 중력농축이다.

1. 중력농축

중력농축(重力濃縮, gravity thickening)이란 슬러지의 자중에 의해 슬러지를 압밀시키는 것을 말한다. 주로 1차슬러지나 화학슬러지의 농축에 이용되는데, 시설의 구조가 비교적 간단하고 유지관리가 쉽지만 악취가 발생하기 쉽다.

이 장치의 설계 시 중요한 설계인자는 고형물부하와 표면적부하로[식(12.11) 및 (12.12) 참고], 이 중 고형물부하는 회분식 침전실험에 의해 정하는 것이 원칙이지만 실험을 실시하지 못할 경우 표(12.6)에 나타낸 경험값을 이용하는데, 이때 고형물부하는 유입 고형물의 종류에 따라 다르지만 보통 25~90 $kg/m^2 \cdot day$ 정도이다. 한편 표면적부하는 1차슬러지의 경우 16～32 $m^3/m^2 \cdot day$, 2차슬러지의 경우 4～8 $m^3/m^2 \cdot day$ 정도가 적당하다. 농축조 내 슬러지의 체류시간은 최대 18～24시간 정도를 취하는데, 체류시간이 길어지면 슬러지가 부패하고, 이때 부패가스로 인해 슬러지가 부상하는 등 문제가 발생한다. 이러한 현상은 수온이 상승하는 여름철에 1차슬러지를 농축할 경우 특히 빈번히 발생하므로 유의해야 한다.

조의 형상은 일반적으로 원형을 채용하는데, 그림(12.3)은 원형 농축조의 한 예를 보인 것으로 바닥은 슬러지의 인출을 위해 5/100 정도의 경사를 두며 회전식 스크레이퍼(scraper)를 설치한다. 이때 스크레이퍼의 원주속도는 2～6 m/min 정도로 하며, 상부에는 스컴제거기를 설치하는 것이 바람직하다.

$$\text{고형물부하} = \frac{Q_i C_i}{A} \tag{12.11}$$

$$\text{표면적부하} = \frac{Q_i - Q_u}{A} \tag{12.12}$$

여기서, Q_i : 슬러지 유입량(m^3/day),

Q_u : 농축슬러지 유출량(m^3/day),

C_i : 유입슬러지 농도(g/L),

A : 농축조 수면적(m^2)이다.

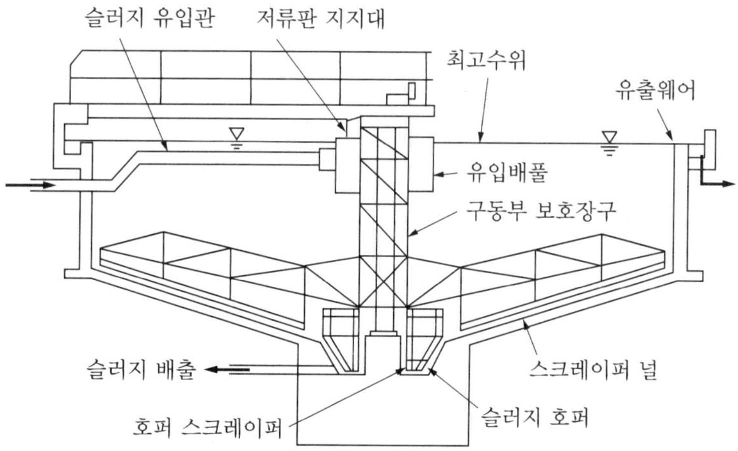

그림 12.3 중력식 농축조

표 12.6 중력식 농축조의 고형물부하

슬러지의 종류	유입슬러지 농도 (%)	농축 후 농도 (%)	고형물부하 (kg/m^2·day)
분리농축의 경우			
1차슬러지	2.0~7.0	5.0~10.0	100~150
살수여상 슬러지	1.0~4.0	3.0~6.0	40~50
회전원판 슬러지	1.0~3.5	2.0~5.0	35~50
2차슬러지			
일반 활성슬러지	0.5~1.5	2.0~3.0	20~40
순산소 활성슬러지	0.5~1.5	2.0~3.0	20~40
장기포기법 슬러지	0.2~1.0	2.0~3.0	25~40
약품침전 슬러지			
High lime	3.0~4.5	12.0~15.0	120~300
Low lime	3.0~4.5	10.0~12.0	50~150
철염	0.5~1.5	3.0~4.0	10~50
알미늄염	0.5~1.5	2.0~4.0	10~50
혼합 슬러지			
1차+활성슬러지	0.5~1.5	4.0~6.0	25~70
〃	2.5~4.0	4.0~7.0	40~80
1차+살수여상 슬러지	2.0~6.0	5.0~9.0	60~100
1차+회전원판 슬러지	2.0~6.0	5.0~8.0	50~90
1차+활성슬러지+철염	1.5	3.0	30
1차+활성슬러지+알미늄염	0.2~0.4	4.5~6.5	60~80

EPA, 1979

한편 농축조의 크기를 결정하기 위해서는 침전실험을 실시하여 슬러지의 침전특성을 파악해야 하는데, 이때 조의 면적은 침전에 소요되는 표면적과 농축에 필요한 표면적을 비교하여 큰 것으로 한다.

먼저 농축에 필요한 표면적은 그림(12.4)와 같은 회분식 실험결과를 이용하여 구할 수 있다. 그림에서 슬러지의 농도를 C, 슬러지 경계면의 높이를 H, 계획한 슬러지 농축 농도(C_u)에 달하는 데 소요되는 시간을 T_u(day)라고 하면, T_u를 구하는 식은 다음과 같다.

$$T_u = \frac{H - H_u}{v} \tag{12.13}$$

여기서, v : 슬러지 경계면의 평균 침강속도(m/day)이다.

한편 그림에서 슬러지의 농도와 경계면의 높이는 다음 관계가 성립한다.

$$C_o H_o A = C \cdot H \cdot A = C_u H_u A \tag{12.14}$$

만약 표면적이 A인 농축조에 농도가 C_i인 슬러지가 유입되어 T_u시간 체류한다면 다음 관계가 성립한다.

$$H_u C_u A \fallingdotseq C_i Q_i T_u \qquad \therefore\ A = \frac{C_i Q_i T_u}{H_u C_u} \tag{12.15}$$

따라서 식(12.13)과 (12.15)로부터 다음 관계가 성립하며,

$$A = \frac{C_i Q_i}{v} \frac{H - H_u}{H_u C_u} \tag{12.16}$$

식(12.14)에서 $H = \frac{1}{C} C_u H_u$이므로, 농축에 필요한 표면적 A는 다음과 같다.

$$A = \frac{C_i Q_i}{v} \left(\frac{1}{C} - \frac{1}{C_u} \right) \tag{12.17}$$

참고로 농축조에 유입하는 슬러지의 농도는 수시로 변화하고 농축조의 효율 역시 유입 슬러지의 농도에 따라 변화하므로, 상기 식(12.17)을 이용하여 표면적을 구할 경우, 처리장의 실제 슬러지 농도 범위 내에서 실험조건(슬러지 농도)을 다양하게 변화시켜 실험을 실시하고, 이 중 가장 큰 값을 채택해야 한다.

한편 침전에 소요되는 표면적(A')는 다음과 같다.

$$A' = \frac{Q_i - Q_u}{v} \tag{12.18}$$

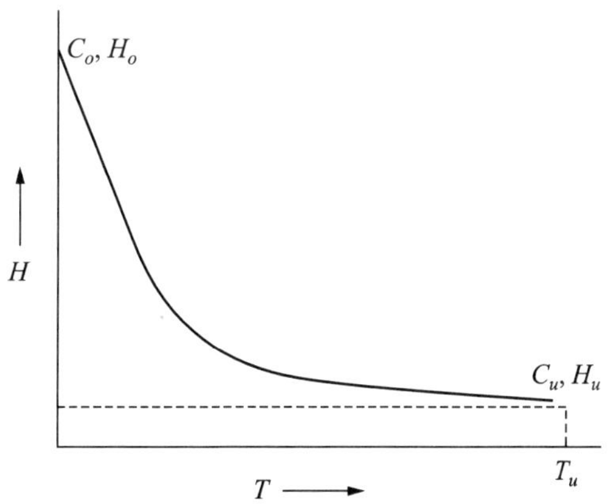

그림 12.4 시간 변화에 따른 슬러지 경계면의 위치 변화

예제 12.2

고형물 농도 8 kg/m³인 슬러지가 1,000 m³/day 발생하고 있다. 수리학적 체류시간이 15 hr이라면, 고형물의 농도를 40 kg/m³까지 농축하고자 할 경우 농축조의 단면적·용적 및 고형물부하는 각각 얼마인가? (단, 슬러지 침전실험 결과는 다음 표(12.7)과 같다.)

표 12.7 슬러지 침전실험 결과

실 험	고형물 농도(kg/m³)	경계면 침강속도(m/day)
1	8.5	19.32
2	12.5	9.14
3	16.1	6.90
4	25.6	2.29
5	34.2	1.71

풀이 실험결과로부터 소요 단면적을 계산하면 다음 표(12.8)과 같다.

표 12.8

실험	고형물 농도 C (kg/m³)	경계면 침강속도 V (m/day)	$1/C$	$1/C - 1/C_u$	A (m²)
1	8.5	19.32	0.118	0.093	38.5
2	12.5	9.14	0.080	0.055	48.1
3	16.1	6.90	0.062	0.037	42.9
4	25.6	2.35	0.039	0.014	47.7
5	34.2	1.71	0.031	0.006	28.1

표(12.8)에서 고형물 농도가 12.5 kg/m³일 때 농축조의 최대 소요 단면적은 48.1 m²이고, 이때 경계면의 침강속도는 9.14 m/day임을 알 수 있다.

한편 농축슬러지 발생량

$$Q_u = \frac{C_i Q_i}{C_u} = \frac{8 \times 1{,}000}{40} = 200\ \text{m}^3/\text{day}\text{이고,}$$

경계면의 침강속도는 9.14 m/day인 조건에서 침전에 소요되는 표면적

$$A' = \frac{Q_i - Q_u}{v} = \frac{1{,}000 - 200}{9.14} \fallingdotseq 87.6\ \text{m}^2\text{이다.}$$

따라서 농축조의 표면적은 87.6 m²로 해야 한다.

한편 수리학적 체류시간이 15 hr이므로 조의 용적

$$V = 1{,}000 \times \frac{15}{24} = 625\ \text{m}^3\text{이다.}$$

또한 고형물부하는

$$\frac{Q_i C_i}{A} = \frac{1{,}000 \times 8}{87.6} = 91.3\ \text{kg/m}^2 \cdot \text{day이다.}$$

2. 부상농축

일반적으로 부상농축은 중력으로 잘 농축되지 않는 잉여슬러지에 적용하는데, 이 방법은 중력식에 비해 운전비용은 고가이지만 농축조의 소요 용량을 줄일 수 있으며,

농축 농도도 높고, 고부하 운전이 가능하다.

부상농축은 기포를 발생시키는 방법에 따라 가압식과 감압식으로 구분할 수 있는데, 감압식은 압력 조절 범위가 좁아 슬러지 농축에는 별로 사용되지 않는다. 가압식은 전량가압식·부분가압식 및 순환수가압식이 있는데, 전량가압식이나 부분가압식은 슬러지에 과도한 전단력이 가해지고 가압 시스템이 막히기 쉽기 때문에 사용하지 않는 것이 바람직하다. 따라서 농축조의 처리수를 순환 및 가압시키는 순환수가압식이 자주 사용되는데, 이 방법은 타 방법에 비해 공기포화도가 높고 비교적 고농도에 적용한다. 최대 순환수량은 대략 유입 슬러지량의 100% 정도로 한다.

한편 처리효율은 순환수량뿐 아니라 적용 공기/고형물(A/S)비에 따라 달라지며 [식(5.16) 참고], 적용 A/S비는 요구되는 농축 농도나 슬러지의 종류에 따라 다른데 일반적으로 A/S비가 커지면 슬러지의 농축 농도가 증가한다. 하지만 A/S비가 지나치게 크면 심한 와류가 발생하여 floc이나 스컴이 깨져 제거효율이 나빠질 수 있다. 따라서 잉여슬러지의 경우 A/S비는 보통 0.01～0.04 kg/kg 정도로 하는데, 이때 농도 3～6% 정도의 농축슬러지를 얻을 수 있으며, 유입수에 응집제를 혼입하면 농축 효율을 보다 향상시킬 수 있다.

가압식을 사용할 경우 최적의 압력은 275～460 kN/m^2 정도이며, 고형물부하율의 적정 범위는 40～125 $kg/m^2 \cdot day$ 정도이고[표(12.9) 참고], 수리학적 부하는 26～121 $m^3/m^2 \cdot day$ 정도로 한다. 부상농축조의 체류시간은 2시간 이상으로 하며, 가압탱크 내 체류시간은 2분 정도로 한다. 기타 관련 내용은 5.3.1 2.항에 기술한 바와 같다.

표 12.9 용존공기 부상법에서 고형물부하율

슬러지의 종류	고형물부하율 ($kg/m^2 \cdot day$)	
	약품투입이 없는 경우	약품투입이 있는 경우
폐활성슬러지	48	≤ 220
순산소 폐활성슬러지	68～97	≤ 270
살수여상 슬러지	68～97	≤ 220
1차+폐활성슬러지	68～146	≤ 220
1차+살수여상 슬러지	97～146	≤ 295
1차슬러지	97～146	≤ 295

3. 원심농축

원심농축은 중력만으로 침강·농축시키기 어려운 슬러지를 농축시키기 위해 원심력을 이용하는 방법으로 그 원리는 원심탈수와 같다. 일반적으로 적용되는 원심력은 중력의 500～3,000배 정도이다. 형태에 따라 흔히 decanter라고 불리는 횡형의 솔리드 보울형(solid-bowl type)과 입형의 디스크 노즐형(disk-nozzle type) · 바스켓형(basket type)이 있으나, 입형보다는 횡형이 주로 사용되는데, 그것은 입형원심농축기가 마모 등 유지관리에 어려움이 많기 때문이다(자세한 내용은 12.2.6 1.항의 원심탈수 참고).

원심농축기는 농축시설의 규모를 작게 할 수 있으며, 악취 발생을 최소화할 수 있으나 기계장치가 복잡하고, 초기 투자비와 운전관리비가 상당히 높다. 일반적으로 농축보다는 탈수에 많이 이용된다.

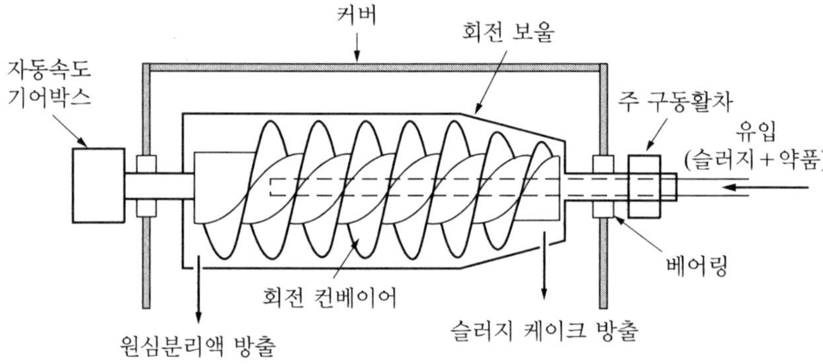

그림 12.5 솔리드 보울형 원심농축기

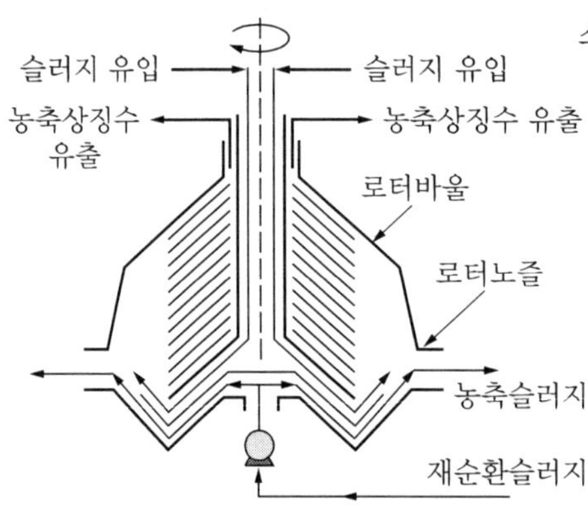

그림 12.6 디스크 노즐형 원심농축기

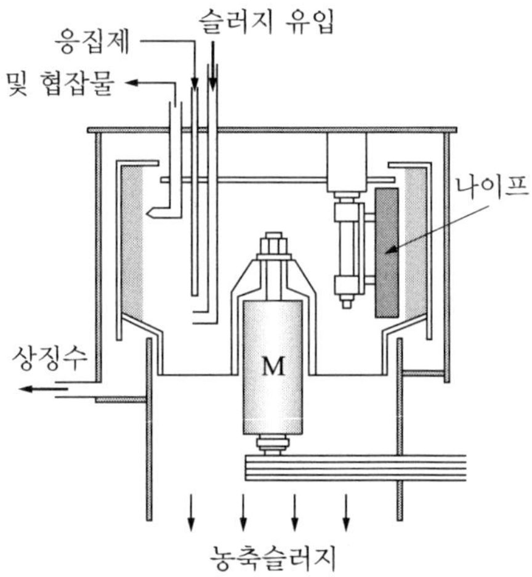

그림 12.7 바스켓형 원심농축기

이상과 같이 주요 슬러지 농축법에 대해 살펴보았으며, 그 장단점을 요약하면 다음 표(12.10)과 같다.

표 12.10 주요 슬러지 농축법의 장단점

방법	장점	단점
중력농축	비교적 구조가 간단하고, 유지관리가 쉽다. 시설비가 싸다. 저장과 농축이 동시에 가능하다. 약품주입이 불필요하다. 동력비가 거의 소요되지 않는다. 1차슬러지나 석회 슬러지 농축에 적합하다.	악취 문제가 발생한다. 잉여슬러지 농축에는 부적합하다. 부지 소요량이 크다.
부상농축	잉여슬러지에 적합하다. 고형물 회수율이 비교적 높다. 약품주입 없이도 운전이 가능하다.	악취 문제가 발생한다. 동력비가 많이 소요된다. 타 공법에 비해 부지 소요량이 크다. 유지관리가 어렵고, 특히 건물 내에 설치될 경우 부식 문제가 유발한다.
원심농축	소요부지 면적이 적다. 고농도의 농축이 가능하다. 잉여슬러지에 효과적이다. 운전효율의 적절한 조정이 가능하다. 연속운전이 가능하고 악취 문제가 없다.	시설비와 유지관리비가 고가이다. 시설의 세심한 유지관리가 요구된다.

WEF & ASCE, 1992.

12.2.3 슬러지의 안정화

슬러지의 안정화(安定化, stabilization)는 슬러지 내의 유기물을 분해하여 부패성을 감소시키고 병원성세균을 사멸시켜 위생적으로 안전화시킴과 동시에 슬러지 양을 감소시켜 최종처분과 재이용을 용이하게 하기 위한 것이다. 슬러지의 안정화 방법에는 생물학적 방법과 화학적 방법이 이용되는데, 생물학적 방법으로는 혐기성 소화와 호기성 소화법이 있고, 화학적 방법으로는 석회안정화법 및 염소산화 등이 있다. 그 외에 고온·고압 하에서 슬러지를 열처리하는 습식산화법이나 퇴비화도 일종의 안정화법으로 생각할 수 있다.

1. 혐기성 소화

혐기성 소화의 원리는 10장에서 이미 설명한 바 있다. 따라서 본 항에서는 슬러지의 안정화에 관해서만 기술한다.

① 최적소화한계와 최적소화시간

슬러지의 소화는 슬러지가 완전히 소화되지 전, 즉 최종소화한계에 달하기 전이라도 탈수나 악취 등이 문제되지 않는다면 소화를 중단하는 것이 경제적이다. 이와 같이 실용상 요구되는 소화도를 **최적소화한계**(最適消化限界)라 하고, 이때 소요되는 소화시간을 **최적소화시간**(最適消化時間)이라 한다. 유기물 분해율이나 최적소화시간은 대상 슬러지의 유기물 함량[그림(12.8) 참고]이나 소화온도[그림(12.9) 참고]에 따라 다르지만, 일반적으로 가정하수 슬러지의 경우 중온소화 시 최적소화시간은 약 30일 정도이고 이때 50~70%의 유기물이 분해된다.

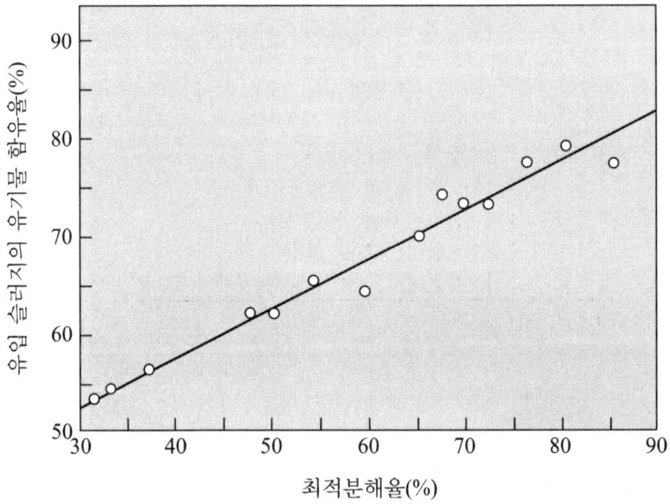

그림 12.8 유입 슬러지의 유기물 함유율과 최적분해율과의 관계

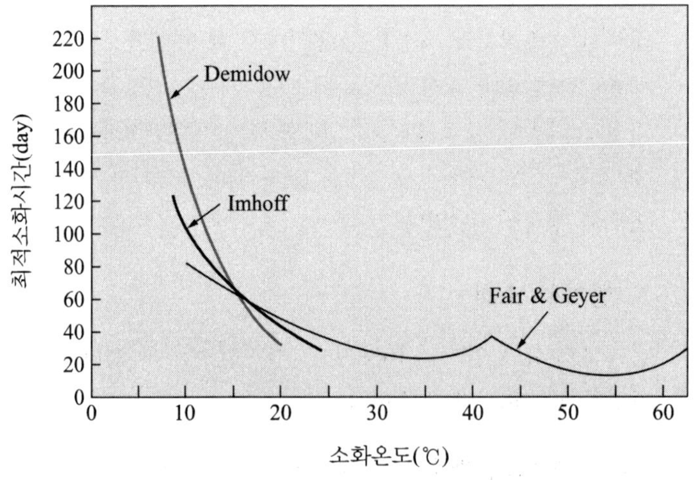

그림 12.9 소화온도와 최적소화시간과의 관계

② 혐기성 소화 방식

혐기성 소화 방식에는 저율소화·고율소화·단조식(單槽式)·다단식(多段式) 및 2상소화(二相消化) 등이 있으며, 온도에 따라서는 중온소화 및 고온소화로 구분할 수 있는데, 슬러지는 일반적으로 중온의 2단소화 방식이 주로 채용된다.

㈀ 저율소화법(Low rate digestion or Conventional digestion)

저율소화법은 소화법의 발달 초기에 사용되던 방법으로 그림(12.10)과 같이 단일 조 내에서 슬러지의 소화와 상징액의 분리가 이루어지는, 즉 단조식으로 조의 용적 면에서 다소 비효율적이다. 이 방법에서 생슬러지의 유입, 상징수의 유출 및 소화슬러지의 인출은 간헐적으로 실시하며, 일반적으로 조 내의 균일한 온도 유지 및 소화조 액면에 발생하는 scum을 제거하기 위해 주기적인 교반을 실시한다. 저율법의 조 용량은 70～140 m^3/1,000人, 소화온도는 30～35℃, 소화일수는 30～60일, VSS 부하율(휘발성고형물 부하율)은 평균 0.64～1.6 kg-VSS/m^3·day 정도를 취한다. 표(12.11)은 저율소화조 및 고율소화조의 전형적 설계조건을 나타낸 것이다.

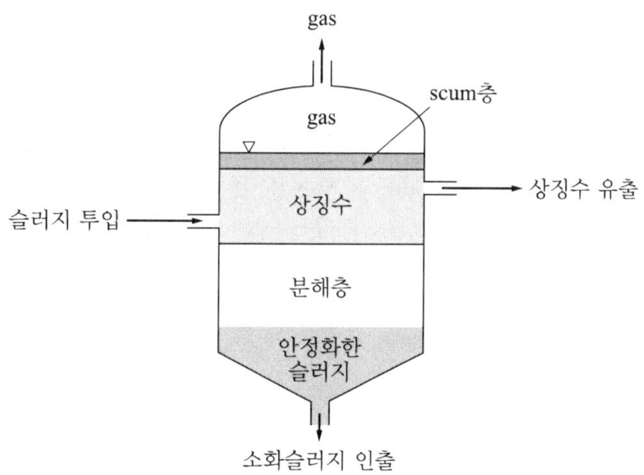

그림 12.10 저율소화법

㈁ 고율소화법(High rate digestion)

고율소화조의 소화기간은 10～20일 정도이며, 유기물 부하는 2.4～6.4 kg/m^3·day이다. 고율소화조에서 슬러지의 주입과 소화슬러지의 인출은 연속 또는 간헐적으로 실시하지만 혼합은 지속적으로 실시한다. 따라서 고율소화법은 세균과 유기물의 접촉이 원활하여 저율법의 수배에 달하는 고부하 운전이 가능하고 체류기간을 줄일 수 있다. 한편 고액분리는 혼합을 일시 중지한 후 상징수와 소화슬러지를 분리시킨 다음 상징수를 유출시키는 방법과 소화 슬러지를 인출한 다음 별도의 침전지에서 분리하는 방법이 있다. 따라서 후자의 경우에는 슬러지 반송시스템이 요구된다.

슬러지의 교반은 가스 순환식과 기계식 방법이 있으며, 장치의 부식 등을 고려할 때 가스 순환식이 보다 유리하다.

표 12.11 저율과 고율 소화조의 전형적 설계조건

구 분	저 율	고 율
소화시간(day)	30~60	10~20
유기성 고형물 부하(kg-VSS/m^3 · day)	0.64~1.6	2.4~6.4
용적기준(m^3/1,000인)		
a. 1차슬러지	56~84	37~56
b. 1차+살수여상슬러지	112~140	75~93
c. 1차+잉여슬러지	112~168	75~112
1·2차 혼합슬러지 유입 농도 [건조고형물(%)]	2~5	4~6
소화조 하부 유출 농도 [건조고형물(%)]	4~8	4~6

㈐ 2단 소화조

2단 소화조는 그림(12.11)과 같이 2개의 소화조로 이루어져 있으며, 첫 번째 조는 고정형 뚜껑을 사용한 고율 소화조로 연속 혼합하며, 두 번째 조는 일반적으로 부동식(浮動式) 뚜껑을 가진 저율 소화조로 간헐적인 혼합을 실시한다.

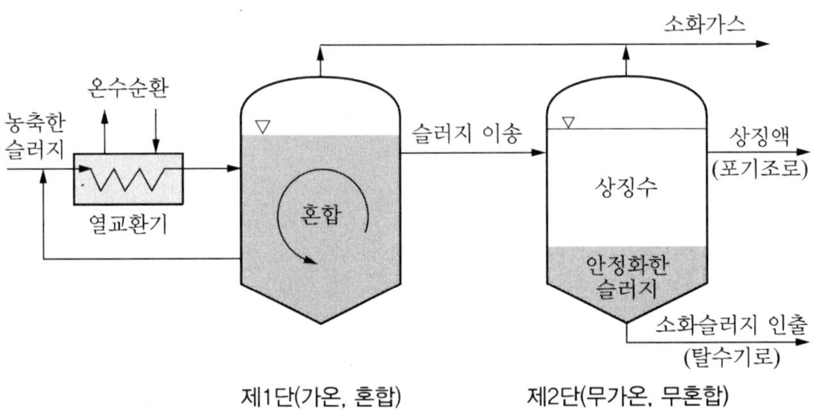

그림 12.11 2단 소화조

2단 소화조의 첫 번째 조는 두 번째 조에서 침전·분리된 소화슬러지의 반송을 통해 고농도의 미생물을 유지하고 동시에 가온과 연속 혼합을 실시하여 유기성 고형물을 소화시키는 것이 주목적이다. 반면 두 번째 조는 유기성 고형물의 소화가 다소 일어나지만 고액분리·가스 저장 및 소화슬러지의 저장을 목적으로 한다.

③ 소화조의 형상과 구조

소화조는 형상에 따라 교반의 용이성·사각(dead space)의 유무·scum의 형성 면적과 인출의 용이·표면적 차에 따른 보온성 및 건설비 등이 달라지는데, 대표적인 형상으로는 **원주형·귀갑형(龜甲形)·난형(卵形)** 등이 있으며, 건설비 측면에서는 원주형이 유리하고, 건설비를 제외하면 일반적으로 난형이 유리하다.

또한 소화조는 가온식과 무가온식으로 대별되며, 가온식의 경우 단조식·고율식·2단 소화조 등이 있으며, 그 외에 소화조의 뚜껑·가스포집장치·가온장치·교반방식 및 scum 파쇄장치 등에 따른 구조적 차이는 대동소이하다.

④ 소화조의 가온과 교반

소화조의 가온 방식에는 온수순환 가온식·슬러지교반 가온식·증기흡입 가온식 등이 있다. 이 중 **온수순환 가온식**은 주로 소형의 소화조에 이용하는 방법으로 조 외에서 가온한 온수를 조 내에 설치한 관에 순환시키는 방법이며, **슬러지교반 가온식**은 소화조 내의 혼합액을 조 외로 인출하여 열교환기 혹은 증기분사기 등으로 가온한 후 조 내로 환송(還送)하여 가온과 동시에 교반을 실시하는 방법이다. **증기흡입 가온식**은 고압 또는 저압의 증기를 압축기로 예비가온장치 내에 혹은 소화조에 직접 불어 넣어 가온하는 방식이다.

한편 슬러지의 교반 방식에는 소화가스 교반식·기계교반식·pump 순환식·슬러지 송입관(送入管)에 의한 방법 등이 있으며, 이 중 소화가스 교반식이나 기계교반식이 주로 이용된다.

⑤ Scum의 방지와 제거

㈀ Scum의 형성 방지와 그 이점

유입슬러지에 포함된 유지류·코르크·나뭇조각·screen 찌꺼기·섬유물질 등은 소화조 내에서 부상하여 두꺼운 scum층을 형성하는데, 이 층이 두꺼워지면 고착하여 가온 효과가 저하하고, 슬러지의 교반을 크게 방해하며, 소화가스의 포집을 방해할 뿐 아니라 소화조의 유효용적을 감소시킨다. 따라서 scum의 형성을 억제해야 하는데, 효과적으로 scum층의 형성을 억제할 경우 일정 기간 내 발생하는 가스량은 약 10% 정도 증가한다.

㈁ Scum 형성의 방지법

Scum의 형성을 방지하기 위한 가장 유효한 수단은 조 하부에서 소화가스를 압입하는 소화가스 압입식이며, 그 외에 조 내 상부 혹은 neck부에 propeller를 설치하여 그 회전에 의해 scum을 파쇄하는 기계 파쇄식, 상징수를 scum층에 분사하여 scum층을 파쇄하는 압력수 분사방식, 유입슬러지 혹은 교반용 순환 슬러지를 분사하여 슬러지 표면을 습윤상태로 보존함으로써 scum층의 형성을 방지하는 슬러지 분사식 등이 있다.

㈂ Scum의 제거와 처분

발생한 scum은 필요시 슬러지의 평균 수면에 설치한 맨홀 또는 개폐공(開閉孔)을 이용하여 제거하는데, 이때 슬러지의 수면을 약간 상승시킨 후 갈퀴를 이용하여 조 외로 끌어낸다. 끌어낸 scum은 직경 300 mm 이상의 배출공을 이용하여 배출하며 소화슬러지와 함께 처분한다.

⑥ 소화가스

㈀ 소화가스의 성분과 용도

소화가스의 성분은 주로 메탄(56～65%)과 이산화탄소(32～40%)이고, 기타 소량의 황화수소와 질소로 구성되는데, 그것은 소화조의 교반과 가온용 열원·슬러지 소각로의 열원·관리동의 난방과 온수공급용·기타 처리장 내의 동력원으로 사용된다.

㈁ 소화가스의 포집

발생하는 소화가스를 포집하기 위해서는 뚜껑을 설치해야 하는데, 뚜껑의 형식에는 고정식과 부동식(浮動式)이 있으며 어느 것이든 가스의 누출과 외부 공기의 유입을 방지하는 구조여야 한다. 이 중 **고정식**은 뚜껑이 고정되어 있으므로 가스발생량에 대응할 수 있는 안전밸브를 설치해야 하며, 또한 소화슬러지나 상징액의 인출이 과다할 경우 조 내에 일시적으로 부압(負圧)이 형성되고 이때 공기의 유입으로 인하여 폭발할 위험이 있으므로 특히 주의해야 한다. 가스의 포집은 뚜껑의 중앙부에 설치된 gas dome과 포집관을 이용하며, gas dome에는 안전밸브를 설치하여 이상압력에 대비한다. 한편 생슬러지를 유입시킬 경우 유입 직후에 소화조 내에 가스가 급격히 발생하고 이로 인하여 거품이 심하게 발생하는데, 그때 포말(泡沫)이나 비산(飛散)한 혼합액이 포집관에 유입되지 않도록 포집관은 혼합액의 수위보다 1.5 m 이상 충분히 높게 설치한다.

부동식은 뚜껑이 상하로 이동하므로 부압이 발생하지 않는다. 따라서 폭발의 위험성이나 이상압력의 발생은 없지만 소화가스와 슬러지에 의한 부식으로 뚜껑의 부동(浮動)에 지장이 발생할 수 있다.

㈐ 가스 탱크

일반적으로 소화가스 발생량과 소비량은 동일하지 않다. 따라서 저장탱크가 필요한데, 이때 탱크의 용적은 처리장의 규모와 이용도에 따라 결정되며, 보통 1일 발생량의 25～40% 정도로 한다.

한편 소화가스는 습윤 상태이고, H_2S를 다량 함유하므로 부식성이 강하고, 포말·슬러지 입자 등 불순물을 포함한다. 따라서 소화가스는 저장 전에 사리여과기(砂利濾過器) 등을 이용하여 불순물을 제거하고, 충분히 탈황·탈습하여야 하며, 저장탱크 또한 부식되지 않도록 내부를 특수도료로 도장해야 한다.

소화가스의 탈황 방법에는 건식과 습식이 있는데, 건식탈황법은 탈황탑에서 다음 식과 같이 수산화물을 함유하는 탈황제를 이용하여 H_2S를 결합시키는 방법으로 이때 H_2S의 제거율은 80～98% 정도이다. 습식탈황법은 처리장의 방류수를 이용하여 소화가스를 수세(水洗)하여 H_2S를 제거하는 방법이다.

$$2Fe(OH)_2 + 3H_2O \rightarrow FeS_3 + 6H_2O + 14.79\ kcal \qquad (12.19)$$

㈑ 안전장치

소화가스는 메탄가스가 대부분이며, 공기와 일정 비율 혼합되면 폭발성을 가진다. 메탄가스의 연소식은 다음과 같다.

$$CH_4 + 2O_2 \rightarrow CO_2 + 2H_2O \qquad (12.20)$$

위 식과 같이 메탄가스 1 m^3가 완전히 산화되기 위해서는 2 m^3의 산소가 요구되는데, 공기 중 산소의 체적이 약 21%이므로 1 m^3의 메탄가스가 연소되기 위해서는 $2/0.21 = 9.5\ m^3$의 공기가 필요하다. 하지만 소화가스 내 메탄가스의 비율이 다르므로 만약 그 비율을 65% 정도라고 가정하면, 1 m^3의 소화가스에 대해 $9.5 \times 0.65 = 6.2\ m^3$의 공기가 필요하다. 한편 폭발성은 체적비로 공기가 메탄가스에 대해 5.6～13.5일 때 발생하는데, 최대 인화속도(引火速度)는 9.5일 때 생기고, 13.5 이상에서는 서서히 연소된다. 따라서 그 위험을 방지하기 위해서는 가스관·가스탱크 등 가스계통으로 공기가 혼입되지 않도록 내압을 약간 높일 필요가 있으며, 동시에 다음과 같은 안전장치를 설치하고 상시 점검해야 한다.

- 뚜껑이 고정식인 소화조와 가스탱크 : 압력조절변·진공조절변 및 역화방지기(逆火防止器) 설치.
- 부동식 소화조 : 압력조절변 및 역화방지기 설치.
- 잉여가스 : 소각기 설치.
- 배관계통 : 역화방지기 설치.
- 계기·유량계·압력조절변 등 모든 계기류 : 역화방지기 설치.

참고로 역화방지기는 화재 시 화염이 가스계통의 내부로 진행하는 것을 방지한다.

2. 호기성 소화

호기성 소화(好気性消化, aerobic digestion)는 농축된 혼합 또는 잉여슬러지를 장기간 포기하여 미생물의 유기물 분해와 내생호흡을 유도하고 동시에 미생물 간의 피·포식 작용을 이용하여 슬러지의 양과 부패성을 감소시키며 아울러 안전화를 꾀하기 위한 것이다. 따라서 생물학적 원리는 내생단계에서 운전되는 장기포기법과 유사하다.

호기성 소화는 혐기성 소화에 비해 운전이 쉽고, 악취가 발생하지 않으며, 초기투자비가 적고, 보다 짧은 체류시간에서도 휘발성 고형물을 효과적으로 감소시킬 수 있다. 하지만 혐기성 소화와 비교하여 별도의 공기를 공급해야 하고, 온도에 따라 소화 효율이 심하게 영향을 받으며, 특히 슬러지의 탈수성이 매우 불량하다. 호기성 소화와 혐기성 소화의 장단점을 비교하면 표(12.12)와 같다.

표 12.12 혐기성 소화법과 비교한 호기성 소화법의 장단점

구 분	장 점	단 점
호기성 소화	최초 투자비가 낮다. 반응속도가 빠르다. 악취가 발생하지 않는다. 운전이 용이하다. 상징수의 수질이 우수하다.	포기에 소요되는 동력비가 과다하다. 유용한 소화가스가 발생하지 않는다. 슬러지의 탈수성이 불량하다. 병원성세균이 사멸되지 않아 안전성이 떨어진다. 가치 있는 부산물이 생성되지 않는다. 유기물 감소율이 낮다. 온도의 영향이 크다.

① 호기성 소화조의 운전 및 효율

호기성 소화조의 운전방법에는 연속식 및 반연속식이 있다. 그림(12.12)는 연속식 호기성 소화조의 계통도이다. 한편 반연속식은 한 개의 조에서 슬러지의 주입·소화·상징수 및 소화슬러지 인출 등이 반연속적으로 진행된다. 따라서 운전방법이 간단하고 융통성이 커서 소규모 처리장에서 주로 사용되는 운전법이다.

호기성 소화의 유기물 제거율은 수리학적 체류시간·고형물 체류시간(SRT)·소화온도 및 유입슬러지의 종류 등에 따라 달라지는데, 그림(12.13)은 호기성 소화에서 SRT와 온도 변화에 따른 유기물 제거효율을 나타낸 것이다. 그림에서 SRT와 온도가 증가할수록 유기물 제거효율이 증가하는데, 가장 경제적인 운전을 위해서는 온도 × SRT값이 대략 200～500 정도이고, 이때 유기물 제거효율은 30～50% 정도이다. 따라서 소화온도를 20℃ 정도로 유지할 경우, 고형물 체류시간은 약 10～25일 정도이다. 일반적으로 활성슬러지 공정의 폐슬러지는 10～15일, 1차슬러지 및 폐활성슬러지 또는 살수여상의 슬러지는 15～20일이 요구된다. 유기물부하율은 1.6～4.8 kg/m^3·day 정도가 적당하며, 평균 2 kg/m^3·day 정도이다.

호기성 소화 시 산소요구량은 온도·체류시간 등에 따라 달라지나 경험적으로 0.1～0.2 kg-O_2/kg-VSS 정도로 하며, 산소 농도는 최소 1 mg/L 이상으로 해야 한다(EPA, 1979). 산소공급 및 슬러지 혼합을 위해서는 주로 산기식 폭기기·기계식 표면폭기기 또는 기계식 수중폭기기를 사용하며, 순산소를 주입할 수도 있다. 소화조의 형상은 혼합 효율에 많은 영향을 미치는데 원형 또는 직사각형이 이용되며, 혼합을 유지하기 위한 공기 및 동력 요구량은 기계식인 경우 10～100 W/m^3의 동력이 필요하고, 산기식인 경우 20～400 m^3/1,000 m^3·min의 공기가 공급되어야 한다.

한편 호기성 소화 시 때로 질산화 반응으로 인하여 pH가 저하할 수 있는데, 이때는 알칼리제를 투입하여 pH를 상승시켜야 한다. 또한 일반적 소화와는 달리 유기성 고형물의 산화 시에 발생되는 열을 이용하여 자체적으로 소화조의 온도를 올릴 수도 있는데, 이를 **고온호기성 소화법**이라고 한다. 이때 소화온도는 45～60℃ 정도이며, 자체 발열을 위한 소화조 내 유입 슬러지의 유기물 농도는 휘발성 고형물로 25～40 g/L 정도 되어야 하고, 이때 열 손실을 최소한으로 줄이기 위해 지붕 및 절연제를 사용해야 한다.

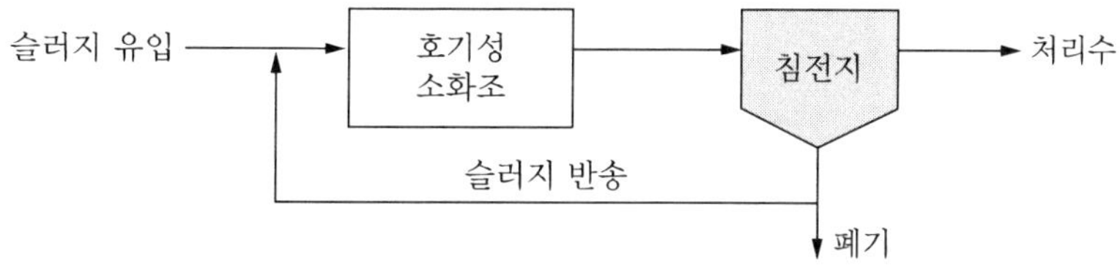

그림 12.12 연속운전 호기성 소화조의 계통도

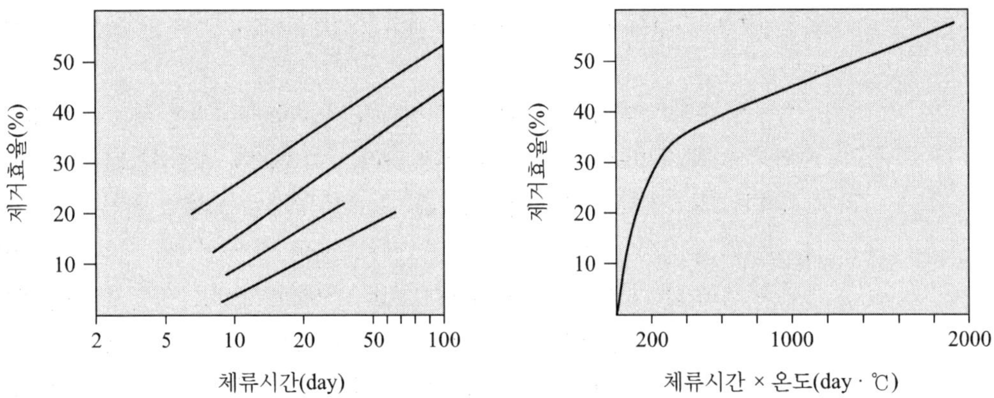

그림 12.13 호기성 소화 시 체류시간 및 온도의 영향

② 호기성 소화조의 용량 결정

그림(12.12)는 연속흐름형 호기성 소화조의 계통도로 호기성 소화조의 용량 결정을 위해 물질수지를 취하면 다음과 같다.

$$Q_i \cdot X_i + Y \cdot S_i \cdot Q_i - b \cdot X \cdot V \cdot P_v = Q_w \cdot X_w + Q_d \cdot X_e \tag{12.21}$$

여기서, Q_i : 평균 슬러지 유입량(m^3/day),
Q_w : 폐슬러지 유량(m^3/day),
Q_d : 침전지의 상징수 유출량(m^3/day),
V : 호기성 소화조의 실 용적(m^3),
P_v : 소화조 부유물 농도(X) 중 휘발성 고형물이 차지하는 비율,
X_i : 유입슬러지의 부유물 농도(mg/L),
X : 소화조의 부유물 농도(mg/L),
X_w : 침전슬러지의 농도(mg/L),
X_e : 상징수의 부유물 농도(mg/L),
S_i : 유입슬러지의 BOD 농도(mg/L),
b : 내호흡률(day^{-1})
Y : 슬러지의 증식률(g-VSS/g-BOD)이다.

한편 SRT는 다음과 같다.

$$\text{SRT} = \frac{X \cdot V}{Q_w \cdot X_w + Q_d \cdot X_e} \tag{12.22}$$

상기 식(12.21)과 (12.22)을 연립하면 다음 식(12.23)과 같고, 이 식을 이용하여 호기성 소화조의 용량을 계산할 수 있다. 이때 Y와 b값은 소화온도에 따라 변화하는데, 소화온도에 따른 b값의 변화는 그림(12.14)와 같다.

$$V = \frac{Q_i(X_i + Y \cdot S_i)}{X(b \cdot P_v + 1/\text{SRT})} \tag{12.23}$$

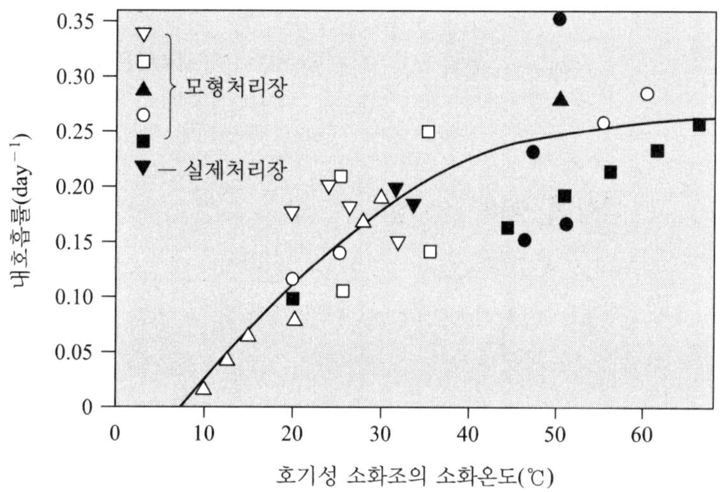

그림 12.14 호기성 소화조의 소화온도에 따른 내호흡률

참고로 유입슬러지가 잉여슬러지만을 함유한다면, 식(12.23)에서 $Y=0$, $X=X_i$, $b=0$라고 가정하여 다음 식과 같이 단순화시킬 수 있다. 따라서 소화조 용적은 유입유량 × SRT로 설계할 수도 있다.

$$V = Q_i \times \text{SRT} \tag{12.24}$$

예제 12.3

2차슬러지를 농축하여 호기성 소화법으로 처리하고자 한다. 유입슬러지는 건조중량으로 600 kg-SS/day, 420 kg-VSS/day이다. 소화 후 35%의 VSS 제거율을 얻고자 한다. 호기성 소화조의 용량을 구하라. (단, 설계온도는 20℃이고, 소화 전후의 슬러지 함수율은 98%이다.)

풀이 농축 슬러지량 $Q = \frac{100 \times 600}{100 - 98} = 30,000\ \text{kg/day}$,

슬러지의 비중을 1,000 kg/m^{3}이라고 가정하면, 일 슬러지 유입량은 30 m^3/day이다.
한편 반응온도 20℃에서 35%의 VSS 제거율을 얻기 위해서 요구되는 온도×SRT는 그림(12.13)에서 300(℃·day)이다.

따라서 $\text{SRT} = \frac{300(℃ \cdot \text{day})}{20℃} = 15\ \text{day}$이다.

VSS가 35% 제거될 경우 유출 슬러지 중 VSS 농도는 273 kg-VSS/day이다.
따라서 소화조 내 부유물의 농도 $X = (600 - 420) + 273 = 453$ kg-SS/day이고,

VSS의 비율 $P_v = \frac{273}{453} = 0.6$이다.

또한 그림(12.14)에서 내호흡률 $b = 0.1\ \text{day}^{-1}$이고, 잉여슬러지만 소화시킴으로 $Y = 0$이라고 가정하면, 소화조 용적은 다음과 같다.

$V = \frac{30 \times 600}{453 \times (0.1 \times 0.6 + 1/15)} = 313.7\ \text{m}^3$이다.

참고로 고형물 체류시간과 유입슬러지의 양만을 고려할 경우, 소화조 용적은 다음과 같다. $V = 20\ \text{m}^3/\text{day} \times 15\ \text{days} = 300\ \text{m}^3$

3. 화학적 슬러지 안정화

슬러지를 안정화시키는 방법에는 화학적 방법·열처리 방법 및 퇴비화법 등이 있는데, 여기서는 화학적 방법인 석회안정화법 및 염소산화에 대해서만 기술하고, 나머지 방법은 이후 관련항에 기술하였다.

① 석회안정화법

석회안정화법(*石灰安定化法*, Lime stabilization)은 미생물의 활동을 중지시키거나 사멸시켜 일시적으로 부패와 악취의 발생을 억제하기 위해 액상 슬러지에 석회를 가하여 pH를 상승시키는 방법이다. 이 방법의 주요 설계인자는 pH와 접촉시간으로 상기 목적을 위해서는 pH 12 이상에서 3시간 정도의 접촉이 요구되며(Paulsrud, 1975), pH를 12.5로 상승시킬 경우에는 30분만 접촉시켜도 동일한 효과를 나타낸다(EPA, 1979). 석회안정화법은 다음과 같은 장점을 가진다.

- 운전이 쉽다.
- 초기투자비가 적다.
- 슬러지의 탈수성이 향상된다.
- 병원균이 거의 사멸하여 안전성이 향상된다.
- 높은 pH는 H_2S의 증발을 억제하여 냄새가 크게 감소한다[그림(10.10) 참고].

하지만 석회안전화법은 슬러지의 부패를 일시적으로 억제시키는 것으로 영구히 안정화시키는 것은 아니며, 슬러지 발생량이 증가하고, pH가 높아 질소가 암모니아로 유실되는 단점이 있다[그림(10.4) 참고].

한편 석회안정화법은 석회 첨가 시점에 따라 전석회처리와 후석회처리로 구분하는데, 전석회처리란 탈수 전 석회를 투입하는 것이며, 후석회처리란 탈수 후 슬러지 케이크를 석회로 처리하는 것을 말한다.

표 12.13 30분 간 pH를 12로 유지하는 데 소요되는 석회 양 (Lebanon, Ohio 하수처리장)

슬러지의 종류	슬러지의 농도 (%)		석회주입량 ($kg\text{-}Ca(OH)_2$ /kg-dry solids)		평균 pH	
	범 위	평 균	범 위	평 균	초 기	최 종
1차슬러지[a]	3~6	4.3	0.06~0.17	0.12	6.7	12.7
폐활성슬러지	1~1.5	1.3	0.21~0.43	0.30	7.1	12.6
혐기성 소화슬러지	6~7	5.5	0.14~0.25	0.19	7.2	12.4
정화조 폐액	1~4.5	2.7	0.09~0.51	0.20	7.3	12.7

a; 약간의 폐활성슬러지 포함.
EPA, 1975.

② 염소산화

염소산화(塩素酸化)란 밀폐된 반응조 내에서 액상의 슬러지와 염소가스를 접촉시켜 악취를 산화시키고 미생물을 살균함으로써 더 이상의 부패를 방지하는 화학적 안정화법이다. 이 방법은 안정화 시설의 규모를 줄일 수 있고, 초기 투자비가 적은 장점이 있다. 하지만 유기물의 제거율이 낮고 슬러지의 부피를 감소시키지는 못한다. 또한 염소처리 시 반응의 결과로 발생하는 염산이 구조물을 부식시키고 슬러지 내 중금속을 용출시키는 단점이 있다.

12.2.4 슬러지의 개량

폐수의 슬러지는 형상이 고르지 않은 미립자를 포함한 고형물로 구성되고, 탈수에 방해가 되는 단백질·콜로이드 물질·점토질 및 알칼리도 등을 함유한다. 따라서 이들 물질은 탈수 전에 미리 제거하거나, 물리적 또는 화학적 방법을 이용하여 슬러지 내 미립자의 응결성을 증가시켜 탈수효율을 향상시킬 필요가 있는데, 이것을 슬러지 개량(改良, conditioning)이라고 하며, 개량법에는 세정·약품응집·열처리·초음파나 방사선 처리 등이 있다.

1. 슬러지의 세정

소화슬러지는 높은 알칼리도를 함유하는데, 알칼리도가 높으면 응집제의 소비량이 증가한다. 따라서 슬러지의 알칼리도를 감소시키기 위해 슬러지를 탈수하기 전에 세정(洗浄, elutriation)하기도 하는데, 이것은 탈수에 장해가 되는 미립자 등을 제거시켜 탈수효율을 향상시키지만, 이 과정에서 질소성분이 유실되어 비료로써의 가치가 떨어지는 단점이 있다. 세정을 수세(水洗)라 말하기도 한다.

슬러지 세정은 일반적으로 그림(12.15)와 같이 혼합조와 침전조를 이용하여 2단계로 실시하는데, 공정은 먼저 세정수를 1단계조에 유입시켜 산기식 혹은 기계식 교반에 의해 혼합·세정한 후 다시 2단계조로 월류시켜 새로운 슬러지를 세정한다. 이때 2단계조에 polymer를 주입하여 미세 고형물의 유실을 억제하는 경우도 있다.

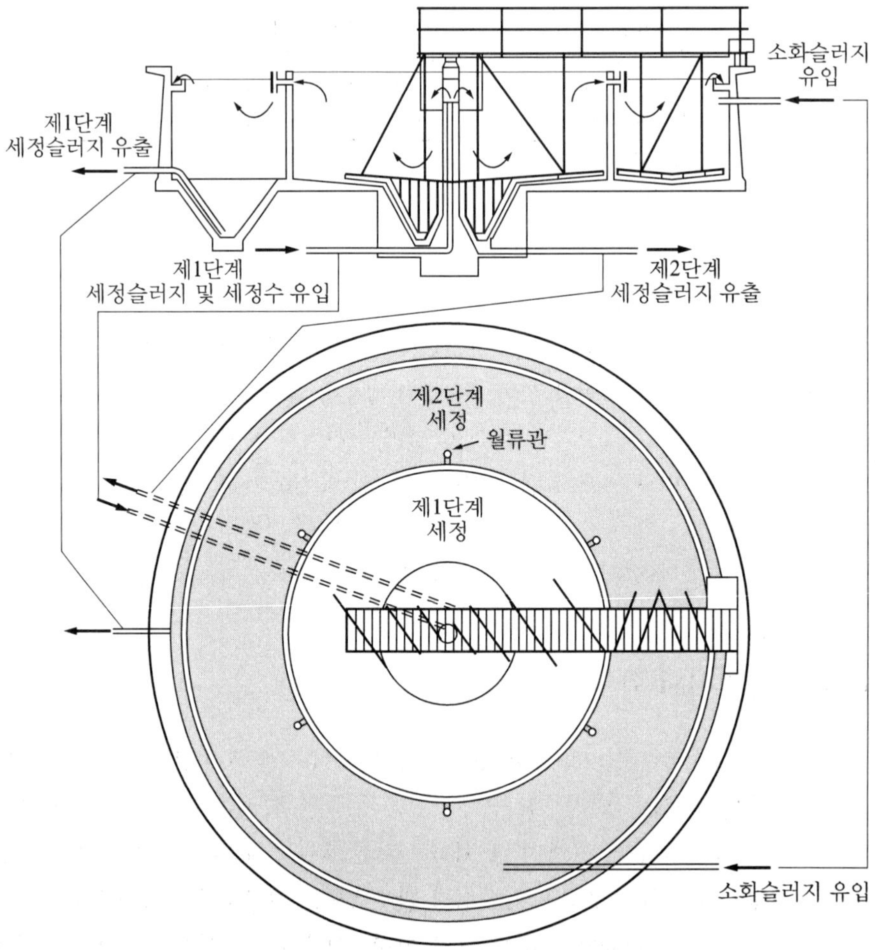

그림 12.15 2단 세정시설

세정수로는 최초침전지의 유출수 또는 최종처리수가 사용되는데, 세정수의 양은 일반적으로 슬러지 양의 1～3배, 세정수의 수리학적 체류시간은 12시간 정도로 한다. 일반적으로 세정된 슬러지의 목표 알칼리도는 400～600 mg/L 정도로 하며, 고형물부하는 39～72 kg/m^2·day 정도가 좋다.

2. 약품개량

하수슬러지는 형상이 고르지 못하고 여기에 포함된 전기적 부하를 띤 미립자, 즉 콜로이드상 물질은 전기적 부하로 인해 잘 응집하지 않고 물과의 친화력도 강하다. 따라서 입자 표면의 전기적 부하를 중화시켜 탈수성을 높이기 위해 화학약품을 투입하는데, 이러한 공정을 약품개량이라고 한다. 이 공정에는 염화제1철[$FeCl_2$]·염화제2철[$FeCl_3$]·황산제1철[$FeSO_4$]·소석회[$Ca(OH)_2$] 등의 무기응집제와 polymer와 같은 고분자응집제가 주로 사용되는데, 이들 약제의 효율 및 적정 투입량은 슬러지의 알칼리도·pH·농도·혼합정도·접촉시간 등에 따라 좌우된다.

한편 약품의 적정 투입량은 실험에 의해 정하는데, 실험법으로는 비저항계수(specific resistance) 측정법·모세흡입시간(capillary suction time, CST) 측정법·엽상여과 실험(leaf test)·자테스트(jar test)법 등이 있으며, 이 중 가장 일반적으로 사용되는 방법은 그림(12.16)과 같은 Büchner Funnel 을 이용한 **비저항계수 측정법**으로, 관련 여과식은 다음과 같다.

$$\frac{dV}{dt} = \frac{PA^2}{\mu(\gamma CV + R_m A)} \tag{12.25}$$

여기서, V : 여액의 부피(m^3),
t : 여과경과시간(sec),
P : 여과압력(N/m^2),
A : 여과면적(m^2),
μ : 여액의 점성(N·s/m^2),
γ : 비저항계수(m/kg),
C : 슬러지 농도(kg/m^3),
R_m : 여과지의 저항(m^{-1})이다.

위 식을 적분하여 정리하면 다음과 같은 선형식이 된다.

$$\frac{t}{V} = \frac{\mu\gamma C}{2PA^2}V + \frac{\mu R_m}{PA} \tag{12.26}$$

이 식에서 기울기 $\mu\gamma C/2PA^2 = b$라고 하면, 비저항계수는 다음 식으로 구할 수 있고, 표(12.14)는 각종 슬러지의 비저항계수 값을 나타낸 것이다.

$$\gamma = \frac{2bPA^2}{\mu C} \tag{12.27}$$

표 12.14 슬러지의 비저항계수 값

슬러지의 종류	비저항계수 γ (m/kg)
1차슬러지	$1.5 \sim 5.0 \times 10^{14}$
폐활성 슬러지	$1 \sim 10 \times 10^{13}$
소화 슬러지	$1 \sim 6 \times 10^{14}$
응집제를 첨가한 소화 슬러지	$3 \sim 40 \times 10^{11}$

Metcalf & Eddy, 1979.

그 밖에 슬러지의 탈수성을 측정하는 방법으로 슬러지 내의 수분이 일정 간격을 이동하는 데 요하는 시간을 측정하는 방법이 있는데, 이것을 **모세흡입시간 측정법**이라고 한다. 이 방법은 측정이 간단하고 측정시간이 짧으며 동일한 슬러지에 대해 거의 같은 값을 나타내는 장점이 있으며(EPA, 1982), 비저항계수와 상관관계가 높다.

한편 슬러지의 탈수성뿐 아니라 슬러지 케이크의 발생량을 실제에 가깝게 측정하기 위해서는 **엽상 여과장치**가 주로 이용된다.

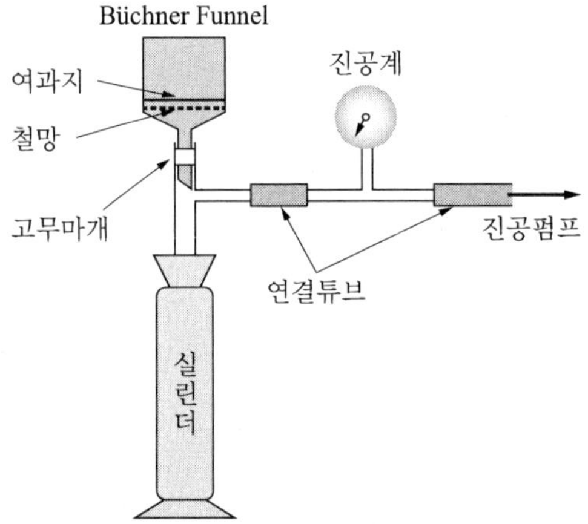

그림 12.16 비저항 측정장치

표(12.15)는 고분자 응집제를 사용할 경우 슬러지의 종류와 탈수방법에 따른 적정 투약량을 나타낸 것이다.

표 12.15 탈수를 위한 적정 투약량

슬러지의 종류	kg-polymer / ton-건조 슬러지		
	진공 탈수기	벨트 프레스	Solid Bowl형 원심 탈수기
1차슬러지	1～5	1～4	0.5～2.5
폐활성슬러지	7.5～15	4～10	5～8
1차 + 폐활성슬러지	5～10	2～8	2～5
1차 + 살수여상슬러지	1.3～1.5	2～8	-
혐기성 소화슬러지(1차)	3.5～7	2～5	3～5
혐기성 소화슬러지(1차+2차)	1.5～3.5	1.5～8.5	2～5
호기성 소화슬러지(1차+2차)	7.5～10	2～8	-

3. 열처리

열처리(heat treatment)는 밀폐된 상태에서 액상 슬러지를 150～200℃ 정도의 고온과 9～17 kg/cm^2 정도의 고압으로 가열한 후 냉각하든지 혹은 －20℃로 동결시킨 후 융해(融解)시킴으로써 탈수성을 증가시키는 방법인데, 탈수효과는 온도 변화에 따른 콜로이드의 응집성 개선과 세포막의 파괴로 슬러지의 수분이 유리(遊離)함에 기인하는 것으로 생각된다. 이와 같이 이 방법은 원리는 간단하지만, 초기투자비 및 운전비용이 높아 실용화에는 경제적 문제가 따른다. 하지만 소화가스·쓰레기 또는 슬러지 소각 시 발생하는 폐열을 이용할 수 있을 때에는 고온열처리법을 적용할 수 있다. 또한 고온열처리는 가해지는 열로 인하여 세균이 사멸하고 그에 따라 슬러지의 부패와 악취를 방지할 수 있어 안전화 및 안정화를 꾀할 수 있으나 산화작용은 없다.

12.2.5 슬러지의 살균

슬러지의 살균(disinfection)은 슬러지의 토양살포 등 재이용 시 슬러지의 안전성을 확보하기 위해 실시한다. 슬러지의 살균은 저온살균법·열처리·소각·퇴비화 등 물리적 방법과 염소처리 혹은 소석회처리 등 화학적 방법으로 나눌 수 있다.

여기서 저온살균법(pasteurization)은 슬러지 내 병원균을 사멸시키기 위해 70℃ 정도의 열을 30분 정도 가하는 것으로, 살균 후에도 대부분의 비병원성 미생물은 살아남는다. 기타 살균법은 관련항을 참고하기 바란다.

12.2.6 슬러지의 탈수

탈수의 목적은 슬러지의 용량을 감소시켜 처리 및 처분을 용이하게 하고, 동시에 2차오염을 방지하고자 함에 있다. 탈수방법은 기계적 탈수와 자연건조 탈수법으로 나눌 수 있는데, 기계적 탈수방법에는 진공탈수·가압탈수·벨트프레스탈수·원심탈수 등이 있고, 자연건조 탈수법에는 모래건조상·건조용 라군 등이 있다. 후자는 전자에 비해 동력비가 적고 초기 투자비는 적지만 부지 소요량이 크고 처리에 장시간이 소요되며 악취가 발생하는 등의 단점을 가진다.

1. 기계적 탈수

① 진공탈수기

진공탈수 또는 진공여과(vacuum filtration)는 비교적 입자가 거친 슬러지를 진공펌프와 여포를 이용하여 탈수하는 방법인데, 이때 여포의 슬러지 흡착 측에 대기압을, 그 반대 측에 부압을 주어 여과(탈수)를 행하는 것으로, 여포 양측의 압력차는 1기압 이하이다. 이 방법에 의한 슬러지의 최종 함수율은 55～87% 정도이고, 고형물 회수율은 50～99% 정도이다.

여과기의 종류는 여과면의 형상이나 구조에 따라 수평밴드형·수직회전원반형(垂直回転圓盤型)·수평회전원반형(水平回転圓盤型) 및 회전식드럼형 등으로 분류되는데, 이 중 구조가 간단하고 대용량을 처리할 수 있는 회전드럼형이 주로 사용된다.

회전식드럼형은 골(溝)식 또는 다공식 드럼에 여포를 부착하고, 이 드럼의 하부를 슬러지 중에 침지(沈積)시킨 상태에서 내부를 진공펌프로 감압하여 회전시킨다. 이때 슬러지는 여포에 흡착·탈수되는데, 탈수된 케이크는 케이크 제거용 스크레이퍼에 의해 여포로부터 탈리되며, 여액은 드럼 내에서 외부로 연속 배출된다. 이와 같이 진공여과기는 여과－건조－탈리를 1주기로 회전하며, 드럼 내외의 압력차는 300～600 mmHg이고, 회전속도는 8～15 rpm(0.3 m/sec) 정도이다. 한편 제거되는 슬러지 케이크의 두께는 일반적으로 5～15 mm 정도이며 컨베이어를 이용하여 다음 과정으로 이송된다.

참고로 여과에 사용하는 여포는 여포벨트나 코일형 스프링을 주로 사용하는데, 어느 것이나 내구성과 강도가 있어 사용 중 팽창이나 수축 등의 변화가 없고 막힘이 없어야 한다. 여포의 소재로는 나일론과 폴리프로필렌 등이 주로 사용되며 약 30～100 μm의 것을 사용한다.

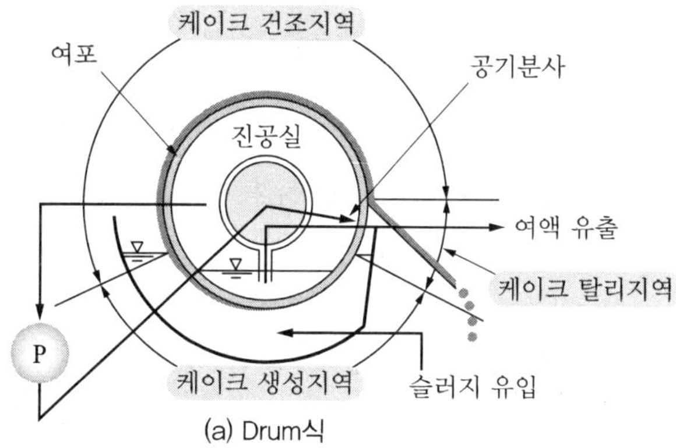

(a) Drum식

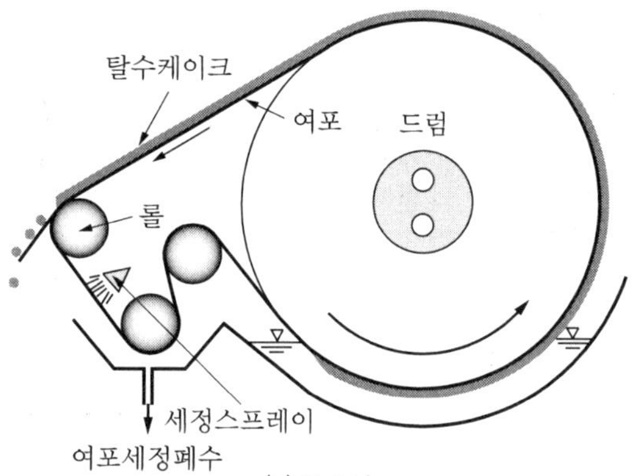

(b) Belt식

그림 12.17 진공여과기

진공여과기의 성능은 사용 여포에 따라 달라질 수 있으나, 일반적으로 단위 시간 및 단위 여과면적당 처리되는 건조고형물을 기준으로 하며 다음과 같이 나타낸다.

$$\text{여과속도 } V = 1{,}000 \times \left(1 - \frac{P_w}{100}\right) \times \frac{Q}{A} \ (\mathrm{kg/m^2 \cdot hr}) \qquad (12.28)$$

여기서, P_w : 슬러지의 함수율(%),

Q : 슬러지 유량(m^3/hr),

A : 여과면적(m^2)이다.

따라서 소요 여과면적은 다음과 같다.

$$\text{소요 여과면적 } A = \frac{1{,}000 \times q}{V \times t} \ (\mathrm{m^2}) \qquad (12.29)$$

여기서, q : 일당 여과기 투여 고형물량; $= \left(1 - \frac{P_\omega}{100}\right) \times Q \times 24$ (t/day),

t : 일당 여과기 운전시간(hr/day)이다.

일반적으로 설계 시 여과속도 V는 여포의 특성·슬러지의 종류 및 성상에 따라 다른데 일반포를 사용할 경우 적정 여과속도는 표(12.16)과 같다.

표 12.16 진공탈수기의 대표적 운전결과

슬러지의 종류	여과속도 (kg/m^2·hr)	탈수케이크의 고형물 농도 (%)
1차슬러지	19~38	27~35
폐활성 슬러지	9~12	13~20
순산소 폐활성 슬러지	14~19	15~25
1차 + 폐활성 슬러지	14~28	18~25
1차 + 살수여상 슬러지	14~34	20~30
1차 + 순산소 폐활성 슬러지	24~28	20~20
혐기성 소화 슬러지		
1차 슬러지	19~34	25~35
1차 + 폐활성 슬러지	9~24	18~25
1차 + 살수여상 슬러지	17~39	20~27
1차 + 열처리 폐활성 슬러지	19~38	35~45

② 가압탈수기

가압탈수 또는 가압여과는 여포를 주철 등 강도를 지닌 여판 사이에 부착한 후 슬러지를 압착(压搾)하여 탈수하는 방법이다. 이 방법은 탈수케이크의 고형물 농도가 40% 전후로 높아 케이크의 소각 시 연료의 절감을 꾀할 수 있는 장점이 있으며, 구조와 조작 측면에서 타 여과법과 비교하면 다음과 같은 차이점을 보인다[표(12.17) 참고].

- 케이크의 두께는 선정한 여실(濾室) 또는 여틀의 두께로 정해지는데 보통 25~40 mm 정도이며, 케이크의 함수율은 60% 전후로 낮다.
- 유효 여과압력은 진공여과에 비해 약 30배까지 증가한다.
- 일반적으로 기계장치가 복잡하고 노동력이 많이 든다.
- 여포의 수명이 짧고 운전 및 유지·보수가 어렵다.
- 슬러지의 주입과 탈수케이크의 배출이 불연속적이므로 불편하다. 일반적으로 가압탈수기의 한 주기는 2~5시간 정도이며, 약 5~10분 정도의 주입공정, 1~4시간 정도의 탈수공정 및 케이크 탈리공정으로 이루어진다.

한편 여포는 고압에서 사용되므로 내구성 및 내마모성이 높고 케이크의 탈리가 용이해야 한다. 일반적으로 폴리프로필렌·폴리아미드 등이 사용된다. 탈수기의 성능은 다음 식으로 나타낼 수 있으며, 일반적으로 3～5 kg/m^2·hr이다.

$$\text{여과성능 } L = \frac{S}{(1+n)\times A\times t} \ (\text{kg/m}^2\cdot\text{hr}) \tag{12.30}$$

여기서, L : 여과보조제를 제외한 슬러지만을 대상으로 한 성능(kg/m^2·hr),
S : 케이크의 건조중량(kg),
n : 슬러지 건조고형질량에 대한 응집제의 중량비,
A : 유효 여과면적(m^2),
t : 전체 여과공정시간＝충전＋가압＋인출시간(hr)이다.

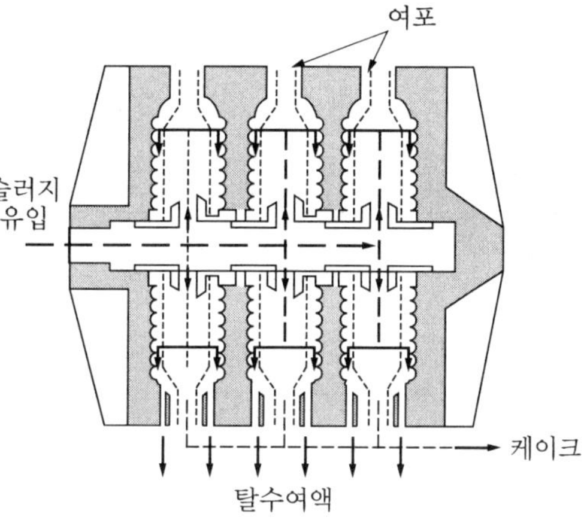

그림 12.18 가압 탈수기 탈수 모식도

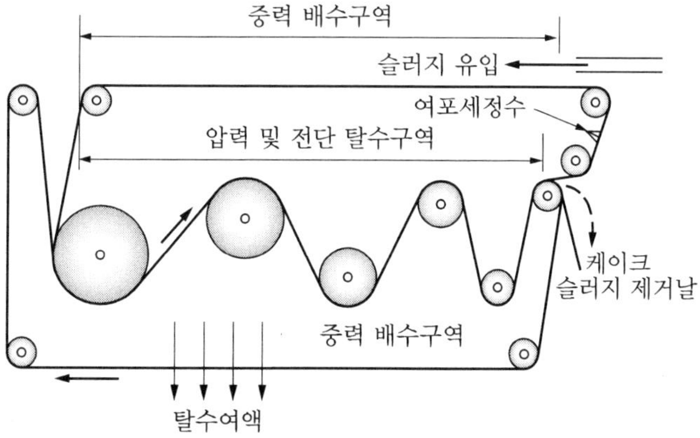

그림 12.19 벨트 프레스의 탈수공정 모식도

③ 원심탈수

원심탈수(centrifugation)는 중력 대비 1,500～2,000배의 원심력을 가하여 탈수하는 방법으로, 원심농축과 마찬가지로 **횡형연속식**(橫型連続式)·**입형연속식**(立型連続式)·**입형회분식**(立型回分式) 등이 있으나, 슬러지의 탈수에는 횡형연속식의 솔리드 보울형이 주로 쓰이고 있다. 이것은 그림(12.5)와 같이 원형 또는 원추형의 내부에 screw conveyer가 설치되어 있는데, 이것의 한쪽에 슬러지를 투입하면 원심력에 의해 수분이 분리되어 반대편으로 유출되도록 되어 있다. 케이크의 수분은 슬러지의 성상에 따라 다르지만 75～80% 정도가 된다. 솔리드 보울형 탈수기의 장점은 설치면적이 적고, 유지관리가 쉬우며, 연속운전이 가능한 것이다. 그러나 동력비가 크고 소음이 발생하는 단점이 있다. 또한 탈수기 screw와 같은 주요 부분의 세심한 관리가 요구된다. 볼의 지름은 23～180 cm 정도이며, 탈수기 1대당 처리용량은 보통 5～50 m^3/hr 정도를 표준으로 한다.

표 12.17 각 탈수기의 장단점 및 성능

항 목	가압탈수기	벨트프레스탈수기	원심탈수기
소요부지	크다	작다	작다
동력	많다	적다	많다
운전기술	숙련된 기술이 필요	쉽다	쉽다
유지관리	기계장치가 복잡하고 운전비와 노동력이 많이 소요됨	유입슬러지의 특성에 영향이 큼	바스켓형 - 진동발생 솔리드형 - 전처리로 그릿 제거와 분쇄과정이 필요하고, 탈수기 스크류의 세심한 관리가 필요
악취발생	보통	보통	적다
소음	보통	적다	보통
케이크의 함수율	55～65%	72～80%	75～80%
탈수속도 (건조고형물 기준)	3～5 $kg/m^2 \cdot hr$	100～180 $kg/m \cdot hr$	-
주요 약품 개량제	$Ca(OH)_2$ + $FeCl_3$	양이온계 polymer	양이온계 polymer
약품 주입률	$Ca(OH)_2$ 25～40% $FeCl_3$ 7～12%	5～0.8%	0.7～1.0%
여포교환 (8hr/day 기준)	3개월(1,500 cycle)	약 1년	2～2.5년(스크류)
여포세척; 세척수압 필요수량	3～6 kg/cm^2 보통	3 kg/cm^2 이하 보통	- 적다
케이크 반출	매 cycle마다 (간헐)	연속	연속

2. 자연건조 탈수법

12.2.7절 참고

12.2.7 슬러지의 건조

슬러지의 건조에는 천일건조상(天日乾燥床)·슬러지 라군·기계식 건조 등을 이용한다.

1. 천일건조상

천일건조상은 슬러지를 건조상에 펼쳐 부어 여액은 상의 하부에 설치된 집수관을 통해 배출시키고 나머지는 태양열이나 바람을 이용하여 건조시키는 방법이다. 이 방법은 기계건조에 비해 에너지의 소비가 극히 적으나 소요 부지가 크고 기상 조건에 따라 효율이 크게 좌우된다. 따라서 소규모의 처리장에 적당한데, 규모가 클 경우 강우에 대비하여 개방식보다는 지붕을 설치한 폐쇄식으로 설계하는 것이 유리하다.

① 모래 건조상

모래 건조상은 20～50 cm 정도의 두께로 자갈 또는 광재(鉱滓)를 3층으로 깔되 하층은 입경이 크고 상층은 작게 하며, 그 위에 20～45 cm 정도의 모래층을 만든다. 이때 모래의 표면은 1/100～1/200 정도의 구배를 두어 슬러지 주입시 슬러지가 상 전체에 골고루 퍼지도록 하고, 자갈층의 바닥에는 직경 100 mm 정도의 집수용 유공관을 최소 1/100의 구배로 설치한다. 건조상의 평면 형상은 장방형이 보통이며, 폭은 4～8 m 정도로 하고, 길이는 폭에 비해 너무 길지 않게 한다.

1회 슬러지 주입량은 슬러지층의 두께가 10 cm 정도 되도록 하는 것이 좋고, 건조상의 규모는 고형물부하가 개방식인 경우 50～150 kg/m^2·year, 폐쇄식인 경우 60～200 kg/m^2·year 정도가 되도록 한다. 또한 개방형으로 설치할 경우 주풍향 등을 고려하여 위치를 정하고, 악취로 인한 피해 예상지역으로부터 최소 100 m 이상 이격(離隔)되도록 하며, 그렇지 못할 경우 폐쇄형으로 하고 탈취시설을 갖추어야 한다.

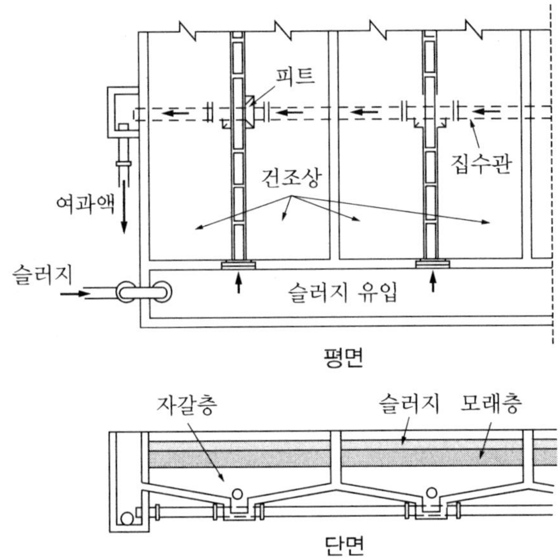

그림 12.20 모래 건조상

② 쐐기형 슬러지 건조상

쐐기형 슬러지 건조상은 여재로 모래가 아닌 쐐기(wedge)형의 스테인리스 재질의 철사나 폴리우레탄의 여판을 이용하는 것으로 전형적 형태는 그림(12.21)과 같다. 쐐기형 철사를 사용하는 경우 배수를 위해 각 바(bar) 사이에 0.25 mm 정도의 간격을 두며, 1회 슬러지 주입량은 슬러지층의 두께가 2.5 cm 정도 되도록 하는 것이 좋고, 전형적 고형물부하는 2～5 kg/m^2 · cycle이다. 이 시설의 경우 어떠한 슬러지라도 약 10일 정도의 건조로 8～10%TS 이상의 슬러지를 얻을 수 있으며, SS의 회수율도 매우 높은 것으로 알려져 있다.

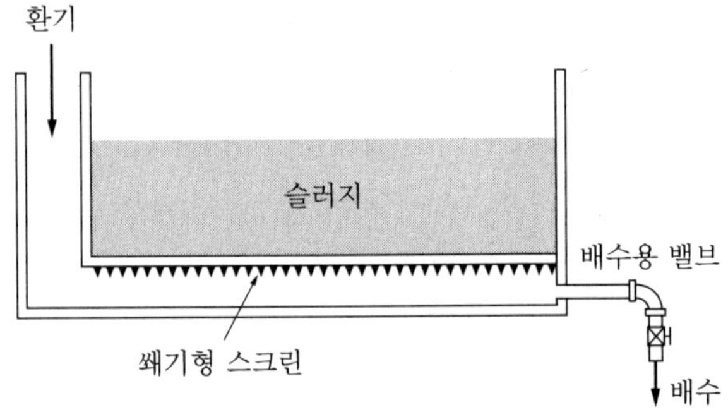

그림 12.21 쐐기형 건조상

③ 진공슬러지 건조상

그 외에 건조상에 진공 흡입력을 가하여 배수 및 건조 효율을 높이는 경우가 있는데, 이러한 방법을 진공슬러지 건조상이라 한다. 이 방법은 운전비가 다소 높고, 비교적 소형이다. 따라서 다량의 슬러지를 처리하기 위해서는 여러 개의 건조상이 필요하며, 적정 부하율은 10 kg/m^2 · cycle 정도이다.

2. 슬러지 라군(Sludge lagoon)

이 방법은 개방된 지(池)에 생슬러지 또는 소화슬러지를 주입해서 슬러지의 수분을 지하에 침투시키거나 또는 증발시켜 제거하는 방법이며, 이때 슬러지의 안정화도 이루어진다. 시설은 0.7～1.5 m의 제방을 축조하거나, 모래나 자갈의 채굴갱(採掘坑) · 폐쇄(閉鎖)된 골짜기 등을 이용할 수 있는데, 지저(池底)에는 개폐할 수 있는 집수관을 설치하고 지에 슬러지를 채울 때에는 이것을 닫고 건조를 행할 때에는 열도록 한다. 지에 슬러지가 주입되면 최후에 주입된 슬러지가 소화되기까지 수개월간 방치한 후 집수관을 열어 여액(濾液)을 방출한다.

이 방법은 충분한 토지가 요구되며, 악취나 지하수 오염의 우려가 높고, 건조에 장기간이 소요되며, 기상 조건의 영향을 크게 받는다. 적정 설계부하는 35～40 kg/m^3 · year 정도이며, 건조에 소요되는 기간은 주입 슬러지의 두께를 30 cm로 할 경우 2～6개월, 1～1.5 m로 할 경우 1.5～2년 정도가 소요된다. 이때 함수율을 66～75% 정도까지 건조시킬 수 있으며, 일반적으로 주입 슬러지는 비료로 이용될 수 있을 정도로 충분히 건조한다. 한편 지에 소화슬러지를 주입할 경우에는 상대적으로 악취 발생 기간이 적고, 배출수도 비교적 무해하며 맑다.

3. 기계식 건조

슬러지를 자연 또는 인공적으로 탈수할 때 그 함수율은 일반적으로 50～80%이다. 하지만 건조한 슬러지를 농지에 살포(散布)하거나 포대에 넣기 위해서는 30% 정도의 함수율이 요구된다. 따라서 탈수된 슬러지를 한층 더 건조시키기 위해 가열건조가 시행되는데, 이때 건조는 건조방법에 따라 직접 건조법과 간접 건조법이 있다.

슬러지의 건조온도는 보통 300℃ 정도이며, 건조 시 악취를 발하는 증기는 600～900℃의 가열장치 또는 습식정화장치를 이용하여 제거한다. 이와 같이 기계건조 시 슬러지는 고온에서 처리되므로 슬러지 중에 포함된 배아(胚芽)나 세균이 사멸되어 최종 생성물은 특별한 유해물을 함유하지 않는 한 토지살포에 따른 위험성이 크게 감소된다.

① 직접 건조법

슬러지의 직접 건조는 건조에 외부 열을 직접 이용하는 방법으로 소각과는 착화(着火) 여부로 구분된다. 따라서 직접 건조기는 동일한 형식의 소각로와 그 구조가 거의 같다. 이와 같이 외부 열을 직접 이용하는 직접 건조법에는 **기류(氣流) 건조기·로터리(rotary) 건조기·유동상(流動床) 건조기·다단 건조기·스프레이형 건조기** 등이 있다. 그림(12.22)는 기류 건조기를 나타낸 것으로, 이 건조기는 혼합기에서 유입 슬러지를 혼합함과 동시에 고온의 기류에 의해 함수율을 40～50% 정도 낮춘 후 300～500℃ 정도의 건조용 공기에 의해 건조한다. 그리고 건조된 슬러지는 분쇄기에 의해 잘게 분쇄되어 유송과정에서 보다 건조된 후 사이클론에서 분리된다.

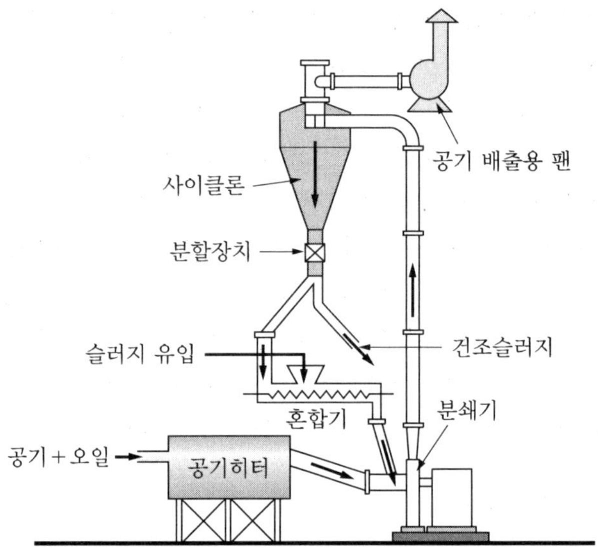

그림 12.22 기류 건조기

로터리 건조기는 그림(12.23)과 같이 주입 슬러지가 회전하는 경사진 드럼 내를 400～700℃ 정도의 열풍과 직접 접촉하면서 미끄러져 이동하는 사이에 건조된다. 기타 유동상(流動床) 건조기·다단 건조기·스프레이형 건조기 등은 소각로를 참고하기 바란다.

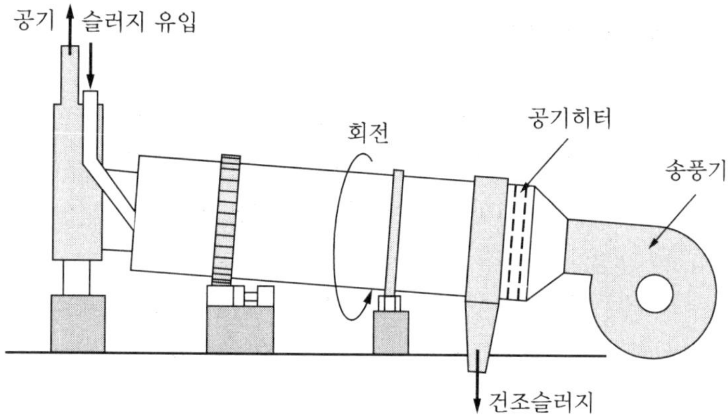

그림 12.23 로터리 건조기

② 간접 건조법

간접 건조법은 외부 열을 직접 이용하지 않고 열교환기를 이용하여 건조하는 방식인데, 대표적인 것으로는 그림(12.24)와 같은 스크류(screw) 건조기가 있다. 이것은 주입된 슬러지로부터 발생하는 수분을 인출하기 위한 풍량만이 탈취 대상 풍량이 되어 탈취를 위한 시설 및 경비를 줄일 수 있는 장점이 있으며, 건조 상태를 제어하기 쉽다. 스크류 건조기의 증기 온도는 열이 전달되는 면에 슬러지가 부착하는 것을 방지하기 위해 170～180℃ 정도로 한다. 그 외에 간접 건조기에는 패들 건조기·디스크 건조기 및 다단 증발형 건조기 등이 있다.

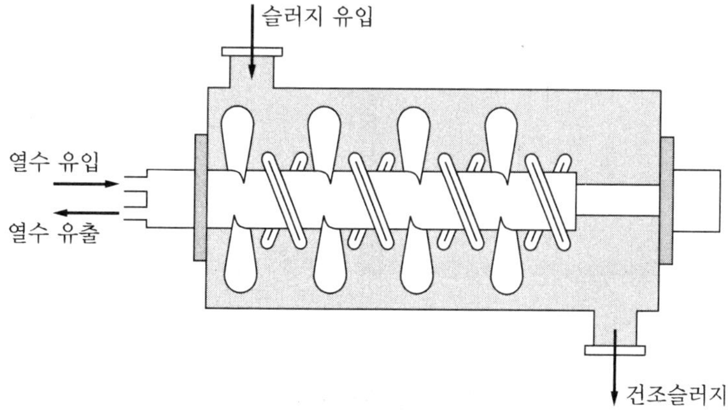

그림 12.24 스크류 건조기

12.2.8 슬러지의 소각

경제적 혹은 기술적인 이유로 탈수슬러지의 이용이 곤란할 경우, 또는 탈수슬러지의 지중(地中) 혹은 해양투기가 제한될 경우 슬러지는 소각·처분되는데, 슬러지의 소각은 대기오염물질의 발생과 비용 문제를 제외하면 감량화·안정화·재이용 등의 목적을 달성할 수 있는 가장 이상적인 처리방법이다. 즉, 소각을 통해 슬러지 내의 수분은 수증기로, 유기물은 연소가스로 변환된다. 또한 소각 후 발생하는 소각재는 무기물로 그 양은 주입 슬러지 용적의 1/50~1/100 정도로 매우 적고 일반적으로 재이용이 가능하다.

한편 건조와 소각은 동일한 소각로 내에서 행해지는데, 슬러지의 소각은 탈수과정을 통해 함수율을 70~80% 정도로 한 후 보조연료와 함께 소각하며, 함수율이 50% 이하일 경우에는 보조연료 없이 슬러지 자체만으로 소각이 가능하다. 따라서 소각에너지를 최소화하기 위해서는 탈수케이크의 함수율을 가능한 한 낮게 할 필요가 있다. 대표적인 소각방법에는 다단 소각로·유동상 소각로·로터리 킬른 소각로·기류건조 소각로·선회류 소각로 등이 있으며, 그 밖에 분사형·사이클론형·전기식 등이 있다. 표(12.18)은 주요 소각로의 특징을 비교한 것이다.

표 12.18 주요 소각로의 비교

항목 \ 종류	다단 소각	유동상 소각	로터리 킬른 소각	기류건조 소각
건설비	중	중	중	대
내구성	대	대	중	중
처리용량(습윤기준)	50 kg~6 ton/hr	59 kg~6 ton/hr	100 kg~3 ton/hr	100 kg~3 ton/hr
소각의 용이성	아주 용이	아주 용이	비교적 용이	용이하지 않음
승온시간	40분~1시간	20~40분	30~50분	40분~1시간
공기비	1.4~2.0	1.3	2.4~3.2	2~3
열부하율(kcal/m^3·hr)	70,000 ~150,000	150,000 ~4,550,000	70,000 ~100,000	-
소각 및 건조 병행	가능	가능	가능	가능
보조연료 사용량	중	적음	많음	많음
분진발생량(g/Nm^3)	0.85~2	5~30	3~6	-
혼합소각 가능성	가능	가능	가능	불가능

12.2.9 슬러지의 최종처분 및 재이용

각종의 처리장에서 발생하는 슬러지는 안전한 방법으로 최종처분되어야 하는데, 처분방법으로는 단순히 매립하거나 해양 등에 투기(投棄)하는 방법·퇴비화를 통한 토

지환원 및 **자원화** 등을 들 수 있다. 하지만 이들 처분법의 선정은 단순히 경제성이나 방법의 난이(難易)뿐 아니라 사후 안전성 및 정서적 측면을 고려해야 하는데, 무엇보다 바람직한 것은 자원화를 통해 적극적으로 재이용을 고려하는 것이다.

1. 매립 또는 해양투기법

매립은 가장 흔하게 사용되는 방법으로 매립 대상 슬러지의 함수율은 통상 60~80% 정도이나 현장에서 매립 시 작업성은 좋지 않다. 매립법은 슬러지 운반 시 소음이나 교통의 장애뿐 아니라 매립 후 침출수 및 악취 발생 등으로 주위 환경을 악화시켜 민원을 발생시킬 우려가 크고, 질병의 확산이나 화재의 발생도 우려된다. 따라서 매립지는 가급적 피해예상지역으로부터 멀리 떨어져 있는 것이 바람직하다. 하지만 이때 운송방법이나 수송거리 등도 면밀히 검토해야 하며, 토질조건·지하수위·침출수 처리방안 및 악취 발생이 심한 여름철의 풍향 등도 고려해야 한다. 매립지의 부대시설로는 집배수 시설·가스 포집 시설·침출수 처리시설·포집가스 소각시설·지하수위 측정시설 등을 갖추어야 하며, 완충녹지를 조성하여 가급적 시설이 외부로 노출되지 않도록 함이 좋다. 하지만 이러한 공학적 기술과 관계없이 현재 우리나라에서 하수 슬러지의 직매립은 억제되고 있다.

또다른 처분방법으로는 해양투기가 있는데, 이때 슬러지는 바지선이나 파이프라인을 통해 처분된다. 하지만 해양투기는 해양오염을 유발하므로 소각 후 재이용 등을 통한 육상처리가 바람직하다.

2. 퇴비화(Composting)

① 퇴비화의 효과

퇴비화는 유기성 폐기물(음식물 쓰레기·축산폐기물 등)을 자연환원시키는 방법으로 오래전부터 시행해 온 기술이다. 하지만 근래에 화학비료의 보급으로 유기성 폐기물의 퇴비화가 감소되었으나, 화학비료의 남용으로 인한 지력의 약화로 최근 유기비료의 필요성이 크게 재인식되고 있다. 따라서 녹농지의 지력 회복과 환경보전은 물론 최근 유기농산물의 수요 증가에 따라 유기성 폐기물의 퇴비화가 적극적으로 추진되고 있다. 하지만 자연환원을 위해 생하수 슬러지나 축산폐기물을 그대로 녹농지에 시용(施用)하면 토양 중에서 급격히 분해되어 토양 내에 산소가 부족하게 되어 농작물의 뿌리가 썩고 악취 발생과 병원균 및 기생충에 의한 비위생적 환경이 조성된다. 따라서 유기성 폐기물을 자연에 환원하기 전에 안정화, 즉 퇴비화시켜야 하는데, 이때 슬러지를 탈수한 후 퇴비화하면 악취가 발생하지 않고, 소화열(65~75℃)로 인하여 함수율이 저하하며, 병원균·기생충·바이러스 및 잡초의 종자 등이 사멸 또는 불활성화되는 효과가 있다.

② 퇴비화의 원리

퇴비화란 호기적 조건에서 미생물을 이용하여 쓰레기·짚·풀 등의 조대 유기물을 질소의 함유량이 많은 분뇨·하수슬러지 등과 혼합하여 분해시키는 것으로, 이때 비교적 분해하기 쉬운 유기물은 CO_2·H_2O·NH_3 등으로 분해되며 완전히 무기화되지 않는 나머지 유기물은 물리화학적으로 비교적 안정된 상태가 된다.

퇴비화의 주요 영향인자는 C/N비(탄소/질소 비)·함수율·온도·pH·산소공급량 등이며 관련 내용은 다음과 같다.

㈀ 퇴비화 초기에 적정 C/N비는 30～50 정도이며, 슬러지의 C/N비가 낮은 경우 톱밥(C/N비; 260) 등을 첨가한다. 한편 C/N비가 50 이상으로 높은 경우 퇴비화 속도가 늦어지므로 이때는 질소 함유량이 높은 분뇨 등을 혼합한다.

㈁ 미생물은 주로 용해성 물질을 흡수하므로 퇴비화 과정은 적당한 수분을 필요로 한다. 퇴비화 초기 최적 함수율은 50～60% 정도인데, 함수율이 40% 이하에서는 수분의 부족으로 미생물의 활동에 지장을 초래하며, 함수율이 60% 이상일 경우에는 공극률을 감소시켜 산소의 공급을 저해하고 그로 인해 혐기성 미생물이 증식하여 악취를 발생시킨다.

㈂ 퇴비화 과정에서는 다량의 열이 발생하는데, 일반적으로 탄소 1 g당 8～10 kcal의 열량이 발생하므로 온도는 약 75℃ 부근까지 상승한다. 따라서 퇴비화는 자체 발열에 의해 진행되며, 상기 온도는 충분한 살균효과를 가지므로 위생상의 문제를 해결함과 동시에 분해속도를 촉진하고, 함수율도 저하된다.

㈃ 퇴비화는 pH가 6.5～9.5 정도에서 잘 진행되나 pH가 상승하면 암모니아 성분이 유실되어 비료로써의 가치가 하락할 수 있다.

③ 공극개량재

퇴비화 공정은 호기적 조건에서 이루어진다. 따라서 분해작용을 촉진하기 위해서는 슬러지 내의 수분을 흡수하여 공기의 공급을 원활히 할 필요가 있다. 이러한 목적으로 첨가하는 것을 공극개량재(空隙改良劑, bulking agent)라 하며, 공극개량재로는 흔히 구할 수 있는 톱밥·나무 조각·볏짚·왕겨 등이 주로 사용된다.

따라서 이들 물질의 투여량은 퇴비화 대상 슬러지의 초기 수분 함량에 따라 결정되는데, 수분 함량이 80% 정도일 때 공극개량재는 용량비로 약 3배 정도가 요구된다. 한편 이들 물질의 사용량 증가는 퇴비화의 비용을 증가시키므로 비용을 최소화시키기 위해 숙성된 퇴비를 혼합하여 공극을 개량하거나, 경우에 따라 유기성 도시쓰레기를 혼합하기도 한다.

④ 퇴비화 방법

퇴비화 방법은 운전방식·혼합방법 등에 따라 강제공기주입법(aerated static pile)·퇴비단법(堆肥壇法, windrow)·기계식 퇴비화법 등으로 나눌 수 있다.

㈀ 강제공기주입법

본 법은 그림(12.25)와 같이 격자형으로 설치된 다공성관을 이용하여 퇴비단에 공기를 강제로 주입하는 방법으로, 공극재를 혼합한 퇴비단의 높이는 2～2.5 m 정도가 적정하다(EPA, 1979). 퇴비화가 거의 완료되면 상승하던 온도가 다시 하강하는데, 퇴비화 소요기간은 온도가 하강하기 시작하는 날까지로 보통 21～28일 정도가 소요되며, 이후 30일 이상 후숙시킨다. 이 방법으로 퇴비화를 실시할 경우 필요한 면적은 건조고형물 1,000 kg을 기준으로 0.067～0.4 ha 정도이다.

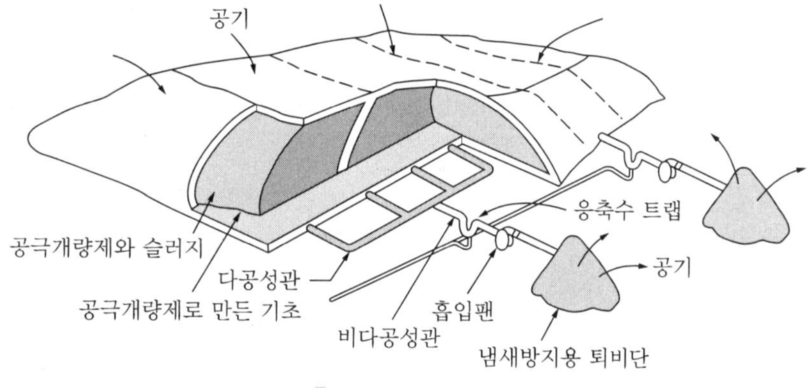

그림 12.25 강제공기주입식 퇴비화 공법

㈁ 퇴비단법

퇴비단법은 강제공기주입식과 유사하며 장치의 형상은 폭 4.5 m 정도, 높이 1～2 m 가량의 직사각형이 보통이다(EPA, 1979). 퇴비화에 소요되는 소요기간의 결정은 강제공기주입식과 같고, 보통 30～40일 정도가 소요된다(Burge, 1977). 퇴비단법에서 기계적 혼합은 초기 5일간 매일 2회씩 실시하며, 이후에는 산소 공급을 위해 적절히 실시한다. 퇴비화 과정에서 슬러지의 감량은 약 55% 정도이다(EPA, 1979).

㉢ 기계식 퇴비화법

기계식 퇴비화법은 공정의 운전방법에 따라 **플러그 주입형과 기계적 혼합형**(agitated bed)으로 구분되는데, 플러그 흐름형은 그림(12.26)이나 (12.27b)와 같이 연속적으로 유입되는 슬러지가 흐름방향의 혼합 없이 차례로 퇴비화되어 반출되는 방법이며, 기계적 혼합형은 그림(12.27a)와 같이 유입 슬러지가 반응기 내에서 혼합되는 방식이다. 어느 경우든 기계식 퇴비화법은 강제공기주입법이나 퇴비단법에 비해 냄새의 발생이 적고, 퇴비화 기간이 단축되며, 노동력이나 소요부지 면에서 장점을 가진다. 퇴비화에 소요되는 기간은 약 10일 정도이다.

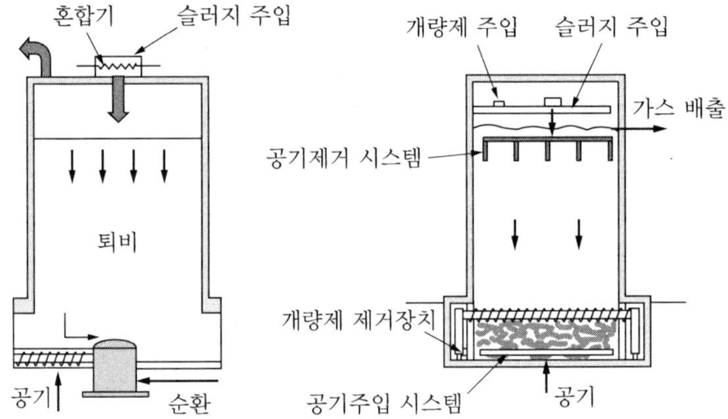

그림 12.26 입형식 퇴비화 장치

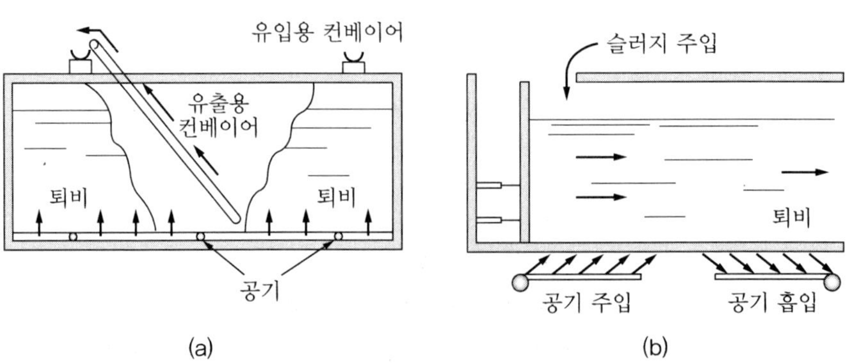

그림 12.27 횡형식 퇴비화 장치

3. 자원화

이미 설명한 바와 같이 분뇨 및 하수처리장에서 발생하는 슬러지는 유기물이 많고 식물에 유해한 성분이 적으므로 퇴비화하여 녹지나 농지에 환원할 수 있다. 하지만 경제적 혹은 입지적으로 퇴비화하기 어려운 하수슬러지나 각종의 산업장에서 발생하는 슬러지는 소각하여 처분하는 것이 일반적인데, 이때 발생하는 소각재는 주로 무기성 이토(泥土)로 단순히 매립하기에 앞서 그것을 효과적으로 이용하기 위한 방안을 모색해야 한다. 하지만 소각재를 재이용함에 있어 무엇보다 어려운 점은 소각재를 활용한 제품을 꺼려하는 일반의 정서인데, 이러한 문제를 해결하기 위해서는 소각재를 활용한 제품에 대해 공인기관의 품질인증 등을 통한 인식의 전환을 유도하고, 나아가 특정 분야에서라도 소각제의 활용이나 제품의 사용을 의무화하는 것이 요구된다 하겠다. 다음 표(12.19)는 실용화되었거나 실용화가 가능한 소각재의 이용 방법을 예시한 것이다.

표 12.19 슬러지 소각재의 이용

슬러지의 형태	이용분야	이용방법
석회계 소각재	토목건축자재	도로용 노반·노상재, 연약지반 개량재, 콘크리트용 세골재(細骨材)
	요 업 자 재	tile 원료, 자기원료
	농 업 자 재	원예용 토양개량재
고분자계 소각재	토목건축자재	도로용 노반·노상재, 운동공원용 노반·노상재, 콘크리트용 세골재
	요 업 자 재	tile 원료
	농 업 자 재	원예용 토양개량재

연습문제

1. 일반적인 슬러지의 처리 및 처분 공정을 도시하라.

2. 슬러지 농축방법 중 중력농축·부상농축 및 원심농축의 장단점을 기술하라.

3. 다음 용어를 설명하라.
   (1) 고형물부하
   (2) 표면적부하

4. 저율소화법과 고율소화법의 차이점에 대해 기술하라.

5. 석회안정화법의 장단점에 대해 기술하라.

6. 함수율이 98%인 슬러지를 농축조에서 함수율 94%로 농축하였다. 슬러지의 부피는 어떻게 변화하는가?

   [해답] 33.3%로 감소

참고문헌

건설부, 하수도 시설기준, 건설부, 1992.

Burge, W. D., Occurrence of Pathogens and Microbial Allergens in the Sewage Composting Environment, Proc. National Conf. on Composting of Municipal Residues and Sludges, Information Transfer, Inc. Rockville, MD, 1977.

EPA. *Evaluation of Dewatering Devices for Producting High Sludge Solid Cake*, Office of Research and Development, Cincinnati, Oh. 1979.

EPA, *Process Design Manual*, EPA 625/1-79-011, 1979.

EPA., Technology Transfer, *Process Design manual*, *Sludge Treatment and Disposal*, 625/1-79-011, 1979.

EPA, *Process design manual for Dewatering Municipal Wastewater Sludges*, 625/1-82-014, 1982.

Metcalf and Eddy, Inc. *Wastewater Engineering-Treatment, Disposal, Reuse*. 2nd Ed., McGraw-Hill, Inc., New York, N.Y., 1979.

Paulsrud, B. and Eikum, A. S., Lime Stabilization of Sewage Sludges, *Water Research*, Vol. 9, 1975.

WEF & ASCE, Design of MWTP, Vol. Ⅱ, 1992.

찾아보기

기타

저자: **이 정 수**

- 전북대학교 토목공학과 졸업
- 전북대학교 토목공학과 공학박사
- 우석대학교 토목환경공학과 교수

고급기술자를 위한
하 · 폐수처리 – 최신 이론과 실무 –
정가 22,000원

발 행 2018년 1월 10일 초판 2쇄
저 자 이정수
발행인 정우용
발행처 도서출판 **동 화 기 술**
경기도 파주시 광인사길 201(문발동, 파주출판도시)
Tel (031)955-4211~6 donghwapub@nate.com
Fax (031)955-4217 www.donghwapub.co.kr
(등록) 1977년 12월 19일/9-16호

Printed in Korea
ISBN 978-89-425-9057-5